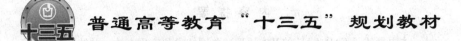
普通高等教育"十三五"规划教材

计算机辅助设计与制造实例教程

郭年琴　陈爽　刘静　主编

U0326279

北　京

冶金工业出版社

2018

内 容 提 要

本书简述了 CAD/CAM 的基本原理、关键技术和应用方法，并结合 CAD/CAM 科研课题及生产实际的实例，介绍其经验和成果。全书内容包括：CAD/CAM 概述、CAD/CAM 系统的硬件与软件、计算机图形处理技术、CAD/CAM 建模技术、计算机辅助工程分析及实例、CAD/CAM 二次开发软件技术及实例、计算机辅助工艺过程设计及实例、计算机辅助制造技术及实例、CAD/CAM 集成及 PDM 技术实例。

本书为机械工程专业研究生和高年级本科生的课程教材，也可供从事 CAD/CAM 技术研究开发的工程技术人员和工程管理人员参考。

图书在版编目（CIP）数据

计算机辅助设计与制造实例教程/郭年琴，陈爽，刘静主编 . 一北京：冶金工业出版社，2016.4（2018.8 重印）
普通高等教育"十三五"规划教材
ISBN 978-7-5024-7221-4

Ⅰ . ①计…　Ⅱ . ①郭…　②陈…　③刘…　Ⅲ . ①计算机辅助设计—高等学校—教材　②计算机辅助制造—高等学校—教材　Ⅳ . ①TP391.7

中国版本图书馆 CIP 数据核字（2016）第 080302 号

出 版 人　谭学余
地　　址　北京市东城区嵩祝院北巷 39 号　邮编　100009　电话　(010)64027926
网　　址　www.cnmip.com.cn　电子信箱　yjcbs@cnmip.com.cn
责任编辑　刘小峰　李维科　美术编辑　彭子赫　版式设计　彭子赫
责任校对　卿文春　责任印制　李玉山
ISBN 978-7-5024-7221-4
冶金工业出版社出版发行；各地新华书店经销；三河市双峰印刷装订有限公司印刷
2016 年 4 月第 1 版；2018 年 8 月第 2 次印刷
787mm×1092mm　1/16；20.75 印张；504 千字；320 页
39.00 元

冶金工业出版社　投稿电话　(010)64027932　投稿信箱　tougao@cnmip.com.cn
冶金工业出版社营销中心　电话　(010)64044283　传真　(010)64027893
冶金书店　地址　北京市东四西大街 46 号(100010)　电话　(010)65289081(兼传真)
冶金工业出版社天猫旗舰店　yjgycbs.tmall.com
（本书如有印装质量问题，本社营销中心负责退换）

前　言

计算机辅助设计与制造（CAD/CAM）是由计算机科学和信息数字化技术发展而成的一项高新技术。CAD/CAM 技术的发展推动了几乎一切领域的设计、制造技术革命，从根本上改变了传统的设计、生产、管理的模式，为企业参与激烈的市场竞争发挥着越来越重要的作用。CAD/CAM 技术的研究和应用水平已成为衡量一个国家工业技术现代化水平的重要标志之一。尤其是国家提出《中国制造 2025》，这是我国实施制造强国战略第一个十年的行动纲领，根据纲领精神，CAD/CAM 技术已成为工程设计与制造技术人员必须掌握的知识。CAD/CAM 课程作为理工科专业的一门必修课程，受到了各高校的普遍重视。编写本书的目的是为高校 CAD/CAM 教学提供一本理论清晰、结构合理、内容先进、实用性强和可操作性好的实用教材。

本书结构严谨，内容丰富、新颖，是作者结合多年的教学经验和科研实践，以作者对矿山机械 CAD/CAM 科研课题研究开发为实例，并参考了许多相关书籍编写而成的。书中涉及的内容较为广泛，在注重 CAD/CAM 的基本原理和基本方法的基础上，突出了 CAD/CAM 技术的实际应用，为读者提供了丰富的应用实例和程序，实用性较强，并且提供了课程的大作业和实验指导，为读者应用 CAD/CAM 方法去分析和解决实际问题，正确学习和掌握 CAD/CAM 软件提供帮助。在本书编写中力求体现 CAD/CAM 技术的系统性、先进性、通用性，特别强调可操作性和反映 CAD/CAM 技术领域的新发展趋势。

本书共分为 9 章，第 1 章是 CAD/CAM 概述，介绍了 CAD/CAE 的基本概念、历史地位和作用，阐述了系统的功能和应用以及发展概况和发展趋势；第 2 章介绍 CAD/CAM 软硬件技术的基础知识，包括 CAD/CAM 系统的结构、类型、软硬件组成、工程应用软件和网络协同环境等；第 3 章介绍了计算机图形学的基础知识，介绍计算机图形处理的数学基础、图形系统结构与图形标准，详细论述曲线表达的基本原理及图形几何变换技术；第 4 章介绍了 CAD/CAM 建模技术，包括几何建模、特征建模、装配建模、参数化建模的基本原理、方法、数据结构及特点；第 5 章介绍了计算机辅助工程分析及实例，包括 CAE 中的有限元分析、优化设计和计算机仿真方面的基础知识与相关技术，以及超重型振动筛的有限元计算与分析实例，颚式破碎机机构优化设计方法实例，颚式破碎机三维运动学与动力学仿真分析实例；第 6 章介绍 CAD/CAM 二次开发软件技术及实例，介绍了工程数据的计算机处理方法及实例，利用高级语言编写相关程序，基于通用平台的 CAD 专业软件的开发方法；第 7 章介绍了计算机辅助工艺设计及实例，派生式 CAPP 系统、创成式 CAPP 系统、综合式 CAPP 系统以及气体压缩机工装夹具 CAD 设计实例；第 8 章介绍了计算机辅助制造技术及实例，数控编程基础、APT 自动编程语言及其编程技术、图形交互式编程技术、数控加工过程仿真、MasterCAM 数控编程与实例；第 9 章介绍了 CAD/CAM 集成及 PDM 技术实例，介绍了系统集成技术的基本概念和方法，产品数据交换标准，PDM 的概念和基于 PDM 的 CAD/CAM 集成框架、集成方法，以及中小型企业 PDM 系统的开发课题研究实例。

各章开始处印有包含该章主要内容课件的二维码，扫描下载后即可在移动端阅读学习该章内容。利用计算机辅助设计与制造软件在科研与教学中制作了几个动画，相应二维码印在实例讲解之后，扫描后即可观看实际效果。

本书编写工作由多人共同完成，其中江西理工大学郭年琴教授编写第 5、6、7、9 章；江西理工大学陈爽副教授编写第 1、2、8 章；江西理工大学刘静副教授编写第 3、4 章。全书由郭年琴、陈爽、刘静担任主编。本书的编写过程中参考引用了国内外许多专家的论著和文献资料，书中的一些 CAD/CAM 开发应用实例，取材于作者的科研课题成果及作者研究生的硕士论文，在此一并表示衷心的感谢。

由于 CAD/CAM 技术具有综合性和学科交叉的特点，而且其发展极为迅速，加之笔者水平所限，时间仓促，书中难免存在不足之处，恳请专家、读者批评指正。

作　者

2015 年 12 月

目 录

CAD/CAM 概述

学习目的与要求

计算机辅助设计与制造（computer aided design and manufacturing，CAD/CAM）技术是计算机科学、电子信息技术与现代设计制造技术相结合的产物，是当代先进的生产力，被国际公认为 20 世纪 90 年代的十大重要技术成就之一。CAD/CAM 的应用和发展使传统的产品设计模式发生了深刻的变革，不仅改变了工业界的设计思想和思维方式，对于提高产品的设计效率和质量，增加产品的市场竞争力具有重要作用，而且影响到企业的管理和商业对策，是现代化企业必不可少的技术和方法。尤其是国家提出"中国制造 2025"，是我国实施制造强国战略第一个十年的行动纲领。CAD/CAM 技术已成为机械产品设计制造工作中不可缺少的工具，是工程设计与制造技术人员必须掌握的一种基本技能。CAD/CAM技术课程已成为高校工科各专业的一门重要的课程。

要求学生整体了解 CAD/CAM 的技术基本概念、CAD/CAM 系统的功能与任务、CAD/CAM 技术的应用及 CAD/CAM 技术的发展趋势。

1.1 CAD/CAM 基本概念

CAD/CAM 技术作为传统设计、制造技术与计算机技术的结合，以不同的方式广泛应用于各项工程实践中，例如：绘图和设计、生成着色图、动画显示、应用几何模型完成有限元工程分析、生成工艺规划及零件数控加工程序等。随着计算机技术与现代设计制造技术的发展，CAD/CAM 技术作为现代产品设计制造方法及手段的综合体现，在产品生产过程中发挥了重要的作用。然而，关于 CAD/CAM 技术相关概念的解释至今没有统一的规定，从广义上说，CAD/CAM 技术包括产品构思、二维绘图、三维几何设计、有限元分析、数控加工、仿真模拟、产品数据管理、网络数据库以及这些技术的集成。

2011 年在德国举行的"汉诺威工业博览会"（Hannover Messe 2011）上提出工业 4.0（Industry 4.0）的概念，引发了以 CAD/CAM 技术为基础的智能制造为主导的第四次工业革命。在 2013 年 4 月举办的"Hannover Messe 2013"上，由"产官学"专家组成的德国"工业 4.0 工作组"发表了最终报告——《保障德国制造业的未来：关于实施"工业 4.0"战略的建议》，在制造领域，将建立资源、信息、物品和人相互关联的"虚拟网络-实体物理系统"（cyber-physical system，CPS）。在这个虚拟世界与现实世界的交汇之处，人们可以越来越多地构思、优化、测试和设计产品。"工业 4.0"概念包含了由集中式控制向分散式增强型控制的基本模式转变，目标是建立一个高度灵活的个性化和数字化的产品与服务的生产模式。在这种模式中，传统的行业界限将消失，并会产生各种新的活动领域和合作形式。创造新价值的过程正在发生改变，产业链分工将被重组。2013 年，3D 打印技术获得了长足发展，以 3D 打印制造技术为代表的数字化设计制造技术引发了新一轮的工业革命。3D 技术的发展为 CAD/CAM 技术注入了新的活力。CAD/CAM 技术的发展和应用改变了传统的产品设计方法和制造业的生产模式，并由此奠定了制造业数字化、信息化和智能化工程的重要技术基础，可以有效满足产品多品种、变批量定制生产的需求。因此，学习 CAD/CAM 技术和 CAD/CAM 软件系统应用方法是十分重要的。

企业的产品开发通常分为两种类型，即新产品设计与产品改型设计。不论哪种设计，其设计过程都是一个创造性思维的过程。当设计师接到一个新的设计任务时，首先要进行产品的总体方案构思。通过分析设计要求，参考、比较国内外同类产品的性能特点，确定出新设计的总体方案、结构和实现方法，然后分别进行各个零部件的详细设计。因此，机械结构设计过程主要包括概念设计与分析、结构设计与分析、工程图纸绘制、产品技术要求的确定和编制制造工艺过程及相关设计文档等。

从产品构思、概念表达、结构设计、力学性能分析到最终的技术要求和制造工艺的编制等，设计中的各个环节均需要设计师运用设计知识，经过计算、分析、综合等创造性思维过程，将设计要求转化为对产品结构、组成、性能参数、制造工艺等的定义和表示，最后得到产品的设计结果。设计结果以一定的标准形式表达，如二维工程图或产品三维模型。完成设计工作之后，需对产品的几何形状和制造要求做进一步分析，设计产品的加工工艺规程，进行生产准备，随后，进行加工制造、装配与检测。

在产品设计制造过程的各个阶段引入计算机技术，如图 1-1 所示，便产生了计算机辅助设计（computer aided design，CAD）、计算机辅助工程（computer aided engineering，CAE）、计算机辅助工艺设计（computer aided process planning，CAPP）和计算机辅助制造（computer aided manufacturing，CAM）等单元技术（CAX）。由于以有限元分析为特征的商品化软件相对自成体系，故统称为 CAE 软件，但产品设计过程应包含产品的性能分析计算，所以 CAD 一般都涵盖了 CAE 的内容。事实上，设计工艺与制造过程是相互关联的有机整体，因而在单元技术基础上产生了 CAD/CAPP/CAM 一体化技术，国际上习惯简写为 CAD/CAM 技术。为了对设计制造过程和 CAD/CAM 产生的电子信息文档进行有效管理，在 20 世纪 90 年代初期产生了产品数据管理（product data management，PDM）技术和相应软件系统。CAD/CAPP/CAM/PDM 在 CIMS 体系结构中被称为技术信息系统（technology

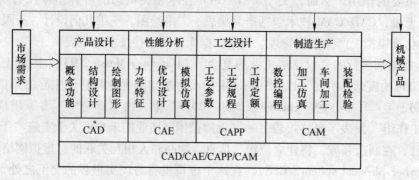

图 1-1　产品生产过程与 CAD/CAM 系统

information system，TIS）。

未来的制造业将建立在以互联网和信息技术为基础的互动平台之上，将更多的生产要素更为科学地整合，变得更加智能化、自动化、网络化、系统化，而生产制造个性化、定制化将成为常态。广义 CAD/CAM 包括了产品的三维数字化设计及计算机辅助制造系统。三维设计是新一代数字化、虚拟化、智能化设计平台的基础，建立在平面和三维设计的基础上，让设计目标更加立体化、形象化。计算机辅助制造系统是指在大数据、云计算以及物联网下产品的数字化生产过程。

首先，MES（制造执行系统）将会起到更加重要的作用。自动化层和 MES 之间的对接会变得更加重要、更加无缝化，而且能跨越企业实现柔性生产。所有的信息都要实时可用，为生产网络化环节所用。

第二个环节的组成部分是虚拟与现实的结合，也就是产品设计以及工程当中的数字化世界和真实世界的融合。三维 CAD 技术给生产者提供三维模型，在虚拟工厂中分析和优化自动化的设计，虚拟开发每个机床的生产过程，甚至还可以实现整套设备的仿真，如果不满意，可以通过虚拟方式对它进行优化。这样一来，无需再制造一个原样机，把旧的和新的进行对比和改进。

第三个支柱是信息物理融合系统。信息物理融合系统是计算、通信和物理过程高度集成的系统。这些生产体系既可以体现实实在在的物理工厂系统，也可实现在数字世界的仿真，最终能够实现生产过程的完全可控、可调。

CAD/CAM 技术是工程技术人员完成产品的设计与图形绘制，通过数据自动传递和转换，完成数字化制造的过程，是"虚拟呈现"与"现实制造"的结合。CAD 是 CAE、CAM 和 PDM 的基础。在 CAE 中无论是单个零件，还是整机的有限元分析及机构的运动分析，都需要 CAD 为其造型、装配；在 CAM 中，则需要 CAD 进行曲面设计、复杂零件造型和模具设计；而 PDM 则更需要 CAD 给出产品装配后的关系及所有零件的明细（材料、件数、重量等）。在 CAD 中对零件及部件所做的任何改变，都会在 CAE、CAM 和 PDM 中有所反应。

机械制造学科是一门古老的传统学科。随着计算机技术、信息技术不断渗透和融合于机械产品的设计、制造、检测、管理环节之中，机械制造学科正在发生革命性变化，涌现出许多以计算机技术为基础的新理论、新学科、新技术和新方法，形成了一系列面向机械制造企业信息化全过程的计算机辅助技术和软件系统（通常简称为 CAX），其中典型的 CAX 技术与系统如下：

（1）计算机辅助设计（computer aided design，CAD）；

（2）计算机辅助工程设计（computer aided engineering，CAE）；

（3）计算机辅助制造（computer aided manufacturing，CAM）；

（4）计算机辅助工艺设计（computer aided process planning，CAPP）；

（5）计算机辅助质量管理（computer aided quality，CAQ）；

（6）计算机辅助设计与制造（computer aided design and manufacturing，CAD/CAM）；

（7）制造业信息化工程（manufacture information engineering，MIE）；

（8）产品数据管理（product data management，PDM）；

（9）企业资源计划（enterprise resource planning，ERP）；

（10）产品全生命周期管理（product life cycle management，PLM）；

（11）管理信息系统（management information system，MIS）；

（12）计算机集成制造系统（computer integrated manufacturing system，CIMS）。

CAD/CAM 技术已经成为机械产品设计制造工作中不可缺少的工具，是工程技术人员必须掌握的一种基本技能。因此，学习和掌握 CAD/CAM 技术，并与专业知识相结合以解决所面临的机械工程技术问题，对于工程技术人员来说是十分重要的。

CAD/CAM 技术涉及计算机图形学、数控加工技术、有限单元分析法、计算机仿真、最优化设计、计算机信息集成技术等多门课程，是理论性和实践性都很强的综合性课程，具体教学内容应体现知识的系统性、完整性、先进性和实用性，要兼顾理论和实践教学环节，并适当加强实践性环节。

1.1.1　CAD 技术

CAD 在早期是英文 computer aided drafting（计算机辅助绘图）的缩写，随着计算机软、硬件技术的发展，人们逐步认识到单纯使用计算机绘图还不能称之为计算机辅助设计；真正的设计是整个产品的设计，它包括产品的构思、功能设计、结构分析、加工制造等，而二维工程图设计只是产品设计中的一小部分。于是 CAD 所表达的意思也由 computer aided drafting 改为 computer aided design，CAD 也不再仅仅是辅助绘图，而是整个产品的辅助设计。

计算机辅助设计（computer aided design，CAD）是指在设计活动中，利用计算机作为工具，帮助工程技术人员进行设计的一切适用技术的总和。

计算机辅助设计是设计者和计算机相结合、各尽所长的新型设计方法。在设计过程中，设计者可以进行创造性的思维活动，完成设计方案构思、工作原理拟定等，并将设计思想、设计方法经过综合、分析，转换成计算机可以处理的数学模型和解析这些模型的程序。在程序运行过程中，设计者可以评价设计结果，控制设计过程；计算机则可以发挥其分析计算和存储信息的能力，完成信息管理、绘图、模拟、优化和其他数值分析任务。一个好的计算机辅助设计系统既能充分发挥设计人员的创造性作用，又能充分利用计算机的高速分析计算能力，找到设计者和计算机最佳结合点。

计算机辅助设计包括的内容很多，如概念设计、优化设计、有限元分析、计算机仿真、计算机绘图等。在计算机辅助设计工作中，计算机的任务实质上是进行大量的信息加工、管理和交换，也就是在设计人员的初步构思、判断、决策的基础上，由计算机对数据库中大量设计资料进行检索，根据设计要求进行计算、分析及优化，将初步设计结果显示在图形显示器上，以人机交互方式反复加以修改，经设计人员确认之后，在自动绘图机及打印机上输出设计结果。在 CAD 作业过程中，逻辑判断、科学计算和创造性思维是反复交叉进行的。

就目前 CAD 技术可实现的功能而言，它是在设计人员进行产品概念设计的基础上从事产品的几何造型分析，完成产品几何模型的建立，然后抽取模型中的有关数据进行工程分析和计算，例如有限元分析、仿真模拟等，根据计算结果决定是否对设计结果进行修改，修改满意后编辑全部设计文档，输出工程图。从 CAD 作业过程可以看出，CAD 技术也是一项建模技术，它是将产品的物理模型转化为产品的数据模型，并把建立的数据模型存储在计算机内供后续的计算机辅助技术所共享，驱动产品生命周期的全过程。

1.1.2　CAE 技术

现代复杂机电产品的发展，要求工程师在设计阶段就能较为精确地预测出产品的技术性能，并对结构的静、动力强度及温度场等技术参数进行分析计算。例如，分析计算核反应堆的温度场，确定传热和冷却系统是否合理；分析涡轮机叶片内的流体动力学参数，以提高其运转效率等。把这些都归结为求解物理问题的控制偏微分方程式往往是不可能的。在计算机技术和数值分析算法支持下发展起来的有限元分析（finite element analysis，FEA）等方法则为解决这些复杂的工程分析计算问题提供了有效的途径，形成了在机械设计及制造领域最重要的计算机辅助工程分析（CAE）支撑技术。

CAE 技术的基本含义是：在机械零件或整机产品的数字化建模完成之后，运用有限元分析、多体动力学、计算流体力学（CFD）、边界元法等数值分析算法，计算零件或整机产品模型的有关技术性能指标，进行模拟仿真，以便进一步改进和优化零件或整机产品设计的分析技术。

CAE 技术主要包括以下内容：

（1）结构性能数字分析，用有限元分析方法对产品结构的静、动态特性及强度、振动、热变形、磁场强度、流场等进行分析和研究，并自动生成有限元网格，从而为用户精确研究产品结构的受力，以及描述应力或应变分布提供可视化的技术方法。

（2）优化设计，即研究用参数优化法进行方案优选，这是 CAE 系统应具有的基本功能。优化设计是保证现代化产品设计具有高速度、高质量和良好的市场销售前景的主要技术手段之一。

（3）三维运动机构的模拟仿真，研究机构的运动学特性，即对运动机构（如凸轮连杆机构）的运动参数、运动轨迹、干涉校核进行研究，以及用仿真技术研究运动系统的某些性质，从而在人们设计运动机构时为其提供直观的、可以仿真或交互的设计技术。

CAE 技术的发展已经历了半个世纪。目前，在工业界需求的牵引和软、硬件技术发展的推动下，CAE 技术发展和应用的焦点已经从单元技术的提升转为对整个产品虚拟仿真流程，乃至整个产品研发过程管理的提升。CAE 已经渗入到产品研发的各个环节，由辅助的验证工具，转变为驱动产品创新的引擎。

1.1.3　CAPP 技术

计算机辅助工艺设计（computer aided process planning，CAPP）是指借助于计算机软、硬件技术和支撑环境，利用计算机进行数值计算、逻辑判断和推理等的功能来制定零件机械加工工艺过程。借助于 CAPP 系统，可以有效解决手工工艺设计效率低、一致性差、质量不稳定、不易优化等问题。

CAPP 的作用是利用计算机来进行零件加工工艺过程的制订，把毛坯加工成工程图纸上所要求的零件。它是通过向计算机输入被加工零件的几何信息（形状、尺寸等）和工艺信息（材料、热处理、批量等），由计算机自动输出零件的工艺路线和工序内容等工艺文件的过程。

从全球范围来看，CAPP 的研究始于 20 世纪 60 年代中期，其后发展速度较慢。80 年代以来随着机械制造业向 CIMS 的发展，把设计方面的信息如何有效地转化为制造信息，

CAPP 体现出 CAD 与 CAM 集成化的真正桥梁作用。CAPP 系统接受来自 CAD 的产品几何信息、材料和精度等工艺方面的信息，完成人机交互，零件信息输入，建立起产品的信息模型。根据该模型，CAPP 系统再进行组合和排序，选择机床和夹具等，确定切削用量，计算工时，最后获得技术文件和数据，CAPP 再向 CAM 输出所需的各种信息。90 年代初，随着人们对 CIMS 的技术理解和深入研究、并行工程的兴起、敏捷制造等先进生产模式的提出，CAPP 的集成化含义已大大拓宽。此时，CAPP 已不是单纯的工艺设计技术，而是制造系统中不可缺少的一个重要环节。工艺设计已成为机械制造生产中技术工作的一项重要内容，是产品设计和制造的中间环节，是具有明显实践性特征的工作。而目前国内、国际市场对产品的要求是多品种小批量生产，新产品开发能力和开发周期要尽量缩短，这就要求工艺设计工作量和时间上要减少。在这样的背景下，计算机辅助工艺设计 CAPP（computer aided process planning）在工艺设计过程中越来越重要。

1.1.4　CAM 技术

CAM（computer aided manufacturing，计算机辅助制造）技术是指利用计算机来进行生产设备管理控制和操作的过程，它的输入信息是零件的工艺路线和工序内容，输出信息是刀具加工时的运动轨迹（刀位文件）和数控程序。

到目前为止，计算机辅助制造（CAM）有狭义和广义的两个概念。CAM 的狭义概念指的是从产品设计到加工制造之间的一切生产准备活动，它包括 CAPP、NC 编程、工时定额的计算、生产计划的制订、资源需求计划的制订等，这是最初 CAM 系统的狭义概念。如今，CAM 的狭义概念甚至更进一步缩小为 NC 编程的同义词。CAPP 已被作为一个专门的子系统，而工时定额的计算、生产计划的制订、资源需求计划的制订则划分给 MRP Ⅱ／ERP 系统来完成。

CAM 的广义概念包括的内容则多得多，国际计算机辅助制造组织（CAM-Ⅰ）关于计算机辅助制造有一个广义的定义，即"通过直接的或间接的计算机与企业的物质资源或人力资源的连接界面，把计算机技术有效地应用于企业的管理、控制和加工操作"。按照这一定义，计算机辅助制造包括企业生产信息管理、计算机辅助设计（CAD）和计算机辅助生产、制造 3 部分。CAM 广义定义除了上述狭义定义所包含的所有内容外，它还包括制造活动中与物流有关的所有过程（加工、装配、检验、存贮、输送）的监视、控制和管理。我们只介绍 CAM 最狭义的概念，即只与 NC 编程有关的内容。

CAM 的核心是计算机数值控制（简称数控），是将计算机应用于制造生产过程的过程或系统。

1952 年美国麻省理工学院首先研制成数控铣床。数控的特征是由编码在穿孔纸带上的程序指令来控制机床。此后发展了一系列的数控机床，包括称为"加工中心"的多功能机床，能从刀库中自动换刀和自动转换工作位置，能连续完成铣、钻、铰、攻丝等多道工序，这些都是通过程序指令控制运作的，只要改变程序指令就可改变加工过程，数控的这种加工灵活性被称为"柔性"。加工程序的编制不但需要相当多的人工，而且容易出错，最早的 CAM 便是计算机辅助加工零件编程工作。麻省理工学院于 1950 年研究开发数控机床的加工零件编程语言 APT，它是类似 FORTRAN 的高级语言，增强了几何定义、刀具运动等语句，应用 APT 使编写程序变得简单。这种计算机辅助编程是批处理的。

市面上的 CAM 软件有：UG NX、Pro/NC、CATIA、MasterCAM、SurfCAM、SPACE-E、CAMWORKS、WorkNC、TEBIS、HyperMILL、PowerMILL、Gibbs CAM、FeatureCAM、Top-Solid、SolidCAM、Cimatron、VX、ESPRIT、EdgeCAM 等。

计算机辅助制造系统是通过计算机分级结构控制和管理制造过程的多方面工作，它的目标是开发一个集成的信息网络来监测一个广阔的相互关联的制造作业范围，并根据一个总体的管理策略控制每项作业。

从自动化的角度看，数控机床加工是一个工序自动化的加工过程，加工中心是实现零件部分或全部机械加工过程自动化，计算机直接控制和柔性制造系统是完成一族零件或不同族零件的自动化加工过程，而计算机辅助制造是计算机进入制造过程这样一个总的概念。

计算机辅助制造系统的组成可以分为硬件和软件两方面：硬件方面有数控机床、加工中心、输送装置、装卸装置、存储装置、检测装置、计算机等；软件方面有数据库、计算机辅助工艺过程设计、计算机辅助数控程序编制、计算机辅助工装设计、计算机辅助作业计划编制与调度、计算机辅助质量控制等。

1.2 CAD/CAM 系统的功能与任务

CAD/CAM 系统是以计算机硬件、软件为支持环境，通过各个功能模块（分系统）完成对产品的描述、计算、分析、优化、绘图、工艺规程设计、NC 加工仿真、生产规划、管理、质量控制等方面任务的综合系统。

CAD 技术在产品设计阶段完成了任务规划、概念设计、结构设计与分析、详细设计和工程设计等工作。在生产阶段，CAM 技术完成了数控（NC）加工编程、加工过程仿真、数控加工、质量检验、产品装配、性能测试与分析等工作。

1.2.1 CAD/CAM 的基本功能

在 CAD/CAM 系统中，计算机主要帮助人们完成产品结构描述、工程信息表达、工程信息传输与转化、结构及过程的分析与优化、信息管理与过程管理等工作，CAD/CAM 系统总体与外界进行信息传递与交换的基本功能是靠硬件提供，而系统解决具体问题则是依靠软件。因此，作为 CAD/CAM 系统，基本功能应包含人机交互功能、图形图像处理、信息存储与管理、信息输入输出功能，具体功能应包括产品与过程建模、工程计算分析与优化、工程信息传输与交换、模拟与仿真等基本功能。

（1）人机交互。在 CAD/CAM 系统中、人机接口是用户与系统连接的桥梁。友好的用户界面，是保证用户直接而有效地完成复杂设计任务的必要条件，除软件界面设计外，还必须有交互设备实现人与计算机之间的不断通信。

（2）图形图像处理。从产品的造型、构思、方案的确定，结构分析到加工过程的仿真，系统应保证用户能够随时观察、修改中间结果，实时编辑处理。在机电产品设计中，涉及大量的图形图像处理任务，如图形的坐标变换、裁剪、渲染、消隐处理、光照处理等。

（3）信息存储与管理。当 CAD/CAM 系统运行时，具有很大的数据量，且伴随着很多算法将生成大量的中间数据，尤其是对图形的操作以及交互式的设计、结构分析中网格划分等。为保证系统能够正常的运行，CAD/CAM 系统必须配置容量较大的存储设备，以支持数据在各模块运行时的正确流通。通常，CAD/CAM 系统采用工程数据库系统作为统一的数据环境，实现各种工程数据的管理。

（4）信息输入与输出。CAD/CAM 系统运行过程中，一方面用户需不断地将有关设计要求、计算步骤的具体数据等输入计算机内；另一方面通过计算机的处理，能够将系统处理的结果及时输出。CAD/CAM 系统带有计算机自动采集系统，如车间运控系统、质量保证系统、以反求工程为基础的造型系统等，因此 CAD/CAM 系统还应具备自动信息输入功能。

CAD/CAM 系统的信息输出包括各种信息在显示器上的显示、工程图的输出、各种文档的输出和控制命令输出等。CAD/CAM 系统文档的输出种类繁多，如设计文档、工艺文档、数控程序、程序检验报告、备件调度单、质检单等。

（5）工程信息传输与交换。CAD/CAM 系统不是一个孤立的系统，它必须与其他系统相互联系，即使是在 CAD/CAM 内部，各功能模块之间也要进行信息交换。随着并行作业方式的推广应用，还存在着几个设计者或工作小组之间的信息交换问题，因此 CAD/CAM 系统应具备良好的信息传输管理功能和信息交换功能。

1.2.2　CAD/CAM 系统主要任务

CAD/CAM 系统主要任务有：

（1）产品几何建模。几何建模是 CAD/CAM 系统的核心。它为产品的设计、制造提供基本数据，同时为其他模块提供原始信息。几何造型系统在设计阶段，用来表达产品结构形状、大小、装配关系等；在有限元分析中，用来进行网格划分后才能将数据输入解算器处理；在数控编程中，用来完成刀具轨迹定义和加工参数输入等。

（2）工程绘图。CAD/CAM 系统中的某些中间结果需要通过图形表达。因此 CAD/CAM 系统一方面应具备从几何造型的三维图形直接向二维图形转换的功能；另一方面，还需有处理二维图形的能力，包括基本图元的生成，标注尺寸，图形的编辑处理（比例变换、平移、图形拷贝、图形删除等）以及显示控制、附加技术条件等功能，保证生成符合生产要求，也符合国家标准的图样文件。

（3）工程计算分析。CAD/CAM 系统构造了产品的形状模型之后，能够根据产品几何形状，计算出相应的体积、表面积、质量、重心位置、转动惯量等几何特性和物理特性，为系统进行工程分析和数值计算提供必要的基本参数；在结构分析中，进行应力、温度、位移等计算；图形处理中进行矩阵变换的运算、体素之间的布尔运算（交、并、差）等；在工艺规程设计中进行工艺参数的计算。因此，要求 CAD/CAM 系统对各类计算分析的算法正确、全面，还要有较高的计算精度。

（4）优化设计。系统应具有优化求解的功能，即在一定条件的约束限制下，使工程设计中的预定指标达到最优。优化设计包括总体方案的优化、产品零部件结构的优化、工艺参数的优化、可靠性优化等。优化设计是现代设计方法学中的一个重要的组成部分。

（5）有限元分析。有限元分析是一种数值近似解法，用来解决结构形状比较复杂的零件的静态、动态特性，如强度、振动、热变形、磁场、温度场强度及应力分布状态等计算分析。在进行静态、动态特性分析计算之前，系统根据产品结构特点，划分网格，标出单元号、节点号，并将划分的结果显示在屏幕上；进行分析计算之后，将计算结果以图形、文件的形式输出，例如应力分布图、温度场分布图、位移变形曲线等，使用户方便、直观地看到分析的结果。

(6) 计算机辅助工艺设计。工艺设计是为产品的加工制造提供指导性的文件，是 CAD 与 CAM 的中间环节。根据建模后生成的产品信息及制造要求，能决策或自动决策加工该产品所采用的加工方法、加工步骤、加工设备及加工参数。其结果一方面能被生产实际所用，生成工艺卡片文件；另一方面能直接输出一些信息，为 CAM 中的 NC 自动编程系统接收、识别，直接转换为刀位文件。

(7) 数控编程。数控机床是由计算机控制的，而计算机又必须通过加工程序来控制机床。零件加工程序是控制机床运动的源程序，它提供编程零件加工时机床各种运动和操作的全部信息，主要的有加工工序各坐标的运动行程、速度、联动状态、主轴的转速和转向、刀具的更换、切削液的打开和关断以及排屑等。

数控编程的主要内容有：分析零件图样、确定加工工艺过程、进行数学处理、编写程序清单、制作控制介质、进行程序检查、输入程序以及工件试切。

(8) 动态仿真。在数控程序编制过程中出错是经常可能发生的，如输入的进给方向错误及切削深度、机床功率的超载就会导致刀具、机床的损坏等。对产品从设计到制造的整个过程进行动态仿真，即在产品设计之后投入生产之前，可以实时并行模拟出产品制造的全过程。借助于动态仿真系统，可以将数控程序的执行过程在屏幕上显示出来，从软件上实现零件的试切过程。利用动态仿真系统可以检查程序结构错误、语法错误和词法错误。动态仿真系统可以动态模拟加工的全过程，还可以对给定的工艺极限值进行监控检测。

在 CAD/CAM 系统内部，建立一个工程设计的实际系统模型，如机构、机械手、机器人等。通过进行动态仿真，代替、模拟真实系统的运行，用以预测产品的性能、产品的制造过程和产品的可制造性。如数控加工仿真系统，从软件上实现零件试切的加工模拟，就可避免现场调试带来的人力、物力的投入以及加工设备损坏的风险，减少制造费用，缩短产品设计周期。通常有加工轨迹仿真，机构运动学模拟，机器人仿真，工件、刀具、机床的碰撞及干涉检验等。

(9) 计算机辅助测试技术。计算机辅助测试技术是一门新兴的综合性学科，它所涉及的范围包括微型计算机技术、测量技术、数字信号处理技术、信号的传输和转换技术、抗干扰技术及现代控制理论等。我国对计算机辅助测试理论和实践的研究已有很大发展，取得了很大的成绩，且在科研、生产中得到了十分广泛的应用。

(10) 工程数据管理。CAD/CAM 系统中数据量大、种类繁多，有几何图形数据、属性语义数据；有产品定义数据、生产控制数据；有静态标准数据、动态过程数据。数据结构一般都较复杂，故 CAD/CAM 系统应能对各类数据提供有效的管理手段，支持工程设计与制造全过程的信息流动与交换。CAD/CAM 系统通常采用工程数据库系统作为统一的数据管理环境，实现各种工程数据的管理。

实际应用中，CAD/CAM 是以系统方式出现的，包括商品化 CAD/CAM 系统和企业根据应用目标构建的 CAD/CAM 系统。系统中包括设计与制造过程的三个主要环节，即 CAD、CAPP (computer aided process planning) 和 NCP (numerical control programming)，其中 CAPP 和 NCP 属于 CAM 范畴。完善的 CAD/CAM 系统一般包括产品设计、工程分析、工艺过程规划、数控编程、工程数据库以及系统接口几个部分，这些部分以不同的形式组合集成就构成各种类型的系统。

1.3　CAD/CAM 技术的应用

近 20 年中，CAD/CAM 是发展最迅速的技术和产业之一，也是应用领域最广泛的实用技术之一，它推动了制造领域的革命。20 世纪 90 年代初，美国国家工程科学院对人类 25 年（1964～1989）的工程成就进行评比的结果中，CAD/CAM 技术开发和应用在十大成就中居第六位；同时，这一技术及其应用水平也已成为衡量一个国家工业生产技术水平和现代化程度的重要标志。

2014 年引领第三次工业革命的 3D 打印热潮还未冷却，德国汉诺威工业博览会（2014）发布的《实施"工业 4.0"战略建议书》就宣告第四次工业革命即将到来。很快，以"制造业智能化和服务化"为核心的工业 4.0 理念便传遍全球，也成为中国工信部制定《中国制造 2025》的规划纲要，提出继续推动工业化与信息化的"两化深度融合"，实现制造业转型升级。制造业智能化和 3D 打印技术的应用为 CAD/CAM 技术提供了新的领域。

1.3.1　CAD/CAM 技术应用领域不断扩大

CAD 技术最早应用在航空航天、造船、机床制造、汽车等工业部门。首先是用于飞机、船体、机床、汽车零部件的外形设计；然后进行一系列的分析计算，如结构分析、优化设计、仿真模拟；最后根据 CAD 的几何数据与加工要求生产数控加工纸带。机床行业应用 CAD/CAM 系统进行模块化设计，实现了对用户特殊要求的快速响应制造，缩短了设计制造周期，提高了整机质量；造船行业利用 CAD/CAM 系统提高了船体钢板下料的精度，每艘万吨级的船舶仅此一项就节约钢材 150～200t；在土木建筑领域，CAD 技术可节省方案设计时间约 90%、投标时间 30% 及重复绘制作业费 90%。除此之外，CAD 技术还可用于轻纺服装行业的花纹图案与色彩设计、款式设计、排料放样及衣料裁剪；人文地质领域的地理图、地形图、矿藏勘探图、气象图、人口分布密度图以及有关的等值线、等位面图的绘制；电影电视中动画片及特技镜头的制作等许多方面。随着计算机硬件和软件的不断发展，CAD/CAM 系统的性价比不断提高，使得 CAD/CAM 技术的应用领域也不断扩大。2004 年，数字化设计软件产品（CAD/CAM 等）的应用依然主要集中在传统的制造细分行业，以通用机械/装备制造业为龙头，而建筑行业市场份额最小。通用机械/装备制造业占到了 52.7%，其余细分行业均在 20% 以内，航空/航天和建筑行业不足 10%。

1.3.2　三维 CAD 技术应用不断增长

随着全球消费水平的提升，制造业的服务化趋势使得产品种类增加和研发周期减少。以汽车行业为例，1990 年初德国豪华汽车品牌的制造商，平均一年每个品牌生产的汽车款式为 7～8 款，2012 年就翻了将近 2 倍，而大众集团在全球就推出了将近 280 款。

传统的标准化生产，只关注零部件之间的优化协作，基于制造业服务化的个性化大规模生产，使得市场环境及客户需求的变化速度远远超过以前，企业会经常在产品启动生产甚至开始使用后，多次变更图纸的设计。

三维 CAD 技术摆脱了二维制图手工绘制的影响，提高图纸的修改、编辑和交换能力，能够处理复杂的 3D 模型并进行局部优化，支持产品开发的"可视性"和同步工程环境，从而生成虚拟产品，能够加速企业数字化虚拟产品的合成和流程的优化，从而在企业内部完成经验知识的累积和分享，为产品的智能化制造奠定良好的基础。

制造业企业数字化设计应用历程如图 1-2 所示。

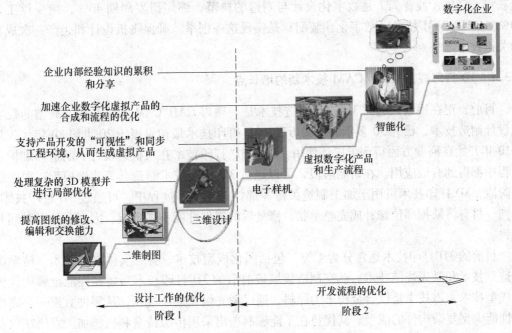

图 1-2　制造业企业数字化设计应用历程

从产品类型结构分析，二维 CAD 在 2000 年以后，开始步入负增长阶段，市场趋向成熟和饱和状态；而三维 CAD 作为二维 CAD 的更新替代品，其图形数据的保存方式具备定量精确性，具有可保存、修改编辑、可复制的优势，软件使用率一直保持增长态势，但是随着二维、三维 CAD 软件在用户中总体应用比率逐年提升，而三维 CAD 的价格又一直居高不下，其市场增长出现了逐年放缓的趋势。从销量上来看，2003 年三维 CAD 与二维 CAD 的销量差距已经很小，2004 年延续了这一发展趋势，3D 的销量已经非常接近 2D。然而从销售额来分析，却体现了巨大的差异，2004 年二维 CAD 销售额为 1.7 亿元，三维 CAD 销售额为 7.1 亿元，其他产品约有 2 亿元的市场规模。其中，2D 市场在 2000 年以前的增长高峰已经一去不复返，连续几年的下滑趋势日益明显，负增长率逐年加大，而 3D 由于其数据表现形式相对二维更直观、更美化，成为市场增长的源动力。近年来三维 CAD 技术在 3D 动漫（游戏）、3D 逆向反求、3D 设计、机械运动仿真、数控加工仿真、机床虚拟拆装、模具虚拟拆装、医学（仿真）、虚拟现实、虚拟建筑等领域表现抢眼。

1.3.3　CAD/CAM 技术应用效益明显

CAD/CAM 的应用，从多个方面为企业带来了巨大的经济效益和社会效益。应用 CAD/CAM 技术进行产品的开发，能使设计、生产、维修工作快速而高效率地进行。例如，过去生产一个大规模集成电路芯片要花两年的时间，而采用 CAD/CAM 技术只要两个月即可完成；美国道格拉斯公司开发 F-15 战斗机，用 CAD/CAM 技术设计、试制，生产第一架飞机即解决了发动机气道和机舱密封等关键问题；美国采用 CAD/CAM 技术开发、生产波音 747，要比英国的三叉戟飞机少用两年时间；美国 GM 公司在汽车开发中应用 CAD/CAM 技术，使得新型汽车的设计周期由 5 年缩短为 3 年，而且新产品的可信度由 20% 提高到 60%。1995 年，制造业出现了一个划时代的创举——波音 777 未经生产样机就获得了订货，波音 777 是数字化设计与制造的典范，缩短研发周期 40%，减少返工量 50%。CAD/CAM 技术（数字化预装配）是实现这一创举，确保飞机设计和生产一次成功的关键技术之一。

1.3.4　3D 打印成为 CAD/CAM 技术新的增长点

目前，正在逐渐兴起的 3D 打印制造技术是一项以 CAD/CAM 为核心的、典型的数字化设计制造技术，已有 30 多年的发展历程。3D 打印技术最初发展于 20 世纪 80 年代，从 2010 年开始在商业方面得到了广泛使用。目前 3D 打印技术在飞机的设计、制造和维护全过程中都得到有效应用。在研制阶段，可以通过 3D 打印技术制造其等比例模型；而在制造阶段，3D 打印技术可用于加工制造关键零部件；在维修过程中，可通过 3D 打印技术，用同一材料将缺损部位修补成完整形状，修复后的零件性能不受影响，大大节约了时间和金钱。

目前的 3D 打印技术通常分为 4 类，包括固化成型技术、叠层实体制造技术、熔融沉积造型技术和激光烧结技术。航空制造领域最前沿的 3D 打印技术当属高性能金属构件激光成型技术，该技术是以合金粉末为原料，通过激光熔化逐层堆积，从零件数模一步完成高性能大型复杂构件的成型。其优势在于能够制造出采用传统铸造和机械加工方法难以获得的复杂结构件，且很少或几乎没有材料浪费。例如，美国的 F-22 飞机中尺寸最大的钛合金整体加强框所需毛坯模锻件重达 2796kg，而实际成型零件重量不足 144kg，造成大量的原材料损耗。

另外，3D 打印技术所需的制造设备相对单一。传统方法通常需要大规格锻坯加工及大型锻造模具制造、万吨级以上的重型液压锻造装备，制造工艺复杂，生产周期长，在铸造毛坯模锻件的过程中会消耗大量的能源，也降低了加工制造的效率，而激光 3D 打印技术能克服上述缺点。航空航天装备中的零件构造越来越复杂，力学性能要求越来越高，通过传统工艺很难制造，而 3D 打印则可以满足这些需求。

中国航空业在 3D 打印技术上已经走在了前列，多个型号飞机使用了 3D 打印部件，部分技术已经达到世界领先水平。中航工业的资料显示，从 2001 年起，我国开始重点发展以钛合金结构件激光快速成型技术为主的激光 3D 打印技术。其中于 2012 年 10 月至 11 月首飞成功的机型，广泛使用了 3D 打印技术制造钛合金主承力部分，包括整个前起落架。目前，我国成为世界上继美国之后第二个掌握飞机钛合金结构件激光快速成型及技术的国家。

此外，由北京航空航天大学等单位组成的团队制造出了迄今世界上尺寸最大的飞机钛合金大型结构件激光快速成型工程化成套设备。该团队利用激光快速成型技术制造出我国自主研发的大型客机 C919 的主风挡窗框。此外，西北工业大学凝固技术国家重点实验室发展的"激光立体成型"3D 打印技术已经用于国产大飞机 C919 的制造。我国利用激光打印技术直接制造 C919 飞机的中央翼根肋，传统锻件毛坯重达 1607kg，而利用激光成型技术制造的精坯重量仅为 136kg，节省了 91.5% 的材料，经过测试，其性能比传统锻件还要好。

2009 年 11 月 6 日，工业和信息化部召开全国工业和信息化"十二五"规划编制工作会议，部署启动工业和信息化"十二五"规划工作，此前下发的《重大问题研究选题》明确把推动高新技术改造提升传统产业作为重点研究领域，3D 技术作为工业界最广泛使用的基础性工具又一次成为人们关注的焦点。然而 3D 打印技术由于其价格昂贵，短时间还无法完全代替传统加工制造业。就以激光 3D 打印技术来说，它比较适合高性能的昂贵部件，以及用其他加工方法无法加工的零部件。

美国专门从事增材制造技术咨询服务的 Wohlers 协会在 2013 年度报告中对行业发展情况进行了分析。2012 年全球 3D 打印制造设备与服务的直接产值为 22.04 亿美元，增长率为 28.6%，其中设备材料为 10.03 亿美元，增长 20.3%；服务产值为 12 亿美元，增长 36.6%。其发展特点是服务相比于设备材料，增长更快。在 3D 打印应用方面，消费商品和电子领域仍占主导地位，但是比例从 23.7% 降低到 21.8%；机动车领域从 19.1% 降低到 18.6%；研究机构为 6.8%；医学和牙科领域从 13.6% 增加到 16.4%。在过去的几年中，航空器制造和医学应用是增长最快的应用领域。

目前美国在设备的拥有量上占全球的 38%，中国继日本和德国之后，以约 9% 的数量占第四位。在设备产量方面，美国 3D 打印设备产量最高，占世界的 71%，欧洲以 12%、以色列以 10% 分别位居第二和第三位，中国设备产量占 4%。国外 3D 打印制造产业相关公司有 3D System、Stratasys、Objet、Delcam 等知名公司。

我国自 20 世纪 90 年代初，在国家科技部等多部门持续支持下，研发出了一批增材制造装备，在典型成型设备、软件、材料等方面的研究和产业化方面取得了重大进展，至 2000 年初步实现了设备产业化，接近国外产品水平，改变了该类设备早期依赖进口的局面。在国家和地方的支持下，在全国建立了 20 多个服务中心，设备用户遍布医疗、航空航天、汽车、军工、模具、电子电器、造船等行业，推动了我国制造技术的发展。

1.4　CAD/CAM 技术的发展趋势

《中国制造 2025》规划，将"优先推进制造业数字化、网络化、智能化"摆在制造业转型提质"八大行动"之首，以适应全球产业变革。这也是从国家层面明确了未来十年中国制造业的重要发展方向。CAD/CAM 技术为制造业从大规模批量生产到大规模定制，以及制造过程实现自动化、数字化的技术基础提供保证。

21 世纪的机械设计及制造业，总的发展趋势为智能化、数字化、信息化（网络化）、柔性化。信息产业将成为社会的主导产业，机械制造业也将成为由信息主导，并采用先进生产模式、先进制造技术、先进组织管理方式的全新机械制造业。其中柔性化是使工艺装备与工艺路线能适于生产各种产品的需要，能适用于迅速更换工艺、更换产品的需要；数字化是将生产推向市场的准备时间缩短到最短，使机械制造厂的机制能灵活转向；智能化是柔性自动化的重要组成部分，也是柔性自动化的新发展和延伸，智能化促进柔性化，它使生产系统具有更完善的判断与适应能力；信息化是使机械制造业不再是由物质和能量借助于信息的力量生产出价值，而是由信息借助于物质和能量的力量生产出价值。具体说明如下：

（1）智能化。CAD/CAM 系统的智能化就是充分运用高度智能化的计算机系统，引入大数据和云制造，自动整合数据，发展专家 CAD 系统，将实例和有关专业范围内的经验、准则结合在一起，根据这些数据、经验和准则来平衡产品设计可能存在的先天不足、成本效益和质量水平，综合、分析、推理出合乎逻辑的结论，自动进行三维仿真和在用户的允许下实现联网生产。

（2）数字化。未来的 CAD/CAM 技术生产产品的源代码会形成特定的数据库，当需要哪个模块进行生产时，就直接调用该数据库即可。当然，设计者也可以对已有的由专业人员编写好了的数据库进行修改后再使用。数字化的应用将会大大缩短 CAD/CAM 设计和产品生产的时间，提高人们的工作效率，为产品的定制化服务奠定基础。

（3）信息化（网络化）。制造业把 CAD、CAE、CAPP、CAM 以至 PPC（生产计划与控制）等各种功能不同的软件有机地结合起来，用统一的执行控制程序来组织各种信息的提取、交换、共享和处理，保证系统内部信息流的畅通并协调各个系统有效地运行。企业从获取需求信息，到产品分析设计、选购原辅材料和零部件、进行加工制造，直至营销，整个生产过程实现信息共享。CAD/CAM 系统的网络化使其成为能使设计人员对产品方案在费用、流动时间和功能上并行处理的并行化产品设计应用系统；能提供产品、进程和整个企业性能仿真、建模和分析技术的拟实制造系统；能开发自动化系统，产生、优化工作计划和车间级控制，支持敏捷制造的制造计划和控制应用系统；能对生产过程中物流进行管理的物料管理应用系统等。

（4）柔性化。伴随着 3D 技术和产品定制需求的成长，多品种、中小批量产品的生产要求企业有快速应变能力。柔性制造作为一种现代化工业生产的科学"哲理"和工厂自动化的先进模式已为国际上所公认，可以这样认为，柔性制造技术是在自动化技术、信息技术及制造技术的基础上，将以往企业中相互独立的工程设计、生产制造及经营管理等过程，在计算机及其软件的支撑下，构成一个覆盖整个企业的完整而有机的系统，以实现全局动态最优化，总体高效益、高柔性，并进而赢得竞争全胜的智能制造技术。它作为当今世界制造自动化技术发展的前沿科技，为未来机械制造工厂提供了一幅宏伟的蓝图，将成为 21 世纪机械制造业的主要生产模式。

思 考 题

1-1 简述 CAD、CAM、CAPP、CAE 的定义及其内涵。
1-2 简述 CAD/CAM 系统的功能与任务。
1-3 简述 CAD/CAM 技术的进展及发展趋势。

2 CAD/CAM 系统的硬件与软件

扫我看课件

学习目的与要求

　　CAD/CAM 系统是基于计算机的系统，由软件（程序系统）和硬件设备组成。其中相应的系统硬件设备为软件的正常运行提供了基础，而软件是 CAD 系统的核心。另外，任何功能强大的 CAD 系统都只是一个辅助设计工具，系统的运行离不开使用人员的创造性思维活动。因此，使用 CAD 系统的技术人员也属于系统组成的一部分，将软件、硬件及人这三者有效地融合在一起，是发挥 CAD/CAM 系统强大功能的前提。

　　要求学生对 CAD/CAM 系统的结构、类型、软硬件组成、工程应用软件和网络协同环境等做较全面的了解。重点介绍了 CAD/CAM 系统的结构体系和应用类型、CAD/CAM 系统的硬件和软件构成、典型工程应用软件、计算机网络和协同工作环境。

2.1　CAD/CAM 系统结构

　　CAD/CAM 技术已广泛应用于机械、电子、航空航天等众多的领域，完成种类繁多的设计制造任务。根据应用领域和所完成任务的不同，CAD/CAM 系统的组成也不尽相同，特别是在软件构成方面有较大的差别，本书主要以介绍机械制造业中应用的 CAD/CAM 系统为主。

　　典型的 CAD/CAM 系统由硬件系统和软件系统两部分组成。硬件系统主要由计算机及其外围设备组成，包括主机、存储器、输入输出设备、网络通信设备以及生产加工设备等有形硬件设备；软件系统通常是指程序及相关的文档，包括系统软件、支撑软件和应用软件等。一个完整的 CAD/CAM 系统必须具备硬件系统、软件系统和技术人员。人在 CAD/CAM 系统中起着关键的作用，一般的 CAD/CAM 系统多采用人机交互的工作方式，这种方式要求人与计算机密切合作，发挥各自自身的特长。设计人员在利用软件功能、设计规划、逻辑控制、信息处理、创造性工作方面占有主导地位，计算机则在分析、计算、信息存储、检索图形、文字处理等方面有着特有的功能。CAD/CAM 系统如图 2-1 所示。

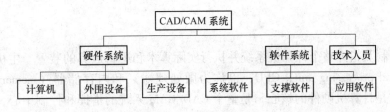

图 2-1　CAD/CAM 系统

CAD/CAM 系统硬件部分是 CAD/CAM 系统运行的基础，软件部分是 CAD/CAM 系统的核心，硬件提供了 CAD/CAM 系统潜在的能力，而软件则是信息处理的载体，是开发、利用其能力的工具。软、硬件体系结构如图 2-2 所示。

图 2-2　CAD/CAM 系统体系结构

2.2　CAD/CAM 的硬件

计算机硬件是指组成 CAD/CAM 系统的物质设备，它主要由主机、存储器、输入/输出设备、图形显示器及网络通信设备组成。尽管 CAD/CAM 系统的结构形式、应用范围、软件规模和系统功能各不相同，但其典型的硬件配置都大同小异，如图 2-3 所示。

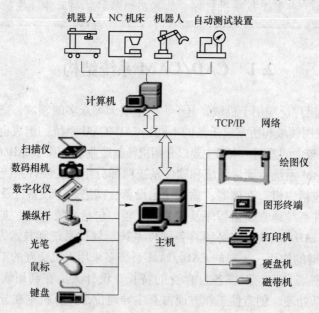

图 2-3　CAD/CAM 的硬件系统

2.2.1　主机

主机是控制及指挥整个计算机系统并执行实际算术和逻辑运算的装置。主机由中央处理单元（central processing unit，CPU，也称为微处理器）和内存储器（memory，简称内存）组成。它是计算机硬件的核心，是整个 CAD/CAM 系统的指挥和控制中心，其类型及性能在很大程度上决定了 CAD/CAM 系统的性能，如运算精度和速度等。从 1946 年世界上诞生第一台电子管数字计算机 ENIAC 后，计算机的发展先后经历了晶体管计算机、集成电路计算机、大规模和超大规模集成电路计算机。计算机微处理器的发展从早期的 Intel 8086、Intel 80286、Intel 80386 到后来的 Pentium、PentiumMMX、PentiumPro、Pentium Ⅱ、Pentium Ⅲ直到 Pentium Ⅳ和 Intel Celeron、AMD Duron、AMD Athlon 等高性能 CPU。随着计算机的运行速度越来越快，存储容量越来越大，使得 CAD/CAM 系统的功能越来越强大。

在 CAD/CAM 系统中常用的主机类型有微型机、工作站和小型机等。微型机 CAD/CAM 系统性价比高，有丰富的应用软件；工作站 CAD/CAM 系统通常采用 RISC 芯片，处理速度快，具有很强的图形处理能力和网络通信能力；小型机 CAD/CAM 系统由于其价格昂贵、功能单一，目前一般只在一些特殊行业和部门使用，如科研机构、军事和气象等部门。

2.2.2 输入设备

输入设备是用于向 CAD/CAM 系统输入数据、程序以及各种字符信息的设备。CAD/CAM 系统中常用的输入设备有键盘（keyboard）、鼠标（mouse）、光笔、数字化仪（digitizer）、图形扫描仪（scanner）、纸带阅读机和卡片输入机等。

（1）键盘。键盘是最基本的输入设备，在 CAD/CAM 系统中可以用于输入字符、数字、坐标值，也可以通过菜单进行功能选择。键盘上键的布局通常按功能分为字符键、功能键和控制键，分别用于不同的目的。用键盘进行数据输入的速度由于受人手指运动速度的限制，通常不能满足 CAD/CAM 系统中大量信息输入的需要。

（2）数字化仪。在许多专业应用领域中，用户需要绘制大面积的图纸，这时仅靠一般的 CAD 系统是无法完成图纸绘制的，在精度上也会有较大的偏差，此时可以采用数字化仪来满足用户的需求。数字化仪是一种用途非常广泛的图形输入设备，高精度的数字化仪适用于地质、测绘和国土等行业，普通的数字化仪适用于工程、机械和服装设计等行业。

（3）鼠标。鼠标是一种手动指点输入类输入设备，通过手持鼠标在桌面上的移动可以控制屏幕上相对应的某个光标位置的变化，进一步通过鼠标上的按键来实现选择和定位等指点功能。例如，选择某个屏幕对象（例如菜单），也可以通过鼠标的拖放操作（drag&drop）来实现某种预定的操作。鼠标的按钮常用的有双按钮和三按钮，目前使用最普遍的鼠标一般配有两个按钮和一个滚轮，它们分别称为"左键"、"右键"和"中键"，中间那个滚轮形式的按键主要用于方便用户上网或编辑文档时滚动页面。在 CAD/CAM 系统中，鼠标是用于实现系统人机交互式操作的最主要的输入设备之一。

（4）光笔。光笔是一种定位装置，外形如同一支圆珠笔，其一端为光敏器件，另一端用导线接入计算机，其内部有透镜组、光导纤维、光电转换和整形放大电路。光笔工作时用具有光敏器件的一端接触屏幕，其中的光敏器件能检测出显示图形的光强，通过内部的光电转换电路将相应的光信号经整形和放大后转换成标准的脉冲信号输入计算机，经处理后可以确定并显示它在屏幕上的位置，配合使用按键后可以直接用于输入坐标点，也可以用它来选择屏幕上的图形或菜单项。操作者可以利用光笔在屏幕直接绘图，既直观又方便。

（5）扫描仪。普通的台式扫描仪能扫描 A4 幅面的图纸及文件，而大的扫描仪能扫描 A0 幅面的图纸。如在滚筒式绘图仪上安装扫描附加器，扫描幅面也可达 A1 或 A0 幅面。

扫描仪的主要技术指标有：扫描分辨率，指每英寸能分辨的像素点，如400 像素/in；扫描速度，如 3 页/min；图形灰度级，如 16 或 64 等。

目前的扫描输入系统根据所输出的图形性质可分为两大类：一类输出的是矢量化图形；另一类输出的是光栅图形。矢量化图形扫描系统的工作流程如图 2-4 所示。系统工作时首先扫描得到一个光栅文件，经矢量化处理后得到一种格式紧凑的二进制矢量文件，即MIB 格式文件，然后再针对某种 CAD 系统的图形格式进行矢量文件的格式转换，变成该CAD 系统可接受的文件格式，最后输出矢量图。显然采用这种系统可以快速地将大量图纸输入计算机，与其他录入方法相比可以节省大量的人力和物力。与矢量化图形扫描系统不同，光栅图形扫描系统通过光电扫描转换过程，将图形的像素特征输入到计算机中。

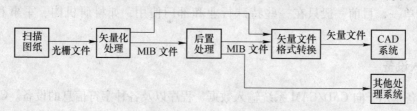

图 2-4　基于图形扫描仪的图形输入系统

（6）三坐标测量机。如图 2-5（a）所示，坐标测量作为一种通用数字化间接测量技术，它以直角坐标为参考系，检测机械零件轮廓上各被测点的坐标值，并通过测点数据处理求得零件的几何尺寸。实施坐标测量的设备称为坐标测量机，英文缩写为 CMM（coordinate measuring machine），也称为三坐标测量机。三坐标测量机实际上可以看做是一台数控机床，只不过前者是用来测量零件的尺寸、公差并进行误差对比，而后者是用来加工工件的，但两者的控制原理和方法是一样的。

三坐标测量机可以分为龙门式、悬臂式、桥式和便携式等，它们的测量范围有大有小，小的大概只有 1m 左右的空间测量范围，而大的可以直接测量整车外形。

三坐标测量机的测量精度受它的结构、材料、驱动系统和光栅尺等各个环节的影响，它的光栅尺分辨率一般为 0.0005mm，测量精度还受当时的温度、湿度和振动等很多环境因素的影响。三坐标测量机与其他传统的测量工具相比，它可以通过一次装夹完成多个尺寸的测量，包括很多传统测量仪器无法进行的测量，还能够直接输入 CAD 模型，通过在模型上采点实现自动测量。

（7）三维激光扫描机。如图 2-5（b）所示，三维激光扫描机是一种典型的"光机电一体化"产品。它采用先进的计算机控制技术、图像处理技术、激光技术以及精密机械技术，已逐渐成为逆向工程中数据测量设备的主流。三维激光扫描技术从形式上是从点扫描测量向线扫描测量和场扫描测量发展的，其中线扫描测量采用"三角法"激光测量原理，同时借助于高精度、高分辨率的面阵 CCD 图像采集系统，从而使其具有了与点扫描形式类似的高测量精度以及可与场测量方式媲美的高效率。另外采用步进电机带动旋转平台，可以获取被测物体的全轮廓数据信息，能够真正实现采用三维扫描方式获取物体三维形状信息的功能。

（8）数码相机。如图 2-5（c）所示，数码相机（digital camera）是近年出现的一种计算机图像录入设备，它采用光电装置将光学图像转换成计算机内部的数字化图像，然后存储在某种存储介质中，如 SD 卡或记忆棒，然后通过 USB 接口等方式将数码相机直接和计算机连接，将数码相机存储卡中的图像输入计算机，进一步通过专门的图像处理软件对所拍录的图像进行所需的编辑和修改。

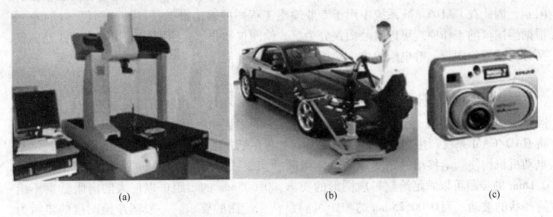

(a)　　　　　　　　　　　　　(b)　　　　　　　　　　　　　(c)

图 2-5　三维激光扫描设备和数码照相机

（a）三坐标测量机；（b）三维激光扫描机；（c）数码照相机

在 CAD/CAM 系统中，除了以上介绍的常用输入设备外，有时还用到触摸屏和语音输入设备等输入设备。

2.2.3　输出设备

将计算机处理后的数据转换成某种用户所需的形式，实现这一功能的设备称为输出设备。CAD/CAM 系统中的输出设备用于将计算机计算或处理的中间或最终结果，以文字、图形、视频录像或语音等不同方式显现出来，实现计算机系统与用户的直接交流与沟通。根据输出方式的不同，输出设备可以分为显示输出设备、打印输出设备、绘图输出设备、影像输出设备和语音输出设备等。

2.2.3.1　显示输出设备——图形显示器

图形显示器是利用电子技术和计算机软件技术在显示屏上显示字符和图形，并能对字符、图形进行实时的加工和处理的一种电子设备，它是 CAD/CAM 系统中必不可少的核心装置。图形显示器包括阴极射线管（cathode ray tube，CRT）显示器、液晶显示器和光栅扫描显示器等。

2.2.3.2　打印输出设备

打印机作为 CAD/CAM 系统中最为常见的一种硬拷贝输出设备，它以纸为介质，用于将计算机处理后的结果打印在纸上以便长时间保留。根据打印机工作方式的不同，打印机可以分为撞击式和非撞击式两种。撞击式打印机使用成型的字符和色带通过击打将字符印在纸上，如行式打印机、点阵式打印机等。除了打印字符外，撞击式打印机也能打印分辨率较低的图形。由于这类打印机的打印过程中涉及机械动作，因此这类打印机的打印速度慢、质量差且噪声大。非撞击式打印机主要有喷墨打印机、激光打印机和静电复印打印机等。这类打印设备速度快、质量高且无噪声，除了能打印各种字符外，还可以用于打印各种报表、图形或图像，如果是彩色打印机，还能打印彩色图形或图像。

2.2.3.3　绘图输出设备

撞击式打印机虽然可以打印输出图形，但其分辨率较低，用于输出工程图时的输出质量受到限制；非撞击式打印机用于输出工程图时虽然其打印效果好，但往往受图纸幅面的限制，因此在 CAD/CAM 系统中用于专业输出工程图的输出设备是各种绘图仪（plotter）。根据绘图仪的工作原理可以将绘图仪分为笔式绘图仪和非笔式绘图仪，其中非笔式绘图仪又分为喷墨绘图仪、静电绘图仪、热敏绘图仪和激光绘图仪。

A　笔式绘图仪

笔式绘图仪以墨水笔作为绘图工具，通过计算机程序来控制绘图笔和纸的相对运动，同时对绘图笔的颜色、绘图线型以及绘图过程中的抬笔和落笔等动作加以精确控制，最终将 CAD/CAM 系统产生的图形绘制到绘图纸上。在笔式绘图仪中，每一个电脉冲通过驱动电动机机构使画笔移动的距离称为步距或脉冲当量，步距越小画出的图形越精细。通常 0.1mm 的步距可以满足绘制一般图形的要求，0.005mm 的步距可以使人的肉眼觉察不出阶梯状的波动，而 0.00625mm 的步距可满足精密绘图的要求。一般国产绘图仪的步距为 0.1～0.00625mm，国外高质量绘图仪的步距可小至 0.001mm。笔式绘图仪的驱动装置常采用步进电动机、小惯量直流电动机或伺服电动机，其传动方式一般采用滚珠丝杠、齿轮齿条或钢丝钢带等结构。

如图 2-6 所示，根据笔和纸相对运动实现方式的不同，笔式绘图仪又可分为滚筒式和平板式绘图仪两类。滚筒式绘图仪是用两个电动机分别带动滚筒和绘图笔运动，滚筒又进一步带动图纸做垂直于滚筒方向的转动，绘图过程中纸和笔均有运动，因此滚筒式绘图仪的绘图速度比平板绘图仪快。这类绘图仪构造简单、结构紧凑、占地较小、价格便宜，适合绘制大型的工程图，但精度不及同档次的平板式绘图仪。HP 公司和 HI 公司均提供笔式绘图仪。

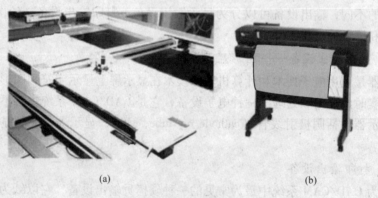

(a)　　　　　　　　　　　　　　　　　(b)

图 2-6 平板式和滚筒式绘图仪

(a) 平板式绘图仪；(b) 滚筒式绘图仪

如图 2-6（a）所示，平板式绘图仪在整个绘图过程中，图纸始终固定在平面上保持不动，在各自的单向脉冲电动机的驱动下，笔架可以同时沿 x 轴和 y 轴两个方向移动，电动机的进给速度快，可达 120m/min，且定位精度高。平板式绘图仪的绘图精度高、绘制速度稍慢，绘图者可自始至终观察绘图过程，因此在 CAD/CAM 系统中应用较广。但平板式绘图仪的绘图幅面往往受到限制，且占地面积较大，价格较高，如美国 XYNETICS 绘图仪和日本的精工绘图仪等。

B 非笔式绘图仪

非笔式绘图仪的作图工具不是笔，包括静电绘图仪、喷墨绘图仪、热敏绘图仪和激光绘图仪等几种类型。静电绘图仪的工作原理与静电记录设备类似，其记录头上的"笔尖"部分受绘图数据的控制，通电的"笔尖"与静电电极共同作用后能在绘图纸上产生静电潜像，在进一步通过四色调色剂组成的彩色处理系统处理后就能将图形显示出来。静电绘图仪的绘图速度快、噪声小，但价格较高，要求与其配套的计算机主机系统具有较高的配置。

喷墨绘图仪利用一种专门的"喷枪"作为记录头，它通过图形数据来控制"喷枪"的喷射强度和单位面积点的密度以实现图形的绘制，通常采用3种颜色的"喷嘴"，每个"喷嘴"用于产生一个基本的颜色，它们在绘图过程中在高压的作用下按一定的时间间隔喷出相应颜色的墨迹，通过3个基本颜色不同比例的组合就可以形成各种颜色的图形。喷墨绘图仪的绘图质量较高，但"喷枪"和墨水等耗材的消耗量和成本较高。

热敏绘图仪的工作原理与热敏传真机或热敏印刷机类似，与其他绘图仪结构不同，它既没有绘图笔，也没有"喷嘴"等部件，其工作原埋是在绘图纸上覆一层透明的具有热敏特征的膜，在绘图过程中使用一个采用半导体集成电路技术制成的内有发热电阻的薄膜头与热敏绘图纸上的膜相接触。薄膜头实际上是一个由许多排列成方阵的发热电阻组成的电子加热器，其中的每个电阻是否加热是计算机根据所需绘制的图形数据来进行逻辑控制的，这样热敏绘图仪有选择地在热敏纸的不同位置上加热就可以绘制所需的图形。当加热温度为200℃以上时，这种化学反应能在几微秒内瞬间完成，膜加热后将变成黑色或蓝色。热敏绘图仪的突出优点是具有高质、高效绘制整块填充实心图案、阴影图和精细线条的能力；另外它还具有打印格式灵活、成像质量高、绘制速度快及成本低等特点，在 CAD/CAM 系统中得到较为广泛的应用；但其缺点是需要专门的热敏绘图纸。

CAD/CAM 系统配置绘图仪时，首先应该根据实际应用的需求确定对绘图仪的性能要求，一般在购买笔式绘图仪时，需要对绘图仪的绘图速度、定位精度和重复精度、绘图幅面大小等指标进行综合考虑。

2.2.3.4 快速原型制造设备（3D 打印机）

快速原型制造（rapid prototyping and manufacturing，RP&M，或简称 RP）技术是指基于离散—堆积的成型原理，由零件的 CAD 模型直接驱动，在计算机的管理和控制下快速制造出任意复杂形状的三维物理实体的技术总称。快速原型制造技术通过离散获得堆积的路径和方式，再通过精确的堆积，采用粘结、熔结、聚合作用或化学反应等多种手段，逐层有选择地固化树脂、切割薄片、烧结粉末、熔覆或喷洒材料等方法，从而准确、快速地"堆积"出与 CAD 模型相对应的三维实体零件。人们将快速原型制造系统形象地比喻为"立体打印机"。

与传统的加工设备相比，快速原型制造技术具有高度柔性，制造过程由 CAD 模型直接驱动，利于实现设计和制造过程的高度一体化，成型过程中无需采用专用夹具和刀具，就可以快速、直接地制成任意复杂形状的零件或其原型，且成型过程自动化程度高，因此它在产品原型制造、产品检验和功能验证以及快速模具制造等领域得到了越来越广泛的应用。随着快速原型技术的进步和系统性价比的提高，许多公司已将快速原型系统作为 CAD/CAM 系统中类似于传统打印机一样的外围输出设备，实现所谓的"立体打印"功能。快速原型技术主要分为激光立体光刻、分层实体制造、选择性激光烧结和熔融沉积成型等几十种不同的方式，相应的成型设备也有较大差异，图 2-7 给出了某种快速原型制造设备及其制作的产品原型。

（a）　　　　　　　　　　　　　　　　（b）

图 2-7　快速原型制造设备及其制作的产品原型
（a）快速原型制造设备；（b）快速原型设备制作的产品原型

2.2.4　外存储器

外存储器是 CAD/CAM 系统中独立于内存、用于存放各种数据和代码的外部存储设备。用作外存储器的有硬磁盘（hard disk，简称硬盘）、软磁盘（floppy disk，简称软盘）、磁带（tape）、光盘（compact disc，CD）和 U 盘等。存放于外存上的任何程序和数据都必须先读入计算机内存后，计算机系统才能进行运算和处理，其按存取方式外存又可分为直接存取存储器和顺序存取存储器两大类。

（1）软盘。软盘需要通过特定的软盘驱动器才能读写数据，且在使用之前需要用特定的操作系统命令对其进行格式化后才能正常使用，其容量只有 100KB 至 2MB。目前，软盘已基本上被 U 盘代替而很少使用。

（2）U 盘。U 盘也称为"闪盘"，它采用一种称为 Flash 的存储器作为存储介质，采用 USB 接口与主机相连，容量从几十 MB 至几百 MB，体积小、重量轻、外形时尚、携带方便、信息不易丢失，是目前被广泛使用的外存储器。值得注意的是，实际上从存储原理来讲，U 盘不是靠磁信号来记录信息，人们只是根据其使用特性而将其归为外存储器。

（3）硬盘。硬盘包括固定式的硬盘驱动器和可移动硬盘两类。与软盘不同，硬盘的存储介质（即盘片）与数据的存取装置合二为一，构成一个整体，而且其容量通常有几十 GB 至几百 GB，因此有时也称其为海量存储器。目前 USB 接口的移动硬盘的容量一般都在 20GB 以上，它大都直接采用笔记本硬盘，存储性能与固定式的硬盘相比要稍差一些，但由于其便于携带的特性，目前使用也十分普遍。从存取方式上讲，硬盘、软盘和光盘等都属于直接存取存储器，它们可以从任意位置开始存取信息。

（4）磁带。磁带的数据存取原理与录音带基本相同，但其存储容量要大得多。磁带的规格统一、互换性好，与计算机连接较为方便，一般用于系统备份的目的。与各种磁盘相比，磁带属于顺序存取存储器，它在存取信息时必须按存储次序依次进行，因此用磁带进行数据存取的时间较长，它主要用于备份或存放不会经常变化的信息。由于磁带的上述使用特性，目前多用在以 UNIX 操作系统为平台的 CAD/CAM 系统中，在一般的微型机 CAD/CAM 系统中较少使用。

（5）光盘。与软盘一样，光盘上数据存取必须借助于光盘驱动器。从使用特性上讲，光盘可分为只读型光盘、一次写入型光盘和可擦写型光盘。其中只读型光盘由制造厂家将信息写入光盘后，用户只能读取其中的信息，例如目前很多软件、程序包和多媒体材料都通过光盘来发布。一次写入型光盘允许用户通过特定的光盘刻录机将信息写入光盘，且写入之后不能修改或再次写入数据。可擦写型光盘可以根据需要，利用光盘刻录机对盘片进行多次写入，也可以和软盘一样将盘片重新格式化。目前普通 CD 光盘的容量一般为 650~800MB，而容量更高的 DVD 光盘的容量可达 4.7GB 以上。

2.2.5　生产系统设备

在机械 CAD/CAM 系统中，生产系统设备主要包括加工设备（如各类数控机床、加工中心等）、物流搬运设备（如有轨小车、无轨小车、机器人等）、仓储设备（如立体仓库、刀库等）、辅助设备（如对刀仪等）等。这些设备与 CAD/CAM 系统中计算机的连接通常采用 RS232 通讯接口、DNC 接口或某些专用接口，主要用于计算机与设备间的通讯，如获取和接收设备的状态信息和其他数据信息，向设备发送命令和控制程序（如数控加工程序、机器人控制程序）等。

网络通信设备一般包括网络适配器、集线器、交换机、传输介质和调制调解器等。

计算机网络是利用通信线路和通信设备将分散在不同地点并具有独立功能的计算机相互连接的计算机群。按照网络覆盖的区域范围，可将计算机网络分为广域网和局域网两种。

广义网用于地区之间的通信，距离可达几千千米，需采用调制解调器，将数字信号先调制为模拟信号再进行远距离传送。Internet 是目前遍布全球、规模最大且价格便宜的一个广域网，它把全世界难以计数的机器连在一起。局域网一般局限于数千米距离范围内，是直接用于传递数字信号的计算机网络。

CAD/CAM 系统所采用的网络均属于局域网，直接建立在一些相互连接设备的基础之上，最简单的网络就是将两台计算机直接连接起来，共享文件和打印机，但这是一种极端简单的情况。不管网络的类型及模式如何，从硬件的角度看，一个网络通常由服务器、工作站、电缆、网卡、集线器和其他网络配件等组成，为了扩展网络范围还要引入路由器、网桥和网关等部件与设备。

除前面介绍的基本配置外，对于一个功能完整的 CAD/CAM 硬件系统，还应配置数控机床等生产设备。

2.3　CAD/CAM 系统的软件

CAD/CAM 系统的软件是指控制 CAD/CAM 系统运行，并使系统发挥最大功效的计算机程序、数据及相关文档资料的总和。CAD/CAM 系统中软件水平的高低，是决定系统功能、运行效率和使用方便程度的关键因素。根据任务和服务对象的不同，CAD/CAM 系统中的软件分为系统软件、支撑软件和应用软件 3 个层次。其中系统软件直接与计算机硬件相关，它的主要作用是合理分配和使用计算机的各种软、硬件资源；支撑软件主要提供了 CAD/CAM 系统所需的各种具有通用性和基础性的功能；应用软件则是指能够满足用户特定应用需要的各种专业性较强的应用软件。

2.3.1　系统软件

系统软件是使用、管理、控制计算机运行的程序的集合，是用户与计算机硬件的连接纽带。系统软件的主要作用有：为用户提供一个清晰、简洁、易于使用的友好界面；尽可能使计算机中的各种资源得到充分而合理的应用。系统软件具有如下两个特点：

（1）通用性。无论哪个应用领域都要用到它，即多机通用和多用户通用。

（2）基础性。各种支撑软件及应用软件都需要在系统软件支撑下运行，即系统软件是支撑软件和应用软件的基础，应用软件要借助于系统软件编制与实现。

系统软件主要包括操作系统、编程语言、网络通讯及其管理三大部分。

2.3.1.1　操作系统

操作系统（operating system，简称 OS）是管理和控制计算机硬件与软件资源的计算机程序，是直接运行在"裸机"上的最基本的系统软件，任何其他软件都必须在操作系统的支持下才能运行。操作系统所处的位置作为系统是用户和计算机的接口，同时也是计算机硬件和其他软件的接口。

操作系统是管理计算机硬件资源，控制其他程序运行并为用户提供交互操作界面的系统软件的集合。操作系统是计算机系统的关键组成部分，其主要功能是处理机管理、存储管理、设备管理、文件管理和作业管理。具体功能有：硬件资源管理（处理机使用与管理、存储分配与管理等）、任务队列管理、定时分时系统、硬件驱动程序、基本数学计算、错误诊断与纠正、日常事务管理、用户界面管理和作业管理等。

操作系统按其提供的功能及工作方式的不同可分为单用户、批处理、实时、分时、网络和分布式操作系统六类。微机用的 DOS 是一种单用户、单任务操作系统，采用的是对计算机手动输入命令行的方式下，对计算机进行操作和控制。多用户分时操作系统把相应的时间分成若干时间片，使各用户轮流占用 CPU 去执行自己的程序，如工作站上使用的 UNIX 系统和微机上的 Windows 操作系统。实时操作系统是保证在一定时间限制内完成特定功能的操作系统。例如，可以为确保生产线上的机器人能获取某个物体而设计一个操作系统。在"硬"实时操作系统中，如果不能在允许时间内完成使物体可达的计算，操作系统将因错误结束；而在"软"实时操作系统中，生产线仍然能继续工作，但产品的输出会因产品不能在允许时间内到达而减慢，这使机器人有短暂的不生产现象。批处理操作系统是将要执行的程序及所需的数据一起输给计算机，然后逐步执行，目的在于力图使作业流程自动化。分布式操作系统管理由多台计算机组成的分布式的系统资源。

目前，CAD/CAM 系统中比较流行的操作系统有：

（1）工作站：UNIX、VMS。

（2）微机：Windows NT、Windows XP、Windows ME、Windows 7、UNIX。

2.3.1.2 计算机编程语言

计算机编程语言是用户将所要完成的任务转化为计算机所能识别并执行作业的基本工具。编程语言系统主要完成源程序编辑、库函数及管理、语法检查、代码编译、程序连接与执行等工作。计算机语言通常是一个能完整、准确和规则地表达人们的意图，并用以指挥或控制计算机工作的"符号系统"。计算机语言通常分为三类，即机器语言、汇编语言和高级语言。按照编程时对计算机硬件依赖程度的不同，可汇编语言是一种与计算机硬件相关的符号指令，如 Intel 8088 的汇编指令中有［MOV Ax，100］，意思是将常数100送到寄存器 AX 中，属低级语言，执行速度快，能充分发挥硬件功能，常用来编制最底层的绘图功能，如画点、画线等。

高级语言是一种与自然语言比较接近的编程语言，所编程序与具体计算机无关，经编译后与有关程序连接即可执行。有许多高级语言问世并且不断发展，如 Basic、Fortran、Pascal、C 等，属结构化编程语言。目前广泛使用面向对象的编程语言有 Visual C＋＋、Visual Basic、Java 等。此外在人工智能方面用得较多的语言有 LISP、Prolog 等。

2.3.1.3 网络通讯及其管理软件

随着计算机网络技术的发展与广泛应用，大多数 CAD/CAM 系统应用了网络通讯技术，用户能共享网内全部硬、软件资源，可以使工作小组共同进行某个产品的辅助设计。网络通讯及其管理软件主要包括网络协议、网络资源管理、网络任务管理、网络安全管理、通讯浏览工具等内容。

为了使网络中信息交换能正常有效地进行，一般部分层次规定了双方通信的约定，称为协议。为了规范计算机网络的设计，国际标准化组织（ISO）于 1980 年制定了开放系统互连模型（OSI），现已作为广泛承认的一种计算机网络标准。目前这种层次型网络协议已标准化，它分为七层，即应用层、表达层、会话层、传输层、网络层、链路层和物理层。目前 CAD/CAM 系统中流行的主要网络协议包括 MAP、TOP、TCP/IP 等协议。

2.3.2 支撑软件

支撑软件是为了满足 CAD/CAM 系统工作中用户的共同需要而开发的通用软件，它是各类应用软件的基础。由于计算机应用领域迅速扩大，CAD/CAM 支撑软件的开发和研制已取得很大进展，商品化的支撑软件层出不穷。CAD/CAM 系统中的支撑软件通常可包括各种高级语言编译系统、面向应用的二次开发环境、数据库系统、人机界面与人机交互系统、零件造型系统、真实感图形显示系统、图形标准和软件包等。

（1）几何建模软件。这类软件目前国内主要以 Pro/E、UG、SolidWorks、Solid Edge 为主，它们基于微机平台，具有参数化特征造型功能，具有装配和干涉检查功能，以及简单的曲面造型功能，价格适中，易于学习掌握，是理想的产品三维设计工具。

（2）绘图软件。具有基本图形元素（点、线、图）绘制、图形变换（缩放、平移、旋转等）、编辑（增、删、改等）、存储、显示控制以及人机交互、输入/输出设计驱动等功能。这类软件主要以人机交互方法完成二维工程图的生成和绘制，具有图形的增删、缩放、复制、镜像等编辑功能，具有尺寸标注、图形拼装等图形处理以及尺寸驱动参数化绘图功能，有较完备的机械标准件参数化图库。这类软件主要有 Autodesk 公司的 AutoCAD

以及国内自主开发的高华 CAD、PICAD、开目 CAD、大恒 CAD 等。

（3）数据库系统软件。CAD/CAM 系统中几乎所有应用都离不开数据，而提高 CAD/CAM 系统的集成化程度主要取决于数据库系统的水平，所以选择合适的数据库管理系统十分重要，目前比较流行的数据库管理系统有 SQL Server、Oracle、Ingres、Sybase、FoxPro 等。

（4）有限元分析软件。它利用有限元法对产品或结构进行静态、动态、热特性分析，通常包括前置处理（单元自动剖分、显示有限元网格等）、计算分析及后置处理（将计算分析结果形象化为变形图、应力应变色彩浓淡图及应力曲线等）三个部分。国内外流行的单一功能工程分析软件有 SAP、ADINA、NASTRAN、Cosmos、ANSYS、ADAMS、MARC 等有限元分析软件。

这些软件从集成性上可划分为集成型与独立型两大类。集成型主要是指 CAE 软件与 CAD/CAM 软件集成在一起，成为一个综合型的集设计、分析、制造于一体的 CAD/CAE/CAM 系统。目前市场上流行的 CAD/CAM 软件大都具有 CAE 功能，如 SDRC 公司的 I-DEAS 及 EDS/Unigraphics 公司的 UGⅡ软件、Pro/E、SolidWorks 等。

（5）优化方法软件。这是将优化技术用于工程设计，综合多种优化计算方法，为求解数学模型提供强有力数学工具的软件，目的是为了选择最优方案，取得最优解。目前，常用的优化设计软件有 Matlab 等。

（6）系统运动学/动力学模拟仿真软件。仿真技术是一种建立模拟真实系统的计算机模型技术。利用模型分析系统的行为而建立实际系统，在产品设计时，实时、并行地模拟产品生产或各部分运行的全过程，以预测产品的性能、产品的制造过程和产品的可制造性。动力学模拟可以仿真分析机械系统在某一特定质量特性和力学特性下系统运动和力的动态特性；而运动学模拟可根据系统的机械运动关系来仿真计算系统的运动特性。这类软件在 CAD/CAE/CAM 技术领域得到了广泛的应用，例如 ADAMS 机械系统动力学分析软件。

（7）数控编程软件系统。CAM 软件中有代表性的是 SurfCAM、SmartCAM、Master-CAM、WorkNC、Cimatron 和 DelCAM 等软件。它们具有刀具的定义、工艺参数的设定、刀具轨迹的自动生成以及后置处理和切削加工模拟等功能。

（8）计算机辅助工程集成软件。这类软件是集几何建模、三维绘图、有限元分析、产品装配、公差分析、机构运动学、NC 自动编程等功能分析系统为一体的集成软件系统。目前，基于三维实体建模、参数化设计、特征造型等特性的 CAD/CAM 软件系统在国内已获得广泛的应用。常用 CAD/CAM 系统主要是 SolidWorks、UG、Pro/E、CATIA、Solid Edge、Inventor 等软件系统。

2.3.3　应用软件

应用软件是用户解决实际问题而自行开发或委托开发的程序系统。它是在系统软件的基础上，或用高级语言编程，或基于某种支撑软件，针对特定的问题设计研制，既可为一个用户使用，也可为多个用户使用的软件。如模具设计软件、结合机床设计软件、电器设计软件、机械零件设计软件、汽车车身设计软件等均属应用软件。

2.4 常用的 CAD/CAM 软件系统功能

Pro/E：Pro/E 是美国参数技术公司（PTC）开发的 CAD/CAM 软件，在中国有较多用户。它是一种采用面向对象的统一数据库、参数化、基于特征、全相关的造型技术，开发出来的机械 CAD/CAE/CAM 产品 Pro/E 软件能将设计直至生产全过程集成到一起，让用户能够同时进行同一产品的设计制造工作，即实现所谓的并行工程。其工业设计方案可以直接读取内部的零件和装配文件，当原始造型被修改时，具有自动更新的功能。其 MOLDE-SIGN 模块用于建立几何外形，产生模具的模芯和腔体，产生精加工零件和完善的模具装配文件。新近发布的 Pro/E 20.0 版本，提供最佳加工路径控制和智能化加工路径创建，允许 NC 编程人员控制整体的加工路径直到最细节的部分。该软件还支持高速加工和多轴加工，带有多种图形文件接口，具有用户界面简洁、概念清晰、符合工程人员的设计思想与习惯等特点。

UG NX：UG NX（Unigraphics NX）是美国 EDS 公司发布的 CAD/CAE/CAM 一体化软件，采用 Parasolid 实体建模核心技术。UG 可以运行于 Windows NT 平台，无论装配图还是零件图设计，都是从三维实体造型开始，可视化程度很高。三维实体生成后，可自动生成二维视图，如三视图、轴侧图、剖视图等。其三维 CAD 是参数化的，一个零件尺寸的修改，可致使相关零件相应变化。该软件还具有人机交互方式下的有限元求解程序，可以进行应力、应变及位移分析。UG NX 的 CAM 模块功能非常强大，它提供了一种产生精确刀具路径的方法，该模块允许用户通过观察刀具运动来图形化地编辑刀具轨迹，如延伸、修剪等，它所带的后置处理模块支持多种数控系统。UG NX 具有多种图形文件接口，可用于复杂形体的造型设计，特别适合于大型企业和研究所使用，广泛地运用在汽车、航空、模具加工及设计、医疗器材等行业。

CATIA：CATIA 是达索公司开发的高档 CAD/CAM 软件，作为世界领先的 CAD/CAM 软件，CATIA 可以帮助用户完成大到飞机小到螺丝刀的设计及制造，它提供了完备的设计能力，从 2D 到 3D 到技术指标化建模。同时，作为一个完全集成化的软件系统，CATIA 将机械设计、工程分析及仿真和加工等功能有机地结合，为用户提供了严密的无纸工作环境，从而达到缩短设计、生产的时间，提高加工质量及降低费用的效果。CATIA 软件以其强大的曲面设计功能而在飞机、汽车、轮船等设计领域享有很高的声誉。CATIA 的曲面造型功能体现在它提供了极丰富的造型工具来支持用户的造型需求。其特有的高次贝塞尔（Bezier）曲线曲面功能（次数能达到 15），能满足特殊行业对曲面光滑性的苛刻要求。

SolidWorks：SolidWorks 公司推出的基于 Windows 平台的微机三维设计软件 Solid-Works，使用了特征管理员（feature manager）等先进技术，是机械产品 3D 与 2D 设计的有效工具。同时，它还可以组成一个以 SolidWorks 为核心的、完整的集成环境，实现如动态模拟、结构分析、运动分析、数控加工和工程数据管理等功能。Cosmos/Works 用于有限元分析，不仅能对单个的机械零件进行结构分析，还可以直接对整个装配体进行分析。由于 Cosmos/Works 是在 SolidWorks 的环境下运行的，因此零部件之间的边界条件是由 Solid-Works 的装配关系自动确定的，无需手工加载。DesignWorks 是专业化的运动学和动力学分析模块，它不仅能直接读取 SolidWorks 的装配关系，自动定义铰链，同时还可以计算反力，并将反力自动加载到零部件上，对零部件进行结构分析。CAMWorks 是世界上第一个基于特征和知识库的加工模块，它能在 SolidWorks 实体上直接提取加工特征，并调用知识库的加工特征，自动产生标准的加工工艺，实现实体切削过程模拟，最终生成机床加工指令。

Solid Edge：Solid Edge 是采用 Unigraphics Solutions 的 Parasolid 造型内核作为软件核心，并基于 Windows 操作系统的微机平台参数化三维实体造型系统，具有零件、装配、工程图和钣金、塑料模具、铸造设计以及产品渲染、文本编辑与管理的能力。Solid Edge 的STREAM 技术利用逻辑推理和决策概念来动态捕捉工程师的设计意图，提高了造型效率和易用性。与 Solid Edge 集成的 PDM 软件 Smarteam 是由 Smart Solutions 公司以面向对象技术为基础开发的，具有设计版本、产品结构、产品流程、企业信息安全和多种文档浏览等功能。

Inventor：Inventor 是美国 AutoDesk 公司开发的产品，该软件具有结合 2D 与 3D 设计、机电混合设计、工程导向设计、易学易用等特点。它不但是一个功能强大的三维工具，而且还是将设计与制造集成的有效手段。由于 Inventor 可以将现有的二维设计集成到三维设计环境中，因此可以方便地将二维设计的数据转换成三维设计需要的数据。

MasterCAM：MasterCAM 是一种应用广泛的中低档 CAD/CAM 软件，由美国 CNC Software 公司开发，V5.0 版本以上运行于 Windows 或 Windows NT 中。该软件三维造型功能稍差，但操作简便、实用，容易学习。新的加工任选项使用户具有更大的灵活性，如多曲面径向切削和将刀具轨迹投影到数量不限的曲面上等功能。这个软件还包括新的 C 轴编程功能，可顺利将铣削和车削结合，而其他功能（如直径和端面切削、自动 C 轴横向钻孔、自动切削与刀具平面设定等）有助于高效的零件生产。其后处理程序支持铣削、车削、线切割、激光加工以及多轴加工。另外，MasterCAM 提供了多种图形文件接口，如 SAT、IGES、VDA、DXF、CADL 以及 STL 等。由于该软件的价格便宜，应用广泛，同时它具有很强的 CAM 功能，成为现在应用最广的 CAM 应用软件。

SurfCAM：SurfCAM 是由美国加州的 Surfware 公司开发的，SurfCAM 是基于 Windows 的数控编程系统，附有全新透视图基底的自动化彩色编辑功能，可迅速而又简捷地将一个模型分解为型芯和型腔，从而节省复杂零件的编程时间。该软件的 CAM 功能具有自动化的恒定 Z 水平面上粗加工和精加工功能，可以使用圆头、球头和方头立铣刀在一系列 Z 水平面上对零件进行无撞伤的曲面切削。对某些作业来说，这种加工方法可以提高粗加工效率和减少精加工时间。V7.0 版本完全支持基于微机的实体模型建立。另外 Surfware 公司和SolidWorks 公司签有合作协议，SolidWorks 的设计部分将成为 SurfCAM 的设计前端，SurfCAM 将直接挂在 SolidWorks 的菜单下，两者相辅相成。

EdgeCAM：EdgeCAM 是英国 Pathtrace 工程系统公司开发的一套智能数控编程系统，是在 CAM 领域内非常具有代表性的实体加工编程系统。EdgeCAM 作为新一代的智能数控编程系统，完全在 Windows 环境下开发，保留了 Windows 应用程序的全部特点和风格，无论从界面布局还是操作习惯上，非常容易为新手所接受。EdgeCAM 软件的应用范围广泛，支持车、铣、车铣复合、线切割的编程操作。

思 考 题

2-1 简述 CAD/CAM 系统体系结构。

2-2 CAD/CAM 系统主要包括哪些硬件，各有什么功能？

2-3 CAD/CAM 系统包括哪些软件？

2-4 常用的 CAD/CAM 软件系统功能有哪些？

3 计算机图形处理技术

扫我看课件

学习目的与要求

　　计算机图形处理技术是利用计算机的高速运算能力和实时显示功能来处理各类图形信息的技术，包括图形的输入，图形的显示，图形的变换、编辑、识别以及图形的输出绘制等方面，这是计算机图形学的重要内容，图形处理技术是 CAD/CAM 中几何信息处理的基础和重要内容，它与 CAD/CAM 技术有着密不可分的关系，在 CAD/CAM 技术中发挥着重要的作用。

　　图形变换是计算机图形学和计算机绘图的重要基础，也是 CAD/CAM 的基本知识和技术之一。本章介绍计算机图形处理的数学基础、图形系统结构与图形标准，详细论述曲线表达的基本原理、图形几何变换技术和图形消隐技术。通过本章的学习，学生应掌握图形学基本知识和具有表达及描述基本图形的能力。

3.1　图形处理的数学基础

　　图形变换的基本原理是几何学和代数学。在图形变换中涉及矢量（vector）、笛卡儿坐标系（Cartesian coordinate system）、矩阵（matrix）等数学概念，需要应用矩阵运算和矩阵性质等数学基础知识。

3.1.1　矢量运算

　　在计算机图形处理中，平面上某点的位置用二维矢量 (x, y) 来表示，立体空间中用三维空间矢量 (x, y, z) 表示；进行图形处理时，需要对矢量进行求和、数乘、点积、模及矢量的叉积等运算。设有两个矢量：

$$\boldsymbol{a}_1 = \begin{bmatrix} x_1 \\ y_1 \\ z_1 \end{bmatrix} \text{ 和 } \boldsymbol{a}_2 = \begin{bmatrix} x_2 \\ y_2 \\ z_2 \end{bmatrix}$$

下面给出矢量的各种运算。

3.1.1.1　矢量和运算

　　两个矢量的和是其相应分量分别求和的结果，即：

$$\boldsymbol{a}_1 + \boldsymbol{a}_2 = \begin{bmatrix} x_1 \\ y_1 \\ z_1 \end{bmatrix} + \begin{bmatrix} x_2 \\ y_2 \\ z_2 \end{bmatrix} = \begin{bmatrix} x_1 + x_2 \\ y_1 + y_2 \\ z_1 + z_2 \end{bmatrix}$$

3.1.1.2 矢量数乘运算

数与矢量相乘是该数分别与矢量各分量相乘的结果，即：

$$ka_1 = k\begin{bmatrix} x_1 \\ y_1 \\ z_1 \end{bmatrix} = \begin{bmatrix} kx_1 \\ ky_1 \\ kz_1 \end{bmatrix}$$

3.1.1.3 矢量点积运算

两个矢量的点积是其对应分量相乘，然后再求和的结果，即：

$$a_1 \cdot a_2 = x_1x_2 + y_1y_2 + z_1z_2$$

3.1.1.4 矢量叉积运算

矢量叉积是三维矢量特有的运算，其几何意义是求与已知两矢量垂直的矢量，即：

$$a_1 \times a_2 = \begin{vmatrix} i & j & k \\ x_1 & y_1 & z_1 \\ x_2 & y_2 & z_2 \end{vmatrix} = \begin{bmatrix} y_1z_2 - y_2z_1 \\ x_2z_1 - x_1z_2 \\ x_1y_2 - x_2y_1 \end{bmatrix}$$

且 $a_1 \times a_2 \perp a_1, a_1 \times a_2 \perp a_2$。

3.1.1.5 矢量的模运算

矢量的模即矢量的长度，用下式计算：

$$\| a_1 \| = \sqrt{x_1^2 + y_1^2 + z_1^2}$$

3.1.2 矩阵运算

矩阵是一个将 $m \times n$ 个数据有序地排列成 m 行 n 列的数表（称为 $m \times n$ 矩阵）。在 CAD 中，矩阵常用来表示图形的矢量性质（位置和方向），通过矩阵运算，将图形处理的几何问题转化为数字处理的代数问题。在计算机中，图形变换是通过编写矩阵运算程序实现的。

设 A 定义为 $m \times n$ 矩阵：

$$A = \begin{bmatrix} a_{11} & a_{12} & \cdots & a_{1n} \\ a_{21} & a_{22} & \cdots & a_{2n} \\ \vdots & \vdots & & \vdots \\ a_{m1} & a_{m2} & \cdots & a_{mn} \end{bmatrix}$$

式中，$a_{i1}, a_{i2}, a_{i3}, \cdots, a_{in}$ 叫做矩阵 A 的第 i 行；$a_{1j}, a_{2j}, a_{3j}, \cdots, a_{mj}$ 叫做矩阵 A 的第 j 列；a_{ij} 称为矩阵 A 的第 i 行、第 j 列元素。如果 $m = n$，则称 A 为 n 阶矩阵或 n 阶方阵。当 $m = 1$ 时，

$A = \begin{bmatrix} a_1 & a_2 & \cdots & a_n \end{bmatrix}$ 称为行矩阵或行矢量。当 $n = 1$ 时，$A = \begin{bmatrix} a_1 \\ a_2 \\ \vdots \\ a_m \end{bmatrix}$ 称为列矩阵或列矢量。

3.1.2.1 矩阵加法

设有两个 $m \times n$ 矩阵 $A = \begin{bmatrix} a_{ij} \end{bmatrix}$ 和 $B = \begin{bmatrix} b_{ij} \end{bmatrix}$，矩阵 A 与 B 之和是两矩阵对应元素的

和，记为 $A + B$，即：

$$A + B = \begin{bmatrix} a_{11} + b_{11} & a_{12} + b_{12} & \cdots & a_{1n} + b_{1n} \\ a_{21} + b_{21} & a_{22} + b_{22} & \cdots & a_{2n} + b_{2n} \\ \vdots & \vdots & & \vdots \\ a_{m1} + b_{m1} & a_{m2} + b_{m2} & \cdots & a_{mn} + b_{mn} \end{bmatrix}$$

注意：只有在两个矩阵的行数和列数均相同的情况下，才能进行矩阵的加法运算。矩阵加法运算满足交换律与结合律，即：

（1）$A + B = B + A$；

（2）$A + (B + C) = (A + B) + C$。

3.1.2.2　矩阵数乘

数 k 与矩阵 $A = [a_{ij}]$ 的乘积定义为数 k 与矩阵的每个元素相乘，记为 kA，即：

$$kA = [ka_{ij}] = \begin{bmatrix} ka_{11} & ka_{12} & \cdots & ka_{1n} \\ ka_{21} & ka_{22} & \cdots & ka_{2n} \\ \vdots & \vdots & & \vdots \\ ka_{m1} & ka_{m2} & \cdots & ka_{mn} \end{bmatrix}$$

矩阵的数乘满足结合律与分配律：

（1）$k(A + B) = kA + kB$；

（2）$k(AB) = (kA)B = A(kB)$；

（3）$(k_1 + k_2)A = k_1 A + k_2 A$；

（4）$k_1(k_2 A) = (k_1 k_2)A$。

3.1.2.3　矩阵乘法

当矩阵 A 的列数与矩阵 B 的行数相等时，两矩阵可以进行乘法运算，得到一个新的矩阵。设矩阵 $A = [a_{ij}]$ 为 $m \times n$ 矩阵，记为 $A_{m \times n}$；矩阵 $B = [b_{ij}]$ 为 $n \times p$ 矩阵，记为 $B_{n \times p}$，两矩阵的乘积 AB 为矩阵 C，$C = [c_{ij}]$ 为 $m \times p$ 矩阵，即：

$$A_{m \times n} B_{n \times p} = C_{m \times p} = [c_{ij}] = \left[\sum_{i=1}^{n} a_{il} b_{lj} \right]$$

例如，设矩阵 $A = [a_{ij}]_{2 \times 3}$，矩阵 $B = [b_{ij}]_{3 \times 2}$，则两个矩阵的乘积为：

$$C = AB = \begin{bmatrix} a_{11} & a_{12} & a_{13} \\ a_{21} & a_{22} & a_{23} \end{bmatrix} \begin{bmatrix} b_{11} & b_{12} \\ b_{21} & b_{22} \\ b_{31} & b_{32} \end{bmatrix} = \begin{bmatrix} a_{11}b_{11} + a_{12}b_{21} + a_{13}b_{31} & a_{11}b_{12} + a_{12}b_{22} + a_{13}b_{32} \\ a_{21}b_{11} + a_{22}b_{21} + a_{23}b_{31} & a_{21}b_{12} + a_{22}b_{22} + a_{23}b_{32} \end{bmatrix}$$

矩阵的乘法不满足交换律，但满足结合律和分配律，即：

（1）$AB \neq BA$；

（2）$ABC = (AB)C = A(BC)$；

（3）$A(B + C) = AB + AC$。

3.1.2.4　单位矩阵

一个 n 阶矩阵主对角线元素均为1，其余各元素均为0，则称该矩阵为 n 阶单位矩阵，

记为 I，即：

$$I = \begin{bmatrix} 1 & 0 & \cdots & 0 \\ 0 & 1 & \cdots & 0 \\ \vdots & \vdots & & \vdots \\ 0 & 0 & \cdots & 1 \end{bmatrix}$$

3.1.2.5 逆矩阵

n 阶矩阵 A，若存在 n 阶矩阵 B，使得：

$$AB = BA = I$$

则称 B 为 A 的逆矩阵（简称逆）。A 的逆矩阵具有唯一性，记为 A 的逆 $B = A^{-1}$，即：

$$AA^{-1} = I$$

3.1.2.6 矩阵转置

将 $m \times n$ 矩阵 A 的行与列互换后得到一个 $n \times m$ 矩阵，称为 A 的转置矩阵，记为 A^T，即：

$$A^T = \begin{bmatrix} a_{11} & a_{12} & \cdots & a_{1n} \\ a_{21} & a_{22} & \cdots & a_{2n} \\ \vdots & \vdots & & \vdots \\ a_{m1} & a_{m2} & \cdots & a_{mn} \end{bmatrix}^T = \begin{bmatrix} a_{11} & a_{21} & \cdots & a_{m1} \\ a_{12} & a_{22} & \cdots & a_{m2} \\ \vdots & \vdots & & \vdots \\ a_{1n} & a_{2n} & \cdots & a_{mn} \end{bmatrix}$$

转置矩阵具有下列性质：

(1) $(A^T)^T = A$；

(2) $(A + B)^T = A^T + B^T$；

(3) $(kA)^T = kA^T$，k 为常数；

(4) $(AB)^T = B^T A^T$；

(5) $(A^{-1})^T = (A^T)^{-1}$。

3.1.3 齐次坐标

齐次坐标（homogeneous coordinate）技术是从几何学中发展起来的，随后在计算机图形学中得到了广泛应用。利用齐次坐标可以将平移、旋转、比例、投影等几何变换统一到矩阵的乘法上来，从而为图形变换的计算机处理提供了方便。

从广义上讲，齐次坐标就是用 $n + 1$ 维矢量表示 n 维矢量，即将 n 维空间的点用 $n + 1$ 维坐标表示。例如，一般笛卡儿坐标系中的点矢量 $[x, y]$ 可用齐次坐标表示为 $[Hx, Hy, H]$，其中最后一维坐标是一个标量，称为比例因子。因此，只要给出某一点的齐次坐标矢量 $[X \quad Y \quad H]$ 就可求得其二维笛卡儿坐标，即：

$$[X \quad Y \quad H] \rightarrow \left[\frac{X}{H} \quad \frac{Y}{H} \quad \frac{H}{H}\right] = [x \quad y \quad 1]$$

上述求 n 维笛卡儿坐标的过程称为正常化处理。

注意：在齐次坐标中，由于 H 的取值是任意的，因此，点的齐次坐标表示不是唯一的。若 A 点的齐次坐标为 P，B 点的齐次坐标为 Q，当 $P = kQ$（其中 k 为常数）时，实际上 P 和 Q 是同一个点。例如，齐次坐标 $[8 \quad 4 \quad 2]$、$[-12 \quad -6 \quad -3]$ 和 $[4 \quad 2 \quad 1]$

都表示笛卡儿坐标点 [4　2]。在一般使用中，为简单起见，常令 $H=1$。此时，二维点 (x,y) 的齐次坐标表示为 [x　y　1]，其中 x、y 坐标没有变化，只是增加了 $H=1$ 的一个附加坐标。在几何意义上，相当于把发生在三维空间的变换限制在 $H=1$ 的平面内。

采用齐次坐标的优点是提供了将图形处理中的各种变换用统一形式处理的方法。其次，当 $H=0$，而 X 和 Y 不都为零时，齐次坐标可用来表示无穷远的点。

3.2　图形系统与图形标准

计算机图形系统是 CAD 软件或其他图形应用软件系统的重要组成部分。计算机图形系统包括硬件和软件两大部分，硬件部分包括图形的输入、输出设备和图形控制器等，软件部分主要包括图形的显示、交互技术、模型管理和数据存取交换等方面。对于一个图形应用程序的用户而言，面对的是在特定图形系统环境上开发的一个具体的应用系统。对于一个图形应用程序开发人员而言，一般面对的是 3 种不同的界面，有 3 种不同的任务：一是设备相关界面，需要开发一个与设备相关的图形服务软件；二是与设备无关的系统环境，需要开发一个应用系统支持工具包；三是应用环境，应据此开发一个实用的图形应用系统。

3.2.1　图形系统的基本功能与层次结构

一个计算机图形应用系统应该具有的最基本功能有：

（1）运算功能，包括定义图形的各种元素属性，各种坐标系及几何变换等。

（2）数据交换功能，包括图形数据的存储与恢复、图形数据的编辑以及不同系统之间的图形数据交换等。

（3）交互功能，是提供人-机对话的手段，使图形能够实时地、动态地交互生成。

（4）输入功能，用于接收图形数据的输入，而且输入设备应该是多种多样的。

（5）输出功能，用于实现在图形输出设备上产生逼真的图形。

不同的计算机图形系统根据应用要求的不同，在结构和配置上有一定的差别。早期的图形系统没有层次形式，应用程序人员开发图形软件受系统的配置影响很大，从而导致图形系统的开发周期很长，而且不便于移植。计算机图形的标准化进程使得图形系统逐步具有层次概念，并且各层具有标准的接口形式，从而提高了图形应用系统的研制速度和使用效益。图 3-1 是基于图形标准化的形式而得出的一种图形系统的层次结构。

API（application programmers interface）是一个与设备无关的图形软件工具，它提供丰富的图形操作，包括图形的输出元素及元素属性、图形的数据结构以及编辑图形的各种变

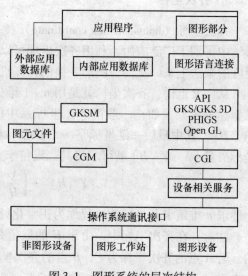

图 3-1　图形系统的层次结构

换、图形的输入和输出等操作。API 通常是用诸如 C、Pasgal、Fortran 等高级编程语言编写的子程序包。语言连接（language binding）是一个十分有用的接口，它使得用单一语言编写的 API 子程序包能被其他语言所调用。CGI（computer graphics interface）是设备相关图形服务与设备无关图形操作之间的接口，它提供一系列与标准设备无关的图形操作命令。CGI 通常直接制作在图形卡上，它的实现一般是与设备相关的。CGM（computer graphics metafile）定义了一个标准的图形元文件（metafile）格式，用 CGM 格式存储的图形数据可以在不同的图形系统之间进行交换。基于如图 3-1 所示的标准化应用图形系统的层次结构，CAD 应用系统开发人员就可以在对系统环境不甚了解的情况下高效地开发应用系统，同时也便于人们移植已经开发的应用系统，甚至 API 系统也可以进行移植。同样，只要图形硬件的驱动程序是标准的 CGI 系统也可以进行移植。

3.2.2 图形系统标准

图形系统标准化一直是计算机图形学的重要研究课题。由于图形是一种范围很宽又很复杂的数据，因而对它的描述和处理也是复杂的。图形系统的作用是简化应用程序的设计。由于图形系统较难独立于设备、主机、工作语言和应用领域，因此图形系统研制成本高、可移植性差成为一个严重问题。

为使图形系统可移植，必须解决以下几个问题：

（1）独立于设备。交互式图形系统中有多种输入、输出设备，作为标准的通用图形系统，在应用程序设计这一级应具有对图形设备的相对无关性。

（2）独立于机器。图形系统应能在不同类型的计算机主机上运行。

（3）独立于语言。程序员在编写应用程序来表达算法和数据结构时，通常采用高级语言，通用图形系统应具有图形功能的子程序组，以便不同的高级语言调用。

（4）独立于不同的应用领域。图形系统的应用范围十分宽广，若所开发的系统只适用于某一领域的应用，在其他场合下使用就要进行很大的修改，就需要付出巨大的代价，因此要求通用图形系统标准应独立于不同的应用领域，即提供一个不同层次的图形功能组。

实现绝对的程序可移植性（使一个图形系统不做任何修改即可在任意设备上运行）是很困难的，但只做少量修改即可运行是能够实现的，标准化的图形系统为解决上述几个问题打下了良好的基础。国际上已从 20 世纪 70 年代中期开始着手图形系统的标准化工作。制定图形系统标准的目的在于：

（1）解决图形系统的可移植性问题，使涉及图形的应用程序易于在不同的系统环境间移植，便于图形数据的变换和传送，降低图形软件研制的成本，缩短研制周期。

（2）有助于应用程序员理解和使用图形学方法，给用户带来极大的方便。

（3）为厂家设计制造智能工作站提供指南，使其可依据该标准决定将哪些图形功能组合到智能工作站中，可以避免软件开发工作者的重复劳动。

图形标准化工作历经十余年，主要收获是确定了为进行图形标准化而必须遵循的若干准则，并在图形学的各个领域进行了标准化的研究。从目前来看，计算机图形标准化主要包括以下几个方面的内容：

（1）应用程序员接口 API 标准化。ISC1 提供 3 个标准，即 GKS、GKS 3D 和 PHIGS。

（2）语言连接规范，诸如 Fortran、C、Pascal 与 GKS、GKS 3D、PHIGS 的连接标准。

（3）计算机图形接口的标准化，包括 CGI 和 CGI-3D。

（4）图形数据交换标准。在这里引入了元文件概念，定义了 CGI、CGI-3D 标准。

在不久的将来，操作员接口（operater interface）和硬件接口（hardware interface）的标准化将成为图形标准化研究的目标。同时，图形数据交换的标准将演变为集文字、图像、语言和图形为一体的多媒体信息交换标准。

3.3   曲线描述基本原理

工程中的各种物体可以用包含许多曲面和曲线的几何模型来表示。由已知曲线或曲面的数学方程生成的曲线和曲面称为规则曲线和规则曲面，例如柱、锥、球面等，常用隐函数或二次方程的显函数表示。但在汽车、轮船、飞机、模具、艺术品等产品设计中，存在有大量的曲线和曲面是不能用二次方程来描述的，这类曲线和曲面称为自由曲线（free curves）和自由曲面（free-form surfaces），它们是计算机辅助几何设计所研究的主要几何形状。

3.3.1   曲线的数学描述方法

3.3.1.1   参数曲线

曲线的造型空间指曲线存在的三维空间可通过坐标系由数学模型来精确地描述几何体。对于曲线上每一位置点的 (x, y, z) 坐标都可由一个单变量 u 的方程来定义，如图 3-2 所示。

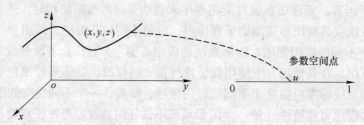

图 3-2   曲线的造型空间和参数空间

曲线可用隐函数、显函数或参数方程来表示。用隐函数表示曲线不直观、作图也不方便，而用显函数表示又存在多值性和斜率无穷大等问题。因此，隐函数和显函数只适合表达简单、规则的曲线和曲面。自由曲线多用参数方程（parametric equation）表示，相应地被称为参数曲线（parametric curve）。空间的一条曲线可以表示成随参数 u 变化的运动点的轨迹图（见图 3-2），其矢量函数为：

$$P(u) = P(x(u), y(u), z(u))   u \in [0, 1]$$

式中，$[0, 1]$ 为参数域，在参数域中的每一个参数点都可以通过曲线方程计算出一个曲线空间点。

3.3.1.2   曲线的切线和法平面

首先给出曲线上一点 P 的切矢的定义。如图 3-3（a）所示的一条空间曲线 $r = r(t)$，曲线上两点 P、Q 的参数值为 t 和 $t + \Delta t$，则矢量 $\Delta r = r(t + \Delta t) - r(t)$ 为弦矢量 PQ，当 Q

点沿曲线走近于 P 点，$\Delta t \to 0$ 时，矢量 $\Delta \boldsymbol{r}/\Delta t$ 的极限为 $r'(t) = \lim\limits_{t \to 0} \dfrac{r(t + \Delta t) - r(t)}{\Delta(t)}$，$r'(t)$ 是以 P 点为切点的切线上的矢量，并称它为曲线上 P 点的切矢。对于一条光滑的空间曲线，曲线上任一点的切矢都是一个非零矢量，即切矢 $r'(t) \neq 0$ 的方向总是和参数 t 增大的方向一致。对于平面曲线，曲线决定了一个平面，如图 3-3（b）所示，把与曲线切矢和平面法矢都垂直的方向定义为曲线的法矢。对于空间曲线，将与曲线切矢和当前视图方向都垂直的方向定义为曲线的法矢。

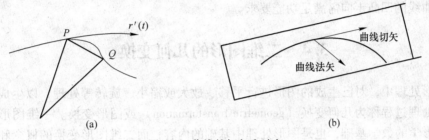

图 3-3　曲线的切矢和法矢
（a）曲线的切矢定义；（b）切矢和法矢

3.3.1.3　曲线的次数

样条曲线中的每一段曲线都由一个多项式来定义，它们都有相同的次数，即样条曲线的次数。曲线的次数决定了曲线的柔韧性，次数为 1 的样条曲线是连接所有控制顶点的直线段，它至少需要两个控制顶点，2 次样条曲线至少需要 3 个控制顶点，3 次样条曲线至少需要 4 个控制顶点，以此类推。但高于 3 次的样条曲线有可能出现难以控制的振荡。对于各系统，B 样条曲线的缺省次数为 3 次，能够满足绝大多数情况的需求。

3.3.2　几何设计的基本概念

在自由曲线描述中常用 3 种类型的点，它们分别是：

（1）特征点，用来确定曲线的形状位置，但曲线或曲面不一定经过该点。

（2）型值点，用于确定曲线的位置与形状并且曲线经过该点。

（3）插值点，为提高曲线的输出精度，在型值点之间插入的一系列点。

设计中通常是用一组离散的型值点或特征点来定义和构造几何形状，且构造的曲线满足光顺的要求。这种定义曲线的方法有插值、拟合或逼近，定义如下：

（1）插值。给定一组精确的数据点，要求构造一个函数，使之严格地依次通过全部型值点，且满足光滑的要求，如图 3-4（a）所示。

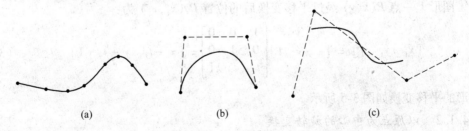

(a)　　　　　　　　　(b)　　　　　　　　　(c)

图 3-4　型值点、特征点与曲线的关系

（2）拟合。对于一组具有误差的数据点，构造一个函数，使之在整体上最接近这些数据点而不必通过全部数据点，并使所构造的函数与所有数据点的误差在某种意义上最小。

（3）逼近。用特征多边形或网络来定义和控制曲线的方法，如图3-4（b）和（c）所示。虚线上的点是特征点，形成的多边形称为特征多边形或控制多边形（control polygon）。

（4）光滑。从数学意义上讲，光滑是指曲线具有至少一阶的连续导数。

（5）光顺。它不仅要求曲线具有一阶的连续导数，而且还需满足设计要求。例如一般机械零件外形只要求一阶导数连续即可，而叶片、汽车外形等产品不但要求二阶导数连续，而且曲线的凹凸走向需满足功能要求。

3.4　二维图形的几何变换

在图形处理中，对已生成的图形进行平移、放大或缩小、旋转等处理，以生成新的图形信息的处理过程称为几何变换（geometric transformation）或图形变换。一维图形变换是计算机图形学的数学基础，也是图形处理中基础的内容；而二维图形变换的概念和方法可以很方便地推广到三维图形变换。

3.4.1　二维图形的基本几何变换

采用齐次坐标技术，可用一个统一的 3×3 矩阵来描述二维图形的平移、比例、旋转、对称和错切的变换。二维图形的变换矩阵一般式为：

$$T = \begin{bmatrix} a & b & p \\ c & d & q \\ m & n & s \end{bmatrix}$$

改变 T 中元素的取值，即可得到不同的变换形式。下面将讨论齐次坐标下的变换矩阵，利用组成图形特征点的坐标矩阵与其相乘，便可得到与之对应的变换后的图形。

3.4.1.1　平移变换

平移变换使二维图形由原坐标位置平移到另一个位置，图形自身形状无变化。平移变换矩阵一般式为：

$$T_t = \begin{bmatrix} 1 & 0 & 0 \\ 0 & 1 & 0 \\ t_x & t_y & 1 \end{bmatrix} \tag{3-1}$$

式中，t_x 为图形在 x 方向上的平移距离；t_y 为图形在 y 方向上的平移距离。

二维图形上一点 $P(x,y)$ 经过平移变换后的位置 $P_1(x_1,y_1)$ 为：

$$\begin{bmatrix} x_1 & y_1 & 1 \end{bmatrix} = \begin{bmatrix} x & y & 1 \end{bmatrix} \begin{bmatrix} 1 & 0 & 0 \\ 0 & 1 & 0 \\ t_x & t_y & 1 \end{bmatrix} = \begin{bmatrix} x + t_x & y + t_y & 1 \end{bmatrix} \tag{3-2}$$

图形的平移变换如图3-5所示。

3.4.1.2　以原点为中心的旋转变换

旋转中心不同，则其变换矩阵不同，这里仅讨论相对坐标原点的旋转变换，并且规定旋转角度逆时针为正、顺时针为负。点 $P(x,y)$ 绕坐标原点旋转 θ 角后到达点 $P_1(x_1,y_1)$，其数学表达式为：

$$\begin{cases} x_1 = x\cos\theta - y\sin\theta \\ y_1 = x\sin\theta + y\cos\theta \end{cases}$$

所以，二维图形绕坐标原点的旋转变换矩阵为：

$$\boldsymbol{T}_r = \begin{bmatrix} \cos\theta & \sin\theta & 0 \\ -\sin\theta & \cos\theta & 0 \\ 0 & 0 & 1 \end{bmatrix} \tag{3-3}$$

$P(x,y)$ 绕坐标原点旋转 θ 角后到达点 $P_1(x_1,y_1)$：

$$\begin{bmatrix} x_1 & y_1 & 1 \end{bmatrix} = \begin{bmatrix} x & y & 1 \end{bmatrix} \begin{bmatrix} \cos\theta & \sin\theta & 0 \\ -\sin\theta & \cos\theta & 0 \\ 0 & 0 & 1 \end{bmatrix} = \begin{bmatrix} x\cos\theta - y\sin\theta & x\sin\theta + y\cos\theta & 1 \end{bmatrix}$$

$$\tag{3-4}$$

图形绕原点旋转变换的结果如图 3-6 所示。

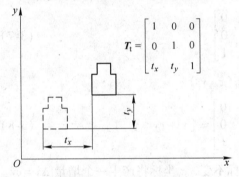

图 3-5 图形的平移变换

（虚线表示变换前的图形，实线表示变换后的图形）

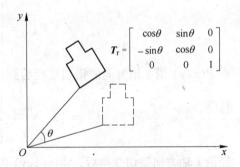

图 3-6 图形以坐标原点为中心的旋转变换

（虚线表示变换前的图形，实线表示变换后的图形）

3.4.1.3 以原点为中心的比例变换

二维图形中的每一个点以坐标原点为中心按相同的比例进行放大或缩小所得到的变换称为比例变换。以坐标原点为中心的比例变换矩阵为：

$$\boldsymbol{T}_s = \begin{bmatrix} S_x & 0 & 0 \\ 0 & S_y & 0 \\ 0 & 0 & 1 \end{bmatrix} \tag{3-5}$$

式中，S_x 为图形沿 x 轴方向相对于原点的放大（或缩小）比例；S_y 为图形沿 y 轴方向相对于原点的放大（或缩小）比例。$P(x,y)$ 经过以坐标原点为中心的比例变换后，到达点 $P_1(x_1,y_1)$：

$$\begin{bmatrix} x_1 & y_1 & 1 \end{bmatrix} = \begin{bmatrix} x & y & 1 \end{bmatrix} \begin{bmatrix} S_x & 0 & 0 \\ 0 & S_y & 0 \\ 0 & 0 & 1 \end{bmatrix} = \begin{bmatrix} xS_x & yS_y & 1 \end{bmatrix} \tag{3-6}$$

该变换以坐标原点为中心，将图形沿 x 轴方向、y 轴方向相对于原点分别放大（或缩小）

S_x、S_y 倍，且 S_x、S_y 均大于 0。

（1）若 $S_x = S_y = 1$，变换后图形坐标与原来的相等，称为恒等变换。

（2）若 $S_x = S_y \neq 1$，图形将在 x 轴、y 轴方向按相同的比例放大（$S_x = S_y > 1$）或缩小（$S_x = S_y < 1$），称为等比例变换。

（3）若 $S_x \neq S_y$，图形将在 x 轴、y 轴方向以不同的比例变换，称为畸变。

等比例变换结果如图 3-7 所示。

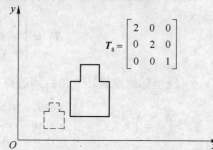

3.4.1.4 错切变换

错切变换是使图形沿某一坐标轴方向的坐标发生变化，而另一坐标轴方向的坐标值不变，使图形产生特定的变化。错切变换有沿 x 轴和沿 y 轴错切两种形式。

A   沿 x 轴方向的错切

当沿 x 轴方向进行错切时，有 $x_1 = x + \Delta x$，$y_1 = y$，对应的变换矩阵为：

图 3-7   图形以坐标原点为中心的等比例变换
（虚线表示变换前的图形，实线表示变换后的图形）

$$T_{sh,x} = \begin{bmatrix} 1 & 0 & 0 \\ c & 1 & 0 \\ 0 & 0 & 1 \end{bmatrix} \tag{3-7}$$

点 $P(x,y)$ 沿 x 轴方向的错切变换后到达点 $P_1(x_1,y_1)$：

$$\begin{bmatrix} x_1 & y_1 & 1 \end{bmatrix} = \begin{bmatrix} x & y & 1 \end{bmatrix} \begin{bmatrix} 1 & 0 & 0 \\ c & 1 & 0 \\ 0 & 0 & 1 \end{bmatrix} = \begin{bmatrix} x + cy & y & 1 \end{bmatrix} \tag{3-8}$$

经沿 x 轴方向错切变换后，点 $p(x,y)$ 的 y 坐标不变，x 坐标将产生一个增量 $\Delta x = cy$。

B   沿 y 轴方向的错切

当沿 y 轴方向进行错切时，有 $x_1 = x$，$y_1 = y + \Delta y$，对应的变换矩阵为：

$$T_{sh,y} = \begin{bmatrix} 1 & b & 0 \\ 0 & 1 & 0 \\ 0 & 0 & 1 \end{bmatrix} \tag{3-9}$$

点 $P(x,y)$ 沿 y 轴方向的错切变换后到达点 $P_1(x_1,y_1)$：

$$\begin{bmatrix} x_1 & y_1 & 1 \end{bmatrix} = \begin{bmatrix} x & y & 1 \end{bmatrix} \begin{bmatrix} 1 & b & 0 \\ 0 & 1 & 0 \\ 0 & 0 & 1 \end{bmatrix} = \begin{bmatrix} x & bx + y & 1 \end{bmatrix} \tag{3-10}$$

经沿 y 轴方向错切变换后，点 $p(x,y)$ 的 x 坐标不变，y 坐标将产生一个增量 $\Delta y = bx$。

注意错切变换中 b、c 的取值，当沿坐标轴正向作错切变换时，b、c 取正值，否则取负值。二维图形错切齐次变换矩阵的一般形式为：

$$T_{sh} = \begin{bmatrix} 1 & b & 0 \\ c & 1 & 0 \\ 0 & 0 & 1 \end{bmatrix} \tag{3-11}$$

当 $b=0$，$c \neq 0$ 时，图形各点 x 坐标沿 x 轴错切移动 cy 距离，而 y 坐标保持不变，如图3-8（a）所示；当 $b \neq 0$，$c=0$ 时，图形各点 y 坐标沿 y 轴错切移动 bx 距离，而 x 坐标保持不变，如图3-8（b）所示。

3.4.1.5 对称变换

对称变换也称镜像变换，指变换前后图形对称于 x 轴、y 轴、某一直线或点等。

二维图形的对称变换是将图形围绕对称轴或某一直线进行镜像所得到的变换，围绕坐标轴或某一直线的对称齐次变换矩阵一般形式为：

$$\boldsymbol{T}_{\mathrm{m}} = \begin{bmatrix} a & b & 0 \\ c & d & 0 \\ 0 & 0 & 1 \end{bmatrix} \tag{3-12}$$

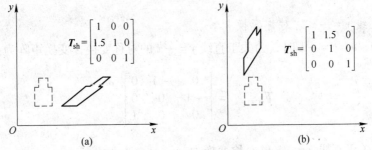

图3-8 图形的错切变换

（a）沿 x 轴的错切变换；（b）沿 y 轴的错切变换

（虚线表示变换前的图形，实线表示变换后的图形）

A 关于 x 轴的对称变换

当 $a=1$，$d=-1$，$b=c=0$ 时，为关于 x 轴的对称变换，变换矩阵为：

$$\boldsymbol{T}_{\mathrm{m},x} = \begin{bmatrix} 1 & 0 & 0 \\ 0 & -1 & 0 \\ 0 & 0 & 1 \end{bmatrix} \tag{3-13}$$

点 $P(x,y)$ 关于 x 轴的对称变换为：

$$\begin{bmatrix} x_1 & y_1 & 1 \end{bmatrix} = \begin{bmatrix} x & y & 1 \end{bmatrix} \begin{bmatrix} 1 & 0 & 0 \\ 0 & -1 & 0 \\ 0 & 0 & 1 \end{bmatrix} = \begin{bmatrix} x & -y & 1 \end{bmatrix} \tag{3-14}$$

B 关于 y 轴的对称变换

当 $a=-1$，$d=1$，$b=c=0$ 时，为关于 y 轴的对称变换，变换矩阵为：

$$\boldsymbol{T}_{\mathrm{m},y} = \begin{bmatrix} -1 & 0 & 0 \\ 0 & 1 & 0 \\ 0 & 0 & 1 \end{bmatrix} \tag{3-15}$$

点 $P(x,y)$ 关于 y 轴的对称变换为：

$$\begin{bmatrix} x_1 & y_1 & 1 \end{bmatrix} = \begin{bmatrix} x & y & 1 \end{bmatrix} \begin{bmatrix} -1 & 0 & 0 \\ 0 & 1 & 0 \\ 0 & 0 & 1 \end{bmatrix} = \begin{bmatrix} -x & y & 1 \end{bmatrix} \tag{3-16}$$

C　关于直线 $y = x$ 的对称变换

当 $a = d = 0$，$b = c = 1$ 时，为关于直线 $y = x$ 的对称变换，变换矩阵为：

$$T_{m,y=x} = \begin{bmatrix} 0 & 1 & 0 \\ 1 & 0 & 0 \\ 0 & 0 & 1 \end{bmatrix} \tag{3-17}$$

点 $P(x,y)$ 关于直线 $y = x$ 的对称变换为：

$$\begin{bmatrix} x_1 & y_1 & 1 \end{bmatrix} = \begin{bmatrix} x & y & 1 \end{bmatrix} \begin{bmatrix} 0 & 1 & 0 \\ 1 & 0 & 0 \\ 0 & 0 & 1 \end{bmatrix} = \begin{bmatrix} y & x & 1 \end{bmatrix} \tag{3-18}$$

D　关于直线 $y = -x$ 的对称变换

当 $a = d = 0$，$b = c = -1$ 时，为关于直线 $y = -x$ 的对称变换，变换矩阵为：

$$T_{m,y=-x} = \begin{bmatrix} 0 & -1 & 0 \\ -1 & 0 & 0 \\ 0 & 0 & 1 \end{bmatrix} \tag{3-19}$$

点 $P(x,y)$ 关于直线 $y = -x$ 的对称变换为：

$$\begin{bmatrix} x_1 & y_1 & 1 \end{bmatrix} = \begin{bmatrix} x & y & 1 \end{bmatrix} \begin{bmatrix} 0 & -1 & 0 \\ -1 & 0 & 0 \\ 0 & 0 & 1 \end{bmatrix} = \begin{bmatrix} -y & -x & 1 \end{bmatrix} \tag{3-20}$$

E　关于坐标原点的对称变换

当 $a = d = -1$，$b = c = 0$ 时，为关于坐标原点的对称变换，变换矩阵为：

$$T_{m,o} = \begin{bmatrix} -1 & 0 & 0 \\ 0 & -1 & 0 \\ 0 & 0 & 1 \end{bmatrix} \tag{3-21}$$

点 $P(x,y)$ 关于坐标原点的对称变换为：

$$\begin{bmatrix} x_1 & y_1 & 1 \end{bmatrix} = \begin{bmatrix} x & y & 1 \end{bmatrix} \begin{bmatrix} -1 & 0 & 0 \\ 0 & -1 & 0 \\ 0 & 0 & 1 \end{bmatrix} = \begin{bmatrix} -x & -y & 1 \end{bmatrix} \tag{3-22}$$

图 3-9 给出了二维图形关于 x 轴、y 轴、原点的对称变换图例。

3.4.2　二维图形的组合变换

在图形变换中，变换并不一定以某种基本形式出现。例如，相对平面内任一点的比例变换就不能直接套用相对于原点的比例变换公式。一般的二维图形变换可以归结为若干基本变换的组合，称其为组合变换。

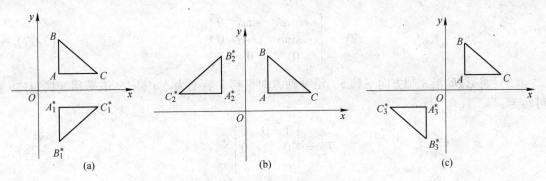

图 3-9 图形的对称变换

（a）x 轴为对称轴；（b）y 轴为对称轴；（c）原点为对称轴

组合变换的基本原理是矩阵乘法的结合律，假设已知点 P 经过 T_1、T_2、T_3 三个几何变换，变换到新的位置 P_1，则：

$$P_1 = \left[(PT_1)T_2 \right]T_3 \tag{3-23}$$

运用矩阵乘法的结合律，式（3-23）可转化为：

$$P_1 = P(T_1T_2T_3) \tag{3-24}$$

于是，得到组合变换矩阵为：

$$T = T_1T_2T_3 \tag{3-25}$$

注意：组合变换时，矩阵相乘是有先后顺序的。先变换的矩阵位于左端，后变换的矩阵位于右端。矩阵乘法不满足交换律，例如对于变换矩阵 T_1 和 T_2，有 $T_1T_2 \neq T_2T_1$。

【例 3-1】 以平面上任意点为中心的旋转变换

如图 3-10 所示，设有平面三角形 $\triangle abc$，其三个顶点的坐标分别为 $a(6, 4)$，$b(9, 4)$，$c(6, 6)$，将 $\triangle abc$ 绕点 $A(5,3)$ 逆时针旋转 $90°$。该变换可理解为三个基本变换的组合。

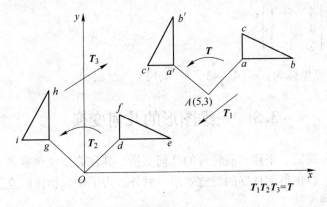

图 3-10 平面上任意点为中心的旋转变换

（1）将 $\triangle abc$ 连同旋转中心点 A 沿 x 轴方向平移 -5，沿 y 轴方向平移 -3，使点 A 与坐标原点重合，$\triangle abc$ 平移到 $\triangle def$，该平移变换矩阵可写为：

$$T_1 = \begin{bmatrix} 1 & 0 & 0 \\ 0 & 1 & 0 \\ -m & -n & 1 \end{bmatrix} \tag{3-26}$$

（2）将 $\triangle def$ 绕坐标原点逆时针旋转 $90°$ 得到 $\triangle ghi$，该旋转变换矩阵可写为：

$$T_2 = \begin{bmatrix} \cos\alpha & \sin\alpha & 0 \\ -\sin\alpha & \cos\alpha & 0 \\ 0 & 0 & 1 \end{bmatrix} \tag{3-27}$$

（3）将 $\triangle ghi$ 沿 x 轴方向平移 5，沿 y 轴方向平移 3 后变为 $\triangle a'b'c'$，该平移变换矩阵可写为：

$$T_3 = \begin{bmatrix} 1 & 0 & 0 \\ 0 & 1 & 0 \\ m & n & 1 \end{bmatrix} \tag{3-28}$$

则组合变换矩阵为：

$$T = T_1 T_2 T_3 = \begin{bmatrix} \cos\alpha & \sin\alpha & 0 \\ -\sin\alpha & \cos\alpha & 0 \\ -m\cos\alpha + n\sin\alpha + m & -m\sin\alpha - n\cos\alpha + n & 1 \end{bmatrix} \tag{3-29}$$

$\triangle abc$ 通过组合变换矩阵 T 的变换，到了 $\triangle a'b'c'$ 位置，即：

$$\begin{bmatrix} x'_a & y'_a & 1 \\ x'_b & y'_b & 1 \\ x'_c & y'_c & 1 \end{bmatrix} = \begin{bmatrix} x_a & y_a & 1 \\ x_b & y_b & 1 \\ x_c & y_c & 1 \end{bmatrix} T \tag{3-30}$$

变换矩阵 T 中，$m = 5$，$n = 3$，$\alpha = 90°$，将 $\triangle abc$ 的顶点坐标代入式（3-30）得：

$$\begin{bmatrix} x'_a & y'_a & 1 \\ x'_b & y'_b & 1 \\ x'_c & y'_c & 1 \end{bmatrix} = \begin{bmatrix} 6 & 4 & 1 \\ 9 & 4 & 1 \\ 6 & 6 & 1 \end{bmatrix} \begin{bmatrix} \cos90° & \sin90° & 0 \\ -\sin90° & \cos90° & 0 \\ -5\cos90° + 3\sin90° + 5 & -5\sin90° - 3\cos90° + 3 & 1 \end{bmatrix}$$

$$= \begin{bmatrix} 4 & 4 & 1 \\ 4 & 7 & 1 \\ 2 & 4 & 1 \end{bmatrix} \tag{3-31}$$

变换后 $\triangle a'b'c'$ 的顶点坐标为：$a'(4, 4)$，$b'(4, 7)$，$c'(2, 4)$。

3.5   三维图形的几何变换

对于三维图形作缩放、平移、旋转等的几何变换，其目的是使观察者能从不同的方向和位置来观察物体，以便得到良好的视觉效果。另外，为了增强物体的立体感，有时还要对三维物体实施透视变换。

三维图形几何变换是二维图形几何变换的扩展，其基本原理与二维图形几何变换相同。在三维图形的几何变换中仍然采用齐次坐标表示三维空间点的坐标及各种变换。设有三维空间点 $P(x, y, z)$，则其位置坐标矩阵在齐次坐标下的表示为 $\begin{bmatrix} x & y & z & 1 \end{bmatrix}$，而描述三维图形变换的各种变换矩阵则采用 4×4 矩阵表示。

3.5.1   三维图形的基本几何变换

三维图形的基本几何变换包括平移变换、比例变换、对称变换、相对于坐标轴的旋转变换和错切变换等。

三维图形的基本几何变换可用如下变换矩阵进行描述：

$$T = \begin{bmatrix} a & b & c & p \\ d & e & f & q \\ h & i & j & r \\ l & m & n & s \end{bmatrix}$$ (3-32)

与二维图形变换类似，从功能上变换矩阵可划分为 4 个子矩阵，每个子阵对应特定的变换功能，讨论如下：

(1) 线性变换子矩阵 $\begin{bmatrix} a & b & c \\ d & e & f \\ h & i & j \end{bmatrix}$，这个 3×3 子矩阵用来描述三维图形的比例、旋转、错切及对称等线性变换。

(2) 平移变换子矩阵 $\begin{bmatrix} l & m & n \end{bmatrix}$，这个 1×3 子矩阵用来描述三维图形的平移变换。

(3) 透视变换子矩阵 $\begin{bmatrix} p \\ q \\ r \end{bmatrix}$，这个 3×1 子矩阵用来描述三维图形的透视变换。

(4) 等比例缩放子矩阵 $\begin{bmatrix} S \end{bmatrix}$，用来描述三维图形的等比例变换。

3.5.1.1 平移变换

平移变换是使三维图形在三维空间上产生平移，但形状和大小不变，设图形在 x、y、z 三个坐标轴方向上分别平移了距离 l、m 和 n，其平移变换矩阵为：

$$T_i = \begin{bmatrix} 1 & 0 & 0 & 0 \\ 0 & 1 & 0 & 0 \\ 0 & 0 & 1 & 0 \\ l & m & n & 1 \end{bmatrix}$$ (3-33)

空间点 $P(x,y,z)$ 的平移变换为：

$$\begin{bmatrix} x_1 & y_1 & z_1 & 1 \end{bmatrix} = \begin{bmatrix} x & y & z & 1 \end{bmatrix} \begin{bmatrix} 1 & 0 & 0 & 0 \\ 0 & 1 & 0 & 0 \\ 0 & 0 & 1 & 0 \\ t_x & t_y & t_z & 1 \end{bmatrix} = \begin{bmatrix} x + t_x & y + t_y & z + t_z & 1 \end{bmatrix}$$

(3-34)

3.5.1.2 比例变换

三维图形沿三个坐标轴方向变换的比例因子分别为 S_x、S_y 和 S_z，则相对于坐标原点的比例变换矩阵为：

$$T_s = \begin{bmatrix} S_x & 0 & 0 & 0 \\ 0 & S_y & 0 & 0 \\ 0 & 0 & S_z & 0 \\ 0 & 0 & 0 & 1 \end{bmatrix}$$ (3-35)

空间点 $P(x,y,z)$ 相对于坐标原点的比例变换为：

$$
\begin{bmatrix} x_1 & y_1 & z_1 & 1 \end{bmatrix} = \begin{bmatrix} x & y & z & 1 \end{bmatrix} \begin{bmatrix} S_x & 0 & 0 & 0 \\ 0 & S_y & 0 & 0 \\ 0 & 0 & S_z & 0 \\ 0 & 0 & 0 & 1 \end{bmatrix} = \begin{bmatrix} S_x x & S_y y & S_z z & 1 \end{bmatrix} \quad (3\text{-}36)
$$

需要注意以下几点：

（1）S_x、S_y、S_z 均大于 0。

（2）若 $S_x = S_y = S_z = 1$，变换后图形坐标与原来的相等，称为恒等变换。

（3）若 $S_x = S_y = S_z \neq 1$，图形将在 x、y、z 方向按相同的比例放大（$S_x = S_y = S_z > 1$）或缩小（$S_x = S_y = S_z < 1$），称为等比例变换。

（4）若 $S_x \neq S_y \neq S_z$，图形将在 x、y、z 三个坐标方向以不同的比例变换，产生畸变。

3.5.1.3　对称变换

三维对称变换包括对原点、坐标轴和坐标平面的对称变换。常用的对称变换是对坐标平面的对称变换。相对于 xOy 平面、yOz 平面、xOz 平面的对称变换矩阵分别为：

$$
\boldsymbol{T}_{\mathrm{m},xOy} = \begin{bmatrix} 1 & 0 & 0 & 0 \\ 0 & 1 & 0 & 0 \\ 0 & 0 & -1 & 0 \\ 0 & 0 & 0 & 1 \end{bmatrix},\ \boldsymbol{T}_{\mathrm{m},yOz} = \begin{bmatrix} -1 & 0 & 0 & 0 \\ 0 & 1 & 0 & 0 \\ 0 & 0 & 1 & 0 \\ 0 & 0 & 0 & 1 \end{bmatrix},\ \boldsymbol{T}_{\mathrm{m},xOz} = \begin{bmatrix} 1 & 0 & 0 & 0 \\ 0 & -1 & 0 & 0 \\ 0 & 0 & 1 & 0 \\ 0 & 0 & 0 & 1 \end{bmatrix}
$$

$$(3\text{-}37)$$

3.5.1.4　旋转变换

三维旋转变换比二维旋转变换复杂，但方法相似。三维旋转变换可以看作是由三个二维旋转变换构成，且旋转轴分别为 x 轴、y 轴、z 轴，其变换矩阵分别为：

$$
\boldsymbol{T}_{\mathrm{r},x} = \begin{bmatrix} 1 & 0 & 0 & 0 \\ 0 & \cos\alpha & \sin\alpha & 0 \\ 0 & -\sin\alpha & \cos\alpha & 0 \\ 0 & 0 & 0 & 1 \end{bmatrix},\ \boldsymbol{T}_{\mathrm{r},y} = \begin{bmatrix} \cos\beta & 0 & -\sin\beta & 0 \\ 0 & 1 & 0 & 0 \\ \sin\beta & 0 & \cos\beta & 0 \\ 0 & 0 & 0 & 1 \end{bmatrix}
$$

$$
\boldsymbol{T}_{\mathrm{r},z} = \begin{bmatrix} \cos\gamma & \sin\gamma & 0 & 0 \\ -\sin\gamma & \cos\gamma & 0 & 0 \\ 0 & 0 & 1 & 0 \\ 0 & 0 & 0 & 1 \end{bmatrix} \quad (3\text{-}38)
$$

3.5.1.5　错切变换

错切变换是三维形体沿 x 轴、y 轴、z 轴方向产生错切。错切变换是绘制轴测图的基础，其变换矩阵为：

$$
\boldsymbol{T} = \begin{bmatrix} 1 & B & C & 0 \\ D & 1 & F & 0 \\ H & I & 1 & 0 \\ 0 & 0 & 0 & 1 \end{bmatrix} \quad (3\text{-}39)
$$

式中，D、H 是图形沿 x 方向的错切系数；B、I 是图形沿 y 方向的错切系数；C、F 是图形

沿 z 方向的错切系数。

3.5.2 三维图形的组合变换

CAD/CAM 系统中所涉及的对象绝大多数是三维的，因此三维图形的组合变换更具有工程意义。与二维组合变换类似，三维物体的复杂变换同样可以通过对三维基本变换矩阵的组合来实现。例如，绕空间任意直线旋转 θ 角，可通过以下步骤完成：

（1）平移，使空间任意直线经过坐标原点；

（2）直线绕 x 轴旋转 α 角，使其与 xOz 面共面，再绕 y 轴旋转 β 角，使其与 z 轴重合；

（3）将需要变换的图形对象绕 z 轴旋转 θ 角；

（4）对步骤（2）作逆变换，使其回到原先的方位角；

（5）对步骤（1）作逆变换，将轴平移回原位。

将（1）~（5）各步中得到的变换矩阵相乘后得到其组合变换矩阵：

$$T = T_1 T_2 T_3 T_4 T_5$$

工程实践中应用比较普遍的组合变换是轴测变换。许多 CAD/CAM 系统都支持轴测图显示。

轴测变换是一种约定的组合变换，它是由依次绕两个坐标轴旋转，再向一个平面投射的三个基本变换组合而来的。例如，先绕 y 轴旋转 ϕ 角，再绕 x 轴旋转 θ 角，最后向 $z = 0$ 的平面投射，其组合变换矩阵为：

$$T = \begin{bmatrix} \cos\phi & 0 & \sin\phi & 0 \\ 0 & 1 & 0 & 0 \\ \sin\phi & 0 & \cos\phi & 0 \\ 0 & 0 & 0 & 1 \end{bmatrix} \begin{bmatrix} 1 & 0 & 0 & 0 \\ 0 & \cos\theta & \sin\theta & 0 \\ 0 & -\sin\theta & \cos\theta & 0 \\ 0 & 0 & 0 & 1 \end{bmatrix} \begin{bmatrix} 1 & 0 & 0 & 0 \\ 0 & 1 & 0 & 0 \\ 0 & 0 & 0 & 0 \\ 0 & 0 & 0 & 1 \end{bmatrix}$$

$$= \begin{bmatrix} \cos\phi & \sin\phi\sin\theta & 0 & 0 \\ 0 & \cos\theta & 0 & 0 \\ \sin\phi & -\cos\phi\sin\theta & 0 & 0 \\ 0 & 0 & 0 & 1 \end{bmatrix} \tag{3-40}$$

工程中常采用正二轴测投影，即两个坐标轴的轴向伸缩系数为 1，第三个坐标轴的轴向伸缩系数为 0.5，以此计算出绕 y 轴的旋转角 $\phi = 19°28'$，绕 x 轴的旋转角 $\theta = 20°42'$。代入式（3-40）后得到变换矩阵为：

$$T = \begin{bmatrix} 0.935 & 0.118 & 0 & 0 \\ 0 & 0.943 & 0 & 0 \\ 0.354 & -0.312 & 0 & 0 \\ 0 & 0 & 0 & 1 \end{bmatrix} \tag{3-41}$$

如果采用正等轴测投影，各轴向的伸缩系数均为 0.82，轴向呈 120° 角，可计算出绕 y 轴的旋转角 $\phi = 45°$，绕 x 轴的旋转角 $\theta = 35°16'$，则变换矩阵为：

$$T = \begin{bmatrix} 0.707 & 0.408 & 0 & 0 \\ 0 & 0.816 & 0 & 0 \\ 0.707 & -0.408 & 0 & 0 \\ 0 & 0 & 0 & 1 \end{bmatrix} \tag{3-42}$$

思 考 题

3-1　简述图形系统应该实现的功能。

3-2　为什么要制定和采用计算机图形标准，已经由 ISO 批准的计算机图形标准软件有哪些？

3-3　自由曲线描述与研究的设计思想是什么？

3-4　用参数方程描述曲线的特点是什么？

3-5　试证明下述几何变换的矩阵运算具有互换性：

（1）两个连续的旋转变换；

（2）两个连续的平移变换；

（3）两个连续的变比例变换；

（4）当比例系数相等时的旋转和比例变换。

3-6　简述二维图形变换的基本原理、方法及种类。

3-7　如何理解基本图形变换和组合变换？按所实现的功能划分，图形变换分为哪些类型？

3-8　求取平面上对任意轴的对称变换矩阵。

4 CAD/CAM 建模技术

扫我看课件

学习目的与要求

通过本章的学习，使学生掌握线框建模、表面建模、实体建模、特征建模的基本原理、数据结构及特点；掌握实体的生成方法、实体模型的边界表示法和结构实体表示法；掌握特征建模的构成体系及形状特征的分类；理解 CAD/CAM 建模技术的基础知识；理解特征的定义、基于特征的零件信息模型以及特征建模的表达方式；理解装配建模、参数化建模的基本概念及建模原理；了解变量化建模技术和行为特征建模技术。教学基本要求包括：

(1) 掌握线框建模、表面建模、实体建模、特征建模的基本原理、数据结构及建模特点。

(2) 掌握实体建模中实体的生成方法、实体模型的边界表示法和构造实体表示法。

(3) 掌握特征建模的构成体系及形状特征的分类。

(4) 理解 CAD/CAM 建模技术的基础知识。

(5) 理解特征的定义、基于特征的零件信息模型以及特征建模的表达方式。

(6) 理解装配建模、参数化建模的基本概念及建模原理。

(7) 了解变量化建模技术和行为特征建模技术。

4.1 模型的基本概念

4.1.1 几何建模的基本概念

建模是将现实世界中的物体及其属性转化为计算机内部的数字化表示、分析、控制和输出的几何形体的方法。首先对物体进行抽象，得到一种想象中的模型，然后将这种想象模型以一定格式转换成符号或算法表示的形式，形成信息模型，该模型表示了物体的信息类型和逻辑关系，最后形成计算机内部的数字化存储模型。通过这种方法定义和描述的模型，必须是完整的、简明的、通用的和唯一的，并且能够从模型上提取设计制造过程中需要的全部信息。因此，建模过程实质就是一个描述、处理、存储、表达现实物体及其属性的过程，可抽象为如图 4-1 所示的流程。

CAD/CAM 系统中的几何模型就是把三维实体的几何形状及其属性用合适的数据结构进行描述和存储，供计算机进行信息转换与处理的数据模型。这种模型包含了三维形体的几何信息、拓扑信息以及其他的属性数据。而所谓的几何建模就是以计算机能够理解的方式，对几何实体进行确切的定义，赋予一定的数学描述，再以一定的数据结构形式对所定义的几何实体加以描述，从而在计算机内部构造一个实体的几何模型。通过这种方法定义、描述的几何实体必须是完整的、唯一的，而且能够从计算机内部的模型上提取该实体生成过程中的全部信息，或者能够通过系统的计算分析自动生成某些信息。计算机集成制造系统的水平在很大程度上取决于三维几何建模系统的功能，因此，几何建模技术是 CAD/CAM 系统中的关键技术。

4.1.2　几何建模技术的发展

在 CAD/CAM 系统中，CAD 的数据模型是关键因素之一，随着 CAD 建模技术的进步，CAM 才能有本质的发展。在 CAD 数据建模技术上，有四次大的技术革命。早期的 CAD 系统以平面图形的处理为主，系

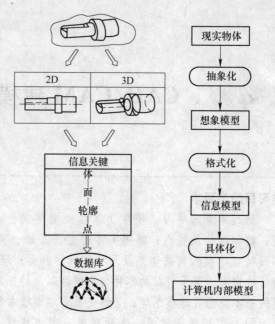

图 4-1　建模过程

统的核心是二维图形的表达。最早的二维-CAD 系统所用到的数据模型是线框模型，它用线框来表示三维形体，没有面和体的信息，在这种数据模型基础之上的 CAM 最多处理一些二维的数控编程问题，功能也非常有限。

法国雷诺汽车公司的工程师贝塞尔（Bezier）针对汽车设计的曲面问题，提出了贝塞尔曲线、曲面算法，这称得上是第一次 CAD 技术革命，它为曲面模型的 CAD/CAM 系统奠定了理论基础。法国的达索飞机制造公司的 CATIA 系统是曲面模型 CAD 系统的典型代表。CAD 系统曲面模型的出现，为曲面的数控加工提供了完整的数据基础，与这种 CAD 系统集成的 CAM 系统可以进行曲面数控加工程序的计算机辅助编程。

由于表面模型技术只能表达形体的表面信息，难以完备表达零件的其他特性，如质量、重心、惯性矩等，不利于 CAE 分析的前处理。基于 CAD/CAE 一体化技术发展的探索，SDRC 公司于 1979 年发布了世界上第一个完全基于实体造型技术的大型 CAD/CAE 软件 I-DEAS。实体造型技术能够精确表达零件的全部属性，在理论上有助于统一 CAD、CAE、CAM 的数据模型表达，给设计者带来了方便。可以这样说，实体模型是 CAD 技术发展史上的第二次技术革命。实体造型技术在带来算法的改进和未来发展希望的同时，也带来了数据计算量的极度膨胀。在当时的硬件条件下，实体造型的计算及显示速度较慢，它的实际应用显得比较勉强，实体模型的 CAD 系统并没有得到真正的发展。但实体模型的 CAD/CAM 系统将 CAE 的功能集成进来，并形成了 CAD、CAE、CAM 一致的数据模型。

实体造型之前的造型技术都属于无约束自由造型技术，这种技术的一个明显缺陷就是无法进行尺寸驱动，不易于实现设计与制造过程的并行作业。在这种情况下，原来倡导实体建模技术的一些人提出了参数化实体建模理论，这是 CAD 技术发展史上的第三次技术革命。PTC 公司的 Pro\Engineer 是典型的代表系统之一，其技术特点包括基于特征、全尺寸约束、数据相关、尺寸驱动设计修改。但当实体几何拓扑关系及尺寸约束关系较复杂

时，参数驱动方式就变得难以驾驭。若设计中关键形体的拓扑关系发生改变，失去了某些约束的几何特征也会造成系统数据混乱。面对这种情况，SDRC 公司在参数化造型技术的基础上，提出了变量化造型技术，它解决了欠约束情况下的参数方程组的求解问题，SDRC 抓住机遇，将原来基于实体模型的 I-DEAS 全面改写，推出了全新的基于变量化造型技术的 I-DEAS Master Series CAD/CAM 系统，这可称得上是 CAD 技术发展史上的第四次技术革命。

4.1.3　CAD/CAM 建模的基本要求

建模技术是 CAD/CAM 系统的核心，建模的过程依赖于计算机的软、硬件环境及面向产品的创造性过程。因此，建模技术应满足以下要求：

（1）建模系统应具备信息描述的完整性。建模技术不仅应该满足产品自身信息表述的需求，还应该能够满足产品设计、制造、管理等各个过程的信息需求。这是因为建模技术是生成产品信息的源头，CAD/CAM 系统是以产品的信息数字化模型来驱动产品设计和制造全过程的。

（2）建模技术应贯穿于产品生命周期的整个过程。建模技术是构造产品信息的平台，几何建模、功能建模、性能建模等，都属于建模技术的范畴。建模的过程是创造性工作的过程，是借助计算机技术、产品设计的专业领域知识实现产品零部件布局设计合理性、产品制造工艺可行性、装配可行性分析、产品结构静动态分析的过程，以实现对产品制造过程的设计和模拟仿真，其中包括工艺过程模拟、工装夹具设计、检验规程设计以及与制造装配过程有关的质量数据采集与分析、数控加工等，因此建模技术是一个通过 CAD/CAM 系统将人类的知识与经验应用于产品开发的过程。

（3）建模技术应为企业信息集成创造条件。实现 CAD/CAM 过程的信息转换和交换，必须以信息集成为条件。

4.1.4　常用建模方法与应用

4.1.4.1　常用建模方法

建模方法是将对实体的描述和表达建立在对几何信息、拓扑信息和特征信息处理的基础上的。几何信息是对实体在空间的形状、尺寸及位置的描述；拓扑信息用于描述实体各分量的数目及相互之间的关系；特征信息包括实体的精度信息、材料信息等与加工有关的信息。

几何建模是把物体的几何形状转换为适合于计算机的数学描述。设计人员必须输入以下 3 种命令，几何建模才能得到使用：

（1）输入命令产生基本的几何元素，例如点、线、面、体等元素。

（2）命令对这些元素进行放大、缩小、旋转等其他变换。

（3）命令把各个元素连接成所要求的物体形状。

在几何建模处理过程中，计算机把命令转换成为数学模型储存到计算机数据文件中，然后调出进行检查、分析或修改。

在几何建模中，表示物体的形态可以有几种不同的方法，最基本的方法为用线框来表示物体，即用彼此相互联系的线来表示物体的具体形状。线框几何模型有如下 3 种形式：

（1）二维表示法，用于平面物体。

（2）简单形式的三维表示法，由二维轮廓线延伸成简单形式的三维模型。

（3）三维表示法，可以描述完整的、复杂形状的三维模型。

由于线框建模不能完整地描述产品的全部几何信息，因此后来发展了实体建模和表面建模等较完整的几何建模方法。实体建模的主要目的是表示产品所占据的空间，可用于机械结构设计、有限元分析、运动仿真等。而表面建模则主要关心的是产品的表面特征，可用于飞机外形、汽车车身、船舶外壳以及模具型腔的设计等。

随着 CAD/CAM 集成技术的发展，CAD/CAM 系统在描述产品时不仅要描述其几何信息，而且还要描述与几何信息有关的非几何信息。基于这种要求，特征建模技术应运而生。特征建模的应用一方面使设计人员可以按工程习惯更加直观地描述产品；另一方面使 CAD 与 CAM、CAPP、CAE 有可能更紧密地结合起来。它是目前被认为最适合于 CAD/CAM 集成系统的产品表达方法。

4.1.4.2　建模技术的应用

建模技术在 CAD/CAM 中应用于设计、生成图形、生产制造与装配等工作环节。

（1）设计。在设计时能进行的工作有：

1）随时显示零件形状，并能利用剖切来检查壁厚及相交等问题。

2）进行物体的物理特性计算，如计算体积、面积、重心位置、惯性矩等。

3）能检查零部件在装配时是否发生碰撞和干涉。

4）能在运动仿真中进行各机构的运动模拟等工作。

（2）生成图形。在绘制各种产品的图形时，不仅能生成二维工程图（包括零件图、装配图等），还能生成各种产品真实的图形及动画等。

（3）生产制造。在进行生产制造时，能利用生成的三维几何模型进行数控自动编程及刀具轨迹的仿真。另外还能进行工艺规程设计等，为零件的生产制造提供了方便条件。

（4）装配。在机器人及柔性制造系统中，利用三维几何模型进行装配规划、机器人视觉识别、机器人运动学及动力学分析等工作。

4.2　三维几何建模基础

形体的表达和描述是建立在几何信息和拓扑信息处理的基础上的。几何信息一般是指形体在欧氏空间中的形状、位置和大小，而拓扑信息用来表达形体各分量间的连接关系。几何建模的基础知识主要包括几何信息、拓扑信息、非几何信息、形体的表示、正则集合运算、欧拉检验公式等内容。

4.2.1　几何信息

几何信息包括如下几类：

（1）点。点是零维几何元素，是几何建模中最基本的元素。在计算机中对曲线、曲面、形体的描述、存储、输入、输出，实质上都是针对点集及其连接关系进行处理。根据点在实际形体中存在的位置，可以将其分为端点、交点、切点等。对形体进行集合运算还可能形成孤立点，在对形体定义时孤立点一般是不允许存在的。

（2）边。边是一维几何元素。它是形体相邻面的交界，对于正则形体而言，边只能是两个面的交界；而对于非正则形体而言，边可以是多个面的交界。

（3）环。环是由有序、有向边组成的封闭边界，环中的边不能相交，相邻两条边共享一个端点。环的概念是和面的概念密切相关的，环有内环与外环之分，外环用于确定面的最大外边界，而内环则用于确定面内孔的边界。

（4）面。面是二维几何元素。它是形体上一个有限、非零的单连通区域，它可以是平面，也可以是曲面。面由一个外环和若干内环包围而成，外环需有一个且只能有一个，而内环可以有也可以没有，可有一个也可有若干个。

（5）体。体是三维几何元素。它是由若干个面包围成的封闭空间，也就是说，体的边界是有限个面的集合。几何造型的最终结果就是各种形式的体。

（6）体素。体素是指可由有限个参数描述的基本形体，或由定义的轮廓曲线沿指定的轨迹曲线扫描生成的形体。体素可按照定义分为两种形式：基本形体体素，包括长方体、球体、圆柱体、圆锥体、圆环体、棱锥体等；由定义的轮廓曲线沿指定的轨迹曲线扫描生成的体素，称为轮廓扫描体素。

4.2.2　拓扑信息

拓扑信息反映三维形体中各几何元素的数量及其相互之间的连接关系。任一形体都是由点、边、环、面、体等各种不同的几何元素构成的，这些几何元素间的连接关系是指一个形体由哪些面组成，每个面上有几个环，每个环由几条边组成，每条边由几个顶点定义等。各种几何元素相互间的关系构成了形体的拓扑信息。若拓扑信息不同，即使几何信息相同，最终构造的实体也可能完全不同。例如，在一个圆周上的五个等分点，若用直线顺序连接每个点，则形成个正五边形；而若用直线隔点连接每个点，则形成一个正五角星形，如图4-2所示。

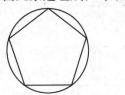

图4-2　圆内五个等分点连接的两种情况

在几何建模中最基本的几何元素是点（V）、边（E）、面（F），这三种几何元素之间可归纳为如图4-3所示的九种连接关系。

4.2.3　非几何信息

非几何信息是指产品除实体几何信息、拓扑信息以外的信息，包括零件的物理属性和工艺属性等，如零件的质量、性能参数、公差、加工粗糙度和技术要求等信息。为了满足CAD/CAE/CAM集成的要求，非几何信息的描述和表示显得越来越重要，是目前特征建模中特征分类的基础。

4.2.4　形体的表示

形体在计算机内通常采用如图4-4所示的六层拓扑结构进行定义，各层结构的含义如下：

（1）体。体是由封闭表面围成的有效空间，如图4-5（a）所示的立方体是由 $F_1 \sim F_6$ 六个平面围成的空间。将具有良好边界的形体定义为正则形体，正则形体没有悬边、悬面或一条边有两个以上邻面的情况，反之为非正则形体，如图4-5（b）所示。

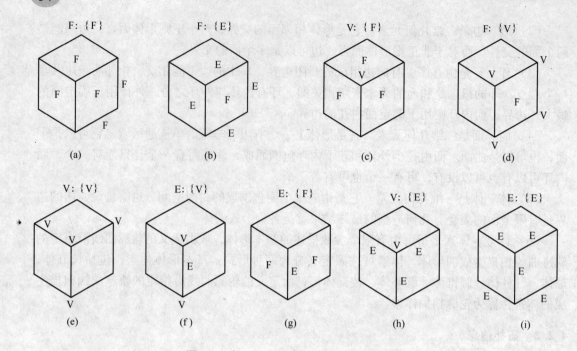

图 4-3　点、边、面几何元素间的拓扑关系

（a）面相邻性；（b）面-边包含性；（c）顶点-面相邻性；（d）面-顶点包含性；（e）顶点相邻性；

（f）边-顶点包含性；（g）边-面相邻性；（h）顶点-边相邻性；（i）边相邻性

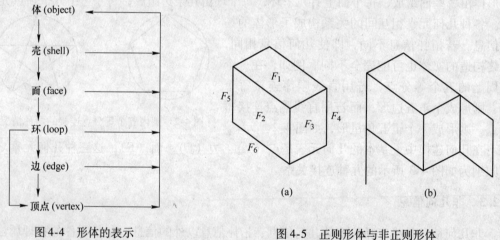

图 4-4　形体的表示

图 4-5　正则形体与非正则形体

（a）正则形体；（b）非正则形体

（2）壳。壳是构成一个完整实体的封闭边界，是形成封闭的单一连通空间的一组面的结合。一个连通的物体由一个外壳和若干个内壳构成。

（3）面。面是由一个外环和若干个内环界定的有界、不连通的表面。面有方向性，一般采用外法矢方向作为该面的正方向。如图 4-6 所示，F 面的外环 L_1 由 e_1、e_2、e_3、e_4 四条边沿逆时针方向构成，内环 L_2 由 e_5、e_6、e_7、e_8 四条边沿顺时针方向构成。

（4）环。环有内外之分，外环的边按逆时针走向，内环的边按顺时针走向，故沿任一环的正向前进时左侧总是在面内，右侧总是在面外，如图 4-6 所示。

（5）边。边是实体两个邻面的交界，对正则形体而言，一条边具有且仅有两个相邻面，在正则多面体中不允许有悬空的边。一条边有两个顶点，分别称为该边的起点和终点，边不能自交。

（6）顶点。顶点是边的端点，为两条或两条以上边的交点。顶点不能孤立存在于实体内、实体外或面和边的内部。

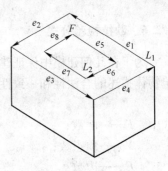

图4-6　实体面、环、边的构造

4.2.5　正则集合运算

在 CAD/CAE/CAM 作业中，人们希望能使用一些简单形体经过某种组合形成新的复杂形体，这可以通过形体的布尔集合运算，即并、交、差运算来实现。它是用来把简单形体组合成复杂形体的工具。

经过集合运算生成的形体也应是边界良好的几何形体，并保持初始形状的维数。对两个实体进行普通布尔运算产生的结果并不一定是实体。如图4-7 所示，两个立方体间经过普通布尔运算的结果分别是实体、平面、线、点和空集。有时两个三维形体经过交运算后产生了一个退化的结果，在形体中多了一个悬面，如图4-8 所示。悬面是一个二维形体，在实际的一维形体中是不可能存在悬面的，也就是说，集合运算在数学上是正确的，但有时在几何上是不恰当的。为解决上述问题，则需采用正则化集合运算方法。

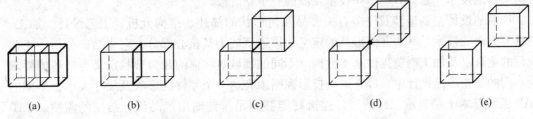

图4-7　两个立方体间普通布尔运算的结果

（a）一个实体；（b）一个平面；（c）一条线；（d）一个点；（e）空集

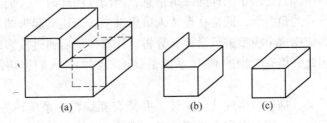

图4-8　两个三维形体的交计算

正则集合运算与普通集合运算的关系为：

$$A \cap {}^* B = K_{\mathrm{i}}(B \cap A)$$

$$A \cup {}^* B = K_{\mathrm{i}}(B \cup A)$$

$$A - {}^* B = K_{\mathrm{i}}(A - B)$$

式中，$\cap^*$、$\cup^*$、$-^*$ 分别为正则交、正则并和正则差的符号；K 表示封闭；i 表示内部。图4-8（b）为普通布尔运算的结果，该结果出现了悬面，而图4-8（c）为正则交的结果。

4.2.6　欧拉检验公式

为了在几何建模中保证建模过程的每一步所产生的中间形体的拓扑关系都正确，即检验物体描述的合法性和一致性，欧拉提出了描述形体的集合分量和拓扑关系的检验公式：

$$F + V - E = 2 + R - 2H$$

式中　　F——面数；

　　　　V——顶点数；

　　　　E——边数；

　　　　R——面中的空洞数；

　　　　H——体中的空穴数。

欧拉检验公式是正确生成几何物体边界所表示的数据结构的有效工具，也是检验物体描述正确与否的重要依据。

4.3　几何建模技术

几何建模是 20 世纪 70 年代中期发展起来的一种通过计算机表示、控制、分析和输出几何实体的技术，是 CAD/CAM 技术发展的一个新阶段。

产品的设计与制造涉及许多有关产品几何形状的描述、结构分析、工艺设计、加工、仿真等方面的技术，其中几何形状的定义与描述就成为其核心部分，它为结构分析、工艺规程的生产以及加工制造提供基本数据。不同的领域对物体的几何形状定义与描述的要求是不同的。在产品设计中，经常采用投影视图来表达一个零件的形状及尺寸大小，早期的 CAD 系统基本上是显示二维图形，这恰好能够满足单纯输出产品设计结果的需要。CAD 工程图成为描述和传递信息的有效工具。这种系统处理点、线的信息，虽然能够高速、高效地绘制出高质量的图样，但是，它将从二维图样到三维实体的转换工作留给了用户。在系统内部的数据文件中，只记录了图样的二维信息，当阅读图样时，人们必须将其翻译成三维物体。从产品设计的角度看，通常在设计人员思维中首先建立起来的是产品真实的几何形状或实体模型，依据这个模型进行设计、分析、计算，最后通过投影以图样的形式来表达设计的结果。因此，仅有二维的 CAD 系统是远远不够的，人们迫切需要能够处理三维实体的 CAD 系统。

通常，把能够定义、描述、生成几何实体，并能交互编辑的系统称为几何建模系统。显然，它是集基础理论、应用技术和系统环境于一体的。计算机集成制造系统的水平很大程度上取决于三维几何建模系统的功能，因此几何建模技术是 CAD/CAM 系统中的关键技术。

由于客观事物大多是三维的、连续的，而在计算机内部的数据均为一维的、离散的、有限的，因此，在表达与描述三维实体时，怎样对几何实体进行定义，保证其准确、完整和唯一，怎样选择数据结构描述有关数据，使其存取方便等，都是几何建模系统必须解决的问题。几何建模的方法，是将对实体的描述和表达建立在几何信息和拓扑信息处理的基础上。按照对这两方面信息的描述及存储方法的不同，三维几何建模系统可划分为线框建模、表面建模和实体建模三种主要类型。

4.3.1 线框建模

4.3.1.1 线框建模的概念与原理

线框建模是计算机图形学和 CAD 领域中最早用来表示形体的建模方法。这种方法虽然存在着很多不足，而且有逐步被表面模型和实体模型取代的趋势，但它是表面模型和实体模型的基础，并具有数据结构简单的优点，故目前仍有一定的应用。

线框模型在计算机内部是以边表、点表来描述和表达物体的，如图 4-9 所示。图 4-9（a）所示物体是四面体的线框模型，它由 4 个顶点、6 条边、4 个面组成，图中 V_i 表示顶点，E_i 表示边，F_i 表示面。几何信息可以用顶点来表示，表示顶点与顶点之间关系的拓扑信息可以用边表来实现，图 4-9（b）、（c）分别为顶点表（记录各顶点坐标值）和边表（记录每条棱线所连接的两顶点）。由此可见，三维物体可以用它的全部顶点及边的集合来描述。

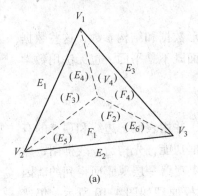

顶点号	坐标值		
	x	y	z
V_1	x_1	y_1	z_1
V_2	x_2	y_2	z_2
V_3	x_3	y_3	z_3
V_4	x_4	y_4	z_4

棱线号	顶点号	
E_1	V_1	V_2
E_2	V_2	V_3
E_3	V_3	V_4
E_4	V_1	V_4
E_5	V_4	V_2
E_6	V_4	V_3

(a)　　　　　　　　(b)　　　　　　　　(c)

图 4-9　四面体线框模型

4.3.1.2 线框建模的特点

线框建模的特点具体表现在以下几个方面。

线框建模的优点有：

（1）利用物体的三维数据产生任意方向的视图，视图间能保持正确的投影关系，这为生成多视图的工程图提供了方便。除此之外，还能生成任意视点或视向的透视图及轴测图，这在只能表示二维平面的绘图系统中是做不到的。

（2）在构造模型时操作非常简便。它只有离散的空间线段，没有实在的面，处理起来比较容易。

（3）数据结构简单、存储量小，容易找到顶点和边的数据，计算机能精确地显示线框模型的顶点和边的具体位置。

（4）系统的使用如同人工绘图的自然延伸，故对用户的使用水平要求低，用户容易掌握。

线框建模的缺点有：

（1）对物体的真实形状进行处理时需对所有棱线进行解释与理解，有时会出现二义性或多义性理解。

（2）该结构包含的信息有限，无法进行图形的自动消隐。

（3）这种数据结构无法处理曲面物体的侧轮廓线。曲面物体的轮廓线与视线方向有关，它不包含在物体的数据结构中，但它是构成一幅完整图形不可缺少的一部分，所以曲面轮廓线不能被表达。

（4）在生成复杂物体的图形时，这种线框模型要求输入大量的初始数据，不仅加重了输入负担，还难以保证这些数据的统一性和有效性。

（5）由于在数据结构中缺少边与面、面与体之间关系的信息，故不能构成实体，无法识别面与体，更谈不上区别体内与体外。

从原理上讲，这种模型不能消除隐藏线，不能作任意剖切，不能计算物理特性，不能进行两个面的求交，无法生成数控加工刀具轨迹，不能自动划分有限元网格，不能检查物体间的碰撞干涉等。但目前有少部分系统从内部建立了边与面的拓扑关系，因而具有消隐功能。

4.3.2　表面建模

在 CAD/CAM 系统中，经常需要向计算机输入产品的外形数据和结构参数，这些数据往往通过计算求得，然而当产品结构形状比较复杂，或当表面既不是平面，也无法用数学方法或解析方程描述时，就可采用表面建模的方法。

4.3.2.1　表面模型的概念

表面模型是将物体分解为组成物体的表面、边线和顶点，并用表面、边线和顶点的有限集合来表示和建立物体的计算机内部模型。它常常利用线框功能，先构造一线框图，然后用曲面图素来建立各种曲面模型，可以看做是在线框模架上覆盖一层薄膜而得到的。因此，曲面模型可以在线框模型上通过定义曲面来建立。其建模原理如图 4-10 所示，仍然以四面体为例，将物体分解为组成该物体的面，面分解为棱边线，棱边线分解为顶点。顶点表和棱边表与图 4-9 所示的线框模型相同，但与线框模型相比，多了一个面表，如图4-10（b）所示。该面表记录了边、面间的拓扑关系，但仍然缺乏面、体间的拓扑关系，无法区别面的哪一侧是体内、哪一侧是体外，仍然不是实体模型。

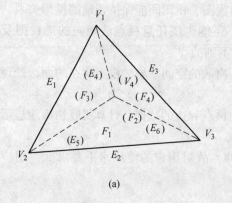

表面号	组成棱线		
F_1	E_1	E_2	E_3
F_2	E_2	E_6	E_5
F_3	E_1	E_5	E_4
F_4	E_3	E_4	E_6

(a)　　　　　　　　　　　　　(b)

图 4-10　四面体表面模型

4.3.2.2　表面建模的分类

根据形体表面的不同可将表面建模分为平面建模和曲面建模。

A 平面建模

平面建模是将形体表面划分成一系列多边形网格，每一个网格构成一个小的平面，用这系列小的平面来逼近形体的实际表面。

平面建模可用最少的数据精确地表示多面体，所以特别适合于表示多面体。但对于一般的曲面物体来说，曲面物体所需表示的精度越高，网格就应分得越小，数量也就越多，这就使平面模型具有存储量大、精度低、不便于控制和修改等缺点，因而平面模型也就逐渐被日益成熟的曲面模型所替代。平面建模可通过在线框建模的基础上增加一个表面而形成。

B 曲面建模

曲面建模是计算机图形学和 CAD 领域最活跃、应用最为广泛的几何建模技术之一。这种建模技术所建立的三维形体模型的几何表示，已用于飞机、轮船、汽车的外形设计，地形、地貌、矿藏、石油分布等地理资源的描述中。参数曲面建模应用最多，该方法在拓扑矩形的边界网格上，利用混合函数在纵向和横向两对边界曲线间构造光滑过渡曲线，即把需要建模的曲面划分为一系列曲面片，用连接条件对其进行拼接来生成整个曲面。曲面建模技术主要研究曲面的表示、分析和控制，以及由多个曲面块组合成一个完整曲面的问题。

a 曲面造型方法

第一种方法是由曲线构造曲面，例如由曲线通过拉伸、旋转、扫描得到曲面。此外，由曲线构造曲面的方法还有：由一系列曲线构成网格曲面，由一系列有序点拟合成曲面，由一条封闭的平面曲线构成平面轮廓面，由两曲线构成直纹面等。

第二种方法是由曲面派生曲面。通过曲面派生的方法得到的典型曲面有：倒圆角曲面、偏移曲面、混合曲面、延伸曲面、修剪曲面和拓扑连接曲面等。

通过各种方法所生成的曲面模型可分为规则曲面模型（如平面、圆柱面和圆锥面等）和不规则曲面模型（如 Bezier 曲面、B 样条曲面、Coons 曲面、NURBS 曲面等）。

对于一个实体而言，可以用不同的曲面造型方法来构成相同的曲面。用哪一种方法产生的模型更好，一般用两个标准来衡量：一是要看哪种方法更准确体现设计者的设计思想、设计原则；二是要看用哪种方法产生的模型能够准确、快速、方便地产生数控刀具轨迹，即更好地为 CAM、CAE 服务。

b 曲面建模的特点

曲面建模的优点有：

（1）在描述三维实体信息方面比线框建模严密、完整，能够构造出复杂的曲面，如汽车车身、飞机表面、模具外形等。

（2）可以对实体表面进行消隐、着色显示，也能够计算表面积。

（3）可以利用建模中的基本数据进行有限元划分，以便进行有限元分析或利用有限元网格划分的数据进行表面造型。

（4）可以利用表面造型生成的实体数据产生数控加工刀具轨迹。

曲面建模的缺点有：

（1）曲面建模理论严谨复杂，所以建模系统的使用较复杂，并需一定的曲面建模的数学理论及应用方面的知识。

（2）这种建模虽然有了面的信息，但缺乏实体内部信息，所以有时产生对实体二义性的理解。例如，对一个圆柱曲面就无法区别它是实体轴的面还是空心孔的面。

4.3.3 实体建模

自 CAD 出现以来，实体建模就一直是人们追求的目标，并提出了实体造型的概念。但由于当时理论研究和实践都不够成熟，因而实体建模技术发展缓慢。直到 20 世纪 70 年代后期，实体造型技术在理论、算法和应用方面逐渐成熟，并推出实用的实体造型系统，从此，三维实体模型在 CAD 设计、特性计算、有限元分析、运动学分析、空间布置、计算机辅助 NC 程序的生成和检验、部件装配、机器人等方面得到广泛的应用。目前实体建模技术已成为 CAD/CAM 几何建模的主流技术。

4.3.3.1 实体建模的基本原理

用基本体素的组合并通过集合运算和基本变形操作来建立三维立体的过程称为实体建模。它是实现三维几何实体完整信息表示的理论、技术和系统的总称。实体建模是以基本体素（球、圆柱、立方体等）为单元体，通过集合运算（并、交、差等）生成所需几何形体。换言之，实体模型的特点是由具有一定拓扑关系的形体表面定义形体，表面之间通过环、边、点来建立联系，表面的方向由围绕表面的环的绕向决定，表面法向矢量总是指向形体之外；其另一特点在于覆盖一个三维立体的表面与实体可同时实现。实体建模由于定义三维物体的内部形状，故其可成为当前三维软件普遍采用的建模方法。

实体建模技术是利用实体生成方法产生实体的初始模型，通过几何的逻辑运算（布尔运算），形成复杂实体模型的一种建模技术。它主要包括两部分：一是基本实体生成的方法；二是基本实体之间的逻辑运算。

A   基本实体构造的方法

基本实体构造是定义和描述基本的实体模型，它包括体素法和扫描法。

（1）体素法，即应用在 CAD 系统内部构造的基本体素的实体信息，如长方体、球、圆柱、圆环等，直接产生相应实体模型的方法。这种基本体素的实体信息包括基本体素的几何参数（如长、宽、高、半径等）及体素的基准点。

（2）扫描法，即将平面内的封闭曲线进行"扫描"（平移、旋转、放样等）形成实体模型的方法。用这种方法可形成较为复杂的实体模型。

B   布尔运算

将由以上方法产生的两个或两个以上的初始实体模型，经过集合运算得到新实体的表示称为布尔模型，这种集合运算称为布尔运算，如将两个实体焊接在一起（并运算）或在一个实体上钻一个孔（差运算）。

【例 4-1】 布尔运算举例

例如 A、B 两个实体经布尔运算生成 C 实体，那么布尔模型表示为 $C = A < OP > B$，其中符号 $< OP >$ 是布尔算子，它可以是 ∪（并）、∩（交）和—（差）等。布尔模型是一个过程模型，它通常可直接以二叉树结构来表示。图 4-11(b) ~ (d)所示的分别是并、交、差运算的实例。

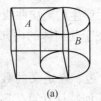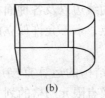

图 4-11　布尔运算实例

（a）实体 A 和实体 B；（b）$A \cup B$；（c）$A \cap B$；（d）$A-B$

4.3.3.2　实体建模的方法

现实世界中的物体是三维的连续实体，而在计算机内部的数据是一维的离散描述，如何利用一维离散来描述现实世界的三维实体，并保证数据的准确性、完整性、统一性，是研究计算机内部表示方法所研究的内容。按实体建模原理生成的实体模型，必须采用合适的表示方法，实现在计算机内部的表示。目前三维实体模型的计算机内部表示方法有许多，常用的有边界表示法（B-rep）、构造实体表示法（CSG）、CSG 与 B-rep 混合表示法、扫描变换法等。几种方法各有特点，且向着多重模式发展。以下介绍几种常用的表示方法。

A　边界表示法

边界表示法（boundary representation）是以实体边界为基础来定义和描述三维实体的方法，这种方法能给出实体完整的边界描述。其原理是：每个实体都由有限个面构成，每个面（平面或者曲面）由有限条边围成的有限个封闭域来定义。

在边界表示法中，实体可以通过它的边界（面的子集）来表示，每一个面又可通过边、边通过点、点通过三个坐标来定义。因此，边界模型的数据结构是网状关系，如图 4-12 所示。边界表示法的核心信息是面，同时，通过环表的信息来标记面的法线方向，也就容易区别某一个面是内表面还是外表面。

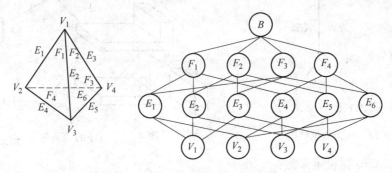

图 4-12　边界表示法数据结构

边界表示法在计算机内部的存储结构用体表、面表、环表、边表、顶点表 5 个层次的表来描述。

体表描述的是几何体包含的基本体素名称以及它们之间的相互位置和拼合关系。

面表描述的是几何体包含的各个面及面的数学方程。每个面都有且只有一个外环，如果面内有孔，则还有内环。

环表描述的是环由哪些边组成。

边表中有直边、二次曲线边、二次样条曲线边以及各种面相贯后产生的高次曲线边。

顶点表描述的是边的端点或者曲线型值点,点不允许孤立的存在于几何体的内部或外部,只能存在于几何体的边界上。

边界表示法中允许绝大多数有关几何体结构的运算直接用面、边、点定义的数据实现。这有利于生成和绘制线框图、投影图以及有限元网格的划分和几何特性计算,容易与二维绘图软件衔接。但是,边界表示法模型的内部结构及关系与实体的生成描述无关,因而无法提供实体的生成信息。

实体建模的边界表示法与表面模型的区别在于:边界表示法的表面必须封闭、有向,各个表面之间具有严格的拓扑关系,从而构成一个整体;而表面模型的表面可以不封闭,不能通过面来判别物体的内部与外部,此外表面模型也没有提供各个表面之间的相互连接信息。

通常,边界表示法一般都采用翼边数据结构,如图 4-13 所示。翼边数据结构由美国 Stanford 大学最先提出,它以边为核心,通过某条边可以检索到该边的左面和右面、该边的两个端点及上下左右的两条邻边,从而确定各元素之间的连接关系。

B   构造实体几何法

构造实体几何法(constructive solid geometry,CSG)在计算机内部通过基本体素和它们的布尔运算来表示实体,即通过布尔模型生成二叉树数据结构。

CSG 模型是有序的二叉树,树的叶节点是体素和几何变换参数,中间节点是集合运算操作或几何变换操作,树根表示最终生成的几何实体。例如有 A、B、C 三个实体(体素),则实体 $D = (A \cup B) - C$ 的 CSG 树是一个有序的二叉树,如图 4-14 所示。

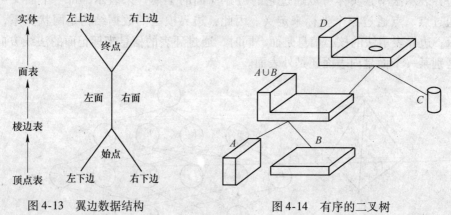

图 4-13   翼边数据结构   图 4-14   有序的二叉树

一般情况,CSG 树可定义为:

〈CSG 树〉:: =〈体素〉

〈CSG 树〉:: =〈GSG 树〉〈几何变换〉〈参数〉

〈CSG 树〉:: =〈CSG 树〉〈正则几何变换〉〈CSG 树〉

CSG 表示的几何体具有唯一性和明确性,但由于它是一个过程模型,因此实体的 CSG 表示和描述方式却不是唯一的,它与实体的描述和生成顺序密切相关,不同生成顺序产生不同的 CSG 树,如图 4-15 所示为同一实体的两种完全不同的 CSG 结构描述。

CSG 法构成实体模型非常简单,其基本定义单位是体,不具备面、环、边、点的拓扑关系，数据结构比较简单。但是，由于 CSG 表示法未建立完整的边界信息，因此，难以直接转换以显示工程图。同时，CSG 模型的最小单元是体素，在数据存储结构中，参与布尔运算的各个基本体素不再分解，这给局部修改带来一定的困难。

C　CSG 与 B-rep 混合表示法

由于 CSG 和 B-rep 表示法各有所长，因此，许多系统采用两者综合的方法来表示实体，即采用混合表示法。用混合

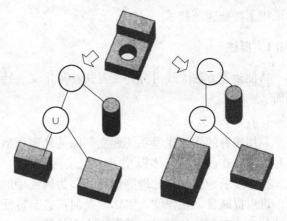

图 4-15　同一实体的两种 CSG 结构

表示法表示实体的数据模型，可以利用 CSG 信息和 B-rep 信息的相互补充，确保几何模型信息的完整和精确。

混合表示法由两种不同的数据结构组成，当前应用最多的是在原有的 CSG 树的节点上再扩充一级边界数据结构，如图 4-16 所示。因此，混合模式可理解为是在 CSG 模式基础上的一种逻辑扩展，其中，起主导作用的是 CSG 结构，再结合 B-rep 的优点，可以完整地表达实体的几何信息及拓扑信息。

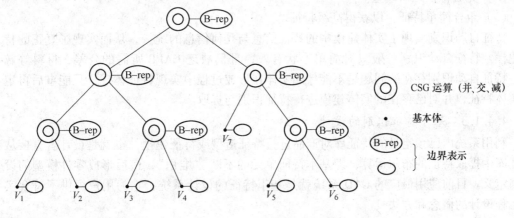

图 4-16　混合模式结构

4.4　特征建模

特征建模是建立在实体建模的基础上，加入了包含实体的精度信息、材料信息、技术要求和其他有关信息；另外，还包含一些动态信息，如零件加工过程中工序图的生成、工序尺寸的确定等信息，以完整地表达实体信息。特征是一种综合概念，它是实体信息的载体，这种信息是与设计、制造过程有关的，并具有工程意义。在实际应用中，从不同的应用角度可以形成具体的特征意义。

特征建模技术近几年发展很快，ISO 颁布的 PDES/STEP 标准已将部分特征信息（形状特征、公差特征等）引入产品信息模型。现也有一些 CAD/CAM 系统（如 Pro/E 等）开

始采用了特征建模技术。

4.4.1　概述

特征建模方法大致可分为交互式特征定义、特征自动识别和基于特征识别的设计三个方面。

4.4.1.1　交互式特征定义

利用现有的实体建模系统建立产品的几何模型，由用户进入特征定义系统，通过图形交互拾取，在已有的实体模型上，定义特征几何所需要的几何要素，并将特征参数或精度、技术要求、材料热处理等信息，作为属性添加到特征模型中。这种方法简单，但效率低，难以提高自动化程度，实体的几何信息与特征信息没有必然的联系，难以实现产品数据的共享，在信息处理中容易发生人为的错误。

4.4.1.2　特征自动识别

将设计的实体几何模型与系统内部预先定义特征库中的特征进行自动比较，确定特征的具体类型及其他信息，形成实体的特征建模。具体实现步骤为：

（1）搜索产品几何数据库，从中找出与其特征相匹配的具体类型。

（2）从数据库中，选择并确定已识别的特征信息。

（3）确定特征的具体参数。

（4）完成特征几何模型。

（5）组合简单特征，以获得高级特征。

特征自动识别实现了实体建模中的特征信息与几何信息的统一，从而实现了真正的特征建模。特征自动识别一般只对简单形状有效，且仍缺乏 CAPP 所需的公差、材料等属性。特征自动识别存在的问题是不能伴随实体在形成过程中实现特征体现，只能事后再定义实体特征，并对已存在的实体建模进行特征识别与提取。

4.4.1.3　基于特征识别的设计

利用系统内已预定义的特征库对产品进行特征造型或特征建模，也就是设计者直接从特征库中提取特征的布尔运算，即基本特征单元的不断"堆积"，最后形成零件模型的设计与定义。目前应用最广的 CAD 系统就是基于特征的设计系统，它为用户提供了符合实际工程设计的概念和方法。

4.4.2　特征建模的原理

4.4.2.1　特征的定义及特征建模系统的构成

A　特征的定义

自 20 世纪 70 年代末提出特征概念以来，对于特征至今仍没有一个严格的、完整的形式化定义。比较公认的定义是：特征是一种综合概念，它是实体信息的载体，这种信息与设计、制造有关，并含有工程意义和基本几何实体或信息的集合。

在实际应用中，随着应用角度的不同，可以形成具体的特征定义。从设计角度看，特征分为设计特征、分析特征、管理特征等；从形体造型角度看，特征是一组具有特定关系的几何或拓扑元素；从加工角度看，特征被定义为与加工、操作和工具有关的零部件形式及技术特征。总之，特征反映了设计者和制造者的意图。

B 特征建模系统的构成体系

以实体造型为基础,建立各种特征库,构成具有特征造型的 CAD 系统,由产品设计到形成产品实体,经历了从各种特征库提取特征来描述产品并构造产品的信息数据库的过程。特征建模包括形状特征模型、精度特征模型、材料特征模型、装配特征模型、管理特征模型等。

(1)形状特征模型。其主要包括几何信息、拓扑信息,如描述零件几何形状以及与尺寸相关的信息集合,包括功能形状、加工工艺形状等。

(2)精度特征模型。用来表达零件的精度信息,包括尺寸公差、形位公差、表面粗糙度等。

(3)材料特征模型。用来表达与零件材料有关的信息,包括材料种类、性能、热处理方式、硬度值等。

(4)装配特征模型。用来描述零部件有关装配的信息,如零件的配合关系、装配关系等。

(5)管理特征模型。用来描述与零件管理有关的信息,如标题栏和各种技术要求等。

在所有的特征模型中,形状模型是描述零件或产品的最主要的特征模型,它是其他特征模型的基础。根据形状特征在构造零件中所发挥的作用不同,可分为主形状特征和辅助形状特征。除以上特征外,针对箱体类零件提出方位特征,即零件各表面的方位信息的集合,如方位标志、方位面外法线与各坐标平面的夹角等。另外,工艺特征模型中提出尺寸链特征,即反映尺寸链信息的集合。装配特征反映零部件装配有关的信息集合,如零部件的配合关系、装配关系等。

形状特征是描述零件或产品的最主要的特征,其分类情况详述如下。

C 形状特征的分类

根据形状调整在构造零件中所起的作用不同,可分为主形状特征(简称主特征)和辅助形状特征(简称辅特征)两类,如图 4-17 所示。

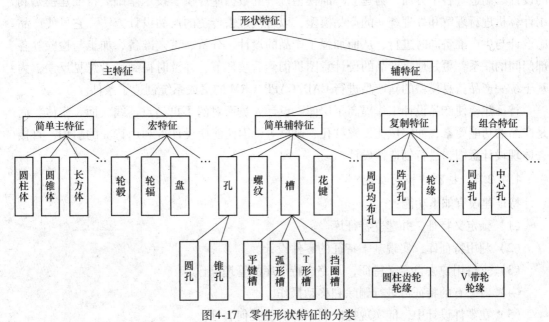

图 4-17 零件形状特征的分类

（1）主特征。主特征用来构造零件的基本几何形体，根据其特征形状的复杂程度，又可分为简单主特征和宏特征两类。

简单主特征主要指圆柱体、圆锥体、长方体、圆球等简单的基本几何形体。

宏特征指具有相对固定的结构形状和加工方法的形状特征，其几何形状比较复杂，而又不便于进一步细分为其他形式特征的组合，如盘类零件、轮类零件的轮辐和轮毂等，基本上都是由宏特征及附加在其上的辅助特征（如孔、槽等）构成。宏特征的定义可以简化建模过程，避免各个表面特征的分别描述，并且能反映出零件整体结构、设计功能和制造工艺。

（2）辅特征。辅特征是依附于主特征之上的几何形状特征，是对主特征的局部修饰，反映了零件几何形状的细微结构。辅特征依附于主特征，也可依附于另一辅特征。根据辅特征的螺纹、花键、V 形槽、T 形槽、U 形槽等单一特征，它们可以附加在主特征之上，也可以附加在辅特征之上，从而形成不同的几何形体。例如，若将螺纹特征附加在主特征外圆柱体上，则可形成外圆柱螺纹；若将其附加在内圆柱面上，则形成内圆柱螺纹。同理，花键也相应可形成外花键和内花键。因此，无需逐一描述内螺纹、外螺纹、内花键和外花键等形状特征，避免了由特征的重复定义而造成特征库数据的冗余现象。

（3）组合特征。组合特征指由一些简单辅特征组合而成的特征，如中心孔、同轴孔等。

（4）复制特征。复制特征指由一些同类型辅特征按一定的规律在空间的不同位置上复制而成的形状特征，如周向均布孔、矩形阵列孔、油沟密封槽、轮缘（如齿圈、V 带轮槽等）。

4.4.2.2　特征建模的特点

特征建模着眼于表达产品完整的技术和生产管理信息，且这种信息涵盖了与产品有关的设计、制造等各个方面，为建立产品模型统一的数据库提供了技术基础。特征建模是利用计算机进行理解和处理统一的产品模型，以替代过去传统的产品设计方法。它可使产品的设计与生产准备同时进行，从而加强了产品的设计、分析、工艺准备、加工与检验等各部门间的联系，更好地将产品的设计意图贯彻到后续环节，并及时得到后者意见反馈，为基于统一产品信息模型的新产品进行 CAD/CAPP/CAM 的集成系统创造了条件。

特征建模使产品设计工作提高了层面。设计人员面对的不再是点、线、面、实体，而是产品的功能要素，如定位孔、螺纹孔、键槽等，因而能使设计者利用特征的引用，直接去体现设计意图，进行创造性设计。

4.4.2.3　特征建模的功能

特征建模有如下功能：

（1）预定义特征，并建立特征库。

（2）利用特征库，实现基于特征的零件设计。

（3）支持用户去自定义特征，并完成特征库的管理操作。

（4）对已有的特征可进行删除和移动操作。

（5）在零件设计中，能实现提取和跟踪有关几何属性。

4.4.3 特征的表达方法

特征的表达方法主要有两方面的内容：一是表达几何形状的信息；二是表达属性或非几何信息。根据几何形状信息和属性在数据结构中的关系，可分为集成表达模式与分离表达模式。前者将属性信息与几何形状信息集成地表达在同一内部数据结构中，而后者是将属性信息表达在与几何形状模型分离的外部结构中。

集成模式的优点有：

（1）可避免分离模式中内部实体模型数据与外部数据不一致和冗余。

（2）可同时对几何模型与非几何模型进行多种操作，因而用户界面友好。

（3）可方便地对多种抽象层次的数据进行通信，从而满足不同用户的需要。

对集成模式，现有的实体模型不能很好地满足特征表达的要求，需要从头开始设计和实施全新的基于特征的表达方案，工作量大。因此，也有些研究者采用分离模式。

几何形状信息的表达，有隐式表达和显式表达之分。隐式表达是特征生成过程的描述。例如对于一个圆柱体，显式表达将含有圆柱面、两个底面及边界细节；而隐式表达则用圆柱的中心线、圆柱的高度和直径来描述。

隐式表达的特点有：

（1）用少量的信息定义几何形状，简单明了，并可为后续的应用（如 CAPP 等系统）提供丰富的信息。

（2）便于将基于特征的产品模型与实体模型集成。

（3）能够自动地表达在显式表达中不便或不能表达的信息，能为后续应用（如 NC 仿真与检验等）提供准确的基础信息。

（4）能表达几何形状复杂（如自由曲面）而又不便显式表达的几何形状与拓扑结构。

无论是显式表达还是隐式表达，单一的表达方式都不能很好地适应 CAD/CAM 集成对产品特征从低级信息到高级信息的需求；显式与隐式混合表达模式是一种能结合各自优点的形状表达模式。

4.4.4 零件信息模型

4.4.4.1 基于特征的零件信息模型的总体结构

一个完整的产品模型不仅是产品数据的集合，还应反映出各类数据的表达方式以及相互间的关系。只有建立在一定表达方式基础上的产品模型，才能有效地为各应用系统所接受和处理，作为完整表达产品信息的零件模型应该是包括表达各类特征的，即管理特征模型、形状特征模型、精度特征模型、材料热处理特征模型和技术特征模型。

基于特征的零件信息模型的总体结构如图 4-18 所示，它表示零件信息模型的分层结构，即零件层、特征层和几何层三个层次。零件层主要反映零件的总体信息，是关于零件子模型的索引指针或地址；特征层是一系列的特征子模型及其相互关系；几何层反映零件的点、线、面的几何信息及拓扑信息。分析这个模型结构可以知道，零件的几何信息及拓扑信息是整个模型的基础，同时也是零件图绘制、有限元分析等应用系统关心的对象。而特征层则是零件模型的核心，以致层中各种特征子模型之间的相互联系反映了特征间的语义关系，使特征成为构造零件的基本单元并具有高层次的工程含义，该模型可以方便地提

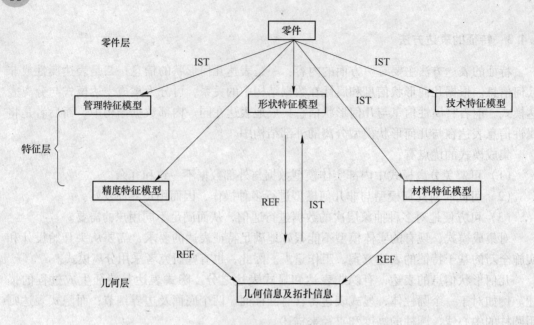

图 4-18　基于特征的零件信息模型的总体结构
IST—从属关系；REF—引用关系

供高层次的产品信息，从而支持面向制造的应用系统（如 CAPP、NC 编程、加工过程仿真等）对产品数据提出的需求。

4.4.4.2　零件信息模型的数据结构

下面以回转体零件为例，说明零件信息模型的数据结构。

A　管理特征模型的数据结构

管理特征主要是描述零件的总体信息和标题栏信息，如零件名、零件类型、GT 码、零件的轮廓尺寸（最大直径、最大长度）、质量、件数、材料名、设计者、设计日期等，其数据结构见表 4-1。图中各符号的含义如图 4-19 所示。

表 4-1　管理特征模型的数据结构

零件类型	零件名	图号	GT 码	件数	材料名	设计者	设计日期	其他
E	S	S	S	I	S	S	S	

B　形状特征模型的数据结构

形状特征模型包括：几何属性、精度属性、材料热处理属性及关系属性。几何属性可描述形状特征的公称几何体，包括形状特征本身的几何尺寸（即定形尺寸）以及形状特征的定位坐标和定位基准。精度属性是指几何形体的尺寸公差、形状公差、位置公差和表面粗糙度。材料热处理属性是指形状特征上具有某些特殊的热处理要求，如某一表面的局部热处理要求。关系属性是指形状特征之间的联系，是邻接联系还是从属联系，形状特征与精度特征、材料热处理特征之间相互引用联系。形状特征模型的数据结构如图4-19 所示。

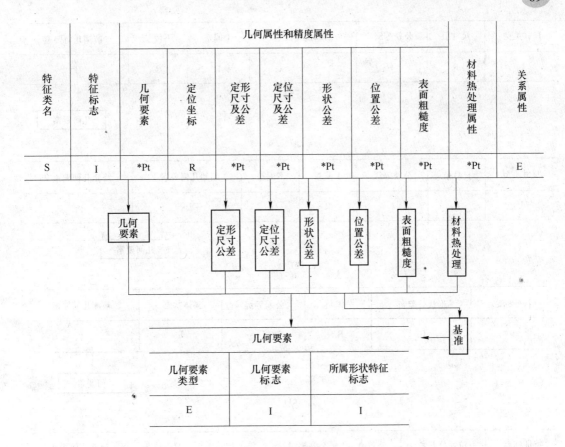

图 4-19　形状特征模型的数据结构

S—字符数据类型；E—枚举数据类型；I—整型数据类型；R—实型数据类型；* Pt—指针

C　精度特征模型的数据结构

精度特征模型的信息内容大致分为三部分：

（1）精度规模规范信息，包括公差类别、精度等级、公差值和表面粗糙度。其中，尺寸公差包括公差值、上偏差、下偏差、公差等级、基本偏差代号等；几何公差包括形状公差和位置公差。

（2）实体状态信息。实体状态信息是指最大实体状态和最小实体状态。

（3）基准信息。对于关联几何实体，则必须具有基准信息。

精度特征模型的数据结构如图 4-20 所示。

D　材料热处理特征模型的数据结构

材料热处理特征模型的数据结构包括材料信息和热处理信息。材料信息包括材料名称、牌号和力学性能参数；热处理信息包括热处理方式、硬度单位和硬度值的上、下限等。材料热处理特征模型的数据结构如图 4-21 所示。

E　技术特征模型的数据结构

技术特征模型的信息包括零件的技术要求和特性表等。这些信息没有固定的格式和内容，因而很难用统一的模型来描述。

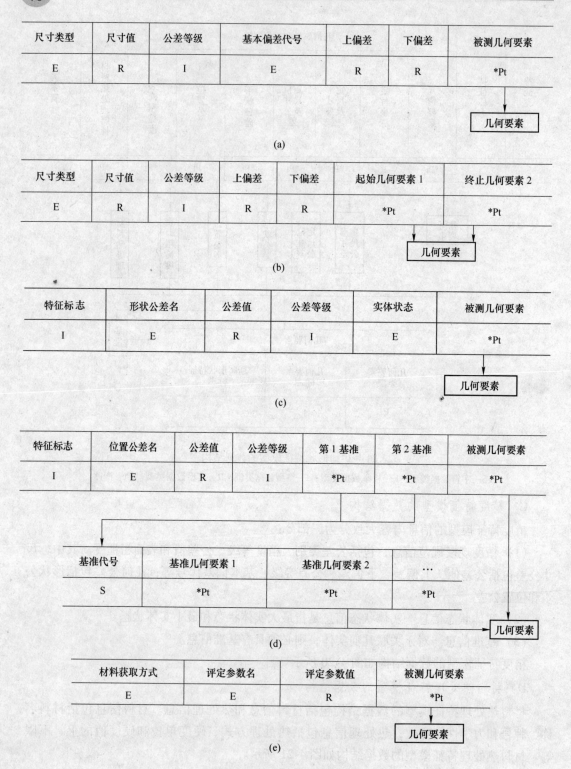

图 4-20   精度特征模型的数据结构

（a）定形尺寸与公差的数据结构；（b）定位尺寸与公差的数据结构；（c）形状公差的数据结构；
（d）位置公差的数据结构；（e）表面粗糙度的数据结构

材料名	力学性能参数	性能上限值	性能下限值
S	E	R	R

热处理方式	热处理工艺名	硬度单位	最高硬度值	最低硬度值	被测几何要素
E	E	E	I	I	*Pt

几何要素

图 4-21　材料热处理特征模型的数据结构

4.5　装配建模技术

4.5.1　装配建模概述

产品的设计过程是一个复杂的创造性活动，不仅要求设计零件的几何形状和结构，而且还要设计零件之间的相互连接和装配关系。这就要求新一代 CAD/CAM 系统必须具备装配层以上的产品建模功能，即装配建模。装配建模和装配模型的研究是 CAD/CAM 建模技术发展的必然。

产品的设计过程中不仅要设计产品的各个组成零件，而且要建立装配结构中各种零件之间的连接关系和配合关系。在产品的 CAD/CAM 过程中，同样要进行完整的装配设计工作，即在零件造型的基础上，采用装配设计的原理和方法在计算机中形成装配方案，实现数字化预装配，建立起产品的装配模型。这种在计算机中将产品的零部件装配组合在一起，形成一个完整的数字化装配模型的过程称装配建模或装配设计。

装配建模的主要内容包括以下几个方面：

（1）概念设计到结构设计的映射。产品方案设计阶段所得到的原理，只是一些抽象的概念，装配设计的基本内容便是从这些概念出发，进行技术上的具体化，包括关键零部件的构形设计、装配尺寸结构、零件数量和空间相互位置关系的确定等，从而实现产品从概念设计到结构设计的映射。这里必须指出的是，这种映射往往是"一对多"的关系，也就是说，能够实现某一原理的装配结构方案很可能会有多个，这就需要对不同的结构方案进行分析、评价和优选。

（2）数字化预装配。运用装配设计的原理和方法在计算机中进行产品数字化模拟预装配，建立产品的数字化装配模型，并可对该模型进行不断的修改、编辑和完善，直到完成满意的产品装配结构。该过程也可称为虚拟装配。

（3）可装配性分析与评价。可装配性是指产品及其装配元件（零件或子装配体）容易装配的程度和特性，是衡量装配结构优劣的根本指标。可装配性分析与评价是产品装配设计的重要内容之一，这种评价应兼顾技术特性、经济特性和社会特性。

4.5.2 装配模型的表示

通常，一个复杂产品可分解成多个部件，每个部件又可根据复杂程度的不同继续划分为下一级的子部件，以此类推，直至成为零件。这就是对产品的一种层次描述，采用这种描述可以为产品的设计、制造和装配带来很大的方便。同样，产品的计算机装配模型也可表示成这种层次关系，如图 4-22 所示。

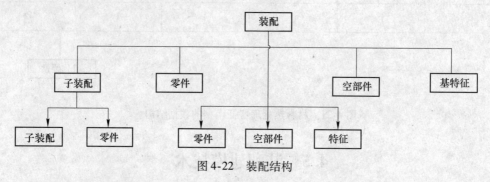

图 4-22 装配结构

（1）部件。组成装配的基本单元称为部件。部件是一个包封的概念，一个部件可以是一个零件或一个子装配体，也可以是个空部件。一个装配是由一系列部件按照一定的约束关系组合在一起的。部件既可以在当前的装配文件中创建，也可以在外部装配模型文件中建立，然后引用到当前文件中。

（2）根部件。根部件是装配模型的最顶层结构，也是装配模型的图形文件名。当创建一个新装配模型文件时，根部件就自动产生，此后引入该图形文件的任何零件都会跟在该根部件之后。值得注意的是根部件不是一个具体零部件，而是一个装配体的总称。

（3）基部件。基部件是指进入装配中的第一个部件。基部件不能被删除或禁止，不能被阵列，也不能改变成附加部件，它是装配模型的最上层部件。基部件在装配模型中的自由度为零，无需施加任何装配约束。

（4）子装配体。当某一个装配体是另一个装配体的零部件时，称为子装配体。子装配体常用于更高一层的装配建模中作为一个部件被装配。子装配体可以多层嵌套，以反映设计的层次关系。合理地使用子装配体对于大型装配有重要的意义。

（5）爆炸图。为了清楚地表达一个装配，可以将部件沿其装配的路线拉开，形成所谓的爆炸图。爆炸图比较直观，常用于产品的说明插图，以方便用户的组装与维修。图 4-23 所示的是箱体装配体及其爆炸图。

图 4-23 箱体装配体及其爆炸图

（6）装配树。所有的部件添加在基部件上面，形成一个树状的结构，称为装配树。整个装配建模的过程可以看成这棵装配树的生长过程。在一棵装配树中记录的是零部件之间的全部结构关系，以及零部件之间的装配约束关系。用户可以从装配树中选取装配部件，或者改变装配部件之间的关系。图 4-24 所示为一装配树实例。

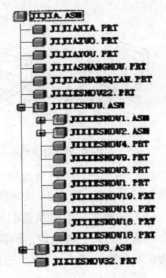

图 4-24　装配树

4.5.3　装配约束技术

4.5.3.1　零部件自由度分析

零部件自由度描述了零部件运动的灵活性，自由度越大，零部件运动越灵活。在三维空间中，一个自由零件的自由度是 6，即 3 个绕坐标轴旋转的转动自由度和 3 个沿坐标轴移动的移动自由度。在给零部件的运动施加一系列约束限制后，零部件运动的自由度将减少。当某零部件的自由度为零时，则称该零部件完全定位。

4.5.3.2　装配约束分析

装配建模过程是建立在不同部件之间的相对位置关系，一般通过装配约束、装配尺寸和装配关系三种手段将各零部件组合成装配体。装配约束是最重要的装配参数，有的系统把约束和尺寸共同参与装配的操作也归入装配约束。

在装配建模中经常使用的装配约束类型有很多种，不同的 CAD 系统大同小异，下面介绍几种最常见的装配约束类型。

（1）贴合约束。贴合是一种最常用的配合约束，它可以对所有类型的物体进行定位安装。使用贴合约束可以使一个零件上的点、线、面与另一个零件上的点、线、面贴合在一起。使用该约束时要求两个项目同类，如对于平面对象，要求它们共面且法线方向相反，如图 4-25（a）所示；对于圆锥面，则要求角度相等，并对齐其轴线，如图 4-25（b）所示。

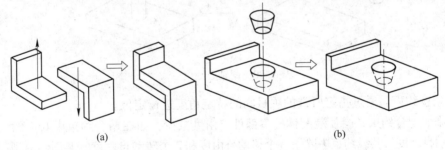

(a)　　　　　　　　　　　　　　(b)

图 4-25　贴合约束

（2）对齐约束。使用对齐约束可以使所选项目产生共面或共线关系。但要注意的是，当对齐平面时，应使所选项目的表面共面，且法线方向相同，如图 4-26 所示；当对齐圆柱、圆锥、圆环等对称实体时，应使其轴线相一致；当对齐边缘和线时，应使两者共线。

（3）平行约束。定位所选项目使其保持同向、等距用平行约束。平行约束主要包括面-面、面-线、线-线等配合约束。

（4）垂直约束。定位所选项目相互垂直。图 4-27 所示的是面-面之间的垂直配合约束。

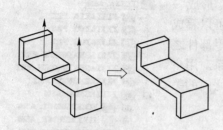

图 4-26　对齐约束

图 4-27　垂直约束

（5）相切约束。将所选项目放置到相切配合中（至少有一个选择项目必须为圆柱面、圆锥面或球面），图 4-28 所示的是平面与圆柱面相切的相切配合约束。

（6）距离约束。将所选的项目以彼此间指定的距离 d 定位。当距离为零时，该约束与贴合约束相同，也就是说，距离约束可以转化为贴合约束；但反过来，贴合约束却不能转化为距离约束。图 4-29 所示的是指定面-面之间特定距离的距离配合约束。

图 4-28　相切约束

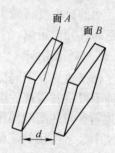

图 4-29　距离约束

（7）同轴心约束。将所选的项目定位于同一中心点。图 4-30 所示的是同轴心配合约束。

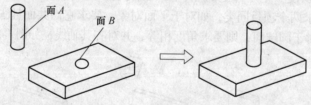

图 4-30　同轴心约束

（8）角度约束。通过指定所选的项目间的特定角度进行定位。

通过添加配合约束，会使装配体的零部件自由度减少，如在贴合约束中共点约束去除了 3 个移动自由度；共线约束去除了 2 个移动自由度和 2 个转动自由度；共面约束则去除了 1 个移动自由度和 2 个旋转自由度；对齐约束去除了 1 个移动自由度和 2 个转动自由度。

4.5.4　装配模型的管理与分析

4.5.4.1　装配模型的管理

在实际装配设计的过程中，需要不断对正在装配的模型进行各种管理的操作，因此，大多数 CAD 系统均提供了装配模型管理功能，装配模型的管理通过装配树及装配导航器窗口进行。

装配模型的管理主要包括以下内容。

A 装配模型的编辑

装配模型的编辑功能主要有以下几种情况:

(1) 查看装配零件的层次关系、装配结构和状态。由于装配树浏览器本身就是一种目录结构,因此,可以像查看文件目录树一样逐级了解装配体的部件及零件构成关系。

(2) 看装配件中各零件的状态。可以在装配树浏览器中观察零件的特征树,以及零件之间的约束记录。

(3) 选择、删除和编辑零部件。可以激活装配树中的零件,进行零件级的管理,如删除、移动、拷贝和特征编辑。

(4) 查看和删除零件的装配关系。对已经约束装配的零件,可以删除其约束。

(5) 编辑装配关系里的有关数据。对已经约束装配的零件,可以改变约束参数,如改变平行面之间的距离参数。

(6) 可以显示零件自由度和部件物性。

B 装配约束的维护

需要注意的是,在修改装配模型中的部件时,零部件之间的约束关系并不会改变,因此,当部件的位置或尺寸发生改变时,整个模型会自动更新,并保证严格的装配关系。例如,对于四杆机构的装配模型,当改变了曲柄的姿态时,系统会自动对装配的约束进行维护,以便调整每个部件的位置和姿态,继续保证四杆机构的封闭特征,即始终保持已经定义的约束关系不变。

CAD 系统的这种装配约束维护功能实际上是由系统内部的约束求解器自动完成的,无需人工参与。

4.5.4.2 装配模型的分析

当完成机器的装配建模后,可以对该模型进行必要的分析以便了解装配质量,发现设计中的问题。装配模型的分析主要包括以下几种。

A 装配干涉分析

装配干涉是指零部件之间在空间发生体积相互侵入的现象,这种现象严重影响了产品设计质量。由于相互干涉的零件之间会相互侵入,无法正确安装,所以在设计阶段就应发现这种设计缺陷,并予以排除。而对运动机构而言,碰撞现象更为复杂,因为装配模型中的部件在不断运动,部件的空间位置在不断发生变化,在变化的每一个位置都需要保证部件之间不发生干涉现象。

目前在 CAD 系统中,空间干涉分析已成为系统的基本功能。使用时,只需在装配模型中指定一对或一组部件,系统将自动计算部件的空间干涉情况。若发现干涉时,便会把干涉位置和干涉体积计算并显示出来,供设计人员分析和修改。

运动机构的干涉碰撞检查要复杂得多,对运动部件的每一个可能到达的中间位置的干涉情况都必须逐个检查。因此,必须先通过运动学计算生成每一个中间位置的装配模型,再进行该位置的干涉检查。通常,这种分析要借助于专门的运动学分析软件才能完成。

B 物性分析

物性是指部件或整个装配件的体积、质量、质心和惯性矩等物理属性(简称物性),

这些属性对设计具有重要的参考价值。但是，依靠人工计算这些属性非常困难，有了计算机装配模型，系统可以方便地计算部件（零部件）的物理属性，供设计人员参考。

　　C　装配模型的简化

　　在复杂的装配建模过程中，对装配模型进行简化表达是目前广泛采用的技术。使用简化表达可以由用户决定装配模型中的哪些成员零件或哪些特征要调入内存并显示出来，从而可减少零件调入、重建和显示模型的时间，而且可以有选择、有重点地显示用户关心的模型结构，提高工作效率和操作的准确性。

4.5.5　装配建模方法及步骤

　　在产品造型装配时，主要有两种方法，即自下而上的设计方法和自上而下的设计方法。自下而上的设计是由最底层的零件开始，然后逐级逐层向上进行装配的一种方法。该方法比较传统，其优点是零部件是独立设计的，因此与自上向下设计法相比，它们的相互关系及重建行为更为简单。自上而下的设计则是指由产品装配开始，然后逐级逐层向下进行设计的装配建模方法。与自下而上的设计方法相比，该方法比较新颖，但有诸多优点。自上而下的设计方法可以首先申明各个子装配的空间位置和体积，设定全局性的关键参数，为装配中的子装配和零件所用，从而建立起它们之间的关联特性，发挥参数化设计的优越性，使得各装配部件之间的关系更加密切。

　　两种装配造型方法各有优势，可根据具体情况具体选用。比如在产品系列化设计中，由于产品的零部件结构相对稳定，大部分的零件模型已经具备，只需要添加部分设计或修改部分零件模型，这时采用自下而上的设计方法较为合适。然而对于创新性设计，因事先对零部件结构细节不是很了解，设计时需要从比较抽象笼统的装配模型开始，边设计，边细化，边修改，逐步到位，这时常常采用自上而下的设计方法。同时，自上而下的设计方法也特别有利于创新性设计，因为这种设计方法从总体设计阶段开始就一直能把握整体，且着眼于零部件之间的关系，并且能够及时发现、调整和灵活地进行设计中的修改，可实现设计的一次性成功。

　　当然，这两种方法不是截然分开的，可以根据实际情况综合应用两种装配设计方法来进行造型，达到灵活设计的目的。

　　自下而上装配造型的基本步骤为：

　　（1）零件设计。逐一构造装配体中所有零件的特征模型。

　　（2）装配规划。对产品装配进行规划，需考虑产品的装配顺序，确定零部件的引入顺序及其配合约束方法。对于复杂产品，应采用部件划分的多层次的装配方案，以进行装配数据的组织和实施装配。特别是对于一些通用零件，应设计成独立的子装配文件在装配时进行引用。

　　（3）装配操作。在上述准备工作的基础上，采用系统提供的装配命令，逐一把零部件装配成装配模型。

　　（4）装配管理和修改。可随时对装配体及其零部件构成进行管理和各项修改操作。

　　（5）装配分析。在完成了装配模型后，应进行装配干涉状态分析、零部件物理特性分析等。若发现干涉碰撞现象，物理特性不符合要求，则需对装配模型进行修改。

　　（6）其他图形表示。如果有需要，可生成爆炸图、工程图等。

自上而下装配造型的基本步骤为：

（1）明确设计要求和任务。确定诸如产品的设计目的、意图、产品功能要求、设计任务等方面的内容。

（2）装配规划。这是装配造型中的关键步骤，这一步首先设计装配树的结构，要把装配的各个子装配或部件勾画出来，至少包括子装配或部件的名称，形成装配树主要涉及以下三个方面的内容：

1）划分装配体的层次结构，并为每一个子装配或部件命名。

2）全局参数化方案设计。由于这种设计方法更加注重零部件之间的关联性，设计中的修改将更加频繁，因此，应该设计一个灵活的、易于修改的全局参数化方案。

3）规划零部件间的装配约束方法。要事先规划好零部件间的装配约束方法，可以采用逐步深入的规划。

（3）设计骨架模型。骨架模型是装配造型中的核心内容，它包含了整个装配重要的设计参数。这些参数可以被各个部件引用，以便将设计意图融入到整个装配中。

（4）部件设计及装配。采取由粗到精的策略，先设计粗略的几何模型，在此基础上再按照装配规划，对初始轮廓模型加上正确的装配约束；采用相同方法对部件中的子部件进行设计，直到零件轮廓出现。

（5）零件级设计。采取参数化或变量化的造型方法进行零件结构的细化，修改零件尺寸。随着零件级设计的深入，可以继续在零部件之间补充和完善装配约束。

4.6 参数化建模技术

4.6.1 参数化设计的基本概念

对一个现代企业来讲，决定其经营成败的关键问题之一是能否快速开发出新产品并缩短产品的上市时间，因此产品的设计要有充分的柔性，并且设计过程的模型要能精确地反映实际设计活动，同时又能迅速地重构，使产品的设计信息能够重用。几乎所有产品的设计都是改进型产品设计，而且原来产品设计信息中的70%左右在新产品设计时可以被重新利用，参数化设计技术就是在这样的背景下产生的。

在参数化设计中，设计人员可以根据自己的设计意图很方便地勾画出设计草图，系统能够自动地建立设计对象内部各设计元素之间的约束关系，以便在设计者更新草图尺寸时，系统能够通过推理机能自动地更新校正草图中的几何形状，并获得几何特征点的正确位置分布。

产品设计过程的复杂性、多样性和灵活性要求设计自动化必须采用参数化的方法。人们采用传统的CAD系统进行产品设计时，一般要通过人机交互的方式来完成零件图形的绘制和尺寸标注，这是一个以精确形状和尺寸为基础的过程。但实际上在产品设计的初期，设计人员关心的往往是零部件的大致轮廓形状及尺寸范围，而对精度和具体尺寸细节并不十分关心。如果在产品设计初期就要求设计者考虑产品形状和尺寸的细节，就会严重地制约设计人员创造力和想象力的发挥。因此，传统的CAD系统不能很好地支持产品的概念设计和初步设计过程。参数化设计技术以约束造型为核心，以尺寸驱动为特征，允许设计者首先进行草图设计，勾画出设计轮廓，然后通过输入精确尺寸来完成最终设计。与无约束造型系统相比，参数化设计更符合实际工程设计的习惯。

另外，对于特定产品的模具、夹具、液压缸、组合机床和阀门等系列化、通用化和标准化的定型产品而言，产品设计所采用的数学模型及产品的结构都是相对固定不变的，所不同的只是产品零部件的具体尺寸，但由于传统的产品设计绘图系统存储的只是最后的设计结果，而没有将完整的设计过程保存起来，而且缺乏必要的参数设计功能，因而也不能有效地处理因部分图形尺寸的变化所引起的图形相关变化的自动处理。在这种情况下，只要产品尺寸稍有变化就可能引起重新设计和造型，因而传统的 CAD 系统不能很好地支持系列化产品零部件的设计工作，造成产品的设计费用高，设计周期长，无法满足快速变化的现代生产的需求。

为了解决上述问题，加快产品开发周期，提高设计效率和设计质量，减少重复劳动，人们于 20 世纪 80 年代初提出了参数化设计方法。所谓参数化就是将产品的设计要求、设计原则、设计方法和设计结果用灵活可变的参数来表示，并用约束来定义和修改产品的参数化模型。在产品的参数化模型中，零件的尺寸不是用具体和确定的数值来表示，而是用相应的关系式或是用某种根据设计对象的工程原理而建立起来的用于求解设计参数的方程式来表示。例如，可以根据齿轮组的齿数与模数来计算齿轮的中心距，这样就可以根据实际情况在人机交互过程中随时更改主要设计参数，而系统能自动改变所有与之相关的其他尺寸，因此参数化设计技术是实现产品系列化设计和产品造型过程精确化和自动化的关键。

4.6.2　参数化设计的相关技术

参数化设计技术目前还处在不断发展和完善中，新的思想和方法还在实践中不断涌现。下面介绍参数化设计系统中所涉及的相关术语。

4.6.2.1　轮廓

参数化设计技术中首先引入了轮廓的概念。轮廓由若干首尾相连的直线或曲线组成，用来表达三维实体模型的截面形状或扫描路径。轮廓上的所有直线段或曲线段相互之间连接成一个封闭的图形，它们共同构成一个整体。轮廓上的线段不能被移到别处，也不能随便删除，轮廓线之间也不能断开、错位或者交叉。图 4-31（a）是正确的轮廓线，图 4-31（b）和（c）都是错误的轮廓线。

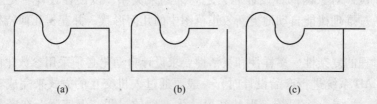

(a)　　　　　　(b)　　　　　　(c)

图 4-31　参数化设计中的轮廓线

4.6.2.2　约束

如前所述，设计过程的本质是通过提取产品有效的约束来建立其约束模型并进行约束求解。设计活动中的约束主要来自功能、结构和制造三个方面，其中功能约束是对产品所能完成功能的描述；结构约束是对产品结构强度、刚度等的表示；而制造约束是对制造资源环境和加工方法的表达。在产品设计过程中，要将这些约束综合成设计目标，并将它们映射成特定的几何和拓扑结构，从而转化成尺寸约束或拓扑约束。

因此，约束可以理解为一个或多个设计对象之间所希望满足的相互关系，也可以认为约束是指用一些限制条件来规定构成形体的元素之间的相互关系。对约束的求解就是找出使约束为真时的对象的取值。显然，设计结果实际上是一个满足所有约束的求解实例。

参数化设计将约束分为尺寸约束和拓扑约束两类。尺寸约束一般是指对大小、角度、直径、半径和坐标位置等几何尺寸的数值所进行的限制，它是一种显式约束，也是对产品结构的定量化描述。拓扑约束一般是指对两个形体元素之间是否要求平行、垂直、共线、同心、重合、对称、全等和相切等非数值几何关系方面的限制，它是一种隐式约束，也是对产品结构的定性描述。根据实际需要，也可以构造参数间的关系式约束，如一条边与另一条边的长度相等、某个圆的圆心坐标分别等于另一个矩形的长和宽等。

【例 4-2】　参数化草图设计

图 4-32（a）所示的零件草图由五段直线确定，P 为设计基点，图中对参数 W、H、A 和 B 进行了标注，其中 H 和 W、H 和 A 及 W 和 B 这三对直线段间存在正交的关系。在确定了这些几何元素间的尺寸约束和拓扑约束后，通过赋予尺寸参数变量不同的值，可在维持其原有拓扑关系不变的前提下，得到不同形状的图形。

在这个例子中，基点 P 的坐标、设计参数 W、H、A 和 B 的尺寸，以及有关几何元素间的正交和相切关系都明确后，图形也就唯一确定了，此时称图形为“全约束”；当其中的尺寸约束或拓扑约束缺少任何一个或多个时，图形称为“欠约束”，如图 4-32（b）所示；如果约束标注过多，图形就称为“过约束”，如图 4-32（c）所示。后两种情况将导致图形无法唯一确定或两类约束间相互矛盾，从而不能正确地建立图形的参数化模型。在实际产品设计中，应避免这两种情况发生。在参数化设计系统中，计算机能够自动对图形中的尺寸进行合理性检查，以帮助设计人员正确地标注尺寸。过多或过少的尺寸标注都将被计算机自动发现，并以适当的方式（例如，用红颜色显示有关尺寸）向设计人员提出警告。

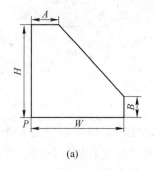
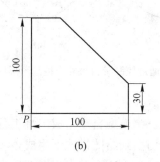
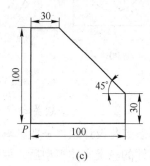

| (a) | (b) | (c) |

图 4-32　参数化设计中的约束

4.6.2.3　尺寸驱动

如图 4-33 所示，假设 N 为小矩形的单元数，T 为边厚，A、B 为小矩形单元的尺寸，L、H 为图形外轮廓的长和宽，其中矩形单元数 N 的变化会引起其他尺寸的相关变化，但它们之间应当满足以下关系式约束：$L = NA + (N+1)T$，$H = B + 2T$，其中将等号右边的参

数 N、A、B、T 称为"驱动尺寸"，而将
等号左边的 L 和 H 称为"从动尺寸"。在
这个例子中，通过改变有关"驱动尺寸"，
CAD 系统可以自动检索出相应的约束关系
式，从而计算出其他两个"从动尺寸"，
最终驱动并确定图形的形状和尺寸，这就
是参数化设计中"尺寸驱动"的工作原
理。这种方式可以极大地提高设计工作的

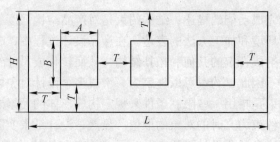

图 4-33   尺寸驱动

效率和质量，同时可以将图形设计的直观性和尺寸控制的精确性有机地统一起来。

    利用尺寸驱动还可以通过控制参数的尺寸来控制零件的形状，使建模过程克服自由建
模的无约束状态，将几何形状以尺寸的形式进行控制，并且使其在需要修改零件的形状
时，只需编辑一下尺寸的数值即可实现。

【例 4-3】   利用尺寸驱动控制草图形状

    如图 4-34（a）所示为在正方形垫片上开圆形孔，图 4-34（b）所示为在圆形垫片上
开方形孔，虽然这两个零件的外形看上去差异较大，但通过圆的直径 D 及正方形边长 L 这
两个变量可使这两种结构相互转化，即采用同一个参数化模型来表示。如图 4-34（c）和
（d）所示，在法兰盘的圆周上均匀分布着若干紧固螺钉孔，通过设置参数可以改变法兰盘
上孔的数目和孔的排列类型，甚至还可以由沿圆周均匀分布的其他形体（如方孔）来代替
圆孔，并且圆孔或其他形体是否在同一圆周上、是否均匀分布等都可以通过参数来设置，
以便得到所需的零件形状。由此可见，利用尺寸驱动可以使设计的自动化程度大大提高，
也给设计对象的修改增加了更大的自由度。

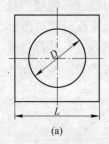 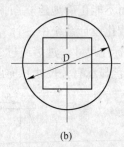 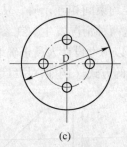 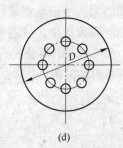

(a)   (b)   (c)   (d)

图 4-34   通过控制参数尺寸来控制图形形状

4.6.2.4   数据相关与模型关联

    参数化设计软件一般都具备由三维模型自动生成二维工程图的能力，即当创建完零件
或部件的三维实体模型后，就可以切换到绘图模式下生成该零件的二维工程图。这时，首
先要在绘图模式下创建基本视图，接着由这个基本视图派生出其他各个相关视图，在此基
础上还可以进行图形的调整和编辑，根据需要还可以通过添加标题栏和进行尺寸标注来进
一步完善视图。这里所谓的数据相关是指由系统自动生成的二维模型与零件的三维模型是
智能双向关联的，即当修改三维模型时，对应的二维模型会自动更新，反之亦然。参数设
计的数据相关和模型关联特性，无疑将极大地方便产品设计，同时提高了对设计模型的管
理水平。

4.6.3 对参数化设计系统的基本要求

参数化设计的主要思想是用几何约束、数学方程与关系式来描述产品模型的形状特征，并通过约束的求解来描述产品的设计过程，从而达到设计一族在形状上具有相似性的设计方案。因此，参数化设计的关键是约束关系的提取与表达、约束求解及产品参数化模型的构造。为了能够实现产品的参数化设计，参数化设计系统应当至少满足下列基本要求：

（1）能够检查出约束条件不一致，即是否有过约束和欠约束情况出现。

（2）算法可靠，即当给定一组约束后能自动求解出存在的解。

（3）求解效率高，即交互操作的求解速度要快，使得每一步设计操作都能得到及时的响应。

（4）在形体构造过程中允许逐步修改和完善约束，以便反映实际产品的设计过程。

（5）参数化模型的构造。如前所述，产品的参数化模型应当由尺寸信息和拓扑信息组成。根据尺寸约束和拓扑约束的模型构造的先后次序，也就是它们之间的依存关系，参数化造型可分为两类：一类是几何约束作用在具有固定拓扑结构形体的几何体素上，几何约束值不改变形体的拓扑结构，而只是改变几何模型的公称大小，这类参数化造型系统以B-rep为其内部表达的主模型；另一类是先说明参数化模型的几何构成要素及它们之间的约束关系，而模型的拓扑结构是由约束关系决定的，这类参数造型系统以 CSG 表达形式为内部的主模型，可以改变实体模型的拓扑结构，并且便于以过程化的形式记录构造的整个过程。

参数化建模与传统设计方法的最大区别在于：参数化建模通过基于约束的产品描述方法存储了产品的设计过程，因而它能设计出一族而不是一个产品；另外，参数化设计能够使工程设计人员在产品设计初期无需考虑具体细节，从而可以尽快草拟出零件形状和轮廓草图，并可以通过局部修改和变动某些约束参数来完善设计，而不必对产品进行重新设计。因此，参数化设计成为进行产品的初步设计、系列化产品设计、产品模型的编辑与修改及多种方案设计的有效手段。

4.7　变量化建模技术

4.7.1　变量化设计概述

参数化设计的成功应用使它在 20 世纪 90 年代前后几乎成为 CAD 业内的标准。但在 20 世纪 90 年代初期，SDRC 公司在探索了几年的参数化技术后，开发人员发现参数化设计尚存在许多不足之处。首先，全尺寸约束这一硬性规定极大地干扰和制约着设计者的想象力和创造力，设计者在设计初期和设计的全过程中都必须将尺寸和形状联系起来考虑，并且通过尺寸约束来控制形状，通过尺寸的改变来驱动形状的改变，一切以尺寸（即参数）为依据，绝不允许漏注尺寸（欠约束），也不允许多注尺寸（过约束）。当零件形状比较复杂时，面对满屏的尺寸，如何改变这些尺寸以达到所需的形状就很不直观。其次是由于只有尺寸驱动这一种修改手段，因而究竟驱动哪一个尺寸会使图形一开始就朝着满意的方向改变尚不清楚。此外，如果给出一个极不合理的尺寸参数，致使形体的拓扑关系发生改变，失去了某些约束特征，也会造成系统数据混乱。

SDRC 公司的开发人员以参数化技术为蓝本，提出了一种比参数化技术更为先进的实体造型技术——变量化技术，于 1993 年推出全新体系结构的 I-DEAS Master Series 软件。

变量化技术保留了参数化技术的基于特征、全数据相关、尺寸驱动进行设计修改的优点，但在约束的定义和管理方面做了根本性改变：变量化技术将形状约束和尺寸约束分开来处理，而不像参数化技术那样，只用尺寸来约束全部几何形状；变量化技术可适应各种约束状况，设计者可以先决定所感兴趣的形状，然后再给出必要的尺寸，尺寸是否标注完整并不影响后续操作，而不像参数化技术，在非全约束时造型系统不允许执行后续操作；变量化技术中工程关系可以作为约束直接与几何方程耦合，然后再通过约束解算器统一解算，在方程求解顺序上不做要求，而参数化技术由于要求全约束，每个方程式必须是显函数，即所使用的变量必须在前面的方程中已经定义过，并赋予某尺寸参数，几何方程求解只能按规定顺序求解；参数化技术解决的是特定情况（全约束）下的几何图形问题，表现形式是尺寸驱动几何形状修改，变量化技术解决的是任意约束情况下的产品设计问题，不仅可以做到尺寸驱动，也可实现约束驱动，即以工程关系来驱动几何形状的改变，这对产品结构优化是十分有意义的。

变量化技术既保持了参数化技术的原有优点，同时又克服了它的不足之处。它的成功应用，为 CAD 技术的发展提供了更大的空间和机遇。

4.7.2   变量化设计中的整体求解法

目前，变量化设计的主要方法有整体求解法、局部作图法、几何推理法和辅助线作图法。下面主要介绍整体求解法。

整体求解法又称为变量几何法，是一种基于约束的代数方法。它将几何模型定义成一系列特征点，并以特征点坐标为变量形成一个非线性约束方程组。当约束发生变化时，利用迭代方法求解方程组，就可以求出一系列新的特征点，从而输出新的几何模型。

在三维空间中，一个几何形体可以用一组特征点定义，每个特征点有 3 个自由度，即 (x, y, z) 坐标值。用 N 个特征点定义的几何形体共有 $3N$ 个自由度，相应地，需要建立 $3N$ 个独立的约束方程才能唯一地确定形体的形状和位置。

将所有特征点的未知分量写成矢量为：

$$X = \begin{bmatrix} x_1, & y_1, & z_1, & x_2, & y_2, & z_2, & \cdots, & x_N, & y_N, & z_N \end{bmatrix}^T \quad (N \text{ 为特征点个数})$$

或者表示为：

$$X = \begin{bmatrix} x_1, & x_2, & x_3, & x_4, & x_5, & x_6, & \cdots, & x_{n-2}, & x_{n-1}, & x_n \end{bmatrix}^T \quad (n = 3N, \text{表示形体的总自由度})$$

将已知的尺寸标注约束方程的值也写成矢量为：

$$D = \begin{bmatrix} d_1, & d_2, & d_3, & \cdots, & d_n \end{bmatrix}^T$$

于是，变量几何的一个实例就是求解以下一组非线性约束方程组的一个具体解：

$$\begin{cases} f_1(x_1, x_2, x_3, \cdots, x_n) = d_1 \\ f_2(x_1, x_2, x_3, \cdots, x_n) = d_2 \\ \vdots \\ f_n(x_1, x_2, x_3, \cdots, x_n) = d_n \end{cases}$$

或写成一般形式，即 $f(x,d) = 0$。

约束方程中有 6 个约束用来阻止刚体的平移和旋转，剩下的 n-6 个约束取决于具体的尺寸标注方法。只有当尺寸标注合理，既无重复标注又无漏注时，方程才有唯一解。求解非线性方程组的最基本方法是牛顿迭代法。

变量几何法是一种基于约束的方法。其模型越复杂，约束条件就越多，非线性方程组的规模就越大。当约束变化时，求解方程组就越困难，而且构造具有唯一解的约束也不容易，故该方法常用于较简单的平面模型。

变量几何法是一种比较成熟的方法，其主要优点是通用性好，因为它可以把任何几何图形转换成一个方程组，进而对其求解。基于变量几何法的系统具有扩展性，即可以考虑所有的约束，从而可以表示更广泛的工程实际问题。这种扩展后的系统即为所谓的变量化设计系统。

变量化设计系统的原理如图 4-35 所示。图 4-35 中几何元素指构成物体的直线、圆等几何因素，几何约束包括尺寸约束及拓扑约束，尺寸值指每次赋予的一组具体值，工程约束表达设计对象的原理、性能等，约束管理用来驱动约束状态，识别约束不足或过约束等问题，约束网络分解可以将约束划分为较小的方程组，通过联立求解得到每个几何元素特征点的坐标，从而得到一个具体的几何模型。除了采用上述代数联立方程求解外，还可以采用推理方法逐步求解。所谓几何推理法就是在专家系统的基础上，将手工绘图的过程分解为一系列最基本的规则，通过人工智能的符号处理、知识查询、几何推理等手段把作图步骤与规则相匹配，导出几何细节，求解未知数。该方法可以检查约束模型的有效性，并且具有局部修改功能，但系统比较庞大、推理速度慢。

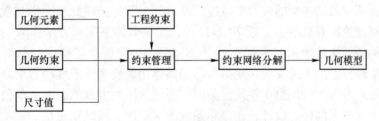

图 4-35 变量化设计的原理

4.8 行为特征建模技术

4.8.1 产品性能设计方法的发展

从产品设计的角度考虑，任何设计总是从需求出发，而不是直接从几何图形出发。几何图形是设计的结果，而不是出发点。现有 CAD 建模的根本弱点是以图形设计为主体，由系统提供各种几何建模的工具。但是仅仅源于几何造型的设计结果，不能准确说明产品、零件的形状、结构的选择依据，也不能准确说明材料的选择依据以及工艺手段的选择依据。

现代产品设计不仅进行结构的静态设计，既要使结构可靠、稳定、质量轻，满足强度、刚度要求，又要对结构进行动应力、疲劳及动力学特性的分析和研究。由于机械产品在实际工况下承受较为复杂的各种激励载荷，传统的产品开发过程往往通过样机试验来获得较精确的动态应力历程，不仅在样机成本上浪费了大量的资金，而且使设计周期延长。若在设计阶段就能模拟产品在不同工况下的行为，获得产品的性能指标（如承载能力、抗疲劳能力等），则不仅可较精确地预测产品的安全性及其寿命，而且可通过重设计、重分析实现产品的优化，降低产品的成本（如质量、材料选型、加工装配精度等）。为了获得高质量的产品，目前，已从单纯靠生产过程控制和产品检验（被动的和防御的）来保证质量发展到了产品的质量设计（主动的）。从根本上确立了产品的优良品质，特别是随着 CAD 和 CAE 技术的发展，面向质量的设计在一体化产品开发中越来越重要。产品的行为建模着重解决以下问题：

（1）静、动态性能设计为主。产品的性能设计一般是以静态情况下的强度、刚度为重点，这种方法常因对产品整体刚度分配合理性的把握不够而简单采用局部加强筋补救的方法。经过长期实践和探索，动态性能已是许多重要产品的评价指标，对疲劳薄弱部位的确定，可使预定寿命下结构主动可靠性设计在产品定型之前展开。从传统的产品静态设计、可靠性评价转向动态设计、主动可靠性设计，这是认识上的飞跃、科学技术上的革新。

（2）系统动力学方法进行产品设计。对产品整体进行动应力历程的分析，比通常采取的仅对关键零部件进行性能设计要复杂很多。特别是对于趋向高性能、高速度、大负荷和复杂化（如高速切削加工中心）的设备或系统来说，产品整体是由高度复杂的结构或机构组成的动力学系统，在实际工况下承受复杂的载荷作用，如何精确地建立系统动态仿真模型并获得高效可行的解已成为 CAE 领域的难点。

（3）柔性多体系统动力学。柔性多体系统动力学是研究物体变形与其整体运动相互耦合以及这种耦合所导致的独特的动力学效应，是分析力学、连续介质力学与现代数值计算方法及现代控制理论的有机结合。近 20 多年来，柔性多体系统动力学作为一门多学科交叉的边缘性新学科而快速发展，为建立产品整体模型、完成动态响应分析提供了理论基础；计算机软硬件技术的飞跃发展，使得对产品整体用柔性多体系统动力学来建模和仿真分析已成为可能。进入 20 世纪 90 年代，美国、德国等国的世界驰名的汽车公司将该领域的研究成果用于汽车零部件的设计，在整车系统的平顺性、操纵稳定性、主动和被动安全性以及噪声等动态特性的仿真分析方面取得了重要进展。

（4）优化设计。自 20 世纪 80 年代以来，人工智能技术的迅猛发展使基于知识的产品智能优化设计成为可能，智能化寻优策略的研究成果使得对计算机辅助设计方案进行智能优化和对寻优过程的智能控制成为现实。进入 20 世纪 90 年代以来，产品的 CAD 建模技术、工程分析方法、优化方法在工程中获得了广泛应用，形成了广义优化设计的概念，并在其本质、范畴、进程、目标、理论框架体系、与其他学科间的关系、优化规划、建模、搜索、协同和过程控制的理论及技术基础方面提出了许多有待攻关的课题。这一领域的发展，将使工程设计人员对产品从多工况、多角度进行优化设计成为可能。

4.8.2 行为建模特征技术

产品的性能是指产品的功能和质量两个方面。功能是竞争力的首要要素，是指能够实现所需要的某种行为的能力；质量是指产品能够以最低的成本最大限度地满足用户的社会需求的程度，是指实现其功能的程度和在使用期内功能的保持性。工程分析可以通过计算获得零件、部件等多方面的性能,视觉感受测试则通过布置、色彩、光线、动感以追求视觉上的美。CAD 建模技术的发展,在于提供一种环境,使用户方便地创建几何模型;特征建模技术的发展,在于根据产品的形状、工艺、装配等特点归纳为若干几何特征,为产品的构型提供工具。

行为建模特征技术是一种全新的概念,它将 CAE 技术和 CAD 建模融为一体,理性地确定产品形状、结构、材料等各种细节。产品设计过程就是寻求如何从行为特征到几何特征、材料特征和工艺特征的映射,它采用工程分析评价方法将参数化技术和特征技术相关联,从而进行驱动设计。

行为建模的一般过程如图 4-36 所示,包括以下几个步骤。

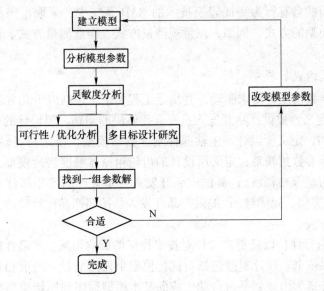

图 4-36　行为建模过程

4.8.2.1　行为特征建模技术的特点

行为特征建模技术的特点有如下几个方面:

(1) 在建模技术方面,不仅提供了创建几何模型的环境,更重要的是提供了性能分析、评价、再设计的功能,不是从几何到几何的纯形体设计,而是通过设计分析导出几何模型。

(2) 在特征技术方面,不仅保留了构建几何建模的工具,为用户进行参数化、模块化、系列化设计创造条件,而且关联的智能模型使设计者把精力集中在智能化设计上。

(3) 在设计意图的表达方面,不仅具备表示设计参数及其关系的形式,同时具有目标驱动式的建模能力,可以用分析评价结果驱动几何参数。

4.8.2.2　行为特征建模技术的核心

要为产品开发者提供理想的设计环境,使之能够设计、制造出最理想的产品,CAD 系统的建模必须具备以下条件。

A　智能模型

提供分析特征的方法,帮助设计者捕捉设计参数和目标,这些特征包括以下几方面:

（1）装配连接特征，用以反映各零件的连接关系、运动条件、运动规律。

（2）运动范围特征，标志可运动的空间。

（3）辅助特征，如零件的表面要求或属性、材料属性等。

（4）加工特征，如平面加工、孔或孔系加工、槽加工、型腔加工、外圆柱加工等。

（5）边界特征，如载荷、约束等。

（6）布线系统特征，如缆线、绕线轴等。

从设计角度看，可将影响产品质量的因素分为可控因素和不可控因素。可控因素是指在设计中可以控制的参数，即设计参数，如几何尺寸、间隙等；不可控因素是指在设计中不易控制的参数，又称噪声参数，如材质、制造精度、工作环境等，一般这类因素具有随机性。因此，在目前的具有行为特征建模技术的 CAD 系统中，采取由产品开发者定义测量方式来确定描述模型的方式，例如，以常规测量方式、构造测量方式、衍生测量方式来描述产品性能。

B   目标驱动式的设计机制

产品的形状、参数由工程要求驱动，并满足工程要求，包括以下几方面：

（1）技术指标定义。提供产品开发人员定义要解决的问题、要设计的产品或零部件性能指标的环境（例如，定义所设计的主轴部件刚度数学模型，使之与各轴颈直径、长度、安装轴承点的位置等参数相联系；定义所设计的齿轮箱箱体温度表达模型，使之与箱体壁厚、箱体内的热源功率等相联系）；提供产品开发人员定义产品或零部件动作特征的环境（如产生相对运动的类型、规律等）；提供产品开发人员按照产品设计阶段分别定义用于分析、评价的指标和方法。

（2）产品技术指标评价以及更改设计对技术指标的影响预测。产品性能分析的目的是为更改设计方案提供依据。设计更改包括对优化模型中任何变量、约束和目标的更改，通过将优化数学模型分离为由规划平台自动生成的基本模型程序和原始模型描述文件。基本模型程序只提供变量、约束和目标三大要素的基本内容。原始模型描述文件向产品开发者提供用交互手段任意构筑优化模型的结构体系和量化关系，以此产生个性化设计方案。同时基于行为特征建模技术提供图形建模环境，产品开发者可以根据经验，在设计过程中直接在屏幕上对产品造型进行交互修改。

产品技术指标的确定是行为特征建模技术的关键之一，它往往综合了许多学科的内容。例如，机械结构全寿命评价就涉及随机数学、疲劳力学、断裂力学、工程力学、仿生学、智能工程学、优化设计理论和计算机仿真技术等，从产品的经济性和可维修性要求出发，在预定的使用寿命期限内，在规定的工况载荷和设计的功能行为条件下，将产品因疲劳断裂失效的可能性（失效概率）降低至最低程度。

（3）多目标设计的综合。多目标设计是根据近年来广义优化设计方法的概念引申的，这主要表现在：把优化的对象由简单零部件扩展到复杂零部件、整机、系列产品和组合产品的整体优化；把优化的重点由偏重于某种或某一方面性能的优化、处理不同类性能时分先后排序进行的传统方式变为把优化准则扩展到各方面性能，实现技术性、经济性和社会性的综合评估和优化设计（例如，在技术性能方面，寻求目标性能和约束性能、使用性能及结构性能的最佳解；在结构优化方面，寻求静态性能与动态性能的最优组合）；把寻优的过程从产品的设计阶段扩展到包含功能、原理方案和原理参数、结构方案、结构参数、结构形状和公差优化的全设计过程，进而面向制造、销售、使用和用后处置的全寿命周期的各个阶段。

C 灵活的评估手段

构成产品竞争力的因素是多方面的，这些因素主要有以下几个方面：功能、质量、价格、交货期、售后服务（维修、升级、培训）、环境（人、机）相容性、营销活动。可以这么说，行为特征技术是基于产品性能设计的 CAD 系统与基于几何造型的 CAD 系统的分水岭。众所周知，用户对产品的需求是从产品的性能出发的，这是产品开发者的立足点和设计工作完成的标志。

产品的行为特征是控制整个设计过程的重要特征，是驱动几何造型的动力。重视产品的性能评价，使企业的 CAD 应用再上新台阶，这不仅是新技术发展的潮流所致，更是企业自身的需求。但是在实际操作中，对某一设计方案的分析计算往往只有一个确定的结论，而设计则可能产生多个解，并需要从中选择一个加以实施。对于产品某个行为上的需求，可以由多个结构、多种形状、多种材料、多种工艺来实现。所以灵活的评估手段必须建立在具有知识获取、组织、传递和运用能力的系统之上，应能很好地表达设计意图和设计思想，并达到规范化。特别是有利于在分布式知识资源中搜索设计方案中的可能解和联想可能解，并利用分布式知识资源对解进行测试和评估。

思 考 题

4-1 举例说明 CAD/CAM 中建模的概念及其过程。

4-2 什么是几何建模技术？几何建模技术为什么必须同时给出几何信息和拓扑信息？

4-3 试分析线框建模、表面建模和实体建模的基本原理、特点及其应用范围。

4-4 实体建模的方法有哪些？

4-5 实体建模中是如何表示实体的？

4-6 什么是体素？体素的交、并、差运算的含义是什么？

4-7 简述 B-rep 表示法的基本原理和建模过程。

4-8 简述 CSG 表示法的基本原理和建模过程。

4-9 分析比较 B-rep 与 CSG 的特点。

4-10 在产品设计中，除了应考虑几何信息和拓扑信息外，还有哪些信息需要描述？

4-11 试述特征建模的定义、方法及特点。

4-12 简述特征建模系统的构成与功能。

4-13 特征建模中有哪些形状特征？

4-14 建立特征库时应使其具有哪些基本功能？

4-15 什么是参数化设计？什么是变量化设计？

4-16 为什么要发展行为建模技术？

5 计算机辅助工程分析及实例

扫我看课件

学习目的与要求

计算机辅助工程（computer aided engineering, CAE）的概念很广，可以包括工程和制造业信息化的几乎所有方面，但一般的 CAE 主要是指利用数值模拟分析技术对工程和产品进行性能与安全可靠性分析，模拟其未来的工作状态和运动行为，及早发现设计缺陷，验证工程产品功能和性能的可用性与可靠性，实现产品的优化，例如有限元分析、优化设计、系统动态分析、虚拟样机技术等。

CAE 技术的发展与普及，使设计工作出现了革命性的变化，机械设计已逐渐实现了由静态、线性分析向动态、非线性分析的过渡，由经验类比向最优设计的过渡，由人工计算向自动计算的过渡，由近似计算向精确计算的过渡。CAE 在产品开发研制中显示出无与伦比的优越性，使其成为现代企业在日趋激烈的竞争中取胜的一个重要条件，因而越来越受到科技界和工程界的重视。

本章要求学生了解计算机辅助工程的概念及地位；了解计算机辅助工程的主要分析技术；掌握优化设计、有限元、仿真的理论基础和解题过程，并通过实际课题案例来说明具体的应用。如超重型振动筛的有限元计算与分析，颚式破碎机机构优化设计方法，破碎机三维运动学与动力学仿真分析等科研课题案例。

5.1 概　　述

在实际工程问题中，大都存在有多个参数和因素间的相互影响和相互作用，依据科学理论，建立反映这些参数和因素间的相互影响和相互作用的关系式并进行分解，称为工程分析。现代设计理论要求采用尽可能符合真实条件的计算模型进行分析计算，其内容包括静态和动态分析计算，由于计算工作量非常大，往往无法用手工计算完成。计算机辅助工程分析（computer aided engineering, CAE）是迅速发展中的计算力学、计算数学、相关的工程科学和现代计算机技术相结合而形成的一种综合性、知识密集型的科学。

CAE 是一个很广的概念，可以包含各种工程分析和与制造业信息化相关的所有方面。但是传统的 CAE 主要是指用计算机对工程和产品进行性能和安全可靠性分析和优化；对产品未来的工作状态和运行行为进行模拟，及早发现设计缺陷，并证实未来工程、产品功能和性能的可用性与可靠性。SAE（society of manufacturing engineering）将 CAE 作为计算机集成制造（CIM）技术的一部分，定义为：分析设计和进行运行仿真，以决定它的性能特征和对设计规则的遵循程度。计算机辅助工程分析的关键是在三维实体建模的基础上，从产品的方案设计阶段开始，按照实际使用的条件进行仿真和结构分析；或者按照性能要求进行设计和综合评价，以便从多个设计方案中选择最佳方案。

从对产品性能的简单校核，逐步发展到对产品性能的优化和准确预测，再到产品运行过程的精确模拟，CAE 发挥着越来越重要的作用。计算机辅助工程分析在汽车工程领域产品开发中的应用可以追溯到 20 世纪 50 年代计算机发展的初期阶段，当时联邦德国 BBC 公司利用工业部门的第一代计算机，采用机器语言对发动机准稳态换气方程进行解算。20 世纪 80 年代后期开始，世界范围内各大型制造集团相继采用计算机辅助工程分析，以提高产品开发的能力。世界大型制造集团，如 General Motor Company（通用汽车公司）和 Ford Motor Company（福特汽车公司）均建立了相应的工程分析部门，分别称为车辆系统综合分析部（VSSA）和高等工程部（AEC），采用数值计算和模拟方法提高产品开发能力。计算机辅助工程分析的广泛应用已经证实其具有支撑产品发展关键领域的工程价值，并从根本上改变传统产品开发与设计的方法和模式。

事实证明，在设计过程的初期引入 CAE 来指导设计决策，能减少因在下游发现问题时重新设计而造成的时间和费用的浪费，从而产生巨大的经济效益。

在 CAD/CAM 中，典型的计算机辅助工程分析工作包括：

（1）对受载荷作用的产品零部件进行强度分析；计算已知零部件尺寸在受载下的应力和变形，或根据已知许用应力和刚度要求计算所需的零件尺寸；如果所受的载荷为变动载荷，还要计算系统的动态响应。

（2）对做复杂运动的机械和机械机构等进行运动分析，计算其运动轨迹、速度和加速度。

（3）对系统的温度场、电磁场、流体场进行分析求解。

（4）按照给定的条件和准则，寻求产品的最优设计参数，寻求最优的加工规则等。

（5）对已形成的产品设计方案和加工方案进行仿真分析，即按照方案的数学描述，通过分析计算，模拟实际系统的运行，预测和观察产品的工作性能和加工生产过程。

目前，计算机辅助工程分析已经是 CAD/CAM 系统中不可缺少的重要组成部分。只有借助计算机辅助工程分析，才能使设计制造工作建立在科学理论基础之上，满足高效、高速、高精度、低成本等现代设计要求。在 CAD/CAM 系统中的计算机辅助工程分析，其工作特点是以产品三维实体模型为基础，并能和 CAD/CAM 其他系统方便地进行数据交换和连接。因此，从方案制订开始，随着 CAD/CAM 的进程，可以和其他 CAD/CAM 系统联合协同工作，进行分析决策。目前，一些著名的商品化集成 CAD/CAM 系统，如 Pro/Engineer、UGII、CATIA 等都已将工程分析软件集成在本系统内部。

在计算机辅助工程分析工作中，最主要的技术包括有限元分析、优化设计和仿真技术等。

5.2 有限元法

自 1960 年美国 Clough 教授首次提出"有限元法（finite element method，FEM）"这个名词以来，有限元分析技术得到了迅速发展，有限元法的应用日益普及，数值分析在工程中的作用日益增长。有限元法是一种根据变分原理进行求解的离散化数值分析方法。由于其适合求解任意复杂的结构形状和边界条件以及材料特性不均匀等力学问题而获得广泛应用。近 40 年来，有限元法的应用已由弹性力学平面问题扩展到空间问题、板壳问题；由静力问题扩展到稳定性问题、动力问题和波动问题；分析的对象从弹性材料到塑性、黏弹性、黏塑性和复合材料等；从固体力学到流体力学、传热学、电磁学等领域。

在科学技术领域内，对于许多力学问题和物理问题，人们已经得到了它们应遵循的基本方程（常微分方程或偏微分方程）和相应的定解条件。但能用解析方法求出精确解的只是少数方程比较简单，且几何形状相当规则的问题。对于大多数问题，由于方程的某些特征的非线性性质，或由于求解区域的几何形状比较复杂，则不能得到解析的答案。这类问题的解决通常有两种途径：一是引入简化假设，将方程和几何边界简化为能够处理的情况，从而得到问题在简化状态下的解答，但是这种方法只在有限的情况下可行，因为过多的简化可能导致误差很大甚至错误的解答；因此人们多年来寻找和发展了另一种求解途径和方法，即数值解法。特别是近 30 多年来，随着电子计算机的飞速发展和广泛应用，数值分析方法已成为求解科学技术问题的主要工具。有限元方法的出现，是数值分析方法研究领域内突破性的重大进展。

5.2.1　有限元分析的基本原理

有限元法求解力学问题的基本思想是：将一个连续的求解域离散化，即分割成彼此用节点（离散点）互相联系的有限个单元。例如如图 5-1（a）所示托架模型，通过离散化可以建立如图 5-1（b）所示的有限元模型。一个连续弹性体被看做是有限个单元体的组合，根据一定精度要求，用有限个参数来描述各单元体的力学特性，而整个连续体的力学特性就是构成它的全部单元体的力学特性的总和。基于这一原理及各种物理量的平衡关系，建立起弹性体的刚度方程（即一个线性代数方程组），求解该刚度方程，即可得出欲求的参量。有限元法提供有丰富的单元类型和节点几何状态描述形式来模拟结构，因而能够适应各种复杂的边界形状和边界条件。由于单元的个数是有限的，节点数目也是有限的，所以称为有限元法。

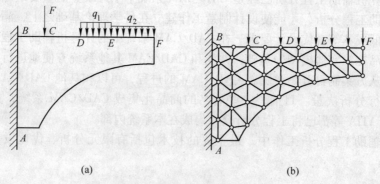

图 5-1　弹性体结构的单元剖分

（a）托架简化模型；（b）托架的有限元模型

有限元法按照所选用的基本未知量和分析方法的不同，可分为两种基本方法：以应力分析计算为例，一种是以节点位移为基本未知量，在选择适当的位移函数的基础上，进行单元的力学特征分析，在节点处建立平衡方程即单元的刚度方程，合并组成整体刚度方程，求解出节点位移，可再由节点位移求解应力，这种方法称为位移法；另一种是以节点力为基本未知量，在节点上建立位移连续方程，解出节点力后，再计算节点位移和应力，这种方法称为力法。一般来说，用力法求得的应力比位移法求得的精度高，但位移法比较简单，计算规律性强，且便于编写计算机通用程序。因此，在用有限元法进行结构分析时，大多采用位移法。

机械产品的零部件，特别是复杂零部件，根据其结构特点及受力状态，一般情况下属于空间问题求解。对大型复杂结构，如不进行任何简化，将导致计算工作复杂化，需花费大量人力和财力，有时甚至难以实现，因此在保证计算精度的前提下，应尽可能地进行简化。由于有限元方法中的单元能按不同的连结方式进行组合，且单元本身又可以有不同形状，因此可以模型化几何形状复杂的求解域。

有限元法作为数值分析方法的另一个重要特点是利用在每一个单元内假设的近似函数来分片地表示全求解域上待求的未知场函数。单元内的近似函数通常由未知场函数或其导数在单元的各个结点的数值和其插值函数来表达。这样一来，一个问题的有限元分析中，未知场函数及其导数在各个结点上的数值就成为新的未知量（也即自由度），从而使一个连续的无限自由度问题变成离散的有限自由度问题。一旦求出这些未知量，就可以通过插值函数计算出各个单元内场函数的近似值，从而得到整个求解域上的近似解。显然随着单元数目的增加，也即单元尺寸的缩小，或者随着单元自由度的增加及插值函数精度的提高，解的近似程度将不断改进。如果单元是满足收敛要求的，近似解最后将收敛于精确解。

5.2.2 弹性力学的基本知识

在有限元法中，涉及一些弹性力学理论，下面介绍弹性力学中的基本概念和基本方程。

5.2.2.1 常用物理量

弹性力学中常用物理量有外力、应力、应变和位移。

（1）外力。作用于物体的外力可分为体力和面力两种。所谓体力，是指分布在整个体积内的外力，例如重力和惯性力。用 P_x、P_y、P_z 三个体力分量表示作用在物体内任何一点单位体积内的体力。所谓面力，是指作用于物体表面上的外力，例如流体压力和接触力。用 P_x、P_y、P_z 三个分量表示作用在物体表面上任一点处单位面积上的面力。

（2）应力。弹性体受到外力作用之后，其内部就会产生相应的应力。为了描述弹性体内任一点 p 处的应力状态，可用一些假想截面在 p 点处截出一个边长为 dx、dy、dz 的无限小平行六面体，通常称为微单元体，如图 5-2 所示，它的 6 个面分别垂直于 3 个坐标轴，每个面上的应力可分解为一个正应力和两个剪应力。正应力记为 σ_x、σ_y、σ_z。剪应力记为 τ_{xy}、τ_{yx}、τ_{xz}、τ_{zx}、τ_{yz}、τ_{zy}，前一个右下角标表明 τ 的作用面所垂直的坐标轴；后一个角标表明力的作用方向。根据剪应力互等定律，$\tau_{xy} = \tau_{yx}$，$\tau_{xz} = \tau_{zx}$，$\tau_{yz} = \tau_{zy}$。

（3）应变。为了描述物体内任一点处的变形情况，总是在该点处沿坐标轴正向取三个微线段 dx、dy、dz，物体变形后，这三个微线段的长度及它们之间所夹直角都要发生改变，如图 5-3 所示。微线段伸长、缩短的变形程度，即相对变形量，用正应变表示，如图 5-3（a）所示，记为 ε_x、ε_y、ε_z。变形后，dx 和 dy 线段间所夹直角的改变量定义为剪应变，如图 5-3（b）所示，记为 γ_{xy}、γ_{xz}、γ_{yz}。

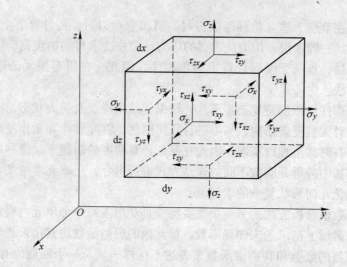

图 5-2　微分体截面上的状态

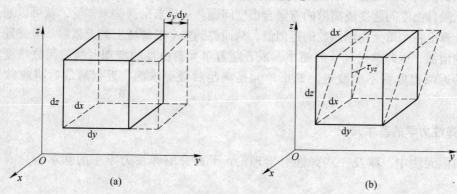

图 5-3　微分体的应变

（a）正应变；（b）剪应变

（4）位移。在载荷（或温度变化等其他因素）作用下，物体内各点之间的距离改变称为位移，它反映了物体的变形大小。用 u、v、w 分别表示 x 轴、y 轴、z 轴三个方向的位移分量。

5.2.2.2　基本方程

A　平衡方程

弹性体 V 域内任一点沿坐标轴 x、y、z 方向的平衡方程为：

$$
\begin{aligned}
\frac{\partial \sigma_x}{\partial x} + \frac{\partial \tau_{yx}}{\partial y} + \frac{\partial \tau_{zx}}{\partial z} + \overline{f_x} &= 0 \\
\frac{\partial \tau_{xy}}{\partial x} + \frac{\partial \sigma_y}{\partial y} + \frac{\partial \tau_{zy}}{\partial z} + \overline{f_y} &= 0 \\
\frac{\partial \tau_{xz}}{\partial x} + \frac{\partial \tau_{yz}}{\partial y} + \frac{\partial \sigma_z}{\partial z} + \overline{f_z} &= 0
\end{aligned}
\tag{5-1}
$$

其中，f_x、f_y、f_z 为单位体积的体积力在 x 轴、y 轴、z 轴三个方向的分量。

B　几何方程——应变和位移的关系

物体受力后变形，其内部任一点的位移与应变的关系可用下式表示，即：

$$\left.\begin{array}{l} \varepsilon_x = \dfrac{\partial u}{\partial x}, \varepsilon_y = \dfrac{\partial v}{\partial y}, \varepsilon_z = \dfrac{\partial w}{\partial z} \\[2mm] \gamma_{xy} = \dfrac{\partial u}{\partial y} + \dfrac{\partial v}{\partial x}, \gamma_{yz} = \dfrac{\partial v}{\partial z} + \dfrac{\partial w}{\partial y}, \gamma_{zx} = \dfrac{\partial w}{\partial x} + \dfrac{\partial u}{\partial z} \end{array}\right\} \qquad (5-2)$$

写成阵列形式，即：

$$\{\varepsilon\} = \begin{bmatrix} \varepsilon_x \\ \varepsilon_y \\ \varepsilon_z \\ \gamma_{xy} \\ \gamma_{yz} \\ \gamma_{zx} \end{bmatrix} \text{或} \{\varepsilon\}^{\mathrm{T}} = \begin{bmatrix} \varepsilon_x & \varepsilon_y & \varepsilon_z & \gamma_{xy} & \gamma_{yz} & \gamma_{zx} \end{bmatrix}$$

C 物理方程——应力和应变的关系

用虎克定律表示，则式中 E 为材料的弹性模量；μ 为材料的泊松比。写成矩阵形式：

$$\{\sigma\} = [D]\{\varepsilon\} \qquad (5-3)$$

其中

$$\varepsilon_x = \frac{1}{E}[\sigma_x - \mu(\sigma_y + \sigma_z)]$$

$$\varepsilon_y = \frac{1}{E}[\sigma_y - \mu(\sigma_z + \sigma_x)]$$

$$\varepsilon_z = \frac{1}{E}[\sigma_z - \mu(\sigma_x + \sigma_y)]$$

$$\gamma_{xy} = \frac{2(1+\mu)}{E}\tau_{xy}$$

$$\gamma_{yz} = \frac{2(1+\mu)}{E}\tau_{yz}$$

$$\gamma_{zx} = \frac{2(1+\mu)}{E}\tau_{zx}$$

则

$$[D] = \frac{E(1-\mu)}{(1+\mu)(1-2\mu)} \begin{bmatrix} 1 & 0 & 0 & 0 & 0 & 0 \\[2mm] \dfrac{\mu}{1-\mu} & 1 & 0 & 0 & 0 & 0 \\[2mm] \dfrac{\mu}{1-\mu} & \dfrac{\mu}{1-\mu} & 1 & 0 & 0 & 0 \\[2mm] 0 & 0 & 0 & \dfrac{1-2\mu}{2(1-\mu)} & 0 & 0 \\[2mm] 0 & 0 & 0 & 0 & \dfrac{1-2\mu}{2(1-\mu)} & 0 \\[2mm] 0 & 0 & 0 & 0 & 0 & \dfrac{1-2\mu}{2(1-\mu)} \end{bmatrix}$$

称为弹性矩阵，它完全取决于弹性体材料的弹性模量 E 和泊松比 μ。

综上所述，式 (5-1) ~ 式 (5-3) 导出了弹性力学的基本方程：3 个平衡微分方程、6 个几何方程和 6 个物理方程，其中刚好包含了 6 个应力分量、6 个应变分量和 3 个位移分量。因此根据这 15 个基本方程求解 15 个未知量是可能的。但应该注意到，这 15 个基本方程表达的是弹性体内任一点的应力、应变、位移关系的一般规律，对各具体弹性体中的特定规律，由于几何形状、边界受力情况及位移约束情况的不同，就会有不同的解答。换言之，只有既满足 15 个基本方程，又满足边界条件的解，才是弹性体的真正解。边界条件就是弹性力学问题的定解条件。

弹性力学问题按照不同的边界条件分为位移边界问题、应力边界问题和混合边界问题。位移边界问题即物体在全部边界上的位移分量是已知的；应力边界问题即物体在全部边界上所受的面力是已知的；而在混合边界问题中，一部分边界上已知面力，其余部分边界上已知位移。

D　虚功方程

假设一弹性体在虚位移发生之前处于平衡状态，当弹性体产生约束许可的微小虚位移并同时在弹性体内产生虚应变时，体力与面力在虚位移上所作的虚功等于整个弹性体内各点的应力在虚应变上所作的虚功的总和，即外力虚功等于内力虚功。若用 δ_u、δ_v、δ_w 分别表示受力点的虚位移分量；用 $\delta\varepsilon_x$、$\delta\varepsilon_y$、$\delta\varepsilon_z$、$\delta\gamma_{xy}$、$\delta\gamma_{yz}$、$\delta\gamma_{zx}$ 表示虚应变分量；用 A 表示面力作用的表面积，根据虚功原理，可得虚功方程：

$$\iiint_V (\sigma_x\delta\varepsilon_x + \sigma_y\delta\varepsilon_y + \sigma_z\delta\varepsilon_z + \tau_{xy}\delta\gamma_{xy} + \tau_{yz}\delta\gamma_{yz} + \tau_{zx}\delta\gamma_{zx})\,dxdydz$$

$$= \iiint_V (p_x\delta_u + p_y\delta_v + p_z\delta_w)\,dxdydz + \iint_A (\bar{p}_x\delta_u + \bar{p}_y\delta_v + \bar{p}_z\delta_w)\,dA$$

写成矩阵形式为：

$$\iiint_V (\delta\{\varepsilon\}^T\{\sigma\})\,dxdydz = \iiint_V (\delta\{\Delta\}^T\{p\})\,dxdydz + \iint_A (\delta\{\Delta\}^T\{\bar{p}\})\,dA \qquad (5-4)$$

5.2.3　有限元分析的步骤

对于具有不同物理性质和数学模型的工程问题，有限元法的分析和求解步骤是基本相同的，只是具体的公式推导与运算求解方法不同，有限元法的分析步骤如图 5-4 所示。其步骤主要包括物体离散化、单元特性分析、单元组合和求解未知量。

5.2.3.1　物体离散化

将所研究的物体离散为由各种单元组成的计算模型，又称为单元剖分。离散后单元之间用单元节点相互连接；单元节点的设置、性质、数目等应根据问题的性质、几何体的形状和所要求的计算精度而定。离散后的物体不再是原来意义的物体或结构物，而是同样材料的由众多单元以一定方式连接成的离散物体，因此用有限元分析计算所获得的结果是近似的。如果划分的单元足够多而且合理，则计算结果就能充分地逼近实际情况。图 5-5 所示为薄板零件的单元剖分

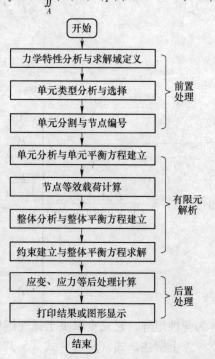

图 5-4　有限元法的分析步骤

结果。

在进行单元剖分时，对全部节点按一定顺序编号，每个节点的位移为 $U_i = (u_i, v_i)$，全部节点位移构成未知参数向量：$U_1 = (u_1, v_1, u_2, v_2, \cdots)^T$。

连续结构体离散化的过程即有限元模型的建立过程，其具体步骤包括：

（1）准备好单元几何参数、材料常数、边界条件和载荷等参数，并输入计算机。

（2）用所选单元划分有限元网格，并给节点、单元编号。

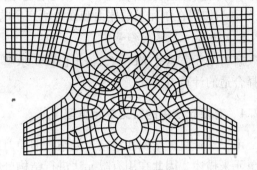

图 5-5　单元剖分

（3）选定整体坐标系，定义节点位移量。

对于不同性质的工程对象和问题，节点参数的选择也不同，例如温度场有限元分析的节点参数是温度函数，而流体流动有限元分析的节点参数是流函数或势函数。在机械工程应用中常见的结构分析中，通常选择节点力或节点位移作为节点参数。

5.2.3.2　单元特性分析

当采用位移法时，物体或结构物离散化后，可把单元中的一些物理量（如位移、应变和应力等）由节点位移来表示。这时可以对单元中位移的分布采用一些能逼近原函数的近似函数来描述。通常，在有限单元法中将位移表示为坐标变量的简单函数。这种函数称为位移模式或位移函数，即：

$$u_e(x, y) = \sum_{i=i_1}^{i_n} N_i(x,y) u_i$$

$$v_e(x, y) = \sum_{i=i_1}^{i_n} N_i(x,y) v_i$$

式中　　$u_e(x, y)$，$v_e(x, y)$——单元位移；

$\qquad\qquad N_i(x,y)$——插值函数；

$\qquad\qquad u_i$，v_i——节点位移。

根据单元的材料性质、形状、尺寸、节点数目、位置及其含义等，找出单元节点力和节点位移的关系式，这是单元分析中关键的一步。以此为基础，导出单元的刚度矩阵。

物体离散后，力是通过节点从一个单元传递到另一个单元的，而对于实际的连接，力是通过单元边界来传递的，这种作用在单元边界上的表面力、体积力或集中力等都需要等效地移到节点上去，也就是用等效的节点力来代替所有作用在单元上的力。

5.2.3.3　单元组合

利用结构力的平衡条件和边界条件把各个单元按原来的物体结构重新连接起来，组装成整体的有限元方程，即：

$$KU = f$$

其中　　　　　　$K = \sum_{e=1}^{n_2} K_e, f = \sum_{e=1}^{n_2} (P_e + F_e)$

式中，K 为整体刚度矩阵；K_e 为单元刚度矩阵；U 为节点位移列阵；f 为载荷列阵；P_e、F_e 分别为作用在单元上的体力和面力所产生的等效节点力。

5.2.3.4　求解未知量

解有限元方程式 $KU = f$，得出位移。求解有限元方程时可以根据方程组的具体特点来选择合适的计算方法。

5.2.4　有限元法中的常见单元类型

由于实际机械结构往往较为复杂，即使对结构进行了简化处理后仍然很难用某种单一的单元来描述。因此在用有限元法进行结构分析时，应当选用合适的单元进行连续结构体的离散化，以便使所建立的计算力学模型能在工程意义上尽量接近实际工程结构，提高计算精度。目前常见的有限元分析软件都备有丰富的单元供用户使用。实际上，当使用有限元法进行分析时，用户需要做出的重要决策之一就是从有限元软件中提供的有限单元库中选择具有适当节点数和适当类型的有限单元。下面介绍常见的几种单元类型。

5.2.4.1　杆状单元

一般把截面尺寸远小于其轴向尺寸的构件称为杆状结构件，杆状构件通常用杆状单元来描述，杆状单元属于一维单元，根据结构形式和受力情况，用杆状单元模拟杆状结构件时，一般还具体分为杆单元、平面梁单元和空间梁单元三种单元形式。

杆单元如图 5-6（a）所示，它有两个节点，每个节点仅有一个轴向自由度，因而它只能承受轴向载荷。常见的铰接桁架通常就可以采用这种单元来处理。平面梁单元如图 5-6（b）所示，平面梁单元也只有两个节点，每个节点在图 5-6（b）所示平面内具有 3 个自由度，即横向自由度、轴向自由度和转动自由度。平面梁单元可以承受弯矩切向力和轴向力。在工程实际中，诸如机床的主轴和导轨、大型管道管壁的加强肋、机械结构中的连接螺栓、传动轴等均可用平面梁单元来处理。一个构件究竟能否简化为杆单元或梁单元，有时与结构分析的要求和目的有关。例如机械传动系统中的传动轴，如果分析的是包括箱体、传动轴和齿轮在内的整个传动系统，则可用梁单元来处理。但如果分析的是传动轴本身的应力集中问题，则要将传动轴作为三维问题来处理，选择相应的单元类型，如四面体单元等。空间梁单元如图 5-6（c）所示，空间梁单元是平面梁单元向空间的推广，空间梁单元中的每个节点具有 6 个自由度，即 3 个方向的平动自由度和 3 个方向的旋转自由度。

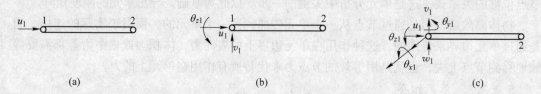

图 5-6　常见的三种杆状单元
（a）杆单元；（b）平面梁单元；（c）空间梁单元

5.2.4.2　薄板单元

薄板结构件一般是指厚度远小于其他轮廓尺寸的构件。薄板单元主要用于薄板结构件的处理，但对于那些可以简化为平面问题的承载结构也可使用这类单元，薄板单元属于二维单元。按其承载能力薄板单元又可分为平面单元、弯曲单元和薄壳单元三种。

平面单元如图5-7（a）所示，常用的平面单元有三节点三角形单元、四节点矩形单元、四节点四边形单元、六节点三角形单元和八节点曲边四边形单元等。其中最常用的平面单元有三角形平面单元和矩形平面单元两种，如图5-7（b）和（c）所示，它们分别有3个和4个节点，每个节点仅有两个面内的平动自由度。由于没有旋转自由度，因此平面单元不能承受弯曲载荷。究竟采用哪种类型的单元主要取决于分析对象的几何形状和计算精度要求。当结构体的边界为不规则的曲线时，采用八节点曲边四边形单元能获得较好的近似结果。但在一般的平面问题中，由于三节点三角形单元对包括曲边边界结构在内的任何形状都能获得较好的近似结果，而且计算量较少，所以三节点三角形单元的应用最为广泛。

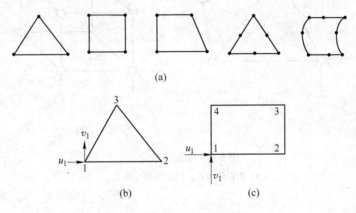

图5-7　常见的三种平面单元

（a）平面单元的基本形式；（b）三角形平面单元；（c）矩形平面单元

弯曲单元如图5-8所示，薄板弯曲单元主要承受横向载荷和绕两个水平轴的弯矩，它也有三角形和矩形两种单元形式，分别具有3个和4个节点，每个节点都有一个横向自由度和两个转动自由度。弯曲单元有时也称为板单元。

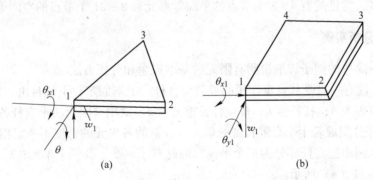

图5-8　薄板弯曲单元

（a）三角形薄板弯曲单元；（b）矩形板壳单元

薄壳单元实际上是平面单元和薄板弯曲单元的组合，它的每个节点既可承受面内的作用力，又可承受横向载荷和绕水平轴的弯矩。显然采用薄壳单元来模拟实际工程应用中的板壳结构，不仅考虑了板在平面内的承载能力，还考虑了板的抗弯能力。薄壳单元有时也简称为壳单元。

5.2.4.3 多面体单元

多面体单元是平面单元向空间的推广。如图 5-9 所示的两个多面体单元，即四面体单元和长方体单元都属于三维单元，它们分别有 4 个和 8 个节点，每个节点有 3 个沿坐标轴方向的自由度。多面体单元可用于实心三维结构的有限元分析，如轴承座、支承件及动力机械的地基等结构件，其中四面体单元在三维结构问题分析中应用最广。在目前使用的大型有限元分析程序中，多面体单元一般都被有 8~21 个节点的空间等参元所取代。

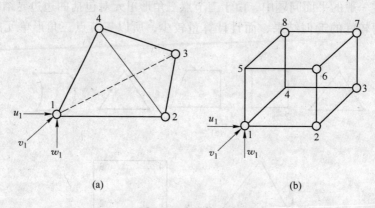

图 5-9 多面体单元
（a）四面体单元；（b）六面体单元

5.2.4.4 等参元

在有限元法中，单元内任意一点的位移是用节点位移通过插值求得的，其位移插值函数一般称为形函数。如果单元内任一点的坐标值也用同一形函数按节点坐标通过插值来描述，则这种单元就称为等参元。

等参元可用于模拟任意曲线或曲面边界，其分析计算的精度较高。有限元分析法中等参元的类型较多，常见的有 4~8 个节点的平面等参元和 8~21 个节点的空间等参元。

5.2.5 有限元分析实例

下面试举一简单的例子详细说明有限元的基本概念和分析方法。

【例 5-1】 设有一只受其自重作用的等截面直杆，上端固定，下端自由，如图 5-10 所示。设杆的截面积为 A；杆长为 L；单位杆长重力为 q。试用有限无求直杆各点的位移。

（1）将直杆分割成若干个有限长度的单元。分割的各单元的长度不一定相等，各分割点称为节点。本例中把直杆等分为三个单元，因此有①、②、③三个单元；1、2、3、4 四个节点，如图 5-11（a）所示。

（2）求出单元位移函数。取其中任一单元 e_{ij}，其中 e 为单元编号，i、j 为其两端点的节点编号，如图 5-11（b）所示。单元的局部坐标为 OX，取 i 节点为坐标原点。单元内任一点由于自重产生位移 u，设位移函数为：

$$u = a_1 + a_2 x = \begin{bmatrix} 1 & x \end{bmatrix} \begin{bmatrix} a_1 \\ a_2 \end{bmatrix} \tag{5-5}$$

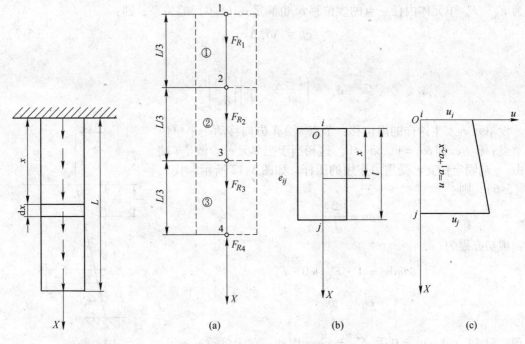

图 5-10　等截面直杆　　　　　图 5-11　等截面直杆的单元及节点
（a）直杆分割；（b）单元 e_{ij}；（c）位移 u

其中，a_1、a_2 为待定系数。对于 $x_i = 0$，$x_j = l$，可解得：

$$\begin{cases} a_1 = u_i \\ a_2 = -\dfrac{1}{l}u_i + \dfrac{1}{l}u_j \end{cases}$$

即

$$\begin{bmatrix} a_1 \\ a_2 \end{bmatrix} = \begin{bmatrix} 1 & 0 \\ -\dfrac{1}{l} & \dfrac{1}{l} \end{bmatrix} \begin{bmatrix} u_i \\ u_j \end{bmatrix}$$

代入式（5-5），并记 $f = u$，得：

$$f = \begin{bmatrix} \dfrac{l-x}{l} & \dfrac{x}{l} \end{bmatrix} \begin{bmatrix} u_i \\ u_j \end{bmatrix}$$

$$f = N\{\Delta\}^e \tag{5-6}$$

式中，$\boldsymbol{N} = (N_i \quad N_j) = \begin{bmatrix} \dfrac{l-x}{l} & \dfrac{x}{l} \end{bmatrix}$ 称为形状函数，它反映了单元的位移形态。而 $\{\Delta\}^e = \begin{bmatrix} u_i \\ u_j \end{bmatrix}$。

式（5-6）的物理意义为：杆单元在其自重下产生变形，单元体内任一点的位移，可以通过一定的形状函数用节点位移来表示。

（3）等效移置节点载荷。根据虚功原理将单元重力移置到单元 e_{ij} 的节点 i、j 上，分

别为 $F_{R_i}^e$、$F_{R_j}^e$ 单元体内任一点的虚位移 δf 也满足式（5-6）的关系，即：

$$\delta f = N\delta\{\Delta\}^e \tag{5-7}$$

即

$$\delta_u = \begin{bmatrix} \dfrac{l-x}{l} & \dfrac{x}{l} \end{bmatrix}\begin{bmatrix} \delta u_i \\ \delta u_j \end{bmatrix}$$

设单元 e_{ij} 发生这样的虚位移：节点 i 沿 X 方向移动一个单位而节点 j 不动，即 $\delta u_i = 1$，$\delta u_j = 0$。这相当于把单元 e_{ij} 看做是 i 端自由、j 端固定铰支、受重力作用的压杆，如图 5-12 所示。代入式（5-6），则：

$$\delta u = \frac{l-x}{l}$$

虚功方程为：

$$\int_{x_i}^{x_j} \delta u q \mathrm{d}x = 1 \cdot F_{R_i}^e + 0 \cdot F_{R_j}^e$$

$$F_{R_i}^e = \frac{ql}{2}$$

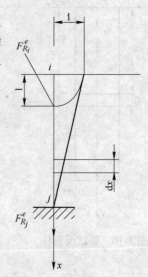

图 5-12　假设压杆

同理，设 $\delta u_j = 1$，$\delta u_i = 0$，则 $F_{R_j}^e = \dfrac{ql}{2}$，因此，对于单元 e_{ij} 来说：

$$F_R^e = \begin{bmatrix} F_{R_1}^e \\ F_{R_2}^e \end{bmatrix} = \begin{bmatrix} \dfrac{ql}{2} \\ \dfrac{ql}{2} \end{bmatrix}$$

所以有 $F_{R_1}^{(1)} = F_{R_2}^{(1)} = F_{R_2}^{(2)} = F_{R_3}^{(2)} = F_{R_3}^{(3)} = F_{R_4}^{(3)} = \dfrac{qL}{6}$。

考虑到固定端节点 1 所受约束反力 $F_R = -qL$，于是，单元载荷移置后，各节点载荷 F_{R_1}、F_{R_2}、F_{R_3}、F_{R_4}（见图 5-11（a））分别为：

$$\left.\begin{aligned}
F_{R_1} &= F_R + F_{R_1}^{(1)} = -\frac{5}{6}qL \\
F_{R_2} &= F_{R_2}^{(1)} + F_{R_2}^{(2)} = \frac{1}{3}qL \\
F_{R_3} &= F_{R_3}^{(2)} + F_{R_3}^{(3)} = \frac{1}{3}qL \\
F_{R_4} &= F_{R_4}^{(3)} = \frac{1}{6}qL
\end{aligned}\right\} \tag{5-8}$$

（4）建立单元刚度矩阵：

用几何方程导出单元应变与节点位移的关系为：

$$\varepsilon = \varepsilon_x = \frac{\partial u}{\partial x} = \frac{\mathrm{d}u}{\mathrm{d}x} \quad \text{（本例为单向拉伸）}$$

将式（5-6）代入并整理，有：

$$\varepsilon = \begin{bmatrix} \dfrac{-1}{l} & \dfrac{1}{l} \end{bmatrix}\begin{bmatrix} u_i \\ u_j \end{bmatrix}$$

$$\{\varepsilon\} = [B]\{\Delta\} \tag{5-9}$$

式中，$[B] = (B_i \quad B_j) = \left[\dfrac{-1}{l} \quad \dfrac{1}{l}\right]$ 称为应变矩阵，它反映了单元应变与节点位移之间的关系。

用物理方程导出单元应力与节点位移的关系为：

$$\sigma = \sigma_x = E\varepsilon_x$$

将式（5-9）代入并整理，有：

$$\{\sigma\} = E[B]\{\Delta\}^e$$
$$\{\sigma\} = [G]\{\Delta\}^e \tag{5-10}$$

式中，$[G] = (G_i \quad G_j) = \left[\dfrac{-E}{l} \quad \dfrac{E}{l}\right]$ 称为应力矩阵，它反映了单元应力与节点位移之间的关系。

用虚功方程导出单元节点力与节点位移的关系。对单元来讲，节点力是外力。设节点 i、j 处的节点力为 F_{u_i}、F_{u_j}，则单元 e_{ij} 的节点力为：

$$\{F\}^e = \left[\dfrac{F_{u_i}}{F_{u_j}}\right]$$

根据虚功原理，单元虚功为：

$$(\partial\{\Delta\}^e)^{\mathrm{T}}\{F\}^e = \int_{x_i}^{x_j}(\delta\{\varepsilon\})^{\mathrm{T}}\{\sigma\}A\mathrm{d}x$$

将式（5-9）代入并整理，有：

$$\{F\}^e = \int_{x_i}^{x_j}[B]^{\mathrm{T}}\{\sigma\}A\mathrm{d}x$$

将式（5-10）代入，得：

$$\{F\}^e = \int_{x_i}^{x_j}[B]^{\mathrm{T}}\{G\}A\mathrm{d}x \cdot \{\Delta\}^e$$
$$\{F\}^e = [K]^e\{\Delta\}^e \tag{5-11}$$

式中，$[K]^e = \int_{x_i}^{x_j}[B]^{\mathrm{T}}\{G\}A\mathrm{d}x$ 称为单元刚度矩阵，它反映了单元节点力与节点位移之间的关系。

将 $[B]$、$[G]$ 矩阵的元素代入，可求得单向拉伸时，单元刚度矩阵为：

$$[K]^e = \begin{bmatrix} K_{11} & K_{12} \\ K_{21} & K_{22} \end{bmatrix} = \begin{bmatrix} \dfrac{EA}{l} & \dfrac{-EA}{l} \\ \dfrac{-EA}{l} & \dfrac{EA}{l} \end{bmatrix} \tag{5-12}$$

（5）建立总刚度矩阵。针对不同的单元，式（5-11）可写成以下形式：

单元①：
$$\begin{bmatrix} F_{U_1} \\ F_{U_2} \end{bmatrix}^{(1)} = \begin{bmatrix} K_{11} & K_{12} \\ K_{21} & K_{22} \end{bmatrix}^{(1)} \begin{bmatrix} u_1 \\ u_2 \end{bmatrix}$$

单元②：
$$\begin{bmatrix} F_{U_2} \\ F_{U_3} \end{bmatrix}^{(2)} = \begin{bmatrix} K_{22} & K_{23} \\ K_{32} & K_{33} \end{bmatrix}^{(2)} \begin{bmatrix} u_2 \\ u_3 \end{bmatrix}$$

$$单元③：\begin{bmatrix} F_{U_3} \\ F_{U_4} \end{bmatrix}^{(3)} = \begin{bmatrix} K_{33} & K_{34} \\ K_{43} & K_{44} \end{bmatrix}^{(3)} \begin{bmatrix} u_3 \\ u_4 \end{bmatrix}$$

所有节点在单元对节点的节点力与节点载荷共同作用下应处于平衡状态，即：

节点 1：　　$F_{U_1}^{(1)} = F_{R_1}$

节点 2：　　$F_{U_2}^{(1)} + F_{U_2}^{(2)} = F_{R_2}$

节点 3：　　$F_{U_3}^{(2)} + F_{U_3}^{(3)} = F_{R_3}$

节点 4：　　$F_{U_4}^{(3)} = F_{R_4}$　　　　　　　　　　　　　　　(5-13)

将单元刚度矩阵整理综合，可得以节点位移为未知量的线性方程组：

$$\begin{bmatrix} K_{11}^{(1)} & K_{12}^{(1)} & 0 & 0 \\ K_{21}^{(2)} & K_{22}^{(1)} + K_{22}^{(2)} & K_{23}^{(2)} & 0 \\ 0 & K_{32}^{(2)} & K_{33}^{(2)} + K_{33}^{(3)} & K_{34}^{(3)} \\ 0 & 0 & K_{43}^{(3)} & K_{44}^{(3)} \end{bmatrix} \begin{bmatrix} u_1 \\ u_2 \\ u_3 \\ u_4 \end{bmatrix} = \begin{bmatrix} F_{R_1} \\ F_{R_2} \\ F_{R_3} \\ F_{R_4} \end{bmatrix} \quad (5\text{-}14)$$

若记　　$$[K] = \begin{bmatrix} K_{11}^{(1)} & K_{12}^{(1)} & 0 & 0 \\ K_{21}^{(2)} & K_{22}^{(1)} + K_{22}^{(2)} & K_{23}^{(2)} & 0 \\ 0 & K_{32}^{(2)} & K_{33}^{(2)} + K_{33}^{(3)} & K_{34}^{(3)} \\ 0 & 0 & K_{43}^{(3)} & K_{44}^{(3)} \end{bmatrix}$$

$$\{\Delta\} = \begin{bmatrix} u_1 \\ u_2 \\ u_3 \\ u_4 \end{bmatrix} \qquad \{F\} = \begin{bmatrix} F_{R_1} \\ F_{R_2} \\ F_{R_3} \\ F_{R_4} \end{bmatrix}$$

则式（5-14）可以写为：

$$[K]\{\Delta\} = \{F\} \quad\quad\quad\quad\quad (5\text{-}15)$$

式中，$[K]$、$[\Delta]$、$[F]$ 分别称为总体刚度矩阵、总体节点位移列阵和总体节点载荷列阵。本例上述关系式为：

$$\frac{3EA}{L} \begin{bmatrix} 1 & -1 & 0 & 0 \\ -1 & 2 & -1 & 0 \\ 0 & -1 & 2 & -1 \\ 0 & 0 & -1 & 1 \end{bmatrix} \begin{bmatrix} u_1 \\ u_2 \\ u_3 \\ u_4 \end{bmatrix} = \frac{qL}{6} \begin{bmatrix} -5 \\ 2 \\ 2 \\ 1 \end{bmatrix} \quad (5\text{-}16)$$

（6）求出节点位移。式（5-16）中的系数矩阵为一行列式值为零的奇异性矩阵。根据已知边界条件 $u_1 = 0$，处理该奇异矩阵后，有：

$$\frac{3EA}{L} \begin{bmatrix} 2 & -1 & 0 \\ -1 & 2 & -1 \\ 0 & -1 & 1 \end{bmatrix} \begin{bmatrix} u_1 \\ u_2 \\ u_3 \end{bmatrix} = \frac{qL}{6} \begin{bmatrix} 2 \\ 2 \\ 1 \end{bmatrix}$$

求解线性方程组，得节点位移：

$$\begin{bmatrix} u_1 \\ u_2 \\ u_3 \end{bmatrix} = \frac{qL^2}{18EA} \begin{bmatrix} 5 \\ 8 \\ 9 \end{bmatrix}$$

齿轮有限元

有限元计算结果经其他力学分析证明完全正确，显示了有限元法的有效性。

5.2.6 有限元分析软件

5.2.6.1 有限元软件组成

有限元分析软件一般由前置处理、解算和后置处理三部分组成。

有限元前置处理包括从构造几何模型、划分有限元网格，到生成、校核、输入计算模型的几何、拓扑、载荷、材料和边界条件数据。有限元解算进行单元分析和整体分析、求解位移、应力值等。有限元后置处理对计算结果进行分析、整理，并以图形方式输出，以便设计人员对设计结果做出直观判断，对设计方案或模型进行实时修改。

有限元法的最大特点是能够适应各种复杂的边界形状和边界条件，这是因为它可以采用多种单元类型和节点几何状态描述形式来模拟结构。有限元法不仅对计算对象有较强的模型化能力，而且求解问题的范围十分广泛，包括位移计算、应力计算、温度场计算、稳定性计算、自振特性和动力响应计算、接触问题计算、断裂计算，以及撞击、损伤、疲劳等问题。计算对象包括结构、流体、岩土以及它们的耦合。材料包括弹性、塑性、黏弹性、热塑性以及复合材料、聚合材料等新型材料。除了固体和流体力学问题外，有限元法还应用于金属和塑料成型、电磁场分析、无损探伤、优化设计等许多专门领域。

有限元法的理论和方法比较成熟，且有大量的应用软件。例如：商品化的大型通用软件有 MSC/NASTRAN、ANSYS、FLUENT、ASKA、ADINA、PAFEC、TITUS、SAP 等；我国自行研制的有 FEPS、DDJ-W 等。这些软件具有丰富的单元库、材料特性库，有较强的载荷、边界条件处理能力。

当今的主流有限元分析软件从功能上来区别，可分为通用型与专用型两大类：针对特定类型的工程或产品所开发的用于产品性能分析、预测和优化的软件，称之为专用有限元分析软件；可以对多种类型的工程或产品的物理、力学性能进行分析、模拟、评价和优化，以实现产品技术创新的软件，称之为通用有限元分析软件。通用型有限元分析软件以覆盖的应用范围广而著称，NASTRAN、ANSYS、MARC 等为其代表。专用型则以在某个领域中的应用深入而见长，如美国 ETA 公司的汽车专用有限元分析软件 LS-DYNA3D 及 ETA/FEMB。通用型有限元分析软件最大的优点是为用户提供了广泛的选择可能性和扩展应用范围的空间，使不同规模与应用层次的用户都能在其中找到自己所适用的模块。但随之而来的问题是系统庞大，耗费大量资源；且没有针对性，使用难度比较大。同时，不同的通用型有限元分析软件又都有各自的优势和特点，如 MSC/NASTRAN 在大型系统的结构强度和动力响应分析方面、MARC 在高度非线性分析、ANSYS 在多场耦合（温度场、应力场、电磁场、流场等）的解算方面都有自己的独到之处。专用型有限元分析软件的最大优点是为用户提供了某些领域最专业的成果，系统小，耗费的资源少，使用与维护比较简单，但扩展时要不断购买所需软件，因而不同版本软件的数据交换是否畅通成为用户最关心的问题。

5.2.6.2 有限元前置处理

在进行有限元分析前，需要输入大量的数据，包括各个节点和单元的编号及坐标、载荷、材料和边界条件数据等，这些工作称为有限元前置处理。为实现这些要求而编制的程序称为前置处理程序。如果由人工进行数据的准备，其工作非常繁重，而且容易出错。由计算机实现的自动有限元数据前置处理，包括以下基本内容：

（1）网格自动划分。生成各种类型的单元及其组合而成的网格，产生节点坐标、节点编号、单元拓扑等数据。网格的疏密分布可由用户来控制，对生成的节点应能优序编号以减少总刚度矩阵带宽。利用计算机交互图形功能，显示网格划分情况，以便用户检查和修改，如图 5-13 所示为一微型汽车车身的有限元网格模型。网格生成的算法很多，由计算机程序自动划分网格大致分为两类：基于规则形体的方法和直接对原始模型划分网格的方法。

图 5-13　有限元网格图

基于规则形体的网格划分方法是一种半自动的方法，即先将几何模型剖分为若干个规则形体，分别对每个规则形体划分网格，然后拼装为完整模型的网格。这类方法算法简单，易于实现，计算效率高，网格及单元容易控制。但其缺点是剖分规则形体工作对用户有较高要求，数据准备量大。

直接对原始几何模型划分网格的方法是全自动的方法，包括四分法、八分法和拓扑分解、几何分解等。这类方法只要求用户描述几何模型边界，数据准备量小，网格局部加密比较方便。这类方法目前发展很快，正成为主流方法。但其缺点是算法较复杂、编程难度大、计算效率较低。

原则上讲，有限元分析的精度取决于网格划分的密度，网格划分得越密、每个单元越小，则分析精度越高。但划分过细则使计算量太大，占用过多的计算机容量和机时，经济性差，网格划分的密度应取决于物体承载情况和几何特点。实际上，物体在承载后，其应力分布往往不均匀，最高应力区总是集中在具有某种几何特点的小区域内。因此，利用前置处理程序，采用有限元网格的局部加密办法比较好。

（2）生成有限元属性数据。属性数据主要包括载荷、材料数据及边界条件描述数据。这些数据是和网格划分相联系的，因此要结合网格划分的方法来定义、计算和产生属性数据。

（3）数据自动检查。有限元分析中的数据量大，易于出错，因此在数据前置处理中应利用计算机将网格化的力学模型显示出来，以便对各种数据及时进行检查和修正，确保各种数据的正确无误。

5.2.6.3 有限元后置处理

对有限元分析后产生的大量结果数据，需要筛选或进一步转换为设计人员所需要的数据，如危险截面应力值、应力集中区域等。

所谓后置处理，即利用计算机的图形功能，更加形象、有效地表示有限元分析的结果数据，使设计人员可以直观、迅速地了解有限元分析计算结果。为了实现这些目的而编制的程序，称为后置处理程序。

有限元分析数据后置处理包括：

（1）对结果数据的加工处理。在强度分析中应力是设计人员最关心的数据，因此在强度有限元后置处理程序中，应从有限元分析的结果数据中，经过加工处理，求出设计人员所关心的应力值。如梁单元应根据截面上的弯矩、轴力、剪力和截面的形状、尺寸计算出危险截面上的最大应力；板、壳单元除了输出弯矩和剪力外，要由单元厚度计算弯曲和拉伸合成的应力，并区分上、下表面和中性层处的应力等。

（2）结果数据的编辑输出。提供多种结果数据编辑功能，有选择地组织、处理、输出有关数据。如按照用户的要求输出规格化的数据文件；找出应力值高于某一阈值的节点或单元；输出某一区域内的应力等。

（3）有限元数据的图形表示。利用计算机的图形功能，以图形方式绘制、显示计算结果，直观形象地反映出大批量数据的特性及其分布状况，如图5-14所示。用于表示和记

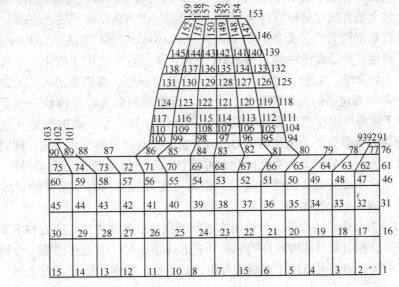

(a)

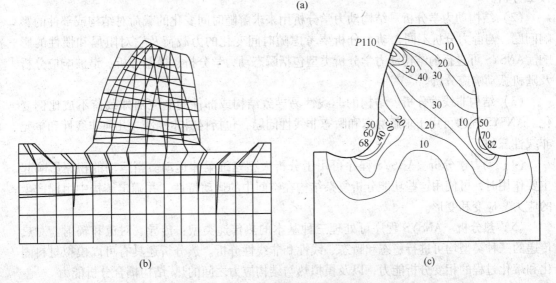

(b)   (c)

图5-14　齿轮轮齿有限元分析的前后置处理图

（a）前置处理网格图；（b）后置处理变形叠加图；（c）后置处理等应力曲线图

录有限元数据的图形主要有：网格图、结构变形图、应力等值线图（见图 5-14 （c），图中不同的数字代表不同的应力值）、彩色填充图（云图）、应力矢量图和动画模拟等。

如图 5-14 （a） 所示为轮齿网格图为前置处理后显示的图形；而图 5-14 （b） 所示为后置处理程序显示输出的叠加起来的网格图和变形图；图 5-14 （c） 为后置处理等应力曲线图。

实践表明，前、后置处理程序的功能是有限元分析软件能否真正发挥作用、得到推广应用的关键问题，同时也是评价 CAD/CAM 系统的一项指标。

5. 2. 7　ANSYS 软件

ANSYS 软件是集结构、流体、电场、磁场、声场分析于一体的大型通用有限元分析软件，由世界上最大的有限元分析软件公司之一的美国 ANSYS 公司开发。它能与多数 CAD 软件接口，实现数据的共享和交换，如 Pro/E、SolidWorks、NASTRAN、Alogor、I-DEAS、AutoCAD 等，是现代产品设计中的高级 CAD 工具之一。它可应用于以下工业领域：航空航天、汽车、生物医学、桥梁、建筑、电子产品、重型机械、微机电系统、运动器械等。

ANSYS 软件主要包括前置处理模块、分析计算模块和后置处理模块三个部分。利用 ANSYS，设计工程师可以在产品设计阶段对在三维 CAD 软件中生成的模型（包括零件和装配件）进行应力变形分析、热及热应力耦合分析、振动分析和形状优化，同时可对不同的工况进行对比分析。ANSYS 拥有智能化的非线性求解专家系统，可自动设定求解控制，得到收敛解，用户不需具备非线性有限元知识即可完成过去只有专家才能完成的接触分析。ANSYS 软件提供的分析类型如下：

（1）结构静力分析。结构静力分析用来求解外载荷引起的位移、应力和应变。静力分析很适合求解惯性和阻尼对结构的影响并不显著的问题。ANSYS 程序的静力分析功能不仅可以用于线性分析，而且可以用于非线性分析，如塑性、蠕变、膨胀、大变形、大应变及接触分析。

（2）结构动力学分析。结构动力学分析用来求解随时间变化的载荷对结构或部件的影响问题。与静力分析不同，动力分析要考虑随时间变化的力载荷及它对阻尼和惯性的影响。ANSYS 可进行的结构动力学分析类型包括瞬态动力学分析、模态分析、谐波响应分析及随机振动响应分析。

（3）结构非线性分析。结构的非线性易导致结构或部件的响应随外载荷不成比例变化。ANSYS 程序可用于求解静态和瞬态非线性问题，包括材料非线性、几何非线性和单元非线性三种。

（4）动力学分析。ANSYS 程序可用于分析大型三维柔体运动。当运动的积累影响起主要作用时，可使用这些功能分析复杂结构在空间中的运动特性，并确定结构中由此产生的应力、应变和变形。

（5）热分析。ANSYS 程序可处理三种基本的热传递类型：传导、对流和辐射。对热传递的三种类型均可进行稳态和瞬态、线性和非线性分析。热分析还具有可以模拟材料固化和熔化过程的相变分析能力，以及模拟热与结构应力之间的热-结构耦合分析能力。

（6）电磁场分析。电磁场分析功能主要用于电磁场问题的分析，如电感、电容、磁通量密度、涡流、电场分布、磁力线分布、力、运动效应、电路和能量损失等，还可用于螺线管、调节器、发电机、变换器、磁体、加速器、电解槽及无损检测装置等的设计和分析领域。

（7）流体动力学分析。ANSYS 流体单元能进行流体动力学分析，分析类型可以为瞬态或稳态；分析结果可以是每个节点的压力和通过每个单元的流率；也可以利用后置处理功能产生压力、流率和温度分布的图形显示。另外，还可以使用三维表面效应单元和热-流管单元模拟结构的流体绕流及对流换热效应。

（8）声场分析。ANSYS 程序的声学功能用来研究在含有流体的介质中声波的传播，或分析浸在流体中的固体结构的动态特性。这些功能可用来确定音响话筒的频率响应，研究音乐大厅的声场强度分布，或预测水对振动船体的阻尼效应。

（9）压电分析。用于分析二维或三维结构对交流电（AC）、直流电（DC）或任意随时间变化的电流或机械载荷的响应。这种分析类型可用于换热器、振荡器、谐振器、麦克风等部件及其他电子设备的结构动态性能分析。可进行四种类型的分析：静态分析、模态分析、谐波响应分析、瞬态响应分析。

5.2.8　超重型振动筛的有限元计算与分析实例

5.2.8.1　超重型振动筛筛框有限元模型的建立

A　2YAC2460 圆振动筛筛框结构

2YAC2460 圆振动筛筛框的结构如图 5-15 所示，由左右侧板、上筛架、下筛架、弹簧上座、各种加强筋等部件组成，侧板与上筛架、侧板与下筛架均通过高强度螺栓连接，上、下筛板铺设在上、下筛架上面，并通过螺钉与张紧装置紧固。

B　振动筛筛框建模考虑的问题

有限元模型建立的好坏直接关系到计算结果的正确性和准确性。在建模过程中，必须对

图 5-15　2YAC2460 圆振动筛筛框结构

实体做一些简化，忽略一些次要因素以减少工作量、缩短计算机运行时间、降低运算过程对硬件资源的需求，又要保证这种简化不会产生过大误差以至于结果不可信。因此，在建模之前必须了解有限元的基本理论并熟悉操作有限元软件，了解相关力学领域的基本知识，特别是要对研究对象的工作原理和特性有深刻的认识。

振动筛有限元模型的建立需要重点考虑以下几个方面：

（1）在建模过程中是否有必要建立振动筛二次隔振系统模型。二次隔振系统的主要作用是减少筛体在工作过程中对地基的冲击，二次隔振系统是否对振动筛应力水平有较大的影响，这是在建模过程中是否有必要建立二次隔振系统模型的依据。

（2）是否有必要按照模型对称性建立模型的一半进行分析。振动筛筛体为一平面对称结构，激振器安装在两侧板上，故载荷也对称，在有限元分析中，一般可以利用对称性建模以简化建模过程，减少运算量。但在动力学分析中，利用对称性建模将受到一定的限制。

（3）有限元单元的选取。单元的选取在有限元建模过程中非常重要，需要考虑的因素一般有：所研究的科学领域、模型的维数、模型的对称性、单元所支持的计算功能和特性、不同单元之间的连接、单元关键字选项的设定、单元实常数和截面属性的设定、单元结果输出、单元的限制等。在振动筛的建模研究过程中，对通过建模过程中碰到问题的处理，最终决定使用 Shell63、BEAM188、COMBIN14、MASS21 四种单元建模。

（4）激振器的模拟和激振力的施加。振动筛建模过程中遇到的另一个问题是如何模拟激振器和施加激振力，对此进行了探索，并最终用质量点单元（MASS21）来模拟激振器的偏心质量和偏心块质量，用刚化区域的方法将质点刚化在激振器安装座上。

为了保证计算的准确性以及减小计算规模，首先应在尽可能如实地反映筛框结构主要力学特性的前提下，尽量简化筛框结构的几何模型，以便有限元模型采用较少的单元和较简单的单元形态。利用对称性建模可以简化建模过程，减少运算量，特别是对于静力分析是十分有效的手段。因此在简化的过程中首先要考虑能否利用模型的对称性减少建模规模。振动筛筛框为平面对称结构，激振器安装在轴承座孔内，故载荷也对称。但是在动力有限元分析中，一般不使用平面对称性模型，因为结构在振动时所有参量都是波动的，不存在位置不变而且变形量为零的平面。由于涉及模态分析、谐响应分析，为了防止使用对称模型导致模态的丢失和计算结果不准确，在计算中均采用整体模型进行分析。其次，要区分承载件和工艺装饰件这两类构件。对于承载件应尽量保留其原结构形状、位置，才能比较真实地反映筛框的应力分布。工艺装饰件的作用不是着眼于增加结构强度，计算时可以简化略去。在研究中，参考借鉴了许多研究者在筛框结构模型简化方面的成功经验，对模型采取了如下简化处理措施及改进工作：

（1）略去棒条、护板、一些小的零部件的安装支架等非承载构件及功能件。这类构件仅为满足筛框结构或使用上的要求而设置，并非根据筛框强度的要求而设置，对筛框结构的内力分布及变形影响都较小，因此在建模时可以忽略不计。

（2）将筛框一些构件或连接部位很小的圆弧过渡简化为直角过渡，以便提高模型的计算速度。

（3）忽略筛框上的工艺孔、约束孔。这类孔一般孔径较小，划分网格时将大量增加单元数目，且对结构强度及刚度影响不大，所以应加以忽略。

C　单元的选择

a　壳单元的选择

壳单元是结构分析中最常用的单元类型之一，当结构两个方向的尺寸远大于另一方向的尺寸时，可以将这种三维构件理想化为二维单元以提高计算机效率。

壳单元的选用一般需要考虑以下几个因素：

（1）采用壳单元的基本原则是每块面板的表面尺寸不低于其厚度的十倍。淬圆柱面，$r/t > 10$（r 是圆环的半径，t 为圆环的厚度），是使用薄壳理论的常用准则。

（2）壳单元分为薄壳单元（如 SHELL63）和厚壳单元（如 SHELL43）。薄壳单元不包括剪切变形，而厚壳单元包括剪切变形。厚壳单元的另一特征是应力沿厚度方向不是线性变化的。

（3）壳单元支持的计算，如 SHELL63 单元不支持材料的塑性计算，不支持横截面相对于中面的偏移。

（4）振动筛的建模过程中采用了 SHELL63 单元，该单元既具有弯曲能力，又具有膜力，可以承受平面内荷载和法向荷载。该单元每个节点具有 6 个自由度：沿节点坐标系 x、y、z 方向的平动和沿节点坐标系 x、y、z 轴的转动。应力刚化和大变形能力已经考虑在其中。在大变形分析（有限转动）中可以采用不变的切向刚度矩阵。

单元 SHELL63 的几何形状、节点位置及坐标系如图 5-16 所示，单元定义需要 4 个节点、4 个厚度、1 个弹性地基刚度和正交各向异性的材料。单元的面内，其节点厚度为输入的 4 个厚度，单元的厚度假定为均匀变化。如果单元厚度不变，只需输入 TK（I）即可；如果厚度是变化的，则 4 个节点的厚度均需输入。

b 梁单元的选择

BEAM188 单元适用于分析从细长到中等粗短的梁结构，该单元基于铁木辛哥梁结构理论，并考虑了剪切变形的影响。BEAM188 是三维线性（两节点）或者二次梁单元。每个节点有 6 个或者 7 个自由度，自由度的个数取决于 KEYOPT（1）的值。当 KEYOPT（1）= 0（缺省）时，每个节点有 6 个自由度，即节点坐标系的 x、y、z 方向的平动和绕 x、y、z 轴的转动。当 KEYOPT（1）= 1 时，每个节点有 7 个自由度，这时引入了第七个自由度（横截面的翘曲）。BEAM188/BEAM189 可以采用 SECTYPE、SECDATA、SECOFFSET、SECWRITE 及 SECREAD 定义横截面。该单元支持弹性、蠕变及塑性模型（不考虑横截面子模型）。这种单元类型的截面可以是不同材料组成的组和截面。如图 5-17 所示是 BEAM188 单元的几何示意图。

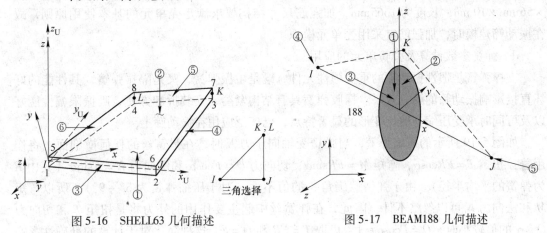

图 5-16 SHELL63 几何描述　　　　图 5-17 BEAM188 几何描述

BEAM188 可以在没有方向节点的情况下被定义。在这种情况下，单元的 x 轴方向为 i 节点指向 j 节点。对于两节点的情况，默认的 y 轴方向按平行于 $x-y$ 平面自动计算。对于单元平行于 z 轴的情况（或者斜度在 0.01% 以内），单元的 y 轴的方向平行于整体坐标的 y 轴。用第三个节点的选项，用户可以定义单元的 x 轴方向。如果两者都定义了，那么第三节点的选项优先考虑。如果采用第三个节点（K）的话，将和 i、j 节点一起定义包含单元 x 轴和 z 轴的平面。如果该单元采用大变形分析，需要注意第三个节点仅在定义初始单元方向的时候有效。

BEAM188 表示槽钢等非对称截面的梁时，都会用到方向点，槽钢的开口符合右手法则。

c　加强筋的模拟

一般用梁单元来模拟加强筋，这种
板梁组合的模型在有限元结构分析中非
常多见。在 ANSYS 中，使用 BEAM188
和 BEAM189 梁单元可以定义梁的各种
截面形状、截面尺寸、截面偏移和截面
单元的划分个数，另外还需要用方向关
键点和线来指定梁的单元界面方向。在
同一模型中同时使用壳单元和梁单元
时，需要保证所选壳单元与梁单元的节
点自由度以及单元阶次相同。

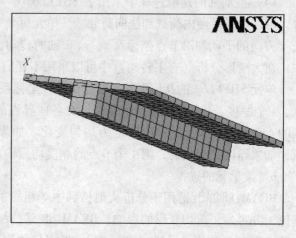

图 5-18　壳梁模拟的"T"形结构

但是在振动筛的建模过程中，用梁
单元存在一个问题，如图 5-18 所示的
"T"形结构，上半部分用壳单元模拟，下半部分用梁单元模拟，但上、下两部分是不连
续的，在界面处没有公共的节点，因此没有连接在一起，二者在接触界面处也是分离的，
计算时没有相互作用力，建模过程中的这些细节必须引起足够的重视，否则计算结果会产
生较大的误差。

2YAC2460 圆振动筛加强筋均为"L"形角钢，尺寸有 90mm × 90mm × 10mm、90mm
× 56mm × 10mm，长度为 1665mm，加强筋尺寸结构要求满足壳单元的基本使用原则，故
在振动筛建模时，加强筋宜采用壳单元模拟。

d　弹簧参数计算及弹簧单元的应用

支撑弹簧是惯性振动筛的重要弹性元件，既是主振弹簧，又是隔振弹簧，其性能的好
坏直接影响振动筛的筛分效果。橡胶弹簧具有结构紧凑、安装拆卸方便、吸振限幅性能好
以及可同时承受压缩与剪切变形的显著特点，已广泛应用在振动筛上。

如图 5-19 所示的压缩弹簧，当弹簧受轴向压力 F 时，在弹簧丝的任何横剖面上将作
用着：扭矩 $T = FR\cos\alpha$，弯矩 $M = FR\sin\alpha$，切向力 $Q = F\cos\alpha$ 和法向力 $N = F\sin\alpha$（其中 R
为弹簧的平均半径）。由于弹簧螺旋角 α 的值不大（对于压缩弹簧为 6° ~ 9°），所以弯矩
M 和法向力 N 可以忽略不计。因此，在弹簧丝中起主要作用的外力将是扭矩 T 和切向力
Q。α 的值较小时，$Q = F\cos\alpha \approx 1$，可取 $T = FR$ 和 $Q = F$。这种简化对于计算的准确性影响
不大。

从受力分析可见，弹簧受到的应力主要为扭矩和横向力引起的剪应力，对于圆形弹
簧丝：

$$\tau = K\frac{8FD_2}{\pi d^3} \leqslant [\tau] \tag{5-17}$$

$$K = \frac{0.615}{C} + \frac{4C-1}{4C-4} \tag{5-18}$$

式中，K 为曲度系数，它考虑了弹簧丝曲率和切向力对扭应力的影响。

一定条件下钢丝直径为：

$$d = 1.6\sqrt{\frac{KFC}{[\tau]}} \tag{5-19}$$

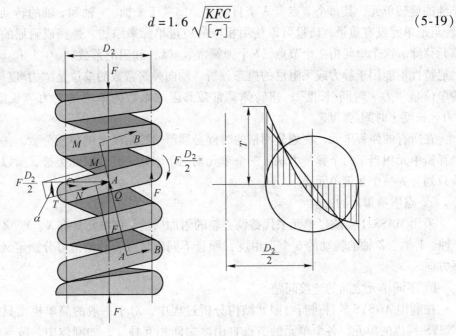

图 5-19 压缩弹簧的受力

圆柱弹簧受载后的轴向变形量为：

$$\lambda = \frac{8FD_2^3}{Gd^4} = \frac{8FC^3n}{Gd} \tag{5-20}$$

式中，n 为弹簧的有效圈数；G 为弹簧的切变模量。这样弹簧的圈数及刚度分别为：

$$n = \frac{Gd^4\lambda}{8FD_2^3} = \frac{Gd\lambda}{8FC^3} \tag{5-21}$$

$$k = \frac{F}{\lambda} = \frac{Gd^4}{8D_2^3n} = \frac{Gd}{8C^3N} \tag{5-22}$$

式中，C 为弹簧的旋绕比，$C = D/d$，D 为弹簧的平均直径，d 为弹簧丝直径。C 决定弹簧的稳定性。为了使弹簧本身较为稳定，不致颤动或过软，C 值不能太大；但为了避免卷绕时弹簧丝受到强烈弯曲，C 值又不能太小。当其他条件相同时，C 值越小，弹簧内外侧的应力差越悬殊，材料利用率也就越低。在 2YAC2460 弹簧装置中，每组弹簧均由减振外弹簧与减振内弹簧组成，材料均为 60Si2MnA，材料的切变模量 G 为 79GPa，相关参数见表 5-1。

表 5-1 减振弹簧的相关参数

项目	总圈数	有效圈数	硬度	$C(D/d)$	$K/\text{N} \cdot \text{mm}^{-1}$
减振外弹簧	10 ± 0.25	8.5	HRC 45	213/32 = 6.656	125
减振内弹簧	9.5	8	HRC 45	140/25 = 5.6	175

由表 5-1 可知，每组减振弹簧的刚度 $K = 125 + 175 = 300\text{N/mm}$。

在 ANSYS 分析过程中弹簧单元选用 COMBIN14 模拟，COMBIN14 在一维、二维或三维应用上具有纵向或扭转功能。纵向弹簧-阻尼选项是一个单轴拉压单元，每个节点有 3 个自由度，即 x、y、z 方向的移动自由度，不具备弯曲或扭转功能。扭转弹簧-阻尼选项是单纯的旋转单元，其每个节点有 3 个自由度，即关于 x 轴、y 轴和 z 轴的转动自由度。弹簧-阻尼单元没有质量，质量可以使用相应的质量单元来添加，弹簧或阻尼的功能可以从单元移除。这个单元由 2 个节点，1 个弹簧常数（k）和阻尼系数（cv）1 和（cv）2 组成。阻尼特性不能用于静力或无阻尼的模态分析。轴向弹簧常数的单位是"力/度"；阻尼系数的单位是"力·时间/长度"；扭转弹簧常数和阻尼系数的单位是"力·长度/弧度"和"力·长度·时间/弧度"。

在所有的弹簧单元，在划分网格的时候必须严格控制线上的单元分数，一条线划分两个弹簧单元相当于两个弹簧串联，三个单元则三个串联，其他以此类推，所以一般必须将线只划分为一个弹簧单元。

e　点质量单元的选取

采用 MASS21 点质量单元来代替偏心轮的附加质量，该单元具有 X、Y、Z 方向位移与 X 轴、Y 轴、Z 轴的转动的 6 个自由度，而且不同质量或转动惯量可分别定义于每个坐标系方向。

f　不同单元之间的连接问题

在利用 ANSYS 软件进行有限元结构分析过程中，对于一般的简单模型只需直接使用 ANSYS 提供的单元，各个单元的节点自由度之间相互独立，如刚体中，节点和节点之间不存在相对运动，从而使这些节点之间的位移自由度相同，即相互耦合。但在利用 ANSYS 对比较复杂的结构进行有限元分析过程中，不同的结构部件通常使用不同类型的单元来模拟。通常情况下，不同类型的单元的各个节点的自由度数目是不同的，不同类型单元的连接节点处的自由度的耦合问题，是一个比较令人头疼的问题。自由度耦合即构件连接处两个节点的自由度（包括移动自由度和转动自由度）变化是一致的，主节点如何变化，从节点随着同样变化。典型的耦合自由度应用包括：

（1）迫使模型的一部分表现为刚体。

（2）在两个重合节点间形成固接（如焊接）、销钉连接、铰链连接或者滑动连接。

为了不失一般性，在此以工程实际中的三维连续体和板壳结构连接为例，实体单元交界面上有结点 1、2、3，节点位移参数 u_1、v_1、u_2、v_2、u_3、v_3；壳单元的结点 $2'$ 一般情况下可能有 3 个位移参数 u'_2、v'_2、β'_2。为了保证交界面上位移的协调性，除了 u_2、v_2 明显地和 u'_2、v'_2 相一致外，其他位移参数也不能完全独立。如果将实体单元的位移参数转换到 r^* 轴沿交界面的局部坐标系 r^*、z^* 中，即按下式得到：

$$\begin{Bmatrix} u_i^* \\ v_i^* \end{Bmatrix} = \begin{bmatrix} \cos\phi & \sin\phi \\ -\sin\phi & \cos\phi \end{bmatrix} \begin{Bmatrix} u_i \\ v_i \end{Bmatrix} \tag{5-23}$$

式中，u_i^*、v_i^* 分别是沿交界面和垂直于交界面的节点位移分量，则 v_2^*、v_3^* 应保证交界面在变形后仍保持为直线，并和壳体截面在转动 β'_2 后相协调。上述各个位移协调条件可一并表示为：

$$u_2 = u'_2$$
$$v_2 = v'_2$$
$$v_1^* = v_2^* + \frac{t}{2}\beta'_2$$

$$v_3^* = v_3^* - \frac{t}{2}\beta_2' \tag{5-24}$$

其中，$v_i^* = -\sin\phi u_i + \cos\phi v_i$，则式（5-24）可写成：

$$C = \left\{ \begin{array}{l} u_2 - u_2' \\ v_2 - v_2' \\ -\sin\phi(u_1 - u_2) + \cos\phi(v_1 - v_2) - \frac{t}{2}\beta_2' \\ -\sin\phi(u_3 - u_2) + \cos\phi(v_3 - v_2) + \frac{t}{2}\beta_2' \end{array} \right\} = 0 \tag{5-25}$$

这就是存在于交界面上的 9 个参数（u_1、v_1、u_2、v_2、u_3、v_3、u_2'、v_2'、β_2'）之间的约束方程。在实际计算程序中，引入约束方程有两种方案可供选择：

（1）罚函数法。首先通过罚函数 α 将约束方程引入系统的能量泛函：

$$\Pi^* = \Pi + \frac{1}{2}\alpha C^{\mathrm{T}} C \tag{5-26}$$

其中 Π 是未考虑约束条件是系统的能量泛函，它是由实体单元和壳单元两个区域能量泛函数叠加而得到的。由 $\delta\Pi^* = 0$ 可以得到：

$$(K_1 + \alpha K_2)a = Q \tag{5-27}$$

式中，a、Q 是系统节点位移向量和载荷向量；K_1 是未引入约束方程式系统刚度矩阵；K_2 是由于引入约束方程而增加的刚度矩阵。

求解上述方程组可以得到满意的约束方程，即满足交界面上位移协调条件的系统位移场。利用该方法的一个重要的问题是罚函数 α 的选择。理论上说，α 越大，约束方程就能更好地得到满足。但是由于 K_2 本身是奇异的，同时计算机有效位数是有限的，α 过大将导致系统方程病态而使结果失效。一般情况下 α 只能比 K_1 中的对角元素大 $10^3 \sim 10^4$ 倍，所以约束方程只能近似地得到满足。

（2）直接引入法。由于交界面上 9 个位移参数之间存在约束方程，所以它们只有 5 个是独立的。如果选择 u_1^*、u_3^*、u_2'、v_2'、β_2' 作为独立的位移参数，则实体单元的 6 个位移参数（u_1、v_1、u_2、v_2、u_3、v_3）和它们之间存在以下的转换关系：

$$\begin{Bmatrix} u_1 \\ v_1 \\ u_2 \\ v_2 \\ u_3 \\ v_3 \end{Bmatrix} = \begin{bmatrix} \cos\phi & 0 & \sin^2\phi & -\sin\phi\cos\phi & -\frac{t}{2}\sin\phi \\ \sin\phi & 0 & -\sin\phi\cos\phi & \cos^2\phi & \frac{t}{2}\cos\phi \\ 0 & 0 & 1 & 0 & 0 \\ 0 & 0 & 0 & 1 & 0 \\ 0 & \cos\phi & \sin^2\phi & -\sin\phi\cos\phi & \frac{t}{2}\sin\phi \\ 0 & \sin\phi & -\sin\phi\cos\phi & \cos^2\phi & -\frac{t}{2}\cos\phi \end{bmatrix} \begin{Bmatrix} u_1^* \\ u_3^* \\ u_2' \\ v_2' \\ \beta_2' \end{Bmatrix} \tag{5-28}$$

在有限元模型的建立过程中，ANSYS 对于单元耦合连接的实现方法有很多，下面以拉杆（LINK8）与变截面梁（BEAM188）的连接为例说明耦合连接在 ANSYS 中的实现。

拉杆下端与变截面梁铰链连接，应设置连接点处为两个节点，一个节点为拉杆的，另一个节点为变截面梁的，并使他们3个方向的位移自由度各自耦合，3个方向的转动自由度不做任何处理。

自由度耦合设置菜单路径"【Preprocessor】→【Conpling/Ceqn】→【Coupling DOFs】"执行自由度耦合设置菜单路径命令，弹出对话框后，在图形窗口拾取耦合节点，单击"［OK］"按钮，再次在该位置拾取耦合点，单击"［Apply］"按钮，弹出自由度耦合对话框，在"NSET"中输入耦合集号" "，在"Lab"中选择耦合自由度方向，单击"［Apply］"按钮，直到完成所有6对节点位移自由度的耦合（6对节点共建18个耦合集），单击"［OK］"按钮。

另外也可以用耦合命令CE来耦合不同类型单元在连接节点处的自由度，达到建立程序内部约束方程的目的。基本格式为：

CE，NEQN，CONST，NODE1，Lab，C1，NODE2，Lab2，C2，NODE3

如"CE，1，0，100，UX，1，117，UX，-1"表于节点100的UX等于节点117的UX。

执行耦合后，在铰链连接处模型如图5-20所示，可以发现耦合节点处有三个耦合集的标记。

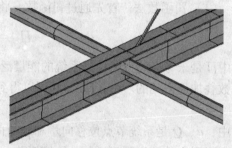

图5-20　节点耦合处模型

D　振动筛有限元模型建立

a　材料特性与单元实常数的确定

在ANSYS中计算振动筛的静力及动力问题，需要先设置好材料的属性和实常数。有限元材料模型为各向同性线弹性结构材料模型。根据设计资料，该振动筛的材料属性见表5-2。

表5-2　材料属性

弹性模量/GPa	泊松比	密度/kg·m⁻³
210	0.3	7800

下面以表5-3的形式列出了2YAC2460圆振动筛各个单元的实常数。

表5-3　单元实常数

序　号	单元类型	实常数		备　注
1	SHELL63	板　厚		总共两种板厚
		0.008m	0.012m	
2	BEAM188	钢管截面		钢管截面
3	MASS21	52kg		偏心重量
4	COMBIN14	300N/mm		弹簧刚度

b　筛框的处理

在有限元分析软件ANSYS软件中建立筛框的有限元模型，可以有两种方法：一种方法是直接在ANSYS中建立筛框的实体模型或者是从CAD软件中建立实体模型导入到AN-

SYS 中，这种方法不但耗费的建模时间较长，也需要较长计算时间，甚至有可能计算不出任何结果；另一种方法是利用 ANSYS 中的单元建立筛框的有限元模型，该方法可以快速地建立模型，而且计算快，结果准确。

根据所研究的振动筛的设计图纸，筛框侧板分为三部分，由厚度不同、材料相同的钢板焊接而成，并且侧板上还有各种不同截面形状加强筋，以及起连接作用的横梁，其中加强筋与侧板焊接连接，横梁与侧板是通过法兰连接。需要注意一点，即模型在划分完单元网格后，不同厚度的侧板的交界处，以及侧板与横梁和加强筋的连接处，其单元必须要有公共的节点以传递载荷，否则在计算过程中板单元之间以及板单元与梁单元会发生脱离，导致结果不准确，模型建立失败。

建立的振动筛的侧板由若干面组成，面与面的边界线是加强筋，面的边界线的交点是横筋与侧板的连接点，这样在模型划分完单元网格之后，不论是通过焊接连接，还是法兰连接，在模型中都由公共的节点来表示在筛框侧板的模型中，由于铆钉和法兰盘处，无论其质量还是刚度对筛框系统的影响都很小，如果在模型中建立，又会给单元网格的划分带来很大麻烦，无形中会增加许多单元，因此将其忽略。

c 筛框有限元模型的建立

为了使不同单元能够很好地连接，保证筛框的整体性，采用自底而上，由节点生成单元的直接建模法。为了减少工作量，同时给分析带来方便，根据振动筛筛框的结构特点，先建立一半模型再通过镜像（reflect），值得注意的是在该过程中应先镜像节点，再镜像单元，且要注意节点和单元的增量一定要相同，即：

```
NSYM, Z, 2679, ALL          ! 通过 X 对称生成节点，节点增量 2679
ESYM, , 2679, ALL           ! 生成单元
EPLOT
```

这其中的 2679 是增量，但是并不是说，确定 2679 时必须已经有 2678 个点，只要觉得大于已有的节点数目就好。然后需要对镜像结果进行 NUMMRG 操作，以合并重合的实体（特别是单元和节点）。通过 "Numbering Ctrls→Merge Items" 操作，分别对 Node 和 Element 进行合并操作，误差范围可以用默认值。如图 5-21 和图 5-22 所示为单元建模方法得到的筛框有限元模型。

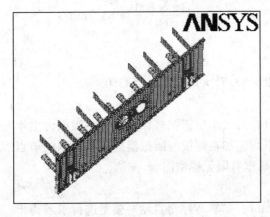

图 5-21 筛框-半实体模型

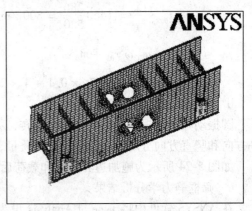

图 5-22 筛框实体模型

5.2.8.2　超重型振动筛筛框静力学分析

A　激振器的模拟

2YAC2460 圆振动筛通过两组激振器带动整个筛体做圆轨迹的往复运动。激振器主要是由偏心轮组成，由电动机通过联轴器提供转速，偏心轮与筛框之间由轴承连接。对于激振器的模拟，利用 ANSYS 中的设定刚性区域，将激振器看做点质量单元的方法，分别在四组偏心轮的旋转中心建立点质量单元，这四个点质量单元为每组偏心轮的质量，作为主节点，筛框侧板上安装激振器的位置处设定 16 个节点，模拟激振器与侧板的法兰盘，作为从节点，通过建立 ANSYS 中刚性区域的命令，将主节点与从节点连接。通过在总体坐标系上计算得出 4 个 MASS21 节点的坐标分别为（2.70，1.75，0）、（2.70，1.75，-2.445）、（3.40，1.95，0）和（3.40，1.95，-2.445）。图 5-23 表示了激振器的模拟。

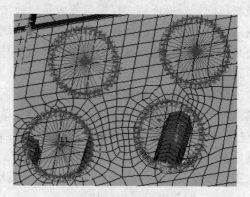

图 5-23　激振器的模拟

B　筛体的支撑及边界约束的模拟

2YAC2460 圆振动主要由四组固定在坚实基础之上的圆柱弹簧支撑，弹簧与筛框上的弹簧上座板连接。利用 ANSYS 中的弹簧-阻尼单元模拟弹簧，该单元一端与筛框短横梁节点连接，另一端全约束。

C　载荷的施加

a　激振力的计算

通过 Pro/E 软件的质量属性测量功能可以比较简单地计算偏心块及偏心轴的偏心距与偏心重。得到如下数据：

偏心距 $r = 107.5$mm

偏心重 $m = 209$kg

振动的角速度由电机与大小皮带轮的传动比确定：

$$n = n_{电动机} \cdot \frac{r_{小}}{r_{大}} = 1460\frac{286}{520} = 800\text{r/min} \qquad \omega = \frac{2\pi n}{60} = \frac{2\pi \times 800}{60} \approx 83.7\text{rad/s}$$

$$F = m_{02}\omega^2 r_{02} + m_{01}\omega^2 r_{01}$$

$$= 220 \times 83.7^2 \times 0.1 + 4 \times 26.2 \times 83.7^2 \times 0.142 = 258380\text{N}$$

b　施加载荷

圆振动筛两激振偏心轴等速同步旋转，并且合力大小呈正弦规律变化，将激振力沿水平方向和竖直方向分解并计算偏心轴的质量，平均施加在侧板与激振器连接孔周围的节点上。如图 5-24 所示为施加边界条件和载荷后的筛框有限元模型图。

c　筛框静力学分析结果

在 ANSYS 软件中将 Type of Analysis 设为 Static，解算程序将自动对模型进行求解得出如图 5-25 和图 5-26 所示结果后，在 Post1 后处理器中即可查看应力和位移求解结果。

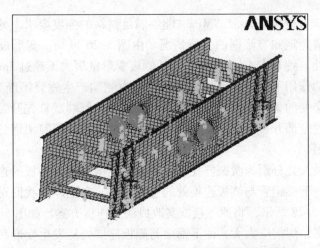

图 5-24 施加边界条件和载荷后的筛框有限元模型

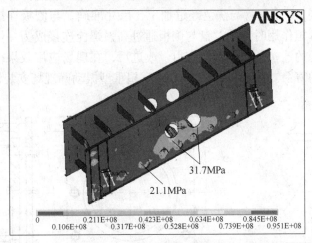

图 5-25 振动筛静载荷作用下的应力云图

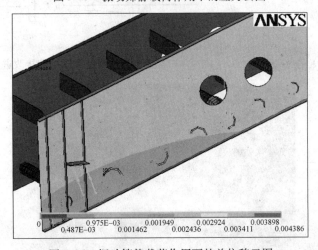

图 5-26 振动筛静载荷作用下的总位移云图

　　由振动筛静载荷作用下的应力云图可知，振动筛下筛架横梁钢管受的弯曲应力值为整个筛框的应力极值，侧板受力最大处分别为激振器孔下方周围、筋板连接处以及下梁钢管与侧板的连接处，应力最大值为 31.7MPa，能够满足材料的强度要求。另一方面通过筛框的位移云图可以很清楚地知道筛框的变形情况。由图 5-26 可知，变形最大处发生在下梁钢管与侧板的连接处，约有 4.4mm 的变形量，侧板变形量最大不超过 3mm。

在偏心激振力的作用下，下梁钢管与侧板焊缝内侧端产生垂直不断变化的集中应力，在焊接残余应力和交变的集中应力长期作用下，该焊缝内侧端点首先开裂，随后裂缝逐渐向外发展，直至焊缝全部开裂。从振动筛的现场运行情况看，下筛架钢管的断裂已是影响筛机寿命的重要原因。

由于侧板受力最大处分别为激振器孔下方周围，下梁钢管与侧板的连接处，为了防止焊接应力过大，改进下梁钢管与侧板连接处的连接方式，在生产中我们对连接方案做了改进，如图 5-27 和图 5-28 所示，将原焊接方案改成法兰连接方案。如图 5-27 原下筛架整体钢管与槽钢焊接方案，焊接应力大，使下筛架与侧板连接处易发生变形和扭曲，长期使用使钢管和侧板产生裂纹；改进成如图 5-28 所示的方案后，单个钢管与法兰焊接，再与侧板用高强度螺栓连接，9 个钢管与法兰经过加工，尺寸准确，与侧板连接不易变形，当钢管构件承受拉力和弯矩作用时，法兰盘与侧板通过高强螺栓连接成为一体，该方案保证了钢管与侧板框架之间的连接，减少焊接应力。改进后，在现场应用效果很好，没产生裂纹现象，延长了筛架的寿命。图 5-29 为 2YAC2460 超重型振动筛现场安装情况。

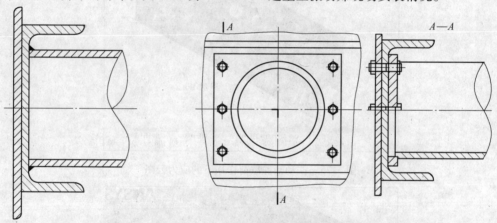

图 5-27　下筛架原焊接方案   图 5-28　下筛架法兰连接改进方案

图 5-29　2YAC2460 超重型振动筛现场安装情况

5.3 优化设计

机械产品的设计，一般需要经过提出任务、调查分析、技术设计、结构设计、绘图和编写设计说明书等环节。传统机械产品的设计方法通常是在调查分析的基础上，参照同类产品，通过估算、经验类比或试验等方法来确定产品的初步设计方案。然后对产品的设计参数进行强度、刚度和稳定性等性能分析计算，检查各项性能是否满足设计指标要求。如果不能满足要求，则根据经验或直观判断对设计参数进行修改。因此，传统设计的过程是一个人工试凑和定性分析比较的过程。实践证明，按照传统方法得出的设计方案，可能有较大改进和提高的余地。在传统设计中也存在"选优"的思想，设计人员可以在有限的几种合格设计方案中，按照一定的设计指标进行分析评价，选出较好的方案。但是由于传统设计方法受到经验、计算方法和手段等条件的限制，得到的可能不是最佳设计方案。因此，传统设计方法只是被动地重复分析产品的性能，而不是主动地设计产品的参数。

优化设计（optimal design）技术提供了一种在解决机械产品设计问题时，能从众多的设计方案中寻找到尽可能完善的或最为适宜的设计方案的先进设计方法。机械优化设计是在进行某种机械产品设计时，根据规定的约束条件，优选设计参数，使某项或某几项设计指标获得最优值。产品设计的"最优值"或"最佳值"，是指在满足多种设计目标和约束条件下所获得的最令人满意的和最适宜的值。最优值的概念是相对的，随着科学技术的发展及设计条件的变动，最优化的标准也将发生变化。优化设计反映了人们对客观世界认识的深化，它要求人们根据事物的客观规律，在一定的物质基础和技术条件之下，得出最优的设计方案。

在产品生命周期中优化设计是设计过程的一部分，因此与优化设计相关的技术也可以看做是 CAD 的一部分。事实上，整个设计过程可以认为是一个优化的过程。在这个过程中，生成了若干个可供选择的设计方案并且选择其中一个。从一般意义上来解释"优化"的话，这种陈述是正确的。然而，优化通常不用于概念方案之间的选择（例如，铆钉、螺钉或紧固件的选择），而是用于对铆钉最优尺寸的选择。从这个意义上说，优化是设计过程的一部分，而不是整个设计过程。

优化设计是在计算机广泛应用的基础上发展起来的一项设计技术，以求在给定技术条件下获得最优设计方案，保证产品具有优良性能。目前，优化设计方法已广泛地应用于各个工程领域。如飞行器和宇航结构设计中，在满足性能的要求下使重量最轻，空间运载工具的轨迹最优；土木工程结构设计中，在保证质量的前提下使成本最低；连杆、凸轮、齿轮、机床等机械零部件设计中，在实现功能的基础上使结构最佳；机械加工工艺过程设计中，在限定的设备条件下使生产率最高等。

5.3.1 优化问题的基本概念及数学模型

5.3.1.1 基本概念

在阐述优化问题的基本概念前，先用一个简单的实例来说明这种设计方法的基本思想。例如，要设计某一体积为 5m^3 的包装箱，其中一边长度不小于 4m，在包装箱各个面使用的板材厚度相等的情况下，要求使用板材最少，那么包装箱的长 a、宽 b 和高 h 各为多少才最节省材料？通过分析可知，包装箱的表面积 S 与它的长 a、宽 b 和高 h 三个尺寸有关，取包装箱的表面积 S 作为设计目标。按照传统设计方法，先固定包装箱某一边长度为 4m。在满足包装箱体积为 $5m^3$ 设计要求的前提条件下，有多种设计方案，见表 5-4。

表 5-4　包装箱板材使用最少的优化设计方案

设计方案		1	2	3	4	5	…
包装箱尺寸参数	宽度 b/m	1.0000	1.1000	1.2000	1.3000	1.40000	…
	高度 h/m	1.2500	1.1364	1.0417	0.9615	0.8929	…
	表面积 S/m²	20.5000	20.3909	20.4333	20.5923	20.8429	…

如果取包装箱一边长度为 $a > 4m$ 的某一个固定值，则包装箱的宽度 b 和高度 h 又有许多种结果，再从多种可行方案中选择出包装箱表面积 S 最小的设计方案。如果采用优化设计方法，该问题可以描述为：在满足包装箱的体积为 $5m^3$、长度 $a \geq 4m$、宽度 $b > 0$ 和高度 $h > 0$ 的约束条件下，确定设计参数 a、b 和 h 的值，使包装箱的表面积 $S = 2(ab + bh + ha)$ 达到最小。然后选择合适的优化方法对该问题进行求解，得到的优化结果是：$a = 4m$，$b = h = 1.118m$，$S = 20.3885m^2$。

由此可见，机械优化设计可解决设计方案参数的最佳选择问题。这种选择不仅保证多参数的组合方案满足各种设计要求，而且又使设计指标达到最优值。因此，求解优化设计问题就是一种用数学规划理论和计算机自动选优技术来求解最优化的问题。

对工程问题进行优化设计，首先需要将工程设计问题转化成数学模型，即用优化设计的数学表达式描述工程设计问题。然后，按照数学模型的特点选择合适的优化方法和计算程序，运用计算机求解，获得最优设计方案。随着设计过程的计算机化，自然要为设计过程能自动选择最优方案建立一种迅速而有效的方法，优化设计就是在这种情况下产生和发展起来的一种自动探优的方法。

在优化设计中，设计必须参数化，以便通过改变这些参数的数值来得到不同的设计方案。例如设计一个圆柱形压力容器，参数可以是平均直径、厚度、高度和所用的材料。通过使用不同参数值的集合可以生成多个可供选择的压力容器设计方案。然而，根据具体情况，某些参数因为某个约束的存在也许没有任何自由度。对于压力容器，也许必须使用采购清单中某一种特定的材料，因此只能调整平均直径、厚度和高度，以得到较好的性能，或优化这些参数获得最佳的性能。对于压力容器，可以用最大容许压力除以重量作为其性能的量度指标，平均直径、厚度和高度作为可以改变的设计参数。我们尽量找到这些设计参数的最优值，以得到性能指标的最大值。我们可以使用材料强度的有关知识把性能指标表示为设计参数的函数。这些将被优化的设计参数被称为优化变量，用这些优化变量表示的性能指数被称为目标函数。很明显，我们根据设计意图来选择优化变量和目标函数。

用一组设计变量描述优化设计对象的设计内容，即描述优化意图和有关限制条件的数学表达式，称为优化设计的数学模型。它是优化设计的基础及优化设计成败的关键，正确的数学模型加合适的优化方法，才能获得满意的优化结果。

优化设计要解决的关键问题有两个：一是建立优化设计数学模型；二是选择适用的优化方法。优化设计的数学模型包含三个要素，即设计变量、目标函数和约束条件。

5.3.1.2 设计变量

一个优化设计方案是用一组设计参数的最优组合来表示的。这些设计参数可概括地划分为两类：一类是可以根据客观规律、具体条件或已有数据等预先给定的参数，称为设计常量，如材料的力学性能、机器的工作情况系数等；另一类是在优化过程中不断变化、最后使设计目标达到最优的独立参数，称为设计变量。优化设计的目的，就是寻找设计变量的一种组合，使某项或某几项设计指标最优。

机械设计常用的设计变量有：几何外形尺寸（如长、宽、高、厚等）、材料性质、速度、加速度、效率、温度等。

机械优化设计时，作为设计变量的基本参数，一般是一些相互独立的参数，它们的取值都是实数。根据设计要求，大多数设计变量被认为是有界连续的，称为连续变量。但在一些情况下，有的设计变量取值是跳跃式的，例如齿轮的齿数、模数，丝杠的直径和螺距等，凡属这种跳跃式的取值称为离散变量。对于离散变量，在优化设计过程中常常先把它视为连续量，在求得连续量的优化结果后再进行圆整或标准化，以求得一个实用的最优方案。

设计变量的个数就是优化问题的维数。例如有 2 个设计变量的优化问题的维数为 2，有 3 个设计变量的优化问题的维数为 3，一般地说，有 n 个设计变量 X_1，X_2，$\cdots$，X_n 的优化问题，其维数为 n。由 n 个设计变量为坐标所组成的实空间称为设计空间。

【例 5-2】 欲用薄钢板制造一体积为 $6m^3$，高度为 1m，长度不小于 3m 的无盖货箱，如图 5-30 所示，试确定货箱的长 X_1 和宽 X_2，使耗费的钢板最少。

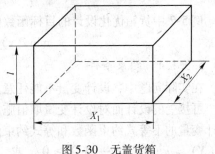

图 5-30 无盖货箱

当 $n=2$ 时，如例 5-2 中货箱，由两个设计变量组成一个 2 维设计空间，空间内任一点的坐标对应着一个三维设计变量 $X = \begin{bmatrix} X_1 & X_2 \end{bmatrix}^T$。同样，向量 X 代表了一个设计方案。

以此类推，当 $n>3$ 时，其 n 个设计变量 X_1，X_2，$\cdots$，X_n 组成的空间称为超越空间。所有设计方案均属于设计空间，表示为：

$$X \in R^n \tag{5-29}$$

5.3.1.3 目标函数

优化设计是要在多种因素下寻求使人最满意、最适宜的一组设计参数。这里的"最满意"是针对某一特定目标而言的。根据特定目标建立起来的、以设计变量为自变量的、一个可计算的函数称为目标函数，它是设计方案评价的标准。

优化设计的过程实际上是寻求目标函数最小值或最大值的过程。因为求目标函数的最大值可转换为求负的最小值，故目标函数统一描述为：

$$\min F(X) = F(X_1, X_2, \cdots, X_n) \tag{5-30}$$

目标函数与设计变量之间的关系可以用几何图形形象地表示出来。例如单变量时，目标函数是二维平面上的一条曲线，如图 5-31（a）所示；双变量时目标函数是三维空间的一个曲面，如图 5-31（b）所示。曲面上具有相同目标函数值的点构成的曲线称为等值线

（或等高线），如图5-31（b）所示，在等值线 a 上的所有的点，其目标函数值均为15；在等值线 c 上的各点（设计点），目标函数值均为25 等。将其投影到设计空间是一簇簇近似的共心椭圆，它们共同的中心点就是最优点（图5-31（b）中的 P 点）。形象地说，优化设计就是近似地求出这些共心椭圆的中心。若有 n 个设计变量时，目标函数是 $n+1$ 维空间中的超曲面，难于用平面图形表示。

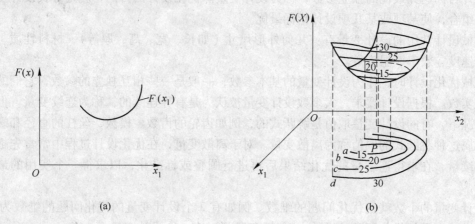

图5-31　目标函数与设计变量之间的关系及等值线

（a）曲线；（b）曲面

例5-2 中货箱优化设计的目标函数可表示为：

$$\min f(x) = 2x_1 + 2x_2 + x_1 x_2$$

5.3.1.4　约束条件

在实际问题中，设计变量不能任意选择，必须满足某些规定功能和其他要求。为产生一个可接受的设计而对设计变量取值施加的种种限制称为约束条件。约束条件一般表示为设计变量的不等式约束函数和等式约束函数形式：

$$g_i(X) = g_i(X_1, X_2, \cdots, X_n) \geq 0 \quad 或 \quad g_i(X) = g_i(X_1, X_2, \cdots, X_n) \leq 0 \ (i = 1, 2, \cdots, m)$$
$$h_j(X) = h_j(X_1, X_2, \cdots, X_n) \geq 0 \ (j = 1, 2, \cdots, p, p < n)$$

式中，m、p 分别表示施加于该项设计的不等式约束条件数目和等式约束条件数目。约束条件一般分为边界约束和性能约束两种。

（1）边界约束，又称区域约束，表示设计变量的物理限制和取值范围。如例5-2 中货箱设计，可得边界约束条件为：

$$G_1(X) = X_1 X_2 = 6$$
$$G_2(X) = X_1 - 3 \geq 0$$
$$G_3(X) = X_1 > 0$$
$$G_4(X) = X_2 > 0$$

（2）性能约束，又称性态约束，是由某种设计性能或指标推导出来的一种约束条件。属于这类设计约束的如零件的工作应力、应变的限制；对振动频率、振幅的限制；对传动效率、温升、噪声、输出扭矩波动最大值等的限制；对运动学参数如位移、速度、转速、加速度的限制等。这类约束条件，一般总可以根据设计规范中的设计公式或通过物理学和力学的基本分析导出的约束函数来表示。

设计约束将设计空间分成可行域与非可行域两部分。可行域中的任一点（包括边界上的各点）都满足所有的约束条件，称为可行点。任一个可行点都表示满足设计要求的可行方案。

5.3.1.5 优化设计的数学模型

建立数学模型是进行优化设计的首要关键任务，前提是对实际问题的特征或本质加以抽象，再将其表现为数学形态。

A 数学模型描述

数学模型的规范化描述形式为：

$$\min F(\boldsymbol{X}) = F(X_1, X_2, \cdots, X_n)^{\mathrm{T}} \quad \boldsymbol{X} \in \boldsymbol{R}^n$$
$$G_i(\boldsymbol{X}) \geqslant 0 \ (i = 1, 2, \cdots, m)$$
$$H_j(\boldsymbol{X}) = 0 \ (j = 1, 2, \cdots, p) \tag{5-31}$$

例 5-2 的数学模型描述如下：

货箱的体积为 $\qquad V = x_1 x_2 = 6$

每个货箱的表面积为 $\qquad S = 2x_1 + 2x_2 + x_1 x_2$

钢板的耗费量与货箱的表面积 S 成正比，设：

$$\boldsymbol{X} = \begin{bmatrix} X_1 \\ X_2 \end{bmatrix}$$

则数学模型为：

极小化目标函数 $\qquad \min f(x) = 2x_1 + 2x_2 + x_1 x_2$

且满足约束条件：

$$G_1(\boldsymbol{X}) = X_1 X_2 = 6$$
$$G_2(\boldsymbol{X}) = X_1 - 3 \geqslant 0$$
$$G_3(\boldsymbol{X}) = X_1 > 0$$
$$G_4(\boldsymbol{X}) = X_2 > 0$$

当式（5-31）中的目标函数 $F(\boldsymbol{X})$、约束条件 $G_i(\boldsymbol{X})$ 和 $H_j(\boldsymbol{X})$ 是设计变量的线性函数时，称该优化问题是线性规划问题；若 $F(\boldsymbol{X})$、$G_i(\boldsymbol{X})$ 和 $H_j(\boldsymbol{X})$ 中有一个或多个是设计变量的非线性函数，则称为非线性规划问题。在机械设计中，由于像强度、刚度、运动学和动力学性能等这样一些指标均表现为设计变量的复杂函数关系，所以，绝大多数机械优化设计问题的数学模型都属于非线性规划问题。

B 建立数学模型的一般过程

数学模型的正确性与合理性直接影响设计的质量，建立数学模型甚至比求解更为复杂。建立数学模型的一般过程为：

（1）分析设计问题，初步建立数学模型。即使是同一设计对象，如果设计目标和设计条件不同，数学模型也会不同。因此，要首先弄清问题的本质，明确要达到的目标和可能的条件，选用或建立适当的数学、物理、力学模型来描述问题。

（2）抓住主要矛盾，确定设计变量。理论上讲，设计变量越多，设计自由度就越大，越容易得到理想的结果。实际上，随着设计变量的增多，问题也随之复杂，给求解带来很大困难，甚至导致优化设计失败。因此，应抓住主要矛盾、关键环节，重点突破，适当忽略次要因素，合理简化。一般情况下，限制优化设计变量的个数有利于设计问题数学模型的简化。通常参照以往的设计经验和实际要求，尽可能地将那些对目标函数影响不大的参数取为常量。

（3）根据工程实际提出约束条件。约束条件是对设计变量的限制，这种限制必须要根据工程实际情况来制订，以便使设计方案切实可行。约束条件的数目多，则可行的设计方案数目就减少，优化设计的难度增加。理论上讲，利用一个等式约束，可以消去一个设计变量，从而降低问题的阶次，但工程上往往很难做到设计变量是一个定值常量，为了达到效果，总是千方百计使其接近一个常量，反而使问题过于复杂化。另外，某些优化方法不支持等式约束。因此，实际上需要很慎重地利用等式约束，尤其结构优化设计尽量少采用等式约束。

（4）对照设计实例修正数学模型。数学模型的建立不是一蹴而就的。初步建立模型之后，应与设计问题加以对照，并对函数值域、数学精确度和设计性质等方面进行分析，若不能正确、精确地描述设计问题，则需用逐步逼近的方法对模型加以修正。因此，需要经过多次反复修正。

（5）正确求解计算，估计和评价方法误差。如果数学模型的数学表达式比较复杂，无法求出精确解，则需采用近似的数值计算方法，此时应对该方法的误差情况有清醒的估计和评价。

（6）进行结果分析，审查模型灵敏性。数学模型求解后，还应进行灵敏性分析，也就是在优化结果的最优点处，稍稍改变某些条件，检查目标函数和约束条件的变化程度。若变化大，则说明灵敏性高，就需要重新修正数学模型。因为，工程实际中设计变量的取值不可能与理论计算结果完全一致，灵敏性高，可能对最优值产生很大影响，造成设计的实际效果比理论分析差很多。

5.3.2　求解优化问题的基本思想和策略

求解优化问题可以用解析法和数值迭代方法。解析法是利用数学解析方法（如微分、变分等方法）来求解。数值迭代方法则是利用函数在某一局部区域的某些性质和函数值，采用某种算法逐步逼近到函数极值点的方法，优化设计中常用的优化方法大都采用数值迭代方法，其基本思想是：搜索、迭代、逼近。首先从某一初始点 $X^{(0)}$ 出发，按照某种优化方法所规定的原则，确定适当的搜索方向 $d^{(0)}$，计算最佳步长 $\alpha^{(0)}$，求目标函数的极值点，即获得一个新的设计点 $X^{(1)}$；然后，再从 $X^{(1)}$ 点出发，重复上述过程，获得第二个改进设计点 $X^{(2)}$；如此迭代下去，可得 $X^{(3)}$，$X^{(4)}$，…，最终得到满足设计精度要求的逼近理论最优点的近似最优点 X^*，如图 5-32 所示。写成一般形式，其迭代格式为 $X^{(k+1)} = X^{(k)} + \alpha^{(k)} d^{(k)}$。在搜索迭代过程中，由设计点 $X^{(k)}$，按某种优化算法确定搜索方向 $d^{(k)}$ 后，$F(X^{(k+1)}) = F(X^{(k)} + \alpha^{(k)} d^{(k)})$ 中，只有 $\alpha^{(k)}$ 是变量，这样就成为求函数 $\varphi(\alpha^{(k)})$ 的极值问题。待求出最佳步长 $\alpha^{(k)}$ 后，即可

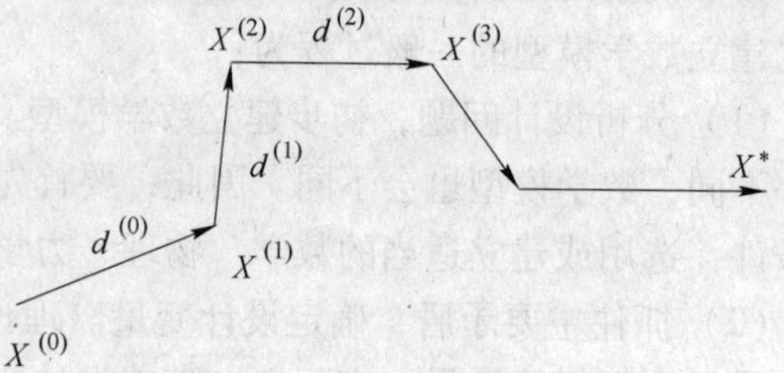

图 5-32　搜索迭代过程

得到下一个迭代点 $X^{(k+1)}$。数值迭代方法的核心一是建立搜索方向 $d^{(k)}$；二是计算最佳步长 $\alpha^{(k)}$。

由于数值迭代方法是逐步逼近理论最优点而获得近似最优点的，因此应根据终止准则来判断是否达到了足够的精度而终止迭代。迭代终止准则一般有下列三种：

（1）当相邻两迭代点 $X^{(k)}$ 和 $X^{(k+1)}$ 的间距充分小时，终止迭代计算。用两相邻迭代点间矢量的长度来表示，即 $\| X^{(k+1)} - X^{(k)} \| \leqslant \varepsilon$，式中 ε 为迭代精度。

（2）当相邻迭代点的目标函数值的下降量或相对下降量已达充分小时，即可终止迭代，即 $| F(X^{(k+1)}) - F(X^{(k)}) | \leqslant \varepsilon$ 或 $| F(X^{(k+1)}) - F(X^{(k)}) | / | F(X^{(k)}) | \leqslant \varepsilon$。

（3）当目标函数在迭代点的梯度已达到充分小时，终止迭代，即 $\| F(X^{(k)}) \| \leqslant \varepsilon$。

5.3.3　机械设计中的常规优化方法

5.3.3.1　优化问题分类

从不同的角度出发，优化问题可以分成不同的类别：

（1）无约束优化问题。不带约束条件的优化问题称为无约束优化问题。

（2）约束优化问题。带有约束条件的优化问题称为约束优化问题。

（3）线性规划问题。目标函数和约束条件均为设计变量的线性函数的优化问题。

（4）非线性规划问题。目标函数、约束函数中有一个或多个是非线性函数的优化问题。机械优化设计的问题大多属于约束非线性优化问题。

（5）二次规划问题。当目标函数为设计变量的二次函数，约束条件为线性函数时，称为二次规划问题（是一种特殊的非线性规划问题）。

（6）整数规划问题。当设计变量中有一个或一些只能取为整数时，称为整数规划问题。

（7）几何规划问题。当目标函数和约束函数为广义多项式时，称为几何规划问题。

（8）动态规划问题。当目标函数为一个较复杂的机械系统，需经多阶段的决策过程求优时，称为动态规划问题。

（9）随机规划问题。当设计变量为随机取值时，称为随机规划问题。

按照目标函数个数的不同，优化问题可分为单目标优化问题和多目标优化问题。

当优化设计中有模糊因素的影响，并对这些影响加以考虑时，属于模糊优化问题。

5.3.3.2　常用的优化方法

在建立优化数学模型后，怎样求解该数学模型，找出其最优解，也是机械优化设计的一个重要问题。求解优化数学模型的方法称为优化方法。一个好的优化方法应当是：总的计算量小、储存量小、精度高、逻辑结构简单。

解无约束非线性优化问题的方法有数值法（又叫直接法）和解析法（又叫间接法）两大类。数值法是指在求优过程中，不利用目标函数的可微性等性态，而通过计算和比较目标函数值变化情况来迭代求优的方法，例如单纯形法、鲍威尔法等。解析法是利用目标函数的性态（如可微性）来求优的方法，例如梯度法、共轭梯度法、牛顿法、变尺度法等。

约束非线性优化问题的求解方法，大致可分成三种：

（1）直接法。这种方法是直接处理约束的求解方法，例如复合形法、可行方向法等。

（2）间接法。这种方法是将约束优化问题通过一定形式的变换，转化为一系列无约束优化问题，然后用无约束优化方法求解，例如惩罚函数法（SUMT 法）、约束消元法等。

（3）用约束线性优化去逼近约束非线性优化进行求解，如逼近规划法等。

上面简单介绍了常规优化（或叫普通优化，或叫传统优化）方法。求解模糊优化问题的方法称模糊优化方法。模糊优化问题的常用求解方法及其步骤是：先将模糊优化问题转化为常规优化问题，然后按常规优化方法进行求解。如图 5-33 所示为常规优化方法。

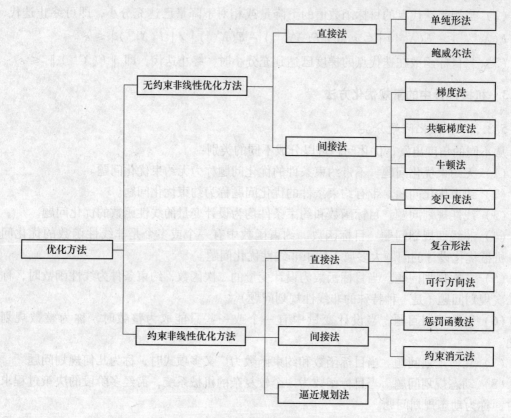

图 5-33 常规优化方法

（1）单纯形法。其基本思想是，在 n 维设计空间中，取 $n+1$ 个点，构成初始单纯形，求出各顶点所对应的函数值，并按大小顺序排列。去除函数值最大点 X_{max}，求出其余各点的中心 X_{cen}，并在 X_{max} 与 X_{cen} 的连线上求出反射点及其对应的函数值，再利用"压缩"或"扩张"等方式寻求函数值较小的新点，用以取代函数值最大的点而构成新单纯形。如此反复，直到满足精度要求为止。由于单纯形法考虑到设计变量的交互作用，因此是求解非线性多维无约束优化问题的有效方法之一。但所得结果为相对优化解。

（2）鲍威尔法（Powel）。鲍威尔法是直接利用函数值来构造共轭方向的一种共轭方向法。其基本思想是不对目标函数进行求导数计算，仅利用迭代点的目标函数值构造共轭方向。该法收敛速度快，是直接搜索法中比坐标轮换法使用效果更好的一种算法，适用于维数较高的目标函数。但其编程较复杂。

（3）梯度法。梯度法又称一阶导数法，其基本思想是以目标函数值下降最快的负梯度方向作为寻优方向求极小值。虽然算法比较古老，但可靠性好，能稳定地使函数值不断下降，适用于目标函数存在一阶偏导数、精度要求不很高的情况。但该法的缺点是收敛速度缓慢。

（4）牛顿法。牛顿法基本思想是：首先把目标函数近似表示为泰勒展开式，并只取到二次项；然后不断地用二次函数的极值点近似逼近原函数的极值点，直到满足精度要求为止。该法在一定条件下收敛速度快，尤其适用于目标函数为二次函数的情况。但计算量大，可靠性较差。

（5）变尺度法。变尺度法又称拟牛顿法，其基本思想是，设法构造一个对称矩阵 $[A]^{(k)}$ 来代替目标函数的二阶偏导数矩阵的逆矩阵（$([H]^{(k)})^{-1}$），并在迭代过程中使 $[A]^{(k)}$ 逐渐逼近（$([H]^{(k)})^{-1}$），从而减少了计算量，又保留了牛顿法收敛快的优点，是求解高维数（$10\sim50$）无约束问题的最有效算法。

（6）复合形法。复合形法是一种直接在约束优化问题的可行域内寻求约束最优解的直接解法。其基本思想是，先在可行域内产生一个具有大于 $n+1$ 个顶点的初始复合形，然后对其各顶点函数值进行比较，判断目标函数值的下降方向，不断地舍弃最差点而代之以满足约束条件且使目标函数下降的新点。如此重复，使复合形不断向最优点移动和收缩，直到满足精度要求为止。该法不需计算目标函数的梯度及二阶导数矩阵，计算量少，简明易行，工程设计中较为实用。但不适用于变量个数较多（大于 15 个）和有等式约束的问题。

（7）可行方向法。在工程实际的优化设计中，随着设计变量数和约束条件数的增多，采用随机方向搜索法和复合形法求解问题，其计算效率偏低，这时可采用可行方向法，它是求解大型约束优化问题的主要方法之一，其收敛速度快，效果较好；但其程序较复杂。可行方向法的搜索方向必须是可行的，即从一个初始可行点出发，沿着搜索方向进行一维搜索后，得到的新点必须仍然是可行点。

（8）罚函数法。罚函数法又称序列无约束极小化方法，是一种将约束优化问题转化为一系列无约束优化问题的间接解法。其基本思想是：将约束优化问题中的目标函数加上反映全部约束函数的对应项（惩罚项），构成一个无约束的新目标函数，即罚函数。根据新函数构造方法不同，又可分为：

1）外点罚函数法。罚函数可以定义在可行域的外部，逐渐逼近原约束优化问题最优解。该法允许初始点不在可行域内，也可用于等式约束。但迭代过程中的点是不可行的，只有迭代过程完成才收敛于最优解。

2）内点罚函数法。罚函数定义在可行域内，逐渐逼近原问题最优解。该法要求初始点在可行域内，且迭代过程中任一解总是可行解。但不适用于等式约束。

3）混合罚函数法。混合罚函数法是一种综合外点、内点罚函数法优点的方法。其基本思想是，不等式约束中满足约束条件的部分用内点罚函数；不满足约束条件的部分用外点罚函数，从而构造出混合函数。该法可任选初始点，并可处理多个变量及多个函数，适用于具有等式和不等式约束的优化问题。但在一维搜索上耗时较多。

实际工程设计所涉及的因素十分复杂，形式多种多样，如何针对具体问题选择适用而有效的优化方法是很重要的。一般应考虑以下因素：

（1）优化设计问题的规模，即设计变量数目和约束条件数目的多少。

（2）目标函数和约束函数的非线性程度、函数的连续性、等式约束和不等式约束以及函数值计算的复杂程度。

（3）优化方法的收敛速度、计算效率、稳定性、可靠性以及解的精确性。

（4）是否有现成程序，程序使用的环境要求、通用性、简便性、执行效率、可靠程度等。

目前，优化设计软件已成为比较成熟的软件产品。在 CAD/CAM 中应尽可能选用现成的优化方法软件，以节省人力、机时，尽快得到优化设计结果，满足 CAD/CAM 的需要。

5.3.4 优化设计的一般过程

从设计方法来看，机械优化设计和传统的机械设计方法有本质的差别。一般将其分为以下几个阶段：

（1）根据机械产品的设计要求，确定优化范围。针对不同的机械产品，归纳设计经验，参照已积累的资料和数据，分析产品性能和要求，确定优化设计的范围和规模。因为，产品的局部优化（如零部件）与整机优化（如整个产品）无论从数学模型还是优化方法上都相差甚远。

（2）分析优化对象，准备各种技术资料。进一步分析优化范围内的具体设计对象，重新审核传统的设计方法和计算公式能否准确描述设计对象的客观性质与规律以及是否需进一步改进完善。必要的话，应研究手工计算时忽略的各种因素和简化过的数学模型，分析它们对设计对象的影响程度，重新决定取舍，并为建立优化数学模型准备好各种所需的数表、曲线等技术资料，进行相关的数学处理，如统计分析、曲线拟合等。为下一步的工作打下基础。

（3）建立合理而实用的优化设计数学模型。数学模型描述工程问题的本质，反映所要求的设计内容。它是一种完全舍弃事物的外在形象和物理内容，但包含该事物性能、参数关系、破坏形式、结构几何要求等本质内容的抽象模型。建立合理、有效、实用的数学模型是实现优化设计的根本保证。

（4）选择合适的优化方法。各种优化方法都有其特点和适用范围，选取的方法应适合设计对象的数学模型，解题成功率高，易于达到规定的精度要求，占用机时少，人工准备工作量小，即满足可靠性和有效性好的选取条件。

（5）选用或编制优化设计程序。根据所选择的优化方法选用或编制优化程序。准备好程序运行时需要输入的数据，并在输入时严格遵守格式要求、认真检查核对。

（6）计算机求解，优选设计方案。

（7）分析评价优化结果。这是一项非常重要、不容忽视的工作。采用优化设计这种现代化的设计方法，目的就是要提高设计质量，使设计达到最优，若不认真分析评价优化结果，则可能使得整个工作失去意义，前功尽弃。在分析评价之后，或许需要重新选择设计方案，甚至需要重新修正数学模型，以便产生最终有效的优化结果。

5.3.5 颚式破碎机机构优化设计方法实例

5.3.5.1 破碎机优化设计概述

为了合理确定颚式破碎机的结构尺寸，在设计中需满足多方面的要求，如各杆件尺寸、破碎腔形状、尺寸及啮角、传动角、摆动角的限制等。为了获得满意的破碎特性，最重要的是寻求最佳的动颚运动轨迹与运动特性，以满足破碎作业的要求。首先采用图解分析法确定初始设计方案，这种方法最直观，并能初步探求各参数之间的关系，为优化设计建立数学模型提供资料。但图解分析法除了工作量大这一缺陷外，对颚式破碎机而言还有两个问题很突出：一是误差大，因动颚轨迹参数（如排料口水平行程在 10mm）以下，相对于结构参数（200mm × 1100mm）很小，受图面尺寸和绘图工具的限制，作图误差相对较大；二是细碎作业需满足的条件较多，难以全面兼顾各变化条件，往往顾此失彼。通过大量的图解分析与试凑，我们从所做的 7 个方案中选择了一个"最好的"作为优化设计初始方案，以 PEX200 ×1100为例进行优化设计，如图 5-34 所示。

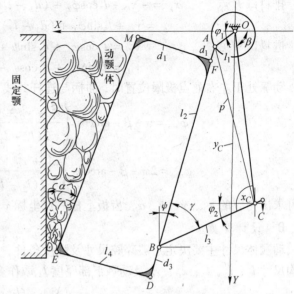

图 5-34　四杆机构及动颚体结构尺寸

进而运用数学最优化理论，借助于计算机，进行优化设计。设计中明确了两点：所谓"最优"，是指在现有技术条件下符合工程实际的最佳方案；在寻优过程中不应耗费过多的计算工作量。必须使设计既合理可信，又简化可行。针对机器特点，注意解决好三个问题：建立合适的数学模型，选用恰当的优化方法，通过人机对话最大限度地发挥人的主观能动性。

5.3.5.2　优化设计数学模型的建立

A　运动分析

四杆机构及动颚体尺寸如图 5-34 所示，曲柄、连杆、肘板的长度为 l_1、l_2、l_3。曲柄转角 φ_1 由 X 轴逆时针旋转。设动点 A 至支点 C 的距离为 p，有：

$$p^2 = l_1^2 + x_C^2 + y_C^2 - 2l_1\sqrt{x_C^2 + y_C^2}\cos(\pi - \varphi_1 - \beta)$$

式中，$\beta = \arctan(y_C/x_C)$。

肘板角为：

$$\varphi_2 = \arccos\left(\frac{p^2 + l_3^2 - l_2^2}{2pl_3}\right) - \beta \pm \arccos\left(\frac{p^2 + x_C^2 + y_C^2 - l_1^2}{2p\sqrt{x_C^2 + y_C^2}}\right)$$

当 $\varphi_1 < \pi - \beta$ 且 $\varphi_2 > 2\pi - \beta$ 时取正号，否则取负。

传动角为：

$$\gamma = \arccos\left(\frac{l_2^2 + l_3^2 - p^2}{2l_2l_3}\right)$$

连杆对 Y 轴的偏角为：

$$\psi = \pi/2 - \gamma - \varphi_2$$

$$\alpha = \arctan\left(\frac{l_4 - d_2}{d_3 - d_1}\right) + \psi$$

动颚齿板的轨迹坐标为：

排料口 E 点　　$x_E = -x_C + l_3\cos\varphi_2 + (d_3 - l_2)\sin\psi + l_4\cos\psi$

$$y_E = y_C + l_3\sin\varphi_2 + (d_3 - l_2)\cos\psi - l_4\sin\psi$$

进料口 M 点　　　　$x_M = l_1\cos\varphi_1 + d_1\sin\psi + d_2\cos\psi$

$$y_M = l_1\sin\varphi_1 + d_1\cos\psi - d_2\sin\psi$$

动颚处于左右死点极限位置时，曲柄与连杆共线：

$$\varphi_{\min} = \pi - \beta - \arccos\left[\frac{x_C^2 + y_C^2 + (l_1 + l_2)^2 - l_3^2}{2(l_1 + l_2)\sqrt{x_C^2 + y_C^2}}\right]$$

$$\varphi_{\max} = 2\pi - \beta - \arccos\left[\frac{x_C^2 + y_C^2 + (l_2 - l_1)^2 - l_3^2}{2(l_2 - l_1)\sqrt{x_C^2 + y_C^2}}\right]$$

并可求出相应的 φ_2、γ、ψ、α，齿板上任一点坐标 x、y 等。

B　设计变量

动颚体尺寸主要决定于破碎腔尺寸及强度条件，并与机器主轴悬挂位置有关。将四杆机构尺寸 l_1、l_2、l_3、x_C、y_C 及动颚下部厚度 l_4 取作变量，其余 d_1、d_2、d_3 定为常量，即：

$$X = \begin{Bmatrix} X_1 \\ X_2 \\ X_3 \\ X_4 \\ X_5 \\ X_6 \end{Bmatrix} = \begin{Bmatrix} l_1 \\ l_2 \\ l_3 \\ l_4 \\ x_C \\ y_C \end{Bmatrix}$$

C　目标函数

颚式破碎机主要的问题是齿板磨损严重，这对于破碎钨矿尤为严重。在满足破碎矿石所需压缩量的同时，最大限度地减少动颚垂直行程，使动颚运动特性值越小越好，是公认的追求目标，不仅能降低钢耗，还能减少矿物的过粉碎及非生产性功耗。取排矿口垂直行程 S_y 与水平行程 S_x 之比作为目标函数，行程由 E 点的轨迹坐标决定。一种方法是将 φ_1 从 $0° \sim 360°$ 分成若干点，算出各点 x、y 坐标值，通过计算机排队，找出最大、最小值相减而得，当分点数增多时能得到精确值，但计算工作量大；另一种方法是以两个极限位置时的坐标之差来代替，对于需多次调用目标函数子程序的约束优化方法，能大大减少机算时间，而误差不大（试算表明水平行程仅差 0.1mm，垂直行程小于 1.3mm，目标函数之差为 0.11），对优化的搜索过程影响不大，是可取的。

$$f(X) = \frac{S_y}{S_x} = \frac{y_{E\max} - y_{E\min}}{x_{E\max} - x_{E\min}}$$

D　约束条件

约束条件有：

（1）尺寸限制，即 $a \le X_i \le b_i$（$i = 1 \sim 6$），共 12 个。

（2）曲柄存在条件。因曲柄、肘板比连杆、机架小得多，可简化为 2 个。

（3）啮角，即 $\alpha = 18° \sim 22°$，2 个。

（4）传动角，即 $\gamma = 42° \sim 52°$，2 个。

（5）肘板摆动角，即 $\Delta\varphi_2 < 10°$，1 个。

（6）排料口水平行程，即 $S_{xE} = 8 \sim 10$，2 个。

（7）进料口水平行程，即 $S_{xM} = 17 \sim 23$，2 个。

综上，共有 23 个不等式约束。其约束函数有三个特点：

（1）多。反映了各参数之间的内在联系，比常规设计考虑到更多方面的要求，而且可将各种参数用数学式子表示出来，有数量概念，比图解法精确。

（2）繁。大多是隐函数且随 φ_1 而周期变化，计算烦琐。若通过排队来找最大、最小，则大大增加机算时间，分析表明，可用一些特征角对应的值来代替：啮角以 φ_{1max} 对应的值计；传动角以 $\varphi_1 = \pi - \beta$ 及 $\varphi_1 = 2\pi - \beta$ 对应的值计；排料口水平行程以 φ_{1max}、φ_{1min} 对应的 x_E 计；进料口水平行程以 $\varphi_1 = 0$、$\varphi_1 = 180°$ 对应的 x_M 计。

（3）难。很难将各约束函数的取值范围定得恰到好处，这是在设计中遇到的具体而又非解决不可的问题，取值过宽，所得方案的参数欠佳；取值过严，使搜索范围过窄，可行初始点难找。尤其是复合形法中形成初始复合形很慢。

我们采取的办法是根据经验类比，辅以图解分析，初定范围，并在优化过程中进行调整，使之不断完善。

综上所述，颚式破碎机设计可归纳为 6 维，具有 23 个不等式约束的非线性优化设计问题。数学模型为：

$$\min f(\boldsymbol{X}) = f(X_1,\ X_2,\ \cdots,\ X_n)^{\mathrm{T}} \qquad \boldsymbol{X} \in \boldsymbol{R}^n\ (n = 6)$$
$$g_u(\boldsymbol{X}) \geqslant 0 \qquad\qquad (u = 1,\ 2,\ \cdots,\ 23)$$

5.3.5.3 优化方法及比较

A 优化方法选取

（1）鉴于目标函数和约束函数为严重非线性，且计算复杂，对颚式破碎机设计宜选用可靠性好的随机方向搜索法、复合形法、内点惩罚函数法。

（2）由于约束条件多，人为获得一个可行方案不易，故各种方法都设有随机选点并自动调整到可行域内的子程序，这样也利于从不同的初始点出发进行结果比较。

（3）从工程实际出发，为了减少机时，各种算法的收敛精度都选得不高，取 $\varepsilon = 0.01$。

B 算法比较

选取初始方案 $\boldsymbol{X}_0 = [9,\ 610,\ 320,\ 310,\ 3,\ 474]^{\mathrm{T}}$，$f_0 = 3.51$。

通过试算可知（见表 5-5），随机方向法收敛最快，且随初始点而异，但初始点选得好才能保证一定精度；复合形法因可行域窄，形成初始复合形困难，当随机产生初始点时更加明显，故顶点数不宜过多，可取 8，必须设有将不可行顶点向可行点中心靠拢的程序，结果与初始点选择有关；惩罚函数法最费时，但精度最高，将约束函数调整到相近的量级上，可使收敛加快。

表 5-5 算法比较

优化方法	参数选取	构形次数	目标函数	机算时间
随机方向法	随机方向数 50	8	3.24	1
复合形法	顶点数 9	36	3.25	2
惩罚函数法	$r_0 = 0.1$，$C = 0.5$	9	3.13	2.5

5.3.5.4　结果分析

目标函数下降幅度不大，这是由下置肘板的颚式破碎机的结构所决定的。细碎机因排矿口水平行程小，要求严，特征值下降更为有限；而且其约束条件复杂，形成的可行域狭小，不规则，迭代中常常出界，所得都是局部最优。计算信息表明，约束停留的位置主要是排矿口水平行程 $S_{xE}(8 \sim 10)$ 和啮角 $\alpha(18° \sim 22°)$，其次是进料口水平行程 S_{xM} 和传动角 γ。

三种方法都是内点法，设计点的序列都是可行的，因此获得了一系列优于作图法的可行方案，并提供了大量的数据信息和技术资料。

5.3.5.5　人机配合，再次寻优

由上述分析可知，约束条件复杂，目标函数下降幅度不大，已取得若干目标函数相差不大的改进方案。对这种问题，单纯追求 f 最小的全局最优，将花费大量机时，既困难也无必要；而从所获得的相近的方案中选出使主要性能参数匹配处于最佳状态的方案才具有实际意义，这项工作只有通过设计者的参与才能完成。另一方面，在实际进行结构设计时，因考虑工艺，稳定性等方面的要求，优化方案有时出现新的矛盾，这也需要设计者从实际出发修改数字或增添约束。因此为了尽快获得合理实用的优化方案，必须充分发挥人的主观能动性，对方案进行审查分析，通过人机对话，将设计经验、意图和直觉知识反馈给计算机，利用计算机的高效率和数学优化，综合出新的方案。经过数次反复，获得最终方案。

我们主要通过修改程序和设逻辑输入量来干预设计，再次寻优：

（1）降维，优化中偏心距数值变化不大，可以按系列进行圆整，取 $L = 9$，降为 5 维优化设计问题。

（2）从已获得的 f 较小的改进方案中，选出合理的作为新的初始点。

（3）只采用惩罚函数内点法的子程序。

（4）提高收敛精度，取 $\varepsilon = 0.001$ 或 $\varepsilon = 0.0001$。

（5）修改某些约束条件，以适应设计需要，主要是调整约束的取值范围，但与产品粒度有关的排矿口水平行程 S_{xE} 等的严约束不能变动。

经人机配合，交互作用，产生多个确定型的优化方案，见表 5-6。

表 5-6　优化方案比较表

方　案	目标函数	参数对比
1	3.24	主要性能参数合理
2	3.142	主要性能参数合理
3	3.129	传动角较小
4	3.107	上部水平行程较小
5	3.059	空间布置欠佳

最终方案的确定：几个方案的目标函数都比采用作图法所定出的最初方案好得多。这是从优化设计的价值观念出发而得来的，各约束条件的满足则体现了在技术规范的要求下的可行性，最终决策时，是从总体概念出发，直观地分析多种参数的配合。如方案 5 的目

标函数最小，但由于肘板支承点的位置偏左偏下，对调整座的结构设计不利，而影响到调整垫片的安装与更换。方案 3、4 的个别主要参数处在可行的边缘上，直接影响到机器的传动效率和生产率。方案 2 的目标函数量比方案 5 略大些，但主要性能参数匹配处于最佳状态，因此选为最终方案。其主要参数为：

$f = 3.142$（比原方案下降 10.48%）　　　$\varphi_{1min} = 75.609$　　$\varphi_{1max} = 254.207$

$\Delta\varphi_2 = 4.404$　　$\alpha = 19.423$　　$\gamma = 50.567$

$S_{xM} = 17.667$　　$S_{xE} = 9.763$　　$S_{yE} = 30.677$

通过计算机打印出排矿口、进矿口的轨迹坐标数值及椭圆图形。

目前该机已完成整机设计、样机试制及工业试验，并已通过技术鉴定，各项技术性能指标均达到设计要求。

5.3.5.6　结语

（1）本课题来自生产实践，以颚式破碎机取代对辊机，能简化工艺流程，提高经济效益。不仅适用于中、小钨矿选厂，对其他有色冶金矿山（如锡矿、金矿、铅锌矿）及建筑材料工业、筑路工业也可推广使用。

（2）颚式破碎机优化设计的目标函数与约束函数呈现严重非线性，且计算复杂，应选用在可行域内迭代的算法：内点惩罚函数法精度最高；随机方向搜索法在初始点选择较好时收敛最快；复合形法不宜选用过多顶点。三种算法均可得到局部最优解，并提供大量技术资料。

（3）颚式破碎机优化设计的特点是目标函数下降幅度不大，约束函数（主要是性能约束）形成的可行域狭窄，为了尽快取得实用的最优方案，应将作图法与解析法结合起来，直觉优化与数学优化结合起来，系统分析与系统综合结合起来，通过人机配合完成设计。

（4）PEX200×1100 颚式破碎机的优化设计是成功的，也可用于同类其他规格的机器，对提高设计质量，缩短设计周期有一定的实际意义。但这种方法在很大程度上受到设计者经验的影响。

5.4　计算机仿真

一种新产品的开发总要经历设计、分析、计算、修改的反复过程。即使这样，也不能完全保证被设计产品达到预期的要求，通常还需制造样机，并进行试验，检测产品性能指标，确定设计方案的优劣。如果发现问题，则要修改设计方案或参数，重新制造样机，重新试验，致使新产品的开发耗资大、周期长。有的产品的性能试验是十分危险的；还有的产品根本无法实施样机试验，如航天飞机、人造地球卫星。因此，迫切需要有一种方法和技术改变上述状况。仿真理论和技术正是为此应运而生的。

5.4.1　仿真的基本概念及分类

仿真（simulation），顾名思义，就是采用模拟真实系统的模型，通过对模型的分析和实验去研究真实系统的工作行为。仿真是一种实验技术，它为一些复杂系统创造了一个计算机实验环境，使系统的未来性能和长期动态特性，能在相对极短的时间内在计算机上得到实现。仿真的关键是建立从实际系统抽象出来的仿真模型。

计算机仿真（模拟）早期称为蒙特卡罗方法。蒙特卡罗方法的基本思想是：当所要求解的问题是某种事件出现的概率，或者是某个随机变量的期望值时，它们可以通过某种"试验"的方法，得到这种事件出现的频率，或者这个随机变量的平均值，并用它们作为问题的解。根据仿真过程中所采用计算机类型的不同，计算机仿真大致经历了模拟机仿真、模拟-数字混合机仿真和数字机仿真三个大的阶段。

A　仿真的类型

仿真是在模型上进行反复试验研究的过程。根据模型的类型（物理模型和数学模型）不同，仿真可分为物理仿真和数学仿真以及混合仿真。

（1）物理仿真。物理模型与实际系统之间具有相似的物理属性，所以，物理仿真能观测到难以用数学来描述的系统特性，但要花费较大的代价。一般，物理模型多采用已试制出的样机或与实际近似等效的代用品，如用相同直径、材质的试件做棒料强度试验。

（2）混合仿真。根据仿真模型中物理模型占据的比例，物理仿真又分为半物理仿真和全物理仿真。半物理仿真的模型即为混合仿真，其中有一部分是数学模型，另一部分则是以实物方式引入仿真回路。针对存在建立数学模型有困难的子系统的情况，则必须使用此类仿真，比如航空航天、武器系统等的研究领域。

（3）数学仿真。数学仿真又称计算机仿真，即建立系统（或过程）的可以计算的数学模型（仿真模型），并据此编制成仿真程序放入计算机进行仿真试验，掌握实际系统（或过程）性能在各种内外因素变化下的变化规律。仿真模型的建立反映了系统模型和计算机之间的关系是以数学方程式的相似性为基础的。与物理仿真相比，数学仿真系统的通用性强，可作为各种不同物理本质的实际系统的模型，故其应用范围广，是目前研究的重点。

一般来讲，计算机仿真与半物理、全物理仿真相比，在时间、费用、方便性方面有明显优点；而半物理仿真、全物理仿真具有较高的可信度，但费用昂贵且准备周期长。半物理仿真和全物理仿真由于有实物纳入仿真回路，因而又称为实时仿真。

仿真类型的选取策略是按工程阶段分级选取的。在产品的分析设计阶段，采用计算机仿真，边设计、边仿真、边修改，结合有限元分析和优化设计等现代设计方法，使设计在理论上尽量达到最优。进入研制阶段，为提高仿真可信度和实时性，将部分已试制成品（部件等）纳入仿真模型，此时，采用半物理仿真。到了系统研制阶段，说明前两级仿真均证明设计满足要求，这一级只能采用全物理仿真才能最终说明问题，除非这种全物理仿真是不可实现的。上述计算机仿真与物理仿真的关系如图5-35所示。

B　计算机仿真的发展和意义

数字计算机仿真的主要工具是数字计算机和仿真软件。只要事先编好一套仿真程序存入计算机，使用时输入必要的数据就能进行系统仿真了，比模拟计算机仿真步骤更简单、更容易，计算精度也更高。而且，不同的仿真软件能用于不同类型系统的仿真，适应面广。因此，数字计算机逐步取代了模拟计算机而成为主要的仿真工具，数字仿真技术也得到了飞速发展，广泛用于连续系统和离散系统的仿真。

计算机仿真的应用主要有两类：

（1）系统分析和设计。例如柔性制造系统的仿真，在设计阶段，通过模型仿真来研究

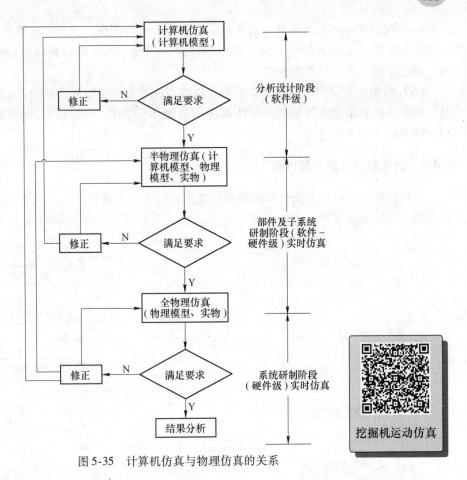

图 5-35　计算机仿真与物理仿真的关系

系统在不同物理配置情况下和不同运行策略控制下的特性，从而预先对系统进行分析、评价，以获得较好的配置和较优的控制策略；系统建成后，通过仿真，可以模拟系统在不同作业计划输入下的运行情况，用以择优实施作业计划，提高系统的运行效率。

（2）制成训练用的仿真器。例如飞行模拟器、船舶操纵训练器、汽车驾驶模拟器等。这些仿真器既可以保证被训练人员的安全，也可以节省能源，缩短训练周期。

计算机仿真的广泛应用具有十分重要的意义，主要体现在以下几点：

（1）替代许多难以或无法实施的实验，例如地震灾害程度、地球气候变化、人口发展与控制、战争爆发与进程等。采用计算机仿真可以在抽象的仿真模型上进行反复的实验，从而替代这种无法实际运作的实验。

（2）解决一般方法难以求解的大型系统问题。例如计算机集成制造系统、核电站的控制与运行、化工生产过程管理等，由于系统庞大复杂，采用理论分析或数学求解的方法进行研究常常显得无能为力；而通过计算机仿真，却可以运行仿真模型，用实验方法来加以研究。

（3）降低投资风险、节省研究开发费用。计算机仿真研究实际系统的设计、规划，预测系统建成后的运行效果，从而增加决策的科学性，减少失误；并在系统的设计制造过程中提供了随时修正设计的依据，以免建成后改动或重建的巨大浪费。这样就可以降低投资风险，节省人力和物力。

（4）避免实际实验对生命、财产的危害。例如电力调度、汽车驾驶等技术培训，如果从开始就在真实系统上加以实施，则相当危险。然而，计算机仿真却可以较好地达到目的，避免了对人员、财产的危害。

（5）缩短实验时间、不受时空限制。许多系统的实际实验需要耗时几十小时，甚至数月、数年，还有场地条件要求；而计算机仿真则不受客观时空限制，既可以缩短实验时间，还可以多次重复进行。

5.4.2　计算机仿真的一般过程

计算机仿真的基本方法是将实际系统抽象描述为数学模型，再转化成计算机求解的仿真模型，然后编制程序，上机运行，进行仿真实验并显示结果，如图 5-36 所示。其一般过程如下。

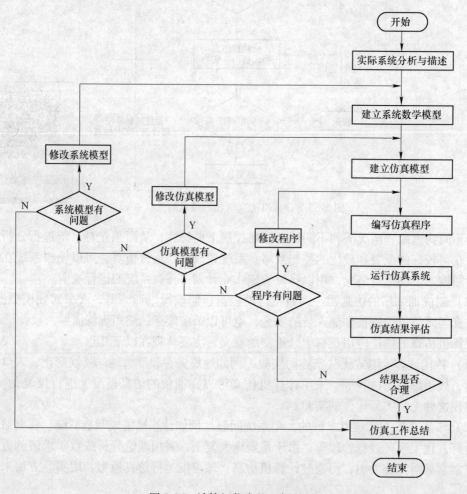

图 5-36　计算机仿真的一般过程

（1）建立数学模型。系统的数学模型是系统本身固有特性以及在外界作用下动态响应的数学描述形态。它有多种表达形式，如连续系统的微分方程、离散系统的差分方程、复杂系统的传递函数以及机械制造系统中对各种离散事件的系统分析模型等。需要注意的是，仿真所需建立的数学模型应与优化设计等其他设计方法中建立的数学模型相协调，某种情况下，二者是统一的，即使不统一，也不应相互矛盾、相互违背。

（2）建立仿真模型。在建立数学模型的基础上，设计一种求解数学模型的算法，即选择仿真方法，建立仿真模型。如果仿真模型与假设条件偏离系统模型，或者仿真方法选择不当，则将降低仿真结果的价值和可信度。一般而言，仿真模型对实际系统描述得越细致，仿真结果就越真实可信，但同时，仿真实验输入的数据集就越大，仿真建模的复杂度和仿真时间都会增加。因此，需要在可信度、真实度与复杂度之间认真加以权衡。

（3）编制仿真程序。根据仿真模型，画出仿真流程图，再使用通用高级语言或专用仿真语言编制计算机程序。目前，世界上已发表过数百种各有侧重的仿真语言，常用的有 SIMULA、SLAM、SIMSCRIPT、CSMP、Q-GERT、GASP、GPSS、CSL 等，与通用高级语言相比，具有仿真程序编制简单、仿真效率高、仿真过程数据处理能力强等特点。

（4）进行仿真实验。选择并输入仿真所需要的全部数据，在计算机上运行仿真程序，进行仿真实验以获得实验数据，并动态显示仿真结果。通常是以时间为序，按时间间隔计算出每个状态结果，在屏幕上轮流显示，以便直观形象地观察到实验全过程。

（5）结果统计分析。对仿真实验结果数据进行统计分析，对照设计需求和预期目标，综合评价仿真对象。

（6）仿真工作总结。对仿真模型的适用范围、可信度，仿真实验的运行状态、费用等进行总结，为以后的工作积累经验。

5.4.3 仿真在 CAD/CAM 系统中的应用

仿真在 CAD/CAM 系统中的应用主要表现在以下几个方面：

（1）产品形态仿真。例如产品的结构状态、外观、色彩等形象化属性。

（2）零部件装配关系仿真以及工作环境空间的配置仿真。可通过仿真检验产品装配结构是否合理、是否发生干涉；人工操作是否方便，是否符合人机学原理；工作环境管道安装、电力、供暖、供气、冷却系统与机械设备布局是否合理等。

（3）运动学仿真。模拟机构的运动过程，包括自由度约束状况、运动轨迹、速度和加速度变化等。如加工中心机床的运动状态、规律，机器人各部结构、关节的运动关系。

（4）动力学仿真。分析计算机械系统在质量特性和力学特性作用下的运动和力的动态特性。例如模拟机床工作过程中的振动和稳定性情况；机械产品在受到冲击载荷后的动态性能。

（5）零件工艺过程几何仿真。根据工艺路线的安排，模拟零件从毛坯到成品的金属去除过程，检验工艺路线的合理性、可行性、正确性。

（6）加工过程仿真。例如数控加工自动编程后的刀具运动轨迹模拟，刀具与夹具、机床的碰撞干涉检查，切削过程中刀具磨损、切屑形成，工件被加工表面的产生等。

（7）生产过程仿真。例如 FMS 仿真，模拟工件在系统中的流动过程，展示从上料、装夹、加工、换位、再加工等工序，直到最后下料、成品放入立体仓库的全部过程。其中包括机床运行过程中的负荷情况、工作时间、空等时间；刀具负荷率、使用状况、刀库容量；运输设备的运行状况。找出系统的薄弱环节或瓶颈工位，采取必要措施进行系统调整，而后再次模拟仿真修改后的生产过程运行状况。图 5-37 为生产线仿真实例。

Engine

Army_HMMWV

图 5-37   生产线仿真

目前，市场上已有商品化仿真软件系统，如许多 CAE 软件系统都含有运动学分析与仿真功能模块，ADAMS 作为动力学分析仿真系统也在许多领域发挥了作用。这些相对成熟的系统为广大用户的仿真需求提供了先进的技术手段和高水平的仿真平台，用户可以根据自己的要求选择适宜的商品化软件。随着计算机技术、CAD/CAM 技术的不断发展，仿真技术将会得到进一步的广泛应用，在生产、科研、开发领域发挥出越来越大的作用。

5.4.4   破碎机三维运动学与动力学仿真分析实例

随着计算机技术的发展，特别是计算机图形技术的飞速发展，计算机三维动态仿真软件相应出现，美国的 MDI 公司的 ADAMS（automatic dynamic analysis of mechanical system），即机械系统动力学自动分析软件；SolidWorks 公司的 Designer/Dynamic Motion 动力学仿真软件等。

机械系统的运动学分析涉及系统及其构件的运动分析，而与引起运动的力无关。在运动分析时，系统中的一个或多个构件的位置或相对位置与时间的关系是规定好的，其余构件的位置、速度和加速度与时间的关系，可以通过求解位置的非线性方程组和速度、加速度非线性方程组来确定。动力学分析主要涉及外力作用引起的系统运动分析。

由于在课题中我们选择 SolidWorks 作为建模软件，因此选用 Designer/Dynamic Motion（简称 Motion）作为动力学仿真软件。动力学仿真的意义在于：

（1）检查碰撞，装配体零部件运动时检查零部件之间有无碰撞、干涉现象发生。

（2）分析系统的运动特性，得出系统运动规律。

（3）提高设计效率，简化设计开发过程，缩短产品开发周期，大幅减少产品开发费用和成本。

（4）提高产品质量，提高产品的系统级性能，获得最优化和最创新的设计产品。

5.4.4.1   破碎机的运动学仿真

在破碎机装配完成后，我们就可以对破碎机进行动态仿真分析，如图 5-38 所示。在 SolidWorks 工具菜单中选择插件，弹出对话框，选择 COSMOS/Motion 单击确定，进入 Motion 界面，就可以进行动态仿真。

破碎机装配图

图 5-38　复摆颚式破碎机虚拟样机

A　零部件分类和添加约束

在仿真之前，必须在零部件中确定运动部件和固定部件，将固定部件拖动到 Ground Parts 目录下，余下的就是运动部件，放在 Moving Parts 目录下。在破碎机仿真中，Ground Parts 有机架部件、左右轴承盖、一个弹簧垫等，Moving Parts 包括动颚部件、偏心轴部件、肘板、皮带轮、飞轮等。也可以在进入 Motion 时，选择自动零部件分类，计算机按照装配时的装配关系决定运动部件和固定部件。

约束的添加取决于零部件的装配关系。约束是用来限制构件之间的相对运动，对约束可以分为常用的运动副约束、指定约束方向、接触约束、约束运动。

添加约束时必须知道约束跟自由度的关系，即约束限制的自由度。当所有的约束添加完后，必须和实际中机械系统运动相同，既不能过约束，导致机械系统不能运动，也不能少约束，使机械系统不能按一定规律运动。

在 Motion 中，常用的约束有：铰链约束，允许一个刚体绕固定轴相对另一刚体旋转，约束两个旋转和三个移动自由度；棱柱副，允许一个刚体相对另一刚体沿固定方向移动，约束三个旋转和两个移动自由度；圆柱副，允许一个刚体相对另一刚体沿固定轴旋转和移动；球形副，绕固定点随意旋转，只约束移动自由度；万向副，约束一个旋转和三个移动自由度；螺旋副，只约束一个自由度；平面副，约束两个旋转和一个移动自由度；固定副，完全固定。

在 Motion 中，添加约束的步骤为：

（1）打开添加约束对话框，打开的方法有：选择"Motion"菜单中的"Joint"中的所要添加的约束类型，如铰链约束；在管理树中选择"Constraint"点击，选择"Add Con-straint"，选择约束类型；在管理树中选择"Joint"点击，选择"Add Joint"，选择约束类型；在管理树中选择添加约束的两个零件，其中至少有一个零件是可运动零件，选择"Add Constraint"，选择约束类型。

（2）选择零件，可以在管理树中也可以在显示窗口中选择。

（3）确定约束的位置。

（4）确定约束的方向。

添加约束时，应该逐步地对构件施加各种约束，并且经常对施加的约束进行试验，检查是否有约束错误，应注意检查约束方向是否正确，错误的方向可能导致某些自由度没有被约束，或者约束了不应该约束的方向；约束类型是否正确；模型系统的自由度。

在破碎机系统中，添加的约束有50多个，其中铰链约束、圆柱副最多。破碎机的约束类型取决于破碎机装配时的装配约束关系，如同轴关系在约束中就添加为圆柱副约束。在破碎机中，动颚与推力板之间的约束为铰链约束，弹簧和拉杆之间为圆柱副约束，偏心轴和机架为圆柱副约束，动颚与偏心轴之间为圆柱副约束。

B　载荷的添加

动力学仿真中载荷的添加是一个重要的环节，Motion中载荷可以产生机械的运动或者减小运动。Motion中载荷主要分为三类，即外界作用力、相互作用力和重力。外界作用力指外界作用在机械系统上的力，包括使系统运动的力和系统对外的作用力。相互作用力是机械零件之间的作用力，如弹簧力、相互之间的碰撞力等。重力则是物体的自重。

在添加载荷之前，必须了解载荷的以下几个方面：载荷的种类，该载荷是力还是力矩；该载荷作用在哪个或哪些零件上；载荷作用点；载荷的大小和方向。

在Motion中，载荷的大小可以是定值，也可以用函数定义，在载荷定义对话框中，点击"Function"标签，进入载荷大小定义对话框，在对话框中，定义载荷的大小，可以为一定值，或用函数Step、Harmonic、Spline、Expression定义为时间的函数。而弹簧力的大小则根据弹簧的长短拉压程度来定义。

在破碎机中，由于在拉杆上是靠弹簧的受压产生拉力，因此在定义拉杆上弹簧力时，首先给定一个起始压力，然后根据破碎机的设计时给定的力的大小和弹簧受压的最大程度定义弹簧力。在PE400×600型号中，起始压力为5488N，长度为215mm，当受压到135mm时，受力为15660N。

动颚上加载的力可以根据公式：

$$P_{max} = 0.1qHL$$
$$P_{js} = 1.5P_{max}$$

式中　　H——破碎腔的高度；

　　　　L——破碎腔的长度；

　　　　q——肘板单位面积上的平均压力，MPa。

计算得到，在PE400×600破碎机中，$P_{js} = 1843$kN，$P_{max} = 1450$kN。

C　材料的选择

在Motion中，提供了一个材料数据库，可以从中选择材料赋予所需要的零件。当零件材料比较特殊时，Motion提供了材料的添加功能，可以根据所需材料的属性定义一个新材料添加到材料库中，材料属性包括密度、比热、刚度、弹性等。

在破碎机中，给每一个零件都根据实际定义了材料属性。偏心轴是40Cr合金钢，机架和动颚、轴承盖是ZG310-570，活动和固定齿板是ZGMn13-2，弹簧的材料是60SiMn，飞轮和皮带轮是HT200。

D　运动的获得

通过定义系统遵循一定的规律进行运动，可以对系统的某些自由度进行约束，另一方面也可以进行运动仿真。

在 Motion 中，定义一个系统的运动是靠定义一个约束的运动来获得的。在约束中，如果不是固定约束，总有一个或几个自由度没有约束，而在这些自由度上就可以添加运动来约束自由度。在约束中，添加运动的种类有：Free，即不定义运动，随着其他约束定义的运动而运动；位移或行程（displacement），定义与时间相关位移；速度（velocity），定义为移动或旋转的速度；加速度（acceleration），与时间相关的移动或转动的加速度。

添加运动时，必须指定运动的方向，如果是移动，必须知道沿哪一个方向移动，如果是转动，应知道以哪一个轴为旋转轴。

在 Motion 中，可以用几种方法来定义运动的值：输入移动或转动的速度值，在默认状态下，移动的速度单位为"长度单位/单位时间"，转动的单位为"度/单位时间"；使用函数表达式，在 Motion 中提供了很多时间函数，用户可以运用这些时间函数来定义运动；输入自编入的子程序来定义运动。

在破碎机中，破碎的动力是通过电动机获得的。电动机的运动带动皮带轮的转动，而皮带轮是用键跟偏心轴固定在一起，因此，给予皮带轮的运动就等同于给偏心轴的运动，破碎机的机架是固定的，于是就可以在偏心轴和机架的圆柱副约束上添加沿 Z 轴的旋转运动。偏心轴的转动是匀速转动，如型号 PE400×600 的中碎破碎机，偏心轴转速为 275r/min，即 1650°/s，添加该转速到皮带轮上。

E 动态仿真

如前面所述，在动态仿真之前，必须对机械系统完成添加约束、载荷，给零件赋予材料、添加运动等。

在动态仿真时，为了获得理想的效果，必须对仿真进行设定，动画仿真的实质是静态的图片利用视觉的暂留现象一帧一帧地连续播放。因此，必须设定仿真的时间，仿真的起始帧画、结束帧画，前一帧画到后一帧画的间隔时间。

在破碎机的动态仿真中，设置的仿真时间是 10s，设置的动画帧数是 500 帧，如图 5-39 所示。在仿真控制面板中，可以对仿真进行操作，如对仿真时间的修改等。

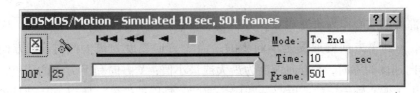

图 5-39 仿真控制面板

F 仿真结果处理

任何一个动画仿真都是为了获得仿真后的结果，并对结果进行分析，根据结果对参数进行修改，如此反复，直到得到最优的结果为止。

在 Motion 中，对仿真结果显示和分析的方法主要有：

（1）将结果用动画的形式表示，即将动态仿真用 AVI 动画播放。

（2）将结果以坐标曲线的图形表示，在 SolidWorks 界面中动态仿真后，我们就可以查看曲线图，得到所需的结果。

（3）仿真结果以 Excel 表格数据或 Text 文档形式输出，从表格数据和文档中直接读出数据，进行数据分析。

前面讨论了如何对破碎机进行运动仿真分析，而下面主要讨论如何对前面仿真的结果进行分析处理。以型号为 PE400×600 的破碎机为例进行分析。

对于破碎机的仿真来说，我们首先需要得到破碎机仿真的视觉效果，即破碎机是如何运动的，以何种方式运动，得到一个感性的认识。

当运动仿真完成后，点击 Motion 菜单中的 Export Results 子菜单中的 To AVI Movie，就可以将仿真以动画的形式播放出来。如图 5-40 所示，破碎机的 AVI 动画在 Real Player 中的一个片断，在动画中，设置的播放时间是 10s。从动画中可以看到，由皮带轮带动破碎机运动，动颚向定颚作挤压运动，同时，还作上下来回的往复运动。排料口随着动颚的运动由宽到窄、由窄到宽的变化，符合破碎的实际情况。

图 5-40　破碎机的动画播放

以动颚部件的质心作为研究对象，分析动颚部件的运动，如图 5-41 所示。从图 5-41 中可以看出，X 和 Y 方向的速度是不同步的，当 X 方向速度为最大值时，Y 方向速度为零；当 X 方向速度为零时，Y 方向速度为最大或最小值；X 方向和 Y 方向的速度总是相差一个相位。由于偏心轴给定的速度是一圆周角速度，是周期性的，所以，从动件的速度变化也是周期性的。从图 5-41 中可以看出，动颚部件质心 X 方向的速度最大值和最小值在 ±0.17m/s 左右；Y 方向的速度最大值和最小值在 ±0.4m/s 左右。从速度的大小可以得出，在动颚部件的质心处，动颚的运动轨迹并不是一个圆，而是一个椭圆，Y 方向的行程比 X 方向的行程要大。这也可以从图 5-42 所示的动颚部件质心行程曲线图中看出，从图中可得，质心 X 方向的行程大致为 12mm，而 Y 方向的行程为 28mm 左右。Y 方向与 X 方向行程的比值为 2.3 左右。

动颚部件质心的加速度分析，如图 5-43 所示。在破碎机运动中，整个破碎机的动态平衡是至关重要的。在破碎机中，由于肘板重量及转动惯量、偏心距都很小，相对于动颚

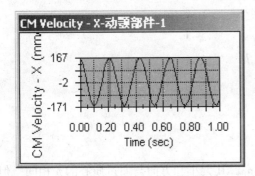 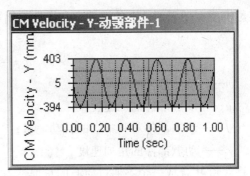

图 5-41 动颚部件速度曲线

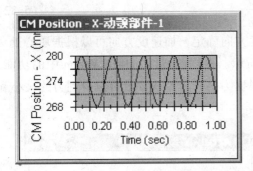 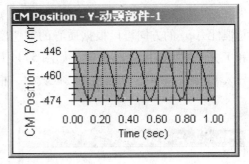

图 5-42 动颚部件质心行程曲线

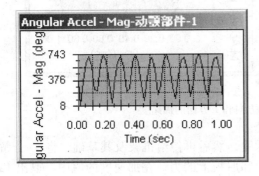 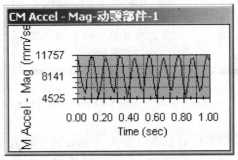

图 5-43 动颚部件质心的加速度和角加速度

部件来说，可以忽略不计。对于动颚部件来说，在破碎机运转时会产生很大的惯性力，这种惯性力将在机器各运动副中引起一种动压力，因而会增加运动副中的磨损，影响构件的强度，降低机器的效率。此外，由于惯性力的大小和方向的周期性的变化，将使机器及其基础发生振动和偏心轴回转不均匀。

5.4.4.2 破碎机的动力学仿真分析

对破碎机的运动获得感性认识后，就得对破碎机各个零件进行运动分析，对零件的行程、速度、加速度等进行分析，并对偏心引起的偏心惯性力进行计算与分析，计算平衡重。

在破碎机的动态平衡中，主要考虑在皮带轮和飞轮上添加对重的方法来消除惯性力的有害影响。在动颚部件上的惯性力和惯性力偶矩为：

$$p = -ma$$
$$M = -J\varepsilon$$

式中　m——动颚部件的质量；

　　　a——动颚部件的加速度；

　　　J——动颚部件对其中心的转动惯量；

　　　ε——动颚部件的角加速度。

将 p 和 M 合成一个不通过质心的总惯性力 p_1，其大小和方向与通过质心的 p 相同，但两者相距一垂直距离 h，其值为：

$$h = \frac{M}{p} \tag{5-32}$$

总惯性力 p_1 的方向可以根据质心的加速度方向确定，加速度方向可以根据质心处 X 方向和 Y 方向的加速度大小确定，如图 5-44 所示。根据曲线图，利用 Motion 中的功能，将其导入 Excel 表格中，从表格中读取数据，根据力的合成原理，就可以得到力的大小和方向。

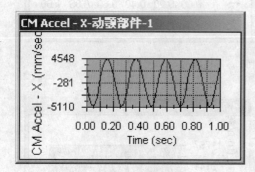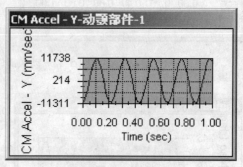

图 5-44　动颚部件质心 X 方向和 Y 方向的加速度

动颚部件的总惯性力 p_1 由偏心轴和肘板承受，然后再传给机架及其基础，将 p_1 分解为偏心轴上（机构中曲柄和动颚连接点）的力和肘板上的力。在加速度的值中，取出 12 个点分析，求出每一点在偏心轴上的分力，最后取平均值 T。

对重的位置在偏心轴偏心部分的相反位置上。对重的重量 G 可按下式选取：

$$G = G_1 \frac{r}{r_0} + \frac{900T}{r_0 n^2} \tag{5-33}$$

式中　r_0——对重重心到偏心轴轴承中心线的距离；

　　　r——偏心距；

　　　n——偏心轴转速；

　　　G_1——偏心轴偏心重量。

综合上面的公式，以破碎机 PE400×600 为例计算，选取破碎机中的 12 个位置，根据仿真结果，动颚部件质心处的加速度和角加速度见表 5-7。表中 X 方向和 Y 方向都是加速度。

表 5-7　动颚部件质心加速度和角加速度

位置序号	转角/(°)	X 方向/mm·s^{-2}	Y 方向/mm·s^{-2}	合加速度/mm·s^{-2}	角加速度/(°)·s^{-2}
1	0	−393	−11310	11317	364
2	30	−2823	−9408	9823	26
3	60	−4665	−5538	7241	300
4	90	−5056	112	5057	554
5	120	−3985	5810	7045	693
6	150	−1662	10144	10280	663
7	180	999	11767	11810	446
8	210	3144	10065	10544	78
9	240	4367	5586	7090	327
10	270	4463	−590	4502	641
11	300	3742	−6069	7130	744
12	330	1985	−10107	10300	632

　　动颚部件的质心位置的坐标为 $X = -209$，$Y = 750$；动颚部件的质量为 1139kg；相对于重心的转动惯量为 377kg/m^2；偏心轴的偏心质量为 18.76kg；根据计算得到对重的质量为 $G = 23.9$kg；质心位置在离轴心位置 387mm 处，即 $r_0 = 387$mm。

　　根据计算的对重添加到飞轮和皮带轮上，可以减小破碎机工作时的振动，有利于破碎机的动态平衡。在大多数情况下，对重做成弓形或扇形。对重可以和飞轮和皮带轮的轮缘铸成一体，也可以用螺钉连接。

　　对于破碎机的设计来说，根据仿真分析，可以实时地更改零件结构和尺寸，指导设计过程。而根据破碎机的运动学与动力学仿真分析，可以计算出在飞轮与皮带轮上添加对重的质量和位置，达到破碎时的动态平衡。

思　考　题

破碎机破碎过程

5-1　计算机辅助工程分析的主要内容及其分析计算方法有哪些?

5-2　论述有限元分析的基本原理和分析步骤。

5-3　有限元分析数据前置、后置处理包括哪些内容?

5-4　有限元分析软件与 CAD 系统其他软件的连接应注意什么问题?

5-5　若已知一单级标准直齿圆柱齿轮传动的传递功率、转速、传动比，且齿轮所用材料和热处理工艺已确定，以传动装置的体积最小作为优化目标，试建立其优化设计数学模型。

5-6　优化设计问题的求解方法有哪几类? 求解优化问题的基本思路及策略是什么?

5-7　比较各种优化方法的基本思想、特点及适用范围。

5-8　举例说明仿真在 CAD/CAM 系统中的应用。

CAD/CAM 二次开发软件技术及实例

扫我看课件

学习目的与要求

  CAD 专业应用软件是为了适应行业的特殊需要，用高级语言开发的特定软件系统。在机械产品的设计过程中，经常需要引用一系列数据资料，CAD/CAM 专业软件开发涉及对工程数据的计算机处理。专业软件开发有各种各样的方法，每种方法可以用不同的软件系统实施。本章介绍在专业软件开发中几种常用的工程数据计算机处理方法，在开发技术上着重介绍基于通用平台的 CAD 专业软件的开发方法，并以 SolidWorks 三维软件平台为例，介绍如何在该平台上进行专业软件的二次开发。

  通过本章的教学，了解几种工程数据处理方法、数据文件与数据库的相关知识及基于通用平台的 CAD 专业软件的二次开发过程，并用相关软件编制程序。

6.1 概　述

6.1.1 二次开发的概念、目的和一般原则

6.1.1.1 二次开发的一般概念

  所谓 CAD/CAM 软件的二次开发，是指在现有支撑软件的基础上，为提高设计质量和完善软件的功能，使其更符合用户的需求而做的开发工作。其根本目的是提高设计、制造质量，缩短产品的生产周期，充分发挥 CAD/CAM 软件的价值。二次开发将应用对象的设计规范、构造描述、设计方法等以约束关系的形式集成到通用 CAD 平台中去，以使应用对象的设计智能化、集成化。

6.1.1.2 二次开发的目的

  CAD 软件系统大致可以分为三个层次，即系统软件、基础软件和专业软件。一般来说，基础软件是最基本的应用软件，软件的适应范围较广。例如，交互式图形系统提供了图形处理方面最基本的功能，包括基本图素的生成功能、图形的各种交互式编辑功能等，可以广泛地应用于各类工程图样的生成。但是，基础软件的功能又不可能设计得很具体，如交互式图形系统就不可能专门为机械设计人员专门设计一个齿轮生成命令。用户的要求是千变万化的，基础软件只能解决其中带有共性的问题。因此，基础软件的功能与用户的要求必然存在一定的距离，二次开发的任务之一就是要消除这个距离，在基础软件和用户之间建起一座"桥梁"。在用户带有共性的要求中还存在一定的差别，有些用户还需要对

基础软件的某些功能做一些修改和补充。因此，要使某个软件为特定的用户所应用，还必须修改和完善原系统中的一些功能。

6.1.1.3　二次开发的一般原则

二次开发要遵循工程化、模块化、标准化和继承性等一系列原则。

（1）工程化原则。二次开发应按照软件工程学的方法和步骤进行，突出工程化的思想。首先应对所要解决的问题进行详细定义分析（由软件开发人员与用户讨论决定），并加以确切的描述，确定软件技术目标和功能目标、编写软件需求说明书、确定测试计划和数据要求说明书等，然后根据需求说明书的要求，设计建立相应软件系统的体系结构，编写软件概要设计和详细设计说明书、数据库或数据结构设计说明书、组装测试计划，从而保证软件的可靠性、有效性和可维护性。

（2）模块化原则。模块化原则要贯穿二次开发的全过程。模块化是指将整个系统分解成若干个子系统或模块，定义子系统或模块间的接口关系。模块化的优点有：可以使开发人员同时进行不同模块的开发，缩短软件开发周期；在软件需要维护和修改时，仅需对相关模块进行修改，避免对整个程序的修改；在扩展时，只要把独立的功能模块集成即可运行。最后通过菜单调用把它们集成起来，与原系统组成一个有机的整体。

（3）继承性原则。二次开发不同于一般从底层做起的软件设计，而是在已有软件基础上根据实际需要进行的再开发，对支撑软件有很强的依赖性和继承性。继承性是二次开发的最大特点，它要求开发后的系统在界面风格和概念上与原软件保持一致，新加入的部分在功能、操作等方面与原系统实现无缝集成，从而保持系统的一致性和完整性。

（4）标准化原则。标准化是开发 CAD 软件的基础。首先，在开发过程中要遵循 CAD 技术的基础标准。CAD 技术的发展之路同时也是一条标准化发展之路，面向用户的图形标准 GKS 和 PHIGS、面向不同 CAD 系统的数据交换标准 IGES 和 STEP 及窗口标准等都是进行二次开发所必须依据的标准。其次，CAD 系统的二次开发不同于一般软件的设计，它的运行过程是对具体机械设计过程的模拟，必须符合机械工程设计的特点，机械设计过程也必须严格遵循国家标准的规定。

6.1.2　机械 CAD 软件的二次开发

6.1.2.1　二次开发的内容

机械设计是一项复杂的工程。机械设计的内容很多，仅标准零件和常用符号就有几十种，因此要开发一个比较完善的机械 CAD 软件，工作量是很大的。机械 CAD 软件二次开发工作主要包括如下内容：

（1）交互式系统的完善。

（2）交互式系统、数据库管理系统、有限元分析系统间的连接和相互调用，主要是各个系统与高级语言的接口设计。

（3）参数化设计模块的设计，主要包括常见零件的参数化绘图、参数化设计计算和校核计算等几个子程序。

（4）界面设计，主要包括图标菜单设计、对话框设计等。

（5）国家标准数据库的建立。

（6）工程符号和汉字的处理。

机械 CAD 软件二次开发的基本思路是：以交互式图形系统为主要支撑，以图形系统的用户语言为进程的控制者，以高级语言为系统连接及数据库转换的枢纽，开发一个集参数化设计零件、交互式编辑图形、数据的系统管理、零件的有限元分析为一体的机械 CAD 软件系统。

6.1.2.2 开发软件应具备的功能

机械 CAD 软件二次开发的目的是开发一个完善的、符合我国国情及用户需要的机械 CAD 软件。该软件可以帮助机械设计师完成从设计计算、建模设计到数据管理、校核计算、有限元分析等一系列烦琐的工作，从而大大地缩短设计周期，减轻设计人员的劳动强度。具体地讲，该软件应具备以下功能：

（1）交互图形处理功能。该功能用于交互式地生成和编辑图形。

（2）设计计算功能。在设计计算阶段，用户只需给出必要的原始参数，软件自动进行计算和查表工作，然后将计算结果显示给用户，由用户确定最终的设计参数。

（3）参数化绘图功能。当给定必要的结构参数后，软件能自动地绘制出相应的零件工程图。

（4）校核功能。能够按照给定的经验公式，对零件进行校核计算。

（5）有限元分析功能。对重要的零件能用有限元分析方法进行动（或静）态分析计算。

（6）数据库管理功能。可以方便地管理、调用和维护机械设计中的各类数据。

6.1.2.3 二次开发的要求

一个成功的 CAD 软件应符合以下要求：

（1）结果正确。获得正确的结果是对任何软件的基本要求。

（2）操作方便。在整个设计过程中，设计者只需输入必要的参数，分析和选取设计结果，其余工作由程序自动完成。

（3）友好的人机交互界面。形象直观的图标菜单是当前人机交互界面的主要形式。

6.2 工程数据计算机处理

在机械产品的设计过程中，经常需要引用一系列标准、规范、计算公式及大量的数据资料，如数据列表、实验曲线等。在传统的设计过程中，设计人员通过查阅相关的设计手册来获得这些资料，而在设计手册中，为了便于用户查询，这些资料又多以数表和线图的形式给出，只有少部分是以公式形式给出的。为使人工查找转变成 CAD 进程中的高效处理，需要解决各种参数数表和线图在计算机内的存储和自动检索问题。在 CAD 作业中，工程数据的计算机处理主要包括以下三种方法：

（1）工程数据程序化。将工程数据直接编写成应用程序并对其进行查询、处理和计算，它包括数表程序化和线图程序化。

（2）建立数据文件。将数据建立成一个独立的数据文件，并单独存储，使它与应用程序分开，需要时通过应用程序来打开、调用和关闭数据文件，并进行相关处理。

（3）建立数据库。将工程数据存放在数据库中，根据需要通过应用程序来打开、调用和关闭数据库文件，并进行相关处理。

6.2.1 数表程序化

工程数表有两类：一类是记载设计中所需的各种独立常数的数表（即简单数表），数表中各个数据间彼此独立，无明确的函数关系；另一类是函数列表数，数表中函数值与自变量间存在一定的函数关系，可表示为：

$$Y_i = f(X_i) \quad (i = 1, 2, \cdots, n)$$

式中，X_i 与 Y_i 按对应关系组成列表函数。理论上讲，简单数表和列表函数均是结构化的数据，一维数表、二维数表或多维数表分别与计算机语言中的数组对应，通过程序对数组赋值和调用来实现数据的获取。列表函数数表也可用数组赋值的方法编入程序，但由于列表函数数表中函数值与自变量间存在函数关系，因此，当所检索的自变量值不是数表列出的节点值时，不能像简单数表一样采取圆整的方法进行取值，而必须用插值计算的方法求出其相应值。

6.2.1.1 用数组的形式程序化数表

可以用数组的形式将设计手册中的数表程序化。在 CAD 中，对数据之间有函数关系的可以直接编入程序中，运算时由此计算出函数值。对于数据之间没有函数关系的，应根据不同特点进行处理。下面用渐开线圆柱齿轮的标准模数选取实例说明数表输入、检索处理的有关问题。通常是按强度要求计算渐开线齿轮的模数，据此计算值从标准模数系列中选取适当的标准模数值。齿轮标准模数系列见表 6-1。

表 6-1　齿轮标准模数系列

数组 $Z(i)$	1	2	3	4	5	6	7	8	9	10	11	12	13
模数 m	1.25	1.5	1.75	2	2.25	2.5	2.75	3	3.5	4	4.5	5	5.5
数组 $Z(i)$	14	15	16	17	18	19	20	21	22	23	24	…	
模数 m	6	7	8	9	10	12	14	15	16	17	18	…	

这个表格可用一维数组输入。可以将选取标准模数值的过程编一个子程序供调用，其程序框图如图 6-1 所示，其中 M 是模数的计算值。

若仔细分析模数标准系列，从中找出规律性，就不需输入、存储整个系列值了。经分析知模数标准系列有如下规律：当 $1 < m < 3$ 时，模数 m 以差值 0.25 递增；当 $3 \leqslant m < 6$ 时，模数 m 以差值 0.5 递增；当 $6 \leqslant m < 10$ 时，模数 m 以差值 1 递增。因此，不必输入模数标准系列。若模数使用范围不超过 10，用计算公式选取标准模数值的子程序框图如图 6-2 所示，其中 M 为计算值，m 为选取值。

在工程设计手册中，数表大多数为二维数表和多维数表，程序化时就需利用二维和多维数组来表示。

6.2.1.2 用插值的形式程序化数表

工程设计手册数表中的数据之间多数存在一定的函数关系，故将其称为数表函数，它们有些是精确公式，有些是经验公式。为了便于设计人员查询，在手册中多将其以数表的

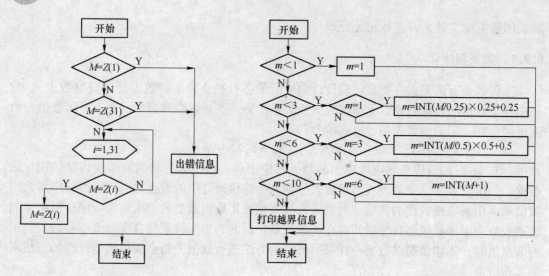

图 6-1   查找标准模数框图   图 6-2   选取标准模数框图

形式表示。数表所表示的数据仅是数表函数节点上的数值，当所要求的数据不在节点上时，若想获得较为准确的数值，可以将其原始公式编入程序求取，也可以根据数表上的数据采用插值的方法来求取。

所谓函数插值就是设法构成某个简单函数 $y = g(x)$，将其作为数表函数 $f(x)$ 的近似表达式，以代替原来的数表。最常用的近似函数类型是代数多项式。对于给定的列表函数，共有 n 对节点，构造一个次数为 $n-1$ 次的代数多项式：

$$g(x) = a_0 + a_1 x + a_2 x^2 + \cdots + a_{n-1} x^{n-1} \tag{6-1}$$

使其满足插值条件 $g(x_i) = y_i$ $(i = 1, 2, \cdots, n)$，该式称为 $f(x)$ 在 n 个不相同节点 x_i 的拉格朗日 $n-1$ 次插值式，简称 $n-1$ 次插值。该插值问题的几何意义是：通过给定的几个节点 (x_1, y_1)，(x_2, y_2)，$\cdots$，(x_n, y_n)，作一条 $n-1$ 次曲线 $g(x)$，近似地表示 $y = f(x)$，这样插值后的函数值就用 $g(x)$ 的值来代替。因此插值的实质问题是如何构造一个既简单又有足够精度的函数 $g(x)$。所谓插值方法，即在插值点附近选取几个合适的节点，过这些选取的节点构造一个函数 $y = g(x)$ 作为列表函数 $f(x)$ 的近似表达式，然后计算 $g(x)$ 的值以求得 $f(x)$ 的值。下面介绍几种常用的插值方法。

A   线性插值

线性插值是利用过 (x_i, y_i) 及 (x_{i+1}, y_{i+1}) 两点的直线方程 $g(x)$ 来代替原来的列表函数 $f(x)$。设插值点为 (x, y)，满足条件 $x_i < x < x_{i+1}$，其线性插值公式为：

$$y = g(x) = \frac{x - x_{i+1}}{x_i - x_{i+1}} y_i + \frac{x - x_i}{x_{i+1} - x_i} y_{i+1} \tag{6-2}$$

求其函数值 y，如图 6-3 所示。

图 6-3 表示了线性插值原理，从图中可以看出线性插值存在一定的误差，但当表格中自变量值间隔较小、插值精度要求又不很高时，可以采用这种方法。

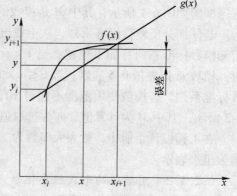

图 6-3   线性插值

在 V 带传动设计中，通过带轮包角即可查到包角影响系数，带轮包角影响系数值见表 6-2。

表 6-2　包角影响系数 K_α

包角 $\alpha/(°)$	180	170	160	150	140	130	120	110	100	90
K_α	1.00	0.98	0.95	0.92	0.89	0.86	0.82	0.78	0.74	0.69

但在实际的设计中，计算出的实际包角 α 可能不会正好是表 6-2 中所列的值，相应的 K_α 也不会正好是表中的值，因此可用线性插值法来求得。例如求带轮包角为 105° 的包角影响系数，可以通过 110° 和 100° 的影响系数值构造直线方程：

$$y = (x - 110)/(100 - 110) \times 0.74 + (x - 100)/(110 - 100) \times 0.78 \qquad (6\text{-}3)$$

将 105° 代入式 (6-3)，即可求出其影响系数的值为 0.76。

B　抛物线插值

如图 6-4 所示的抛物线插值是指利用 $f(x)$ 的三点 (x_{i-1}, y_{i-1})、(x_i, y_i) 和 (x_{i+1}, y_{i+1})，过三点作抛物线 $g(x)$，以 $g(x)$ 替代 $f(x)$ 可获得比线性插值精度更高的结果。如插值点为 (x, y)，则抛物线插值公式为：

$$\begin{aligned}
y &= g(x) \\
&= (x - x_i)(x - x_{i+1})y_{i-1}/(x_{i-1} - x_i)(x_{i-1} - x_{i+1}) + \\
&\quad (x - x_{i-1})(x - x_{i+1})y_i/(x_i - x_{i-1})(x_i - x_{i+1}) + \\
&\quad (x - x_{i-1})(x - x_i)y_{i+1}/(x_{i+1} - x_{i-1})(x_{i+1} - x_i)
\end{aligned} \qquad (6\text{-}4)$$

上例中 105° 的包角影响系数值，也可以采用抛物线插值来得到，读者可尝试比较两种方法的结果。

C　$n-1$ 次多项式插值

依照上述方法，过 n 个节点作 $n-1$ 次曲线 $g(x)$ 替代原表函数 $f(x)$，则 n 个节点的 $n-1$ 次插值函数为：

$$y = \sum_{i=1}^{n} \left(\prod_{\substack{i=1 \\ i \neq j}}^{n} \frac{x - x_i}{x_j - x_i} \right) y_i \qquad (6\text{-}5)$$

应当指出，当 $n = 1$ 时，为线性插值；当 $n = 2$ 时，为抛物线插值。

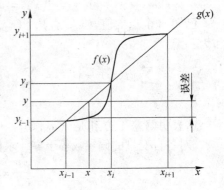

图 6-4　抛物线插值

D　二元函数插值

上述三种插值方法适用于一元列表函数，同样可对二元列表函数进行插值，所不同的是要多次选用一元插值方法。二元列表函数的插值，从几何意义上讲是在三维空间内选定 8 个点，通过这些点构造一块曲面 $g(x, y)$，用它近似地表示在这区间内原有的函数 $f(x, y)$，从而得插值后的函数值 $z_k = g(x_k, y_k)$。插值函数 $g(x, y)$ 有几种不同构造方法，即直线-直线插值、直线-抛物线插值和抛物线-抛物线插值。具体操作步骤读者可参阅有关文献。

6.2.1.3　用拟合形式程序化数表

对数表的程序化处理虽然可解决数表在 CAD 作业中的存储和检索问题，但当数表庞大时，存储数据要占用很大的内存，将导致程序无法运行，效率低下。因此数表程序化处理仅适用于数据量较小、计算程序使用数表个数不多的情况。对于较大型的计算程序，常需使用很多的数表，数据量大，因此对数表的处理需采用其他方法。

数表公式化处理是其中一种方法。所谓数表公式化处理是指运用计算方法中的曲线拟合（逼近）的方法，构造函数 $g(x) = f(x)$ 来近似地表达数表的函数关系。它只要求拟合曲线从整体上反映出数据变化的一般趋势，而不要求拟合曲线通过全部数据点，避免了前面介绍的插值曲线必须严格通过各节点、插值误差较大的缺点。最小二乘法是曲线拟合最常用的函数逼近法。

A　最小二乘法拟合的基本思想

对于一批数据点 (x_i, y_i) $(i = 1, 2, \cdots, m)$，用拟合公式 $y = f(x)$ 来逼近，因此每一节点处的偏差为：

$$e_i = f(x_i) - y_i \quad (i = 1, 2, \cdots, m) \tag{6-6}$$

e_i 的值有正有负。最小二乘原理就是使所有数据点误差的绝对值平方之和最小，即：

$$\sum_{i=1}^{m} e_i^2 = \sum_{i=1}^{m} [f(x_i) - y_i]^2 \tag{6-7}$$

拟合公式的类型通常是初等函数，如对数函数、指数函数、代数多项式等。可先把数据画在方格纸上，根据曲线形态来确定函数类型。

B　最小二乘法的多项式拟合

设拟合公式的 n 次多项式为：

$$y = f(x) = a_0 + a_1 x + a_2 x^2 + \cdots + a_n x^n \tag{6-8}$$

已知 m 个点的值 (x_1, y_1)，(x_2, y_2)，$\cdots$，(x_m, y_m)，且 $m \gg n$，节点偏差的平方和为：

$$\sum_{i=1}^{m} e_i^2 = \sum_{i=1}^{m} [f(x_i) - y_i]^2 = \sum_{i=1}^{m} [(a_0 + a_1 x_i + \cdots + a_n x_i^n) - y_i]^2 = F(a_0, a_1, \cdots, a_n) \tag{6-9}$$

这表明偏差平方和是 $(a_0, a_1, \cdots, a_n)$ 的函数。为使其最小，取 $F(a_0, a_1, \cdots, a_n)$，对各自变量的偏导数等于零，求偏导数得：

$$\frac{\partial F}{\partial a_j} = 0 \quad (j = 0, 1, \cdots, n) \tag{6-10}$$

即

$$\frac{\partial \sum\limits_{i=1}^{m} [(a_0 + a_1 x_i + \cdots + a_n x_i^n) - y_i]^2}{\partial a_j} = 0 \tag{6-11}$$

经整理得：

$$\left(\sum_{i=1}^{m} x_i^j\right) a_0 + \left(\sum_{i=1}^{m} x_i^{j+1}\right) a_1 + \cdots + \left(\sum_{i=1}^{m} x_i^{j+m}\right) a_n = \sum_{i=1}^{m} x_i^j y_i \tag{6-12}$$

其中 $\sum$ 均为对 $i = 0, 1, 2, \cdots, m$ 求和。公式中待求系数 $(a_0, a_1, \cdots, a_n)$ 共 $n+1$ 个，方程也是 $n+1$ 个，解该联立方程，即可求得各系数值。

6.2.2　线图程序化

在设计手册中，有些函数关系是以线图的形式表示的，它的特点是直观、感性，可以观察出函数和数据的变化趋势。线图的形式包括直线、折线和曲线。在传统的设计过程中，以手工查找对应数据来获得工程数据，通常有一定的误差。在计算机辅助设计中，由于在计算机中直接存储和处理线图的程序相当复杂，所以通常采用下面三种方法来处理线图：

（1）获取线图的原始公式，将其编入程序即可。

（2）将线图转换成数表，然后利用前面介绍的数表程序化的方法进行程序化。

（3）用曲线拟合的方法求出线图的近似公式，再将近似公式编入程序。

工程设计手册中附有许多线图，为查询方便，也可以将其转为数表，处理方法就是将线图离散化，转换成数表的格式。

在对齿轮设计中有一曲线族，按齿轮在轴上不同的布置方式，根据齿宽系数查找齿轮载荷系数的一簇曲线，如图6-5所示。可以在曲线上取若干个点，用曲线拟合的方法求出线图的近似公式并完成线图程序化的处理。以硬齿面的数据为准，对曲线1进行公式化处理，在曲线上取15个点，分别为A_1（0.4，1.0）、A_2（0.5，1.02）、A_3（0.6，1.03）、A_4（0.7，1.05）、A_5（0.8，1.07）、A_6（0.9，1.085）、A_7（1.0，1.107）、A_8（1.1，1.135）、A_9（1.2，1.15）、A_{10}（1.3，1.165）、A_{11}（1.4，1.2）、A_{12}（1.5，1.23）、A_{13}（1.6，1.26）、A_{14}（1.7，1.29）、A_{15}（1.8，1.335），如图6-6所示。

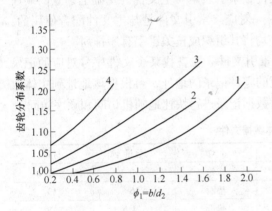

图6-5　齿轮载荷分布系数 K_j

1—对称布置；2—非对称布置，轴的刚度高；

3—非对称布置，轴的刚度低；4—悬臂布置；

b—齿宽；d_2—分度圆直径

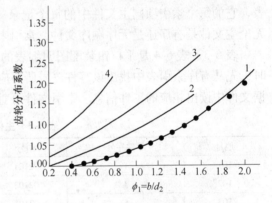

图6-6　对应曲线上的离散点

1—对称布置；2—非对称布置，轴的刚度高；

3—非对称布置，轴的刚度低；4—悬臂布置；

b—齿宽；d_2—分度圆直径

设拟合曲线公式为五次多项式，采用计算机编程和列主元高斯消去法可得其系数值分别为 $a_0 = 0.963338$，$a_1 = 0.963338$，$a_2 = 0.223178$，$a_3 = -0.151713$，$a_4 = 0.045781$，$a_5 = 0.000198$。则用拟合公式：

$$y = 0.963338 + 0.963338x + 0.223178x^2 - 0.151713x^3 + 0.045781x^4 + 0.000198x^5$$

近似代替图6-6中的曲线1，其余曲线公式可采用同样的方法求出。根据拟合公式绘制的载荷系数分布曲线能很好地符合曲线精度的要求。

6.2.3　数据文件

计算机辅助设计系统中，对于数据量较小的数表，可以利用数组的形式将其程序化，但数表的容量较大时，为了减少内存占用量，且可以反复调用，必须建立数据文件，将数据与应用程序分开，实现内存、外存之间的交换。

　　文件是程序设计中的一个重要的概念，是数据库系统的基础。所谓文件一般是指具有相同性质的记录的集合。数据是以文件的形式存放在外部介质（如磁盘、磁带等）上的，将一系列数据按指定的文件名存放在计算机中，就建立了用户的数据文件。需要取出这些信息时，只要指出文件名，计算机操作系统就会自动将这些信息由外部介质中取出，送入计算机内存，以便应用程序对文件中的数据进行操作。数据文件按组织形式分为顺序文件、索引文件和多重链表文件。

6.2.3.1　顺序文件

　　顺序文件中的各个记录是按照其输入的先后顺序存放的。若组成文件的记录无任何次序规律，只是按写入的先后顺序进行存储，称为无序顺序文件；若组成文件的记录按照某个关键字有序地进行存储，称为有序顺序文件。对于无序顺序文件，存取文件时需从头至尾按顺序读、写，故效率不高。为提高检索效率，常常将无序顺序文件组织成有序顺序文件。

6.2.3.2　索引文件

　　索引文件是指具有索引存储结构的文件，通常包括一个主文件和一个索引表。主文件是原有数据文件的顺序存储或顺序链接存储文件，索引表是在主文件的基础上建立的顺序表，它的每个索引项同主文件中的每个记录一一对应。索引文件是与主文件配合使用的，无论主文件是有序还是无序顺序文件，索引表均将其组织成按关键字有序排列。

　　表 6-3、表 6-4 是平口钳装配图明细表的索引文件。要查找某个文件序号对应的记录时，先从有序索引表中找出该零件序号所对应的零件记录的地址，再根据该地址到主体数据文件中读出相应的零件信息。索引文件可对数据记录进行快速地随机访问和顺序访问。

表 6-3　主体数据文件

地址	零件序号	图号	名称	数量	材料
101	1	02101	齿轮	10	45
102	3	02103	垫圈	16	A3
103	5	02105	螺母	4	A3
104	2	02102	螺杆	4	45
105	4	02104	轴	1	45

表 6-4　有序索引表

地　　址	零件序号	记录存放地址
301	1	101
302	2	104
303	3	102
304	4	105
305	5	103

6.2.3.3　多重链表文件

　　多重链表文件是将索引方法和链接方法相结合的一种组织形式，它对每个需要查询的次关键字建立一个索引，同时将具有相同次关键字的记录链接成一个链表，并将该链表的头指针、链表长度及次关键字作为索引表的一个索引项。建立多重链表文件后，不但便于按主关键字查找记录，也便于按次关键字查找记录。因此，多重链表文件适合于多关键字查询，但记录的插入和删除较麻烦。

另外，建立数据文件还可作为各种高级语言交换信息的手段。例如，将 FORTRAN 程序运行后的计算结果存放在数据文件中，当在 C 语言环境中运行某个程序时，也可以通过数据文件读取数据，从而实现不同高级语言程序的数据共享。

C 语言的文件系统中，一个关键的概念是文件指针。每个被使用的文件均在内存中开辟一个区域，用来存放文件的有关信息（如文件的名字、文件状态及文件当前位置等）。在 C 语言的标准输入/输出函数库中定义了一个名为 fopen（）的函数，用于实现数据文件的创建或打开，其调用格式如下：

FILE * fp；
fp = fopen（"name"，"mode"）；

其中，fp 是一个指向 FILE 类型结构体的指针变量，可以使 fp 指向一个文件的结构体变量，从而能够通过该结构体变量中的文件信息访问该文件；name 为用户想要打开的已有数据文件的文件名或需要创建的新数据文件的名字；mode 为指定文件进行的操作方式，即从数据文件中读取数据还是向数据文件中写入数据。使用完一个文件后应将其关闭，以防止其被误用或丢失数据。所谓"关闭"，是指文件指针变量不再指向该文件，也就是将文件指针变量与文件"脱钩"，以后不再通过该指针对与其相连的文件进行读写操作。C语言用 fclose（）函数关闭文件。

6.2.3.4 数表的文件化处理实例

在需要处理的数表较小或所处理的数表个数较少的情况下，用数组赋值的方法进行程序化是完全可行的。如果数表很大或涉及的数表很多，若仍然采用这种方法进行程序化，这时程序将显得非常的庞大，有时甚至不可能实现，这就需要将数表进行文件化或数据库处理。

将数表文件化处理，不仅可使程序简练，还可使数表与应用程序分离，实现一个数表文件供多个应用程序使用，并增强数据管理的安全性，提高数据的可维护性。早期的 CAD 系统很多是采用数据文件来存储数据的。

将表 6-5 中的平键和键槽尺寸（见图 6-7）建立数据文件；利用所建数据文件，按结构设计给的轴径尺寸检索所需的平键尺寸和键槽尺寸。

表 6-5　平键尺寸与键槽尺寸（GB/T 1095—1993）　　　　　　　　（mm）

轴径 d	平 键		槽	
	b	h	轴 t	轮毂 t_1
>8 ~ 10	3	3	1.8	1.4
>10 ~ 12	4	4	2.5	1.8
>12 ~ 17	5	5	3	2.3
>17 ~ 22	6	6	3.5	2.8
>22 ~ 30	8	7	4.0	3.3
⋮	⋮	⋮	⋮	⋮
>110 ~ 130	32	18	11.0	7.4

按记录将表6-5中的平键和键槽尺寸建立数据文件，一行一个进行记录。平键和键槽尺寸的检索是根据轴径进行的，而表6-5中的轴径给出了一个下限和一个上限范围，可将该下限和上限轴径数据连同平键和键槽尺寸一起存储在数据文件中，这样一个记录将包含有轴径下限值 d_1、轴径上限值 d_2、键宽 b、键高 h、轴颈键槽深 t、轮毂键槽深 t_1 共6个数据项。平键和键槽尺寸数据文件建立 C 语言程序清单如下：

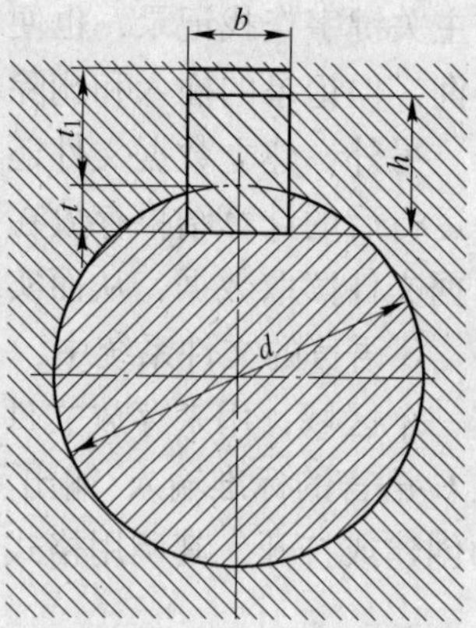

图6-7　平键与键槽剖面

```
#include < stdio h >
#definenum = ###; ; ;###按实际记录数赋值
Structkey _ GB{
Float d1, d2, b ,h,t,t1;
}key;
Void main( )
  {
Inti ;
  FILE  * fp;
    If( ( fp = fopen("keydat","w") ) = = NULL)
{ printf("Cannot open the data file");
    Exit( );
    )
    For( i = 0; i < …; j + + )
{ printf("record /% d:d1,d2,b,h,t1 =",i);
Scanf("% f,% f,% f,% f,% f,% f",&key d1,&key d2,&key b,&key h,&key t,&key t1 );
  { fwrite( (&key, sizeof( struct key _ GB,1,fp)
      }
    }
    Fclose( fp) ;
}
```

将该程序编译、连接，然后运行，逐行输入各记录数据项，便在磁盘上建立了名为"keydat"的数据文件。

利用所建的数据文件"keydat"，通过设计得到的轴径尺寸检索所需的平键和键槽尺寸，其C语言程序如下：

```
#include < stdio h >
#definenum = ###; ; ;###按实际记录数赋值
Struct key _ GB{
Float d1 ,d2,b,h,t,t1;
}key;
  voidmain( )
voidmain( )
```

```
    {
inti;
FILE fp;
While( 1)
    {
printf("input the shaft diameterd = ");
scanf("% f",&d);
If( d > 8 &&d < = 85) break;
else printf("The diameter dis not inrange, input again!");
        }
    If( ( fp = fopen("keydat","r") ) = = NULL)
      {printf("Cannot open the data file");
  exit( );
)
    For( i = 0; i < num;i + + )
        { fseek( fp, i size of "( struct key _ GB)",0);
Fread(&key, size of( struct key _ GB),1,fp),
 If( d > key d1&& < = key d2)
 {frintf( "The key:b = % f,h = % f,t = % f,t1 = % f",key b,key h,key t,key t1);
     Break;
}
        }
      }
    Fclose( fp);
    }
```

6.2.4 数据库

6.2.4.1 数据库的定义

数据库技术是在文件系统的基础上发展起来的一门新型数据管理技术，它的工作模式与早期的文件系统的工作模式存在本质上的不同，这种区别主要体现在系统中应用程序与数据之间关系的不同上，如图6-8和图6-9所示。在文件系统中，数据以文件的形式长期保存，程序与数据之间有一定的独立性，应用程序各自组织并通过某种存取方法直接对数据文件进行调用。在数据库系统中，应用程序并不直接对数据库进行操作，而是通过数据库管理系统对数据库进行操作。因此，与文件系统相比，数据库系统具有数据存储结构化、数据冗余度低、数据独立性和共享性高，以及可实现对数据的安全保护、完整控制、并发控制和恢复备份等特点。

因此，数据库可定义为一个在数据库管理系统控制下的通用化的、综合性的有序数据集合。它可为各类用户提供共享数据而又具有最小的信息冗余度，并能够保证数据与应用程序高度的独立性、安全性和完整性。数据库的数据结构独立于使用数据的程序，其对数据的各种操作由系统进行统一的控制。

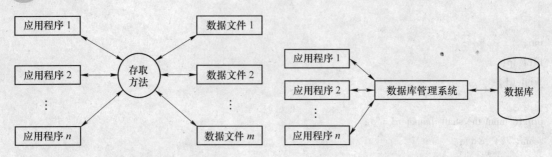

图 6-8   文件系统阶段的数据处理   图 6-9   数据库系统阶段的数据处理

6.2.4.2   数据库系统

数据库系统是由数据库、数据库管理系统（DBMS）、数据库管理员和应用程序四部分组成的，如图 6-10 所示（由于数据库是由数据库管理系统建立和操纵的，内容不独立，故在图中未表示出来）。

DBMS 是数据库系统中对数据进行管理的软件系统，是数据库系统的核心部分。数据库系统的查询、更新等操作都是通过 DBMS 完成的。DBMS 的主要功能如下：

（1）数据库定义，包括各数据库文件的组织结构和存储结构及保密定义（规定各种数据的使用权限）等内容。DBMS 提供数据描述语言 DDL

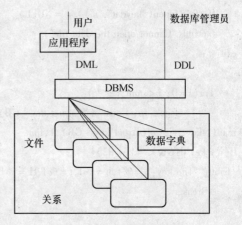

图 6-10   数据库系统结构

以定义数据库的结构、数据的完整性约束和保密限制等约束条件。

（2）数据库操纵，主要是指接收、分析和执行用户的操作请求。DBMS 提供了一种数据操纵语言 DML 及数据处理语言接口能力，利用 DML 实现对数据库的检索、插入、删除、修改和更新等操作。

（3）数据库运行控制，以实现对数据库的安全性控制、完整性控制、并发控制和数据恢复。该功能对于数据库的有效使用，保证数据的安全、稳定和可靠是必不可少的。该功能由数据库管理系统运行程序实现。

（4）系统维护，包括数据库初始数据的装入、转换，数据库的转储、重组织和数据库的性质监视和分析等。这些功能大都由各个实用程序来完成，其作用是保证数据库系统的正常工作，向用户提供有效的服务。

（5）数据字典，其中存放着数据库三级结构的描述，对于数据库的操作都要通过查阅数据字典进行。

6.2.4.3   工程数据库

在工业领域中，为了增强企业的竞争力、缩短新产品研制周期、降低成本、提高产品质量，现代生产技术要求在工业应用计算机系统中把市场分析、生产规划、产品设计与制造及维护集成为一体，以适应市场需求的多变性，而工程数据库系统是这种集成的关键。

工程数据库系统是满足工程设计与制造、生产管理与经营决策支持环境的数据库系统。工程数据库存储产品图形、图像数据（包括各种工程图表数据、二维工程图形数据和三维几何建模数据等）、产品管理数据（包括产品设计与制造中所用的数据资料，如各种技术资料、国家标准与规范等）、产品设计数据（设计与制造中产生的数据，如设计产品的结构数据、资源数据、设备数据和设计分析参数等）、加工工艺数据（加工设备、加工工艺路线等）。

工程数据库的开发是一个相当复杂的过程，设计时应考虑以下几个特点：

（1）工程数据中静态数据（如一些标准、设计规范、材料数据等）和动态数据（如随设计过程变动而变化的设计对象中间设计结果数据）并存。

（2）数据类型多样，不但包括数字、文字，而且包含结构化图形数据和文档资料等非结构化数据。

（3）数据之间具有复杂的网状结构关系（如一个基本图形可用于多个复杂图形的定义，一个产品往往由许多零件组成等）。

（4）大部分工程数据是在试探性交互式设计过程中形成的，数据模型是在设计过程中才形成的。

工程数据库的开发途径主要有两种。一种是在商用数据库管理系统和图形文件管理系统的环境下开发，利用商用数据库管理系统的优点，辅之以图形处理的手段实现对工程数据的管理。其突出特点是在非图形数据用商用数据库管理与图形数据用文件管理之间放置不同数据间的联系接口，数据之间的连接机制及对图形数据的处理主要由应用程序来实现。用这种方法对图形和非图形数据分别进行管理比较方便，但由于两种数据之间的联系简单，且各自单独处理，因此全局范围内的数据一致性较难维持，从数据中提取信息也不方便。这种方法比较适合于微机环境下的应用开发。另一种是在专用工程数据库管理系统的环境下开发的。在该系统下，可对工程数据实施比较系统的管理，能满足较高层次的应用需求。

目前被公认为理想的工程数据库管理系统还不多见。虽然市场上已经存在一些数据库管理系统，例如由挪威工业中心研究所开发的 Tornado 系统、德国 Philips 研究实验室研制的 PHILJKON 系统等，但它们都只是在某些方面功能较强，都具有一定的局限性。Sybase、Oracle 等大多数主流数据管理系统都提供对工程数据管理的支持功能，一般是大型工程系统采用的开发手段。当然，理想的 CAD/CAM 系统应该是在操作系统的支持下，以图形功能为基础，以工程数据库为核心的集成系统，从方案规划、产品设计、工程分析直到制造过程中所产生的全部数据都应维护在同一数据库环境中。

6.3　专业 CAD 软件开发方法

用户利用计算机所提供的各种系统软件、支撑软件编制的解决用户各种实际问题的程序称为应用软件。目前，在模具设计、机械零件设计、机械传动设计、建筑设计、服装设计及飞机和汽车的外形设计等领域都已开发出相应的应用软件，但都有一定的专用性。应用软件种类繁多，适用范围不尽相同，但可以逐步将它们标准化、模块化，形成解决各种典型问题的应用程序。这些程序的组合，就是软件包。开发应用软件是 CAD 工作者的一项重要工作。

目前专业 CAD 系统的开发可分为三种方式：完全自主版权开发；基于 CAD 几何建模核心平台的开发，如 ACIS、Parasolid、OpenCAS、CADE 等平台的开发；基于某个通用 CAD 软件系统的二次开发，如基于 SolidWorks、UG、Pro/E 等软件的开发。其中，第一种方式从零开始，难度最大，采用这种开发方式需要比较强大的开发能力和资金的支持；而第二种和第三种在我国目前的开发中较常用。

6.4　基于通用平台的 CAD 专业软件开发方法

随着 CAD 应用领域的不断扩大和应用水平的不断提高，用户需求与 CAD 系统规模之间的矛盾日益加剧，没有一个 CAD 系统能够完全满足用户的各种需求。作为商品化的 CAD 软件产品，是否拥有一个开放的体系结构，是衡量该软件的优劣性、适用性和生命力的重要标志，而是否拥有一个开发简便、运行高效的二次开发平台又是开放式体系结构的核心和关键。目前，主流的 CAD 软件都具有用户定制功能并提供了二次开发工具。

6.4.1　CAD 软件二次开发平台的体系结构

通过 CAD 软件的二次开发工具可以把商品化、通用化的 CAD 系统用户化、本地化，即以 CAD 系统为基础平台，在软件开发商所提供的开发环境与编程接口基础之上，根据自身的技术需要研制开发符合相关标准和适合企业实际应用的用户化、专业化、知识化、集成化软件，以进一步提高产品研发的效率。在通用 CAD 基础上融入专业知识构建专用 CAD 系统是当前深化 CAD 应用的潮流。把用户的设计思想转化为特定的新功能需要以下基本要素，这些基本要素构成了 CAD 软件二次开发平台的基本结构。

（1）通用 CAD 软件——管理层。通用 CAD 软件是整个开发的基础，是二次开发应用程序的宿主。它应具有比较完备的基本功能，即使没有二次开发应用程序，它也能满足基本的使用需求。在二次开发平台结构中，通用 CAD 软件属于管理层，它所负责的工作主要包括用户界面定制、图形显示、文档数据管理、交互流程控制、消息分发和应用程序的管理等。

（2）编程开发环境——开发层。开发者采用某种计算机高级语言（如 C/C++ 等）在特定的开发环境中进行应用程序的开发。由于通用的集成开发环境（如 VC++、VB 和 Delphi 等）具有功能强大、使用简单、可靠性强和生成代码效率高等优点，目前一般都在通用的集成开发环境中进行二次开发。在二次开发平台结构中，编程开发环境属于开发层，它主要包括应用程序源代码的编辑、编译、链接、调试和代码优化等。

（3）应用程序编程接口（API）——支持层。编程开发环境仅提供了一般性的语言支持，在二次开发过程中，还需要提供相应的 API 支持。通过这些 API 接口，二次开发应用程序可以建立与原软件应用程序的链接，使新开发的功能和原有的功能实现无缝集成。在二次开发平台结构中，应用程序编程接口属于支持层，它是用户开发的应用程序与 CAD 软件之间进行链接、通信和互操作的通道。

（4）开发者的设计思想——知识层。二次开发应用系统还需要融入开发者的设计思想。开发者将其设计思想通过二次开发工具和方法，并结合原有的 CAD 系统功能，才能构成具有实用价值的应用程序。在二次开发平台结构中，用户设计思想属于知识层，它是开发者知识和能力的体现，是二次开发技术的应用和实践。

6.4.2 CAD 软件二次开发技术

6.4.2.1 OLE 技术

1991 年，微软公司开发并公开发布了一种称为对象链接和嵌入（object linking and embedding，OLE）的技术——OLE1.0。利用这项技术可以将一种类型文档链接到另一种类型的文档中。

1993 年微软公司发布了 OLE2.0 的规范。OLE2.0 获得了巨大的成功，它的意义已经远远超出了复合文档的范畴，事实上，OLE2.0 已经成为基于组件对象的 Windows 编程的基础。在 Windows 平台下，应用程序并不是处于分割独立的状态，用户通常想使它们互相联系。OLE 技术是 Windows 应用程序之间相互操纵的一项技术，它允许在一个应用程序内部操作另一个应用程序提供的对象。被操纵的一端称为自动化服务器，而操纵自动化服务器的一端称为自动化客户或自动化控制器。在一个自动化服务器中，一个应用程序提供服务，另一个应用程序使用服务。自动化控制器通过 OLE 接口工作，这个接口向控制应用程序开放可用的服务。因此，OLE 的实质就是使对象可以方便地在应用程序之间被共享。自动化的最大优势是它的语言无关性，可以使用 Delphi、C++ 等高级语言或脚本语言如 VB Script 和 Java Script 来驱动自动化服务器，而不必考虑用于编写它的语言，从而实现应用程序间的互操作性。

自动化服务器的应用有两种形式：一种称为进程内服务器（in-process）；另一种称为进程外服务器（out-of-process）。进程内服务器是 DLL 函数，可以创建服务器对象供宿主应用程序使用，DLL 程序与调用它的应用程序用以创建服务器对象，它们与客户程序不在同一进程中，而是在它们自己的进程中。

目前，越来越多的应用程序对外界提供自动化服务器，如 Microsoft Word、Excel、Pro/E、MDT、SolidWorks 等。使用自动化服务器提供的服务，实际上是通过访问自动化服务器提供的自动化对象的数学方法实现的。有关自动化对象的接口、属性和方法等信息称为类型信息。提供自动化服务器的应用程序一般把自动化对象类型信息保存在类型库中。自动化服务器的类型库可以作为资源链接到服务器应用程序或动态链接库中，也可以单独保存在一个外部文件中。类型库中包括自动化服务器中的类、接口、数据类型等信息，供自动化客户创建实例、调用接口。

6.4.2.2 COM 规范

组件对象模型（component object model，COM）规范是一个说明如何建立可动态交替更新组件的规范，提供了为使客户和组件之间能够互操作而应该遵循的标准。该标准对于组件架构的重要性同其他任何一个具有可交替更新部分的系统是一样的。COM 的前身是 OLE。OLE 的第一个版本用动态数据交换（DDE）作为客户及组件之间的通信方式，并没有引用 COM，但是动态数据交换非常缓慢，而且效率也不高；而 OLE 的第二个版本使用了 COM。OLE 是开发出来的第一个 COM 系统，不能很好地实现 COM 的功能，OLE 显得比较庞大而且使用不便。

COM 规范就是一套为组件架构设置标准的文档。对于 COM 中的组件，用积木来形容是再恰当不过的了。在拼积木时，是将积木一块一块垒起来拼成头脑中所想象的东西。可以将组件看成一块积木或一个小单元，这些小单元成为应用程序的各个独立部分。这种做法的好处不言自明，即随着对应用程序的不断发展，可以使用新的组件来取代原有的组件，就像堆积木一样，用更漂亮的积木搭成更漂亮的建筑。而传统应用程序的组成部分是分立的文件、模块或类，这些组成部分经过编译并链接之后才形成应用程序。要想推出应用程序的新版本，就需要将这些组成部分重新编译，这样既费时又费力。有了组件的概念，就可以将改进的新组件插入到应用程序中，替换原来的旧组件，从而赋予应用程序以新的活力。

由此又可以得出这样的做法：把许多已经做好的组件放到一起形成一个组件库，好比一个类库；当制作应用程序时，如果要用到不同的组件，只需要从刚建好的组件库中调出所需要的组件，然后将它们插入到适当的位置，即可获得所需要的功能。

6.4.2.3　ActiveX 控件

不妨认为 ActiveX 是 OLE3.0，事实上 ActiveX 是 OLE 在网络上的扩展，它使用了 OLE 技术并且使它超过本地机的范围，进入了一般的企业网和 Internet。

ActiveX Automation 是 Microsoft 公司提出的一个基于 COM 的技术标准，以前称为 OLE 技术，其宗旨是在 Windows 系统的统一管理下，协调不同的应用程序，准许这些应用程序之间相互沟通、相互控制。它通过在两个程序间安排对话，达到用一个程序控制另一个程序的目的。其过程为：首先一个应用程序决定引发 ActiveX Automation 操作，这个应用程序自动成为 Client，被它调用的应用程序称为 Server。接着，Server 收到对话请求后，决定暴露哪些对象给 Client。在给定时刻，由 Client 决定实际使用哪些对象，然后 ActiveX Automation 命令被传给 Server，由 Server 对命令作出反应。Client 可以持续地发出命令，Server 忠实地执行每一条命令。最后由 Server 提出终止对话。

6.5　基于 SolidWorks 的三维 CAD 软件开发方法

目前三维实体建模软件已逐步取代二维软件，因此对三维软件的二次开发也将成为研究的重点。针对当前我国中、小型企业以微机平台为主的现状，选用 SolidWorks 为二次开发平台进行介绍。

6.5.1　SolidWorks 的对象层次结构

不管是用 VC++、VB 还是 Delphi 对 SolidWorks 进行二次开发，都是通过调用 SolidWorks 的对象体系结构来进行的。基于 OLE 技术的 SolidWorks 利用 API 将 SolidWorks 的各种功能封装在 SolidWorks 对象之中，供编程调用。作为一个对象，它包括类型、属性、方法三方面的内容。开发者通过操纵对象的属性和调用对象的方法建立自己的应用程序，实现二次开发。例如，建立一个长方体，可以访问零件实体模型，则 SolidWorks 提供的对象类型为 PartDoc，它包含的属性有 Material ID Name、Material User Name、Material Poperty Values，它提供的方法有 Create New Body（创建一个新实体）、Edit Rebuild（重新编辑实体）、Feature by Name（返回实体特征名）等。SolidWorks 开发系统图如图 6-11 所示。SolidWorks 的对象层次体系如图 6-12 所示。

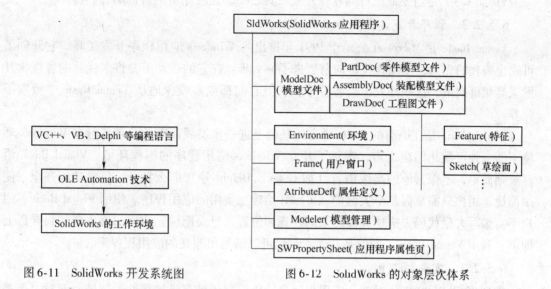

图 6-11　SolidWorks 开发系统图　　　　图 6-12　SolidWorks 的对象层次体系

6.5.2　SolidWorks 二次开发的工具

任何支持 OLE 和 COM 的编程语言都可以作为 SolidWorks 的开发工具。SolidWorks 的二次开发分为两种：一种基于自动化技术，可以开发 EXE 形式的程序；另一种开发方式基于 COM，可以生成 DLL 格式的文件，也就是 SolidWorks 的插件。

总之，SolidWorks 的二次开发工具很多，开发者可以根据自身条件、工具的特点，选择一种合适的开发工具。下面对几个 SolidWorks 的二次开发工具作一概述。

6.5.2.1　编程语言 Visual C++

Visual C++ 是 Microsoft 推出的应用非常广泛的可视化编程语言，它提供了功能强大的集成开发环境，用以方便有效地管理、编写、编译、跟踪 C++ 程序，大大减少了程序员的工作量，提高了程序代码的效率。它提供了一套称为微软基本类（Microsoft Foundation Class，MFC）的程序类库，这套由强大的 Microsoft 开发的类库已经成为设计 Windows 应用程序事实上的"工业标准"。MFC 类库都是使用 C 或 C++ 创建的，Visual C++ 当然能够最方便地使用 MFC 所提供的强大功能。

Visual C++ 开发环境十分友善，其高度的可视化开发方式和强大的向导工具（App-Wizard）能帮助用户轻松地开发出多种类型的应用程序。大多数情况下，用户只需向自动生成的程序框架中填充定制的代码即可，而且使用 ClassWizard（Visual C++ 集成开发环境向用户提供的一种功能强大的操作工具）还能够大大简化这个过程。Visual C++ 利用其所引入的智能感应技术，可以根据编辑时代码的输入状态自动将属性、参数信息、数据类型和代码信息显示在一个列表框中，供开发者选择并自动完成单词的输入，或者给出提示，使开发者可以摆脱一些烦琐的细节问题，更多地专注于程序设计之中，从而提高开发效率。Visual C++ 为用户提供了许多有用的工具，能够帮助用户寻找错误和提高程序效率。

Visual C++是当今最流行的软件开发工具之一，是程序员的首选编程利器。

6.5.2.2　程序开发工具 Visual Basic

Visual Basic 是 Microsoft 公司于 1991 年推出的 Windows 应用程序开发工具，它开创了可视化编程的先河，使编程技术向前迈进了一大步。在它的带动下，许多优秀的可视化开发工具相继问世，这些开发工具各有千秋，但它们都或多或少地从 Visual Basic 中汲取了营养。

Visual Basic 是在原有的 Basic 语言的基础上进一步发展而来的，是运行在 Windows 环境下的一种可视化编程语言，提供了开发 Windows 应用程序的编程环境。Visual Basic 语言规则简单，不像其他的高级语言（如 C++、Delphi 等）那么复杂，但它功能齐全、使用简捷，用户只需掌握几个关键词就可以开始建立实用的应用程序。使用 Visual Basic，用户不需编写大量代码去描述界面元素的外观和位置，只要把预先建立的对象拖放到屏幕上即可。利用 Visual Basic，即使是初学者，也可以编写出漂亮的应用程序来。

6.5.2.3　宏录制工具

直到 20 世纪 90 年代时期，应用程序自动化研究还是充满挑战性的领域。面对每个需要自动化的应用程序，人们不得不学习一种不同的自动化语言。1993 年，Microsoft 公司首先推出了一种可以被多种应用程序共享的、针对应用程序内部可编程的、通用的可视化应用程序编程语言——VBA（Visual Basic for Application）。VBA 是一种自动化语言，它可以使常用的程序自动化，可以创建自定义的解决方案。可以认为 VBA 是非常流行的应用程序开发语言 Visual Basic 的子集。实际上 VBA 是"寄生于"VB 应用程序之中的。

要运行用 VB 开发的应用程序，用户不必安装 VB，因为用 VB 开发出的应用程序是可执行文件（.exe），而用 VBA 开发的程序必须依赖于它的"父"应用程序。一般而言，使用 VBA 可以做到：使重复的任务自动化；定制和扩展客户应用程序功能；将客户应用程序及数据集成到其他应用程序中。在 SolidWorks 中，VBA 最常见的用途即是宏录制。利用宏录制命令能够在 SolidWorks 环境中录制 SolidWorks 的相关操作，并可以调用 SolidWorks API 接口提供的所在对象、方法及属性，也可记录 SolidWorks 环境中的鼠标、菜单和键盘操作。

6.5.2.4　程序开发工具 Delphi

Delphi 是 Borland 公司的产品，是基于 Object Pascal 的开发工具。它是一个运行在 Windows 下的可视化编程环境，可以创建 Windows 应用程序。它具有高性能的 32 位本地优化代码编译器，其应用程序可以直接运行，能够最终生成可单独执行的 DLL 与 EXE 文件。另一方面，使用 Delphi 可方便迅速地建立强大的数据库应用程序。Delphi 的数据库应用程序可以和 Paradox、Sybase、Microsoft SQL Server、Informix、InterBase 和 ODBC 数据源等一起使用。总之，Delphi 作为一种面向对象的可视化开发工具，其主要特点如下：

（1）能快速开发应用程序。

（2）具有高效的可视化构建库与面向对象的架构。

（3）具有集成的快速报表生成工具和集成的图表构建，能将企业数据转换成决策信息。

（4）能可视化地创建构建模板，以及通过鼠标拖放生成的构建模板。

（5）具有多种操作向导，可加速程序编写和减少语法错误。

（6）具有开放式数据库架构，可轻松链接企业内的各种数据库结构。

（7）具有集成的数据库开发工具、强大的客户机/服务器运算开发功能。

（8）具有可伸缩的多层面数据库架构，便于维护和增加重用性。

（9）具有 Web 数据库应用程序开发的能力。

（10）具有先进的分布式数据管理。

（11）能一步生成 COM 和 CORBA 对象。

6.5.3 SolidWorks 二次开发的一般过程

前面介绍了四种常用的 SolidWorks 二次开发工具——Visual C++、Visual Basic、VBA 和 Delphi，下面对使用这四种工具开发 SolidWorks 的过程作一简单说明。

6.5.3.1　用 Visual C++ 开发 SolidWorks 的一般步骤

使用 Visual C++ 6.0 作为开发工具，进行开发的步骤如下：

（1）从 SolidWorks 公司的网站下载向导文件 Swizard. awx，将其拷贝至 Microsoft Visual Studio \ Common \ MSDev98 \ Template 目录下。

（2）在 Visual C++ 中用该向导创建 DLL 工程，加入相关代码，编译生成 DLL 文件。在 Visual C++ 中编译和链接时，对不同的操作系统应采用不同的设置；对 Windows95/98 采用 MBCS 设置；对 Windows NT/2000 采用 Unicode 设置；单步调试时采用 Pseudo Debug 设置。

生成需要的 DLL 文件后，就可以单击 SolidWorks 菜单栏中的"文件"→"打开"命令，在过滤器中选择"Add Ins（∗. dl）"，加载自己的 DLL 文件。若该 DLL 文件在注册表中注册成功，还可单击菜单栏中的"工具"→"插件"命令进行一次性加载，以后启动 SolidWorks，就可以自动加载该 DLL，无需再进行加载操作，十分方便。用户二次开发的应用程序，可直接挂在 SolidWorks 的菜单下，形成统一的界面。

一般来说，开发人员首先需要在 SolidWorks 的界面上添加自己的菜单项，以此作为激活用户程序的接口，完成与用户的数据交换。在上述过程中，用户程序必须响应 SolidWorks 的一些消息通知，以保证各个操作的合法性，即要检测文档类型等。

（3）连接 DLL，将必要的用户程序输出。

6.5.3.2　用 Visual Basic 开发 SolidWorks 的一般步骤

用 Visual Basic 6.0 作为开发工具，由于采用的是 DLL 动态链接库方式，必须先在 Visual Basic 中导入所需要的三种类型库：SolidWorks 2007 Type Library、SolidWorks Constant Type Library、SolidWorks exposed Type Libraries for add-in Use。然后才能调用 SolidWorks 的对象、方法和属性。程序完成后载入动态链接库时，既可以直接用 SolidWorks 打开所编好的 DLL 文件，也可在插件模块添加新编写好的名字同 DLL 文件的插件模块。但是每次程序的重新编译，都必须在 SolidWorks 中重新导入插件模块，这是因为每次程序的重新编译，都意味着需要对象类在系统中重新注册。

具体进行开发的步骤如下：

（1）安装 SolidWorks 和 Visual Basic 6.0。

（2）启动 Visual Basic 6.0，新建一个工程，导入所需要的三种类型库，然后编写代码。在任何情况下，所写的代码都应该类似于由 SolidWorks 的宏工具所产生的代码。在 SolidWorks 中，应用记录宏（"工具"→"宏操作"→"录制"）来获得程序头部和应用程序的代码是十分有用的。

如果日常事务仅仅是访问 SolidWorks API，则不必编译应用程序，只需用 Visual Basic 创建应用程序，文件扩展名设为".swp"而不是".bas"即可，SolidWorks 的宏文件（SWP 格式）可以识别 Visual Basic 命令（SolidWorks 中有两种格式的宏文件，一种是 SWP 格式的，另一种是 SWB 格式的）。为查看 Visual Basic 会话的每个对象，可单击 Visual Basic 菜单栏中"视图"→"对象浏览器"命令，右键单击对象浏览器的"类"或"成员"窗口。在显示的菜单中，单击"显示隐含成员"命令。此时可以浏览每个 SolidWorks API 对象及其相关的属性和 Visual Basic 安全数组传递的方法。

（3）在 Visual Basic 里，选择文件，生成工程 EXE 文件。

用 Visual Basic 写的应用程序能够在许多地方运行。若在 SolidWorks 中运行，则单击菜单栏中的"工具"→"宏操作"→"运行"命令，选择源文件即可；若为 EXE 文件运行，直接运行即可。如果 SolidWorks 已经运行，应用程序将附加于其上，否则 SolidWorks 打开一个新的会话；也可以创建一个宏文件来运行 Visual Basic。

6.5.3.3　用 SolidWorks 宏录制工具的一般步骤

用 SolidWorks 宏录制工具的一般步骤为：

（1）启动 SolidWorks 并建立一个新的零件，使用默认的单位"mm"。

（2）显示宏工具条。

（3）启动宏命令。

（4）创建一个圆柱体模型。

（5）保存宏文件，删除所有建立的特征和草图。

（6）测试宏文件。运行宏，选择相应的宏文件，并观察结果。

（7）创建新建宏命令按钮。单击菜单栏中的"工具"→"自定义"命令，系统弹出"自定义"对话框，单击"命令"标签，在"类别"列表框中选择"宏"，将新建宏命令按钮" "拖动到宏工具条中，如图 6-13 所示。

（8）定义宏命令按钮。将新建宏命令按钮" "拖动到其他工具条上面后，弹出"自定义宏按钮"对话框，如图 6-14 所示。单击"选择图像"按钮，从 SolidWorks 安装目录下选择"data"→"user macroicons"→"trash. bmp"，也可以选择自定义的图形作为按钮图标，但所选图形不要太大，否则整个界面会显得很不协调。然后在"工具提示"和"提示"下面分别输入文字"圆柱体"和"自动建立圆柱体"。在"宏"文本框中，单击"浏览"按钮，选择录制的宏文件"circle. swp"，在"方法"文本框中自动显示程序运行的方法，在这里其默认值为"Modulecircle. main"。对执行该命令的快捷键可进行设置，也

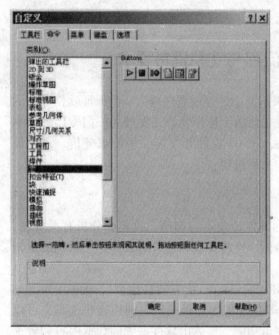

图 6-13　创建自定义按钮　　　　　　　图 6-14　定义按钮的相应参数

可以不设置。单击"自定义宏按钮"对话框中的"确定"按钮，再单击"自定义"对话框中的"确定"按钮。

（9）自定义命令按钮建立完成后，显示状态为""。将鼠标移动到该按钮下，显示内容如图 6-15 所示。

（10）进行 VBA 编程。单击宏工具条中的"编辑宏"按钮"　"，进入 VBA 编程器，如图 6-16 所示，修改或浏览录制的程序代码。

图 6-15　自定义按钮显示状态

图 6-16　VBA 编辑器状态

通过上述系列操作，即成功地录制一个宏文件，并建立起相关的命令按钮。

6.6　CAD软件开发流程与文档资料要求

随着技术的发展，CAD软件系统功能越来越复杂，规模越来越大。为保证软件开发的质量，必须遵循科学的方法。目前，软件开发也已由个体作业方式发展为一门专门的技术科学——软件工程学。根据软件工程学的方法，CAD软件开发需经历需求分析、系统设计、程序设计、软件系统测试、软件维护的一系列过程。

6.6.1　需求分析

在需求分析阶段的主要任务是：对产品的开发流程进行调研，收集和分析有关资料，了解用户和产品开发需求，确定系统开发的目标、性能要求和接口形式，建立系统的逻辑模型。

在需求分析阶段，数据流动图（date flowd diagram）、状态转移模型（status transition model）和信息流图（message flowd diagram）等是常用的分析工具，利用这些工具，可以清晰地表达出产品开发过程中的数据流程和逻辑功能，提炼出软件系统的数据内容和数据格式。

在这一阶段要提交的文档包括：系统目标及所需的硬件、软件及其他方面的限制，信息描述（系统的输入和输出，系统与其他部分如硬件、软件、人员之间的接口），功能描述（描述系统的功能细节、功能之间及功能与数据之间的关系），质量评审要求（规定软件的需求及测试极限）。

6.6.2　系统设计

系统设计方法主要有结构化系统设计和面向对象系统设计两种方法。结构化设计起源于20世纪70年代，采用一组标准工具和准则进行系统设计。其中，结构图是主要工具，用于表达系统的组成结构和相互关系。

用结构化方法进行软件系统开发时，设计过程可分为概要设计和详细设计两种。概要设计是在系统分析的基础上，明确软件的总体结构和模块间的关系，定义各模块之间的接口，设计出全局数据库，确定系统与其他软件、用户之间的界面及其细节；详细设计主要是描述概要设计中产生的功能模块，并将各个功能模块进一步分成程序模块，设计其算法和数据结构。

结构化设计强调自上而下的分解，即将系统从上到下逐级分解为模块和子模块。划分模块时，应尽可能地降低模块之间的耦合程度，提高模块之间的内聚度。耦合性小说明模块之间的独立性好，相互之间的依赖程度低；而提高内聚度是为了尽量降低模块之间的依赖关系，这样便于系统的修改和维护。系统设计提交的文档就是系统设计说明书。

6.6.3　程序设计

程序设计的主要任务就是将系统设计方案加以具体实施，即根据系统设计说明书进行编程，以某种语言实现各功能模块。

6.6.4 软件系统测试

软件系统测试的主要任务是对软件进行检验，寻找其功能和结构方面的缺陷。系统测试是保证软件质量的关键。为了保证系统的可靠性，必须对系统进行尽可能全面的测试。测试工作约占整个开发工作量的 40%。一般而言，软件系统测试包括测试和纠错两方面的内容。

通常，测试过程基于以下原则：
（1）设计测试例题时，要给出测试预期效果，以便做到有的放矢。
（2）为保证测试质量，开发和测试小组应相互独立。
（3）要设计非法输入的测试例题，以保证系统的容错性。
（4）对程序进行修改后，要进行回归测试，以免由于修改程序引出新的错误。
（5）在进行深入测试时，要集中测试容易出错的部分。

6.6.5 软件维护

软件编制完成交付使用后，就进入了软件的维护阶段。维护阶段的主要任务是在软件的使用过程中对软件进行改错、完善及扩充，所以维护阶段又可以分为改正性维护、适应性维护和完善性维护。软件测试往往不可能找出系统中所有潜在的错误，因此，在系统使用期间仍可能发现错误，诊断和改正这类错误称为改正性维护。随着计算机软、硬件的不断升级和更新，需要对系统进行修改，这类维护为适应性维护。当系统投入使用后，用户有时会提出增加新的功能、修改已有功能或其他改进等要求，为满足上述要求而进行的维护称为完善性维护。为减少维护工作量、提高维护质量，在系统开发过程中应遵循软件工程方法，保证文档齐全、格式规范。

6.6.6 文档编制

在 CAD 软件开发的每一个阶段，都需要编制详细的开发文档。《计算机软件产品开发文件编制指南》（GB/T 8567—2006）规定，整个软件生存周期应提交多种标准文档。各种文档编写工作与软件生存周期各阶段的关系见表 6-6，其中有些文档的编写工作要在若干个阶段中延续进行。软件文档格式均应参照国家标准规范书写。

表 6-6 软件生成周期各阶段中的文档编制

阶段 文档	可行性研究与计划	需求分析	设计阶段	实现阶段	测试阶段	运行维护
可行性研究报告	√					
项目开发计划	√					
软件需求说明书		√				
数据要求说明		√				
用户手册		√		√		
测试计划			√	√		
结构设计说明书			√			

文档＼阶段	可行性研究与计划	需求分析	设计阶段	实现阶段	测试阶段	运行维护
详细设计说明书			√			
源程序清单				√		
测试分析报告					√	
开发进度月报	√	√	√	√	√	
项目开始总结报告					√	
操作手册				√		

6.7 颚式破碎机机构 CAD 参数化双向设计开发实例

6.7.1 概述

复摆颚式破碎机的机构设计是破碎机设计过程中至关重要的一步，直接关系到破碎机设计的质量。颚式破碎机机构设计的传统方法有：图解法、解析法和实验法。这几种设计方法计算麻烦、作图烦琐、设计难度大。随着计算机及其软件技术的发展，利用 CAD 软件来解决机构设计问题已成为可能。为此，我们提出了破碎机机构双向参数化设计的方法，应用高级编程语言 Visual Basic 结合 SolidWorks 2001plus 以及 SQL 数据库，正向设置参数，驱动 SolidWorks 生成机构图形和运动轨迹。在 CAD 中可实时修改机构杆件尺寸，记录修改后的数据，将其存放在数据库中并返回参数设置界面，直至达到满意的破碎机设计方案为止。通过双向参数化设计：（1）能够直观、快速地修改图形，免去了作图法误差大、精度低的缺点；（2）利用开发语言可以自动提取修改后的参数，免去了手工量取的复杂过程；（3）可以用提取的参数进行随后的运动分析和动态模拟；（4）可以运用该系统对颚式破碎机进行系列参数化设计，大大提高设计效率；（5）可以扩展和提高一些 CAD 软件的功能，使其成为专业化、智能化的 CAD 系统。

6.7.2 参数化双向设计的原理及其实现过程

A 正向设计的原理及其数学模型

正向设计原理。将多年从事复摆颚式破碎机设计的数据及经验存放在 SQL 数据库中，建立了复摆颚式破碎机机构运动学的数学模型。在设计时根据设计需要选择复摆颚式破碎机的型号，程序将自动从 SQL 数据库中调用传统设计的数据，出现在文本框中，设计者可以根据需要进行修改，而后生成二维机构图，在图中检查设计结果。

数学模型。计算颚式破碎机动颚 M 点的轨迹方程式，将复摆颚式破碎机简化为一平面四连杆机构如图 6-17 所示。

图 6-17 中，O_1、O_2、A、B 为铰链；曲柄 O_1A 为偏心轴；摇杆 O_2B 为肘板；连杆 AB 为动颚；O_1O_2 为机架；M 为动颚上任意一点，其位置由 AE 和 ME 决定。

设在图 6-17 所示位置时，曲柄的转角为 ϕ，摇杆的转角为 β，AB 与 Y 轴的夹角为 φ，

机架长为 x_4，连杆（动颚）长为 x_2，曲柄长为 x_1，摇杆长为 x_3。由图 6-17 可知：

$$\cos\varphi = \frac{x_4 + x_3\cos\beta - x_1\cos\phi}{x_2} \quad (6\text{-}13)$$

$$\sin\varphi = \frac{x_3\sin\beta - x_1\sin\phi}{x_2} \quad (6\text{-}14)$$

则连杆 AB 上任意一点 M 在坐标系 XO_1Y 中的位置，可用以 ϕ、β 为参数变量的参数方程式表达如下：

$$M_x = x_1\sin\phi + AE\sin\varphi + ME\cos\varphi \quad (6\text{-}15)$$

$$M_y = x_1\cos\phi + AE\cos\varphi - ME\sin\varphi \quad (6\text{-}16)$$

式中 $\sin\varphi$、$\cos\varphi$ 由式（6-13）和式（6-14）代入，并取 $\dfrac{AE}{x_2} = q$，$\dfrac{ME}{x_2} = p$，则得：

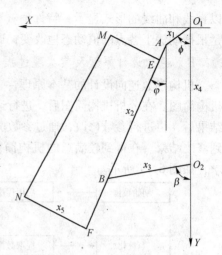

图 6-17 机构轨迹计算图

$$M_x = (1-q)x_1\sin\phi + qx_3\sin\beta + p(x_3\cos\beta - x_1\cos\phi) + px_4 \quad (6\text{-}17)$$

$$M_y = (1-q)x_1\cos\phi + qx_3\cos\beta - p(x_3\sin\beta - x_1\sin\phi) + qx_4 \quad (6\text{-}18)$$

再从平面四连杆机构的角位移和角速度的关系推导，可得出：

$$\beta = \arcsin\left(\frac{C_O - \dfrac{K}{m}\cos\phi}{1 + K^2 - 2K\cos\phi}\right) + \lambda \quad (6\text{-}19)$$

$$\lambda = \arctan\frac{1 - K\cos\phi}{K\sin\phi} \quad (6\text{-}20)$$

其中：

$$K = \frac{x_1}{x_4} \qquad m = \frac{x_3}{x_4} \qquad n = \frac{x_2}{x_4}$$

$$C_O = \frac{K^2 + m^2 - n^2 + 1}{2m}$$

如果已知平面四连杆机构的尺寸，即已知 K、m、n、C_O，对于每一给定的 ϕ，可以用式（6-20）计算出辅助角 λ，再用式（6-19）计算出相应的 β，所以，只要给定偏心轴转角 ϕ，就可很方便计算出 M 点的坐标值，即 M 点的轨迹。

由于颚式破碎机机型结构所定，O_2 点往往不在 O_1 点的铅垂线上，O_1O_2 与铅垂线有一定的夹角 x_6，如图 6-18 所示，为了准确表示动颚相对机架运动的水平行程，新设一个坐标系 $X'O_1Y'$，用上式求出 M 点的轨迹坐标，再进行坐标变换。坐标变换方程为：

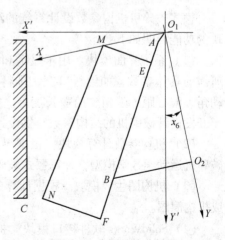

图 6-18 实际机构分析图

$$x' = x\cos x_6 - y\sin x_6$$

$$y' = y\cos x_6 + x\sin x_6$$

在数据处理中，在界面中为了研究动颚的运动规律，将动颚各点 X 方向和 Y 方向位移以直线和曲线的形式显示，特性值（$N = Y/X$）也以图形的形式表示。而文本框中的值则是根据动颚上各点的值动态地改变，通过 ADO 连接还可以将数据保存到数据库中。

B　逆向设计原理及其实现过程

机构参数逆向设计的基本原理，首先在进行正向设计的基础上，在 CAD 软件中绘制机构简图。在分析机构简图后，进行运动分析，作出破碎机的运动轨迹。观察运动分析的结果后，再进行参数修改，通过参数驱动使机构图产生相应改变，做运动分析，直观地看到修改结果。在得到较满意的机构简图后，提取机构参数。如此循环，直到满足设计要求，如图 6-19 所示。

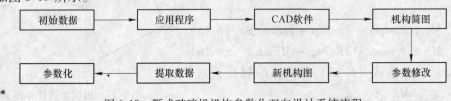

图 6-19　颚式破碎机机构参数化双向设计系统流程

C　双向设计的实现过程

现以颚式破碎机机构参数设计系统为例，具体阐述该方法。该系统是利用高级编程语言 Visual Basic 6.0 结合三维 CAD 软件 SolidWorks 2001 plus 和数据库 SQL 2000 开发的。将初始数据，通过建立的数学模型得到机构参数，用 Visual Basic 6.0 开发 SolidWorks 2001 plus，使其直接生成机构简图，作出动颚运动轨迹，分析动颚的运动特性，这样就完成了正向设计过程。然后对其不足之处在机构图上进行修改，自动将改进后的数据保存到 SQL 2000 数据库中，再做运动分析，直到方案满意为止。把破碎机的一些参数用变量代替，得到参数化设计应用程序，这样就完成了其逆向设计过程。该双向设计过程极大地提高了设计效率，降低了设计难度，缩短了设计周期。

6.7.3　颚式破碎机机构参数化双向设计系统的组成

颚式破碎机机构参数设计系统的结构组成如图 6-20 所示，各模块的功能说明如下：

（1）系统界面模块。用于显示和采集颚式破碎机机构参数设计所需的具体参数，如给料口宽、排料口宽、悬挂高度、肘板长、传动角、偏心距、啮角、动颚长度等。数据库提供缺省值，收集了多年开发设计破碎机的结构参数，供设计者参考。

（2）机构参数计算模块。根据界面模块的用户输入参数，建立破碎机运动学数学模型，计算颚式破碎机的机构参数。

（3）机构图生成模块。根据计算的机构参数，驱动 CAD 软件生成机构简图。

图 6-20　颚式破碎机机构参数设计系统

（4）SolidWorks 软件接口模块。提供在 OLE Automation 层上所有与三维 CAD 软件通信的函数。CAD 软件的应用程序接口（API）函数以类的形式封装起来，在生成机构简图时通过这些函数驱动 CAD 软件生成实体。

（5）参数提取模块。提取在机构简图中修改后的参数。

（6）参数保存模块。将修改后的参数保存到数据库中。

（7）运动分析模块。按修改后的参数生成机构简图，通过运动分析软件 COSMOS/Motion 分析颚式破碎机动颚上各点的运动轨迹和运动参数。

6.7.4 系统的创建与使用

6.7.4.1 窗体的创建

创建的颚式破碎机机构参数设计窗体包括 12 个命令按钮、18 个标签控件（指出各数据的名称）、17 个文本框控件（显示各参数）、1 个列表框控件（选择破碎机型号）、1 个图片框控件（显示机构示意图）。为了进一步了解窗体的结构与组成，下面给出窗口的演示实例，如图 6-21 所示。

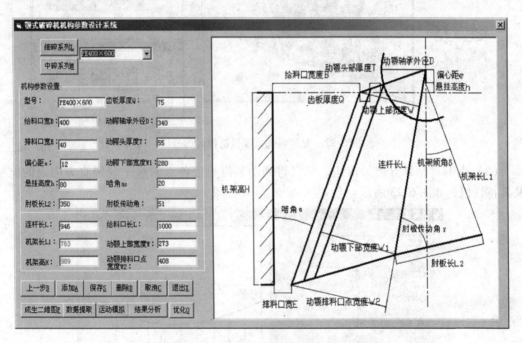

图 6-21 颚式破碎机机构参数设计系统窗体

6.7.4.2 窗体的操作过程

系统主要是根据颚式破碎机传统经验提供缺省值的机构参数，在 SolidWorks 中生成机构简图，在简图中进行机构参数的修改，对修改后的参数进行运动分析。具体操作过程如下：

（1）点击"细碎系列"（或"中碎系列"）按钮，在列表框中选择一破碎机的型号，传统经验数据就会出现在各个文本框中。如果设计者要设计一种新型的破碎机，点击添加，在各个文本框中输入相应的参数。

（2）点击"生成二维图"按钮，进入 SolidWorks 工作界面，自动生成机构简图，可以在其中进行参数的修改。

（3）点击"数据提取"按钮，提取在 SolidWorks 中修改后的参数，显示在文本框中。

（4）点击"运动模拟"按钮，进入 SolidWorks 的插件 COSMOS/Motion 工作界面。在其中可以得到机构的各种运动参数（机构各点位移、速度、加速度、运动轨迹等），如图 6-22 所示。

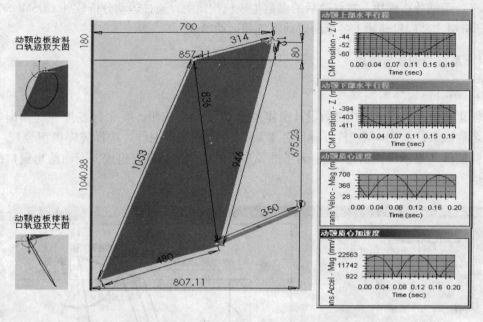

图 6-22   复摆颚式破碎机机构运动分析

（5）点击"结果分析"按钮，可以得到动颚齿板上各点的水平和竖直方向上的位移及其特性值，如图 6-23 所示。

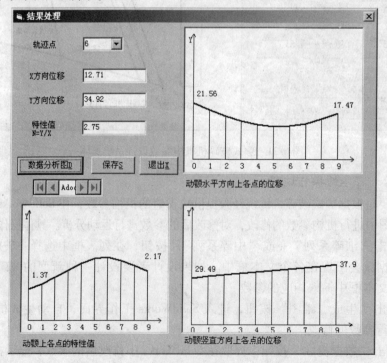

图 6-23   结果处理窗体

（6）重复（1）～（5）得到满意的结果后，点击"保存"按钮，将设计的结果保存到数据库中。

6.7.5　颚式破碎机机构参数化双向设计系统的关键技术

6.7.5.1　三维机械 CAD 软件的 API

几乎所有的三维机械 CAD 软件都有 API（Appalication Programming Interface）应用编程接口。API 是一个基于 OLE Automation 的编程接口，其中包含了数以百计的功能函数，这些函数为程序员提供了直接访问三维机械 CAD 软件的能力，可以被 VB、VC/C＋＋等编程语言调用，从而方便地对三维机械 CAD 软件进行二次开发。利用三维机械 CAD 软件本身提供的 API 接口和 VB 实现了对该 CAD 软件的逆向设计，开发了该系统。

6.7.5.2　机构简图模型的建立

建立机构简图是进行机构参数修改的基础。在现有的三维机械 CAD 软件 SolidWorks 环境下可以方便地建立所需的机构简图。首先在三维机械 CAD 软件 SolidWorks 环境下设计出颚式破碎机机构的二维实体模型，然后再标注尺寸，将尺寸冠以相应的名称并保存。在 Visual Basic 中用命令将相应的尺寸名称赋值，即可实现不同参数机构图的自动生成。

6.7.5.3　逆向返回数据

逆向返回数据是指将 CAD 软件中的数据提取出来，保存到 SQL 数据库中。通过 VB 和 CAD 软件的 API 接口将 CAD 软件与 SQL 数据库连接起来，这些功能的实现，要先在二维实体模型中将相应尺寸命名后，在 VB 中将相应尺寸名变量数值传递到 SQL 数据库中保存。

复摆颚式破碎机机构参数化双向设计系统简单方便，不需进行手工计算，直观可靠，大大提高了设计效率。将该方法应用于复摆颚式破碎机机构化双向参数设计和其他复杂机构的设计，具有很大的实用价值和可观的经济效益。

思 考 题

6-1　请选用任意一种高级语言编制抛物线插值法程序，并用该方法求表 6-2 中包角为 105°时的包角影响系数，并与直线插值的结果相比较。

6-2　请选用任意一种高级语言编制多项式最小二乘法的函数拟合程序，并对图 6-5 中的曲线 2、3、4 进行拟合，画出所拟合曲线的图形并与原图形进行比较。

6-3　文件系统的工作模式与数据库系统的工作模式各有什么特点？

6-4　什么是数据库和数据库管理系统？它们之间有什么不同？

6-5　简述数据库系统的组成及主要功能。

6-6　在 CAD 的开发中存在哪些问题，如何解决？

6-7　软件开发应遵循哪些步骤？在每一阶段要提交哪些文档？

破碎机运动
轨迹计算程序

7 计算机辅助工艺过程
设计及实例

扫我看课件

学习目的与要求

　　随着计算机在机械行业中的广泛应用，将相互独立的计算机辅助设计（CAD）和计算机辅助制造（CAM）之间进行连接已成为必然的发展趋势，而充当 CAD 与 CAM 之间纽带的计算机辅助工艺过程设计（CAPP）便应运而生。CAPP（computer aided processing plan，计算机辅助工艺设计）系统的功能是指利用计算机软硬件作为辅助工具，依据产品设计所给出的信息，对产品的加工、装配等制造过程进行设计。CAPP 不仅彻底改变了手工编制工艺文件的方式和对人的依赖，且大大提高了编制工效，缩短了生产周期，保证了工艺文件的一致性和工艺规程的精确性，避免不必要的差错，为实现工艺过程优化、集成制造创造了条件。

　　通过本章的教学从整体了解 CAPP 技术的基本原理，掌握 CAPP 系统设计的基本方法和过程。了解派生式 CAPP 系统、创成式 CAPP 系统、混合式 CAPP 系统、CAPP 专家系统、计算机辅助夹具设计，并介绍了科研课题案例"气体压缩机工装夹具 CAD 系统设计"。

7.1　概　　述

7.1.1　CAPP 的基本概念

　　在机械制造过程中，工艺过程设计是连接产品设计与车间生产制造的中间环节，是安排生产计划和生产管理的重要依据，同时也是企业工艺过程的一个法规。工艺过程设计是经验性很强且影响因素很多的决策过程。传统的工艺设计已不能适应目前的机械产品市场以多品种、小批量生产起主导作用的发展和需要。制造技术的发展和市场的需要，使 CAD/CAM 系统向集成化、智能化方向发展成为必然之势，而 CAPP 在其中起着不可替代的作用。

　　在单件小批量生产中需要制定零件的加工工艺规程，以便把设计的零件图变成一系列制造操作指令，目的是将一个毛坯变成真正的零件。为此，工艺师需要了解该零件的形状、尺寸、公差、表面粗糙度及材料等，决定工艺路线、工序，选择加工机床，确定毛坯、夹具、走刀路线、进给量、切削速度、刀具，计算工时定额、加工费用等，进而形成一系列工艺文件，如工艺卡、成本估算卡等。采用 CAPP 无疑可以缩短工艺规程设计的时间，从而缩短生产准备时间，加快零件的生产周期。

　　CAPP 的应用具有重要的意义，主要表现在：

（1）可将工艺设计人员从烦琐和重复性的劳动中解放出来，去从事新产品及新工艺开发等创造性的工作。

（2）节省工艺过程编制的时间和费用，缩短工艺设计周期，降低生产成本，提高产品在市场上的竞争力。

（3）有助于将工艺设计人员的宝贵经验进行集中、总结和继承，提高工艺过程合理化的程度，从而实现计算机优化设计。

（4）较少依赖于个人经验，有利于实现工艺过程的标准化，提高相似或相同零件工艺过程的一致性。

（5）降低对工艺过程编制人员知识水平和经验水平的要求。

（6）减少所需的工装种类，提高企业的适应能力。

（7）CAPP 是 CAD 与 CAM 的桥梁，为实现 CIMS 创造条件。

CAPP 系统应具有的基本功能为：（1）输入设计信息；（2）选择工艺路线，决定工序内容及所使用的机床、刀具、夹具等；（3）决定切削用量；（4）估算工时与成本；（5）输出工艺文件等。

7.1.2　CAPP 在计算机集成制造系统中的地位与作用

计算机集成制造系统（CIMS）的关键是系统集成，而集成化的 CAD/CAM 则是 CIMS 的核心单元技术和基础。在集成系统中，CAPP 能直接从 CAD 模块中获取零件的几何信息、材料信息、工艺信息等，以代替人机交互的零件信息输入，CAPP 的输出是 CAM 所需的各种信息，这就要求产品设计和产品制造两者之间在信息提取、交换、共享和处理上实现集成。随着 CIMS 的深入研究与推广应用，CAPP 作为 CIMS 的关键技术越来越受到重视。传统的 CAD 和 CAM 之间是在人为的指导和干涉下，依靠图纸进行提取、交换和处理信息，这样就存在信息处理过程中的重复处理或处理中断，严重影响了产品设计和工艺准备的效率和质量。自从有了完善的 CAPP 系统，既解决了 CAD 和 CAPP、CAPP 和 CAM 的连接问题，也完成了 CAD 数据库信息经 CAPP 系统而变成 CAM 的加工信息问题，真正实现了 CAD/CAM 的集成。在 CIMS 中，各分系统（如 CAM、FMS、MRP-Ⅱ 等）都依靠 CAPP 提供必要的信息和数据，从而做出相应的决策。CAPP 的成功开发和应用是制造企业实施 CIMS 的先决条件，是保证 CIMS 中信息流畅通的关键。在 CIMS 环境下，CAPP 与 CIMS 中其他系统的信息流如图 7-1 所示，具体说明如下。

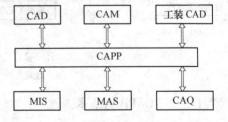

图 7-1　CAPP 与 CIMS 中其他系统的信息流

（1）CAPP 接受来自 CAD 的产品几何拓扑信息、材料信息以及精度、粗糙度等工艺信息。为了满足并行产品设计的要求，需向 CAD 反馈产品的机构工艺性评价信息。

（2）CAPP 向 CAM 提供零件加工所需的设备、工装、切削参数、装夹参数以及反映零件切削过程的刀具轨迹文件，同时接收 CAM 反馈的工艺修改意见。

（3）CAPP 向工装 CAD 提供工艺过程文件和工装设计任务书。

（4）CAPP 向 MIS（管理信息系统）提供各种工艺过程文件和夹具、刀具等信息，同时接受由 MAS（制造自动化系统）反馈的工作报告和工艺修改意见。

（5）CAPP 向 MAS 提供各种过程文件和夹具、刀具等信息，同时接受由 MAS 反馈的工作报告和工艺修改意见。

（6）CAPP 向 CAQ（质量保证系统）提供工序、设备、工装、检测等工艺数据，以生成质量控制计划和质量检测规程，同时接收 CAQ 反馈的控制数据，用来修改工艺过程。

由此可知，CAPP 对于保证 CIMS 中信息流的畅通，从而实现真正意义上的集成是至关重要的。

7.1.3　CAPP 的类型及基本原理

7.1.3.1　CAPP 的类型

由于零件及制造环境的不同，很难用一种通用的 CAPP 软件来满足各种不同制造对象的需要。按照工艺决策方法的不同，CAPP 系统主要分为下述类型：（1）检索式 CAPP 系统；（2）派生式 CAPP 系统，即基于成组技术或基于特征的 CAPP 系统；（3）创成式 CAPP 系统，主要包括基于传统过程性程序结构与决策形式的 CAPP 系统、基于知识的 CAPP 专家系统、CAPP 工具系统或骨架系统、基于神经之网络的 CAPP 系统等；（4）综合式 CAPP 系统，包括派生式和创成式与人工智能相结合，且综合了它们优点的 CAPP 系统，基于实例与知识的混合式 CAPP 系统及其他混合式系统等。其中检索式、派生式和创成式 CAPP 系统为 CAPP 的三种基本类型，如图 7-2 所示。

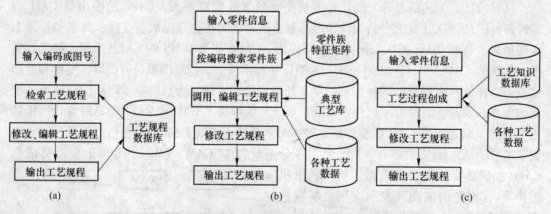

图 7-2　CAPP 的三种基本类型
（a）检索式；（b）派生式；（c）创成式

7.1.3.2　CAPP 的基本原理

A　检索式 CAPP 系统

如图 7-2（a）所示，检索式 CAPP 系统是将企业现行的各类工艺文件，根据零件编码或图号存入计算机数据库中。进行工艺设计时，可根据零件编码或图号在工艺文件库中检索类似零件的工艺文件，由工艺人员采用人机交互方式进行修改、编辑，由计算机按工艺文件要求进行打印输出。

检索式 CAPP 系统实际上是一个工艺文件数据库的管理系统，其功能较弱，自动决策能力差，工艺决策完全由工艺人员完成，因此有人认为它不是严格意义上的 CAPP 系统。

但实际上，任何一个企业的产品或零部件都有很多的相似性，因而其工艺文件也有很多相似性，因此在实际中采用检索式 CAPP 系统会大大提高工艺设计的效率和质量。此外，检索式 CAPP 系统的开发难度小，操作方便，实用性强，与企业现有的设计工作方式相一致，故具有很高的推广价值，已得到很多企业的认可。

B　派生式 CAPP 系统

如图 7-2（b）所示，派生式 CAPP 系统又称变异式 CAPP 系统，可看成是检索式 CAPP 系统的发展。其基本原理是利用成组技术（GT）代码或企业现行的零件图编码，将零件根据结构和工艺相似性进行分组，然后针对每个零件组编制典型工艺，又称主样件工艺。在进行工艺设计时，根据零件的 GT 代码和其他有关信息，按编码搜索零件族，对典型工艺进行自动化或人机交互式修改，生成符合要求的工艺文件。这种系统的工作原理简单，容易开发，目前企业中实际投入运行的系统大多是派生式系统。这种系统的局限性是柔性差，只能针对企业具体产品零件的特点进行开发，可移植性差，不能用于全新结构零件的工艺设计。由于同一企业不同产品的零件一般也都具有结构相似性和工艺相似性，所以派生式 CAPP 系统一般能满足企业绝大部分零件的工艺设计，具有很强的实用性。

C　创成式 CAPP 系统

如图 7-2（c）所示，创成式方法的基本原理与检索式和派生式方法不同，不是直接对相似零件的工艺文件进行检索与修改，而是根据零件的信息，通过逻辑推理规则、公式和算法等做出工艺决策，自动地"创成"一个零件的工艺规程。

创成式方法接近人类解决问题的创新思维方式，但由于工艺决策问题本身较复杂，还离不开人的主观经验，对大多数工艺过程问题还不能建立实用的数学模型和通用算法，工艺规程的知识难以形成程序代码，因此此类 CAPP 系统只能处理简单的、特定环境下的某类特定零件。要建立通用化的创成式系统，尚需解决诸多的技术关键问题才能实现。

7.1.4　CAPP 的结构组成及基本技术

7.1.4.1　CAPP 的结构组成

CAPP 系统的构成与其开发环境、产品对象、规模的大小等因素有关。图 7-3 就是根据 CAD/CAPP/CAM 集成的要求而拟定的系统构成，其主要分为以下几个基本模块：

（1）控制模块。用来协调各模块的运行，从而实现人机之间的信息交流，并控制零件信息的获取方式。

（2）零件信息获取模块。零件信息输入可以有下列两种方式：人工交互输入、从 CAD 系统直接获取或从集成环境统一的产品数据模型获取。

（3）工艺过程设计模块。用来进行加工工艺流程的决策，生成工艺过程卡。

（4）工序决策模块。用来自动生成工序卡。

（5）工步决策模块。生成工步卡及提供形成 NC 指令所需的刀位文件。

（6）NC 加工指令生成模块。根据刀位文件生成控制数控机床的 NC 加工指令。

（7）输出模块。可输出工艺过程卡、工序和工步卡、工序图等各类文档，并可利用编辑工具对现有文件进行修改，得到所需的工艺文件。

（8）加工过程动态仿真。可检查工艺过程及 NC 指令的正确性。

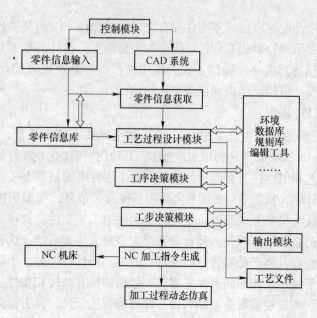

图 7-3　CAPP 系统的构成

以上描述的 CAPP 系统结构是一个比较完整、广义的 CAPP 系统，实际上并不是所有的 CAPP 系统都必须包括上述的全部内容，例如传统概念的 CAPP 系统不包括 NC 指令生成及加工过程仿真。所以实际 CAPP 系统的组成可以根据生产的需要而做出相应的调整。但它们的共同点是应使 CAPP 的结构满足层次化、模块化的要求，同时具有开放性，以便于不断扩充和维护。

7.1.4.2　CAPP 的基本技术

CAPP 的基本技术主要包括以下几个方面：

（1）成组技术。CAPP 系统的开发与成组技术密切相关，我国早期开发的 CAPP 系统一般多为以 GT 为基础的派生式 CAPP 系统。

（2）零件信息的描述与获取。CAPP 与 CAD、CAM 一样，其单元技术都是按照本身的特点而各自发展的。零件信息（几何拓扑及工艺信息）的输入首当其冲，即使在集成化、智能化的 CAD/CAPP/CAM 系统，零件信息的生成与获取也是一项关键问题。

（3）工艺设计决策机制。其核心为特征型面加工方法的选择，零件加工工序及工步的安排及组合。主要的决策内容为：工艺流程的决策、工序决策、工步决策、工艺参数决策。为了保证工艺设计能达到全局最优化，系统把这些内容集成在一起，进行综合分析、动态优化、交叉设计等。

（4）工艺知识的获取及表示。工艺设计随设计人员、资源条件、技术水平、工艺习惯而改变。要使工艺设计在企业内得到广泛而有效的应用，就应该总结出适应本企业的零件加工的典型工艺及工艺决策的方法，并按所开发 CAPP 系统的要求，用不同的形式表示这些经验及决策逻辑。

（5）工序图及其他文档的自动生成。

（6）NC 加工指令的自动生成及加工过程的动态仿真。

（7）工艺数据库的建立。

7.1.5 CAPP 的发展现状与趋势

7.1.5.1 CAPP 的发展现状

A CAPP 系统零件信息的描述与输入

零件信息的描述与输入问题实际上就是 CAD 与 CAPP 集成的问题，直接关系到 CAPP 系统能否真正实现实用化和商品化。事实证明，由 CAD 系统绘出图纸后，若 CAPP 系统的使用者要对照已有零件图用手工再次输入零件信息，在生产实际中是不受欢迎的。因为输入零件信息的过程烦琐、费时、容易出现错误，有时甚至还不如手工编制文件来得快。要想从根本上实现 CAD/CAPP/CAM 的集成，最理想的方法是用通用的数据结构来规范产品设计与制造全过程的产品定义模型。所以，机械制造业迫切需要研究开发新型的 CAD 系统，建立 CAD、CAPP、CAM 统一的零件模型，彻底解决 CAPP 与 CAM 的零件信息二次输入问题。

B CAPP 系统的通用性问题

工艺设计是一项个性很强的工作，各个工厂，甚至同一工厂的不同车间，由于产品、零件批量和加工环境的不同，工艺设计方法甚至习惯都可能会不一样。另外，由于工艺决策问题本身的复杂性，使其制约因素过多而且也很难把握。这些情况不仅导致设计 CAPP 系统十分费时、费力，且严重制约 CAPP 系统的性能，导致系统的可靠性、稳定性与解决工程实际问题的能力较差。所以，CAPP 系统很难像 CAD 系统那样设计成通用的系统。要想解决 CAPP 系统的通用化问题，首先必须要研究解决 CAPP 系统结构和方法方面的许多基础问题，比如如何才能使 CAPP 所用的工艺决策规则与系统各工艺决策模块完全独立，并能通过修改和添加有关规则而不修改源程序就能满足不同用户的需要；其次要对工艺设计进行大量的规范化和标准化工作；另外还要建立通用化、标准化和开放性的工艺数据和知识库。目前，CAPP 系统所需的工艺数据已能基本做到与系统的源程序独立，部分工艺知识（或规则）也能与源程序独立，但要想实现工艺知识与源程序完全独立还需要付出很大的努力。

C CAPP 系统的柔性

CAPP 系统的应用环境千差万别，CAPP 系统的开发者应向用户提供多种设计手段，以满足不同用户的需要，为此，系统应同时具有基于典型工艺或实例的检索式设计功能，基于实例的派生式设计功能与基于知识的创成式设计等功能。系统不但要能生成面向普通机床的工艺文件，还应能生成面向数控加工与半数控加工环境的工艺文件，系统还应能输出各种格式的工艺文件。

D 工艺数据库与知识库的建造

工艺决策所用的数据有加工方法、加工余量、切削用量、机床、刀具、夹具、量具、辅具以及材料、工时、成本核算等多方面的信息，如何组织和管理这些信息，并使其便于扩充和维护，适用于各种不同的企业和产品，是目前 CAPP 系统需要迫切解决的问题。CAPP 系统所需的工艺知识与规则包括工艺决策逻辑、决策习惯、经验、规则等许多内容，工艺决策知识的收集和整理是建立 CAPP 专家系统最基本和最重要的工作之一。知识的规范化、标准化是知识的获取与表达以及建立便于维护和管理的知识库的最关键和最基本的问题。

E　探索和研究有效的工艺决策方法和系统结构

如研究 CAPP 专家系统开发工具以使系统具有柔性和通用性；开发基于神经元网络的 CAPP 系统以使系统具有自适应、自组织、自学习和联想记忆功能，并避免推理过程中的组合爆炸等；建造基于实例与知识的 CAPP 系统，以使系统能从已设计过的实例中自动总结、归纳和记忆有关经验（即知识），并以此为基础进行工艺设计，从而提高系统的工作效率。

F　工序尺寸的自动确定和工序图的自动生成

工序尺寸的计算与确定（包括毛坯尺寸的确定）以及参数化、基于特征的工序图生成的方法，也成为目前 CAPP 要解决的重要问题。

7.1.5.2　CAPP 的发展趋势

A　集成化趋势

集成化是 CAPP 系统的一个重要发展趋势。所谓集成化是指 CAD/CAPP/CAM 的局部集成。CAPP 系统向前与 CAD 集成，向后与 CAM 集成。集成化系统的优势是明显的。首先，向前与 CAD 系统集成从根本上解决了 CAPP 系统的零件信息输入问题；其次，集成化系统中采用统一的数据规范，便于对各种数据进行统一处理。

实现 CAPP 与 CAM 的集成，要求 CAPP 输出的数控加工工序决策结果必须符合 NC 加工的工艺原则，工艺设计深度应达到对工步进行全面、详细的规范描述。CAD/CAPP/CAM 的关系是 CAD 既要把零件的详细信息提供给 CAM，又要将零件的几何工艺特征提供给 CAPP，而 CAPP 的主要工作是把工艺设计信息提供给 CAM。此时获得由 CAD 和 CAPP 分别提供的零件详细信息和工艺设计信息的 CAM，才能进行零件的生产。

为实现集成化的目标，需解决以下问题：

（1）建立以特征建模技术为基础的通用产品及零件模型，从根本上解决零件的描述和输入问题。采用特征建模技术可以把预算、设计、生产和市场数据相互联系起来而形成统一的基本信息库，因此它也是整个 CIMS 系统集成化的基础。

（2）探索各种加工方法的加工能力以及各种生产环境的约束条件的有效表达方式和数据结构，从而建立统一的工程数据库。

（3）解决各种工艺决策逻辑的模式化、算法化问题，建立更优的各种工艺过程设计的决策模型、经济模型，建立便于扩充、修改和维护的工艺决策知识库系统。

（4）探索各种叙述性模块、过程性模块以及各种实用处理工具模块的有效系统结构。

B　工具化趋势

通用性问题是 CAPP 面临的主要难题之一，也是制约 CAPP 系统实用化与商品化的一个重要因素。为此，有人提出了 CAPP 专家系统建造工具（CAPP expert system building tools）的思路，以应付生产实际中变化多端的问题，力求使 CAPP 系统也能像 CAD 系统那样具有通用性。工具化思想的主要特性表现在以下几个方面：

（1）工艺设计的共性与个性分开处理。这个问题的实质是如何使 CAPP 系统的各工艺设计模块（如推理机等）与系统所需的工艺数据与知识（或规则）完全独立，只有解决这一点，才能使 CAPP 系统具有通用性。工艺设计的共性主要包括：推理控制策略、公共算法以及通用的、标准化的工艺数据与工艺决策知识；工艺设计的个性主要包括与特定加工环境相关的工艺数据及工艺决策知识等。前者由系统开发者完成，即开发者将推理控制策略和一些公用的算法固定于源程序之中，并建立公用工艺数据与知识库；后者由用户根据实际需要进行扩充或修改，这事实上是一个用户二次开发的过程，从而使其成为解决特定问题的系统。

（2）工艺决策方式多样化。系统的工艺设计是通过推理机实现的。实践证明，单一的推理控制策略不能满足用户的需要。系统应能给用户提供多种工艺设计方法，一般的工具化 CAPP 系统应能进行基于样件或实例的派生式工艺设计，基于知识的创成式工艺设计以及检索式工艺设计，即用人机交互法进行工艺设计。

（3）具有功能强大、使用方便和统一标准的数据与知识库管理平台。主要包括：

1）具有友好统一的人机工作界面。

2）具有功能强大与便利的数据与知识库管理系统，以便于用户对各种工艺数据与知识进行获取、表达、管理与维护。

（4）智能化输出。系统可按标准格式输出各种工艺文件，还可输出由用户自定义的工艺文件。

C　智能化趋势

CAPP 所涉及的问题是典型的跨学科的复杂问题，业务内容广泛，性质各异，许多决策依赖于专家个人的经验、技术和技巧。另外，制造业生产环境的差别很大，要求 CAPP 系统具有很强的适应性和灵活性。依靠传统的过程性软件设计技术，如利用决策表或决策树进行工艺决策软件的设计等，已远远不能满足工程实际对 CAPP 的需要。而专家系统技术以及其他人工智能技术在获取、表达和处理各种知识方面的灵活性和有效性，给 CAPP 系统的发展带来生机。目前人工智能技术已越来越广泛地应用于各种类型的 CAPP 系统之中。此外，还有将人工神经元网络理论以及基于实例推理等方法用于 CAPP 系统的开发。下面就应用人工神经元理论以及基于实例推理的 CAPP 系统作简要说明。

a　基于人工神经元网络的 CAPP 系统

ANN（artificial neural network，人工神经网络）理论是近年来得到迅速发展的一个前沿领域，它为解决现有 CAPP 系统存在的问题开辟了新的途径。值得一提的是，人工神经网络与传统人工智能的关系不是简单的取代关系，而是互补的关系。基于人工神经网络的 CAPP 系统的关键是工艺设计过程神经网络模型的建立。到目前为止，已开发了三十余种神经网络模型，各种模型都有其特定的功能。对于 CAPP 而言，实现输入模式（如零件信息、加工方法集等）和输出模式（如零件工艺规程等）的映射问题，可考虑为数学逼近映射问题。对于这类问题可开发合适的函数 $f: A \in R^n \rightarrow B \in R^n$，以自组织的方式响应以下的样本集合 (x_1, y_1)、(x_2, y_2)、$\cdots$、(x_p, y_p)。这里 $y_i = f(x_i)$，x_i 为信息输入，y_i 为工艺文件输出，最常用的映射神经网络是 BP 网络和 CPN 网络。

b　基于实例与知识的 CAPP 系统

这种 CAPP 系统同样具有自组织和学习功能，其基本原理和思路是通过系统本身的工艺设计实例来自我总结、组织、学习和更新工艺设计经验，当经验积累到一定程度时，系统将成为一个"聪明的设计者"。这种系统主要由基于实例的 CAPP 子系统和基于知识的

CAPP 专家系统两大部分组成，这两部分是相互联系的有机整体。在系统的初级阶段，系统主要通过基于知识的 CAPP 专家系统来进行工艺设计，并在设计过程中不断学习和积累知识（实例）。当工艺实例积累到一定程度时，在输入零件信息后系统将搜索实例知识库。若找到很合适的实例则将转入基于实例的子系统，独立进行工艺设计；若找到一般合适的实例，系统将调用基于实例与知识的两个子系统进行设计；若没有找到合适的实例，则单独调用基于知识的子系统进行设计。可见这种系统除了具有学习功能外，系统的工艺设计工作一般不是从零开始的，从而提高了设计效率。

目前上述两种系统的研究工作尚属于初级阶段，虽然已有原型系统出现，但离实际应用还有相当的距离。

7.2　派生式 CAPP 系统

工艺设计人员在对某一零件进行工艺规程设计时，可根据自己以前设计过并与当前零件相似的零件及其工艺规程，在此基础上进行工艺设计。派生式 CAPP 系统建立在成组技术基础上，把尺寸、形状、工艺相近似的零件组成一个零件族，对每个零件族设计一个主样件，要求主样件的形状应能覆盖族中零件的所有特征，所以主样件最为复杂。

派生式工艺过程设计系统也称变异式工艺设计系统。根据零件信息的描述与输入方法的不同，派生式 CAPP 系统又分为基于成组技术、用 GT 码描述零件信息的派生式 CAPP 系统和基于特征、且利用特征来描述零件信息的派生式 CAPP 系统。后者是在前者的基础上发展起来的。

7.2.1　成组技术

7.2.1.1　概述

自 20 世纪 50 年代，成组技术（GT）由前苏联学者斯·帕·米特洛凡诺夫总结出并在机械工业中推广应用以来，先后引起了世界各国的重视，在经历了三十多年的成组加工→成组工艺→成组技术→成组生产系统的发展过程，特别是近十年来与数控和计算机技术结合之后，成组技术的水平有了大幅度的提高，其应用范围也由单纯的工艺领域扩大至产品设计和生产管理等整个生产系统。目前，成组技术不仅已被公认为是提高多品种、中小批量生产企业经济效益的有效途径，而且有充分理由说明 GT 是发展柔性制造技术和计算机集成制造系统的重要基础。

在多品种、中小批量生产中存在的问题是：（1）批量法则：中小批量生产成本是大批量的 30~50 倍，中小批量生产占总生产的 70% 左右；（2）设备利用：大批量生产为专用设备，而中小批量生产所使用的设备（如普通车床 CW6140）加工的零件直径 D 最大可达 400mm，零件直径 $D<100$mm 的加工占总加工量的 80% 以上；（3）制造周期：制造周期中大约有 95% 左右的时间为非加工时间。成组技术在多品种、中小批量生产中的使用，不仅降低了生产成本，提高了设备利用率，还缩短了产品的制造周期，使在多品种、中小批量生产中存在的问题彻底得到了解决。在机械零件加工中，简单件（标准件）出现的频率约占 20%~25%；复杂件（关键件）出现的频率约占 5%~10%；而加工轴、齿轮、套筒

类的相似件出现的频率约占 70% 左右，这些相似件的加工即为成组技术研究的目标。

成组技术是一门生产技术科学，即研究和发掘生产活动中有关事物的相似性，并充分利用事物的相似把相似问题归类成组，寻求解决这一类问题相对统一的最优方案，从而节约时间和精力以取得所期望的经济效益。机械制造中的成组技术是将多种零件按其相似性归类成组，并以这些组为基础组织生产，从而实现多品种、中小批量生产的产品设计、制造工艺和生产管理的合理化。GT 的核心问题是充分利用生产系统中的各种相似性信息，因此，就必须识别和开发生产系统中的这些相似性。在机械制造工业中，最根本的是产品及部件的性能规格相似，在此基础上构成零件在几何形状、功能要素、尺寸、精度、材料等方面的相似性，这些都是机械制造中的基本相似性。零件的结构特征相似性包括结构相似性（零件的形状相似、尺寸相似、精度相似）、材料相似性（零件种类相似、毛坯形状相似、热处理方法相似）和工艺相似性（加工工艺相似、加工设备相似、工艺装备相似）。其中结构相似性和材料相似性是零件本身固有的，它包含零件的设计信息；而工艺相似性则取决于结构相似性和材料相似性，它包含零件的工艺信息。对零件设计来说，由于许多零件具有类似的形状，可将它们归并为设计族，设计一个新的零件可以通过修改一个现有同族典型零件而实现。应用这个概念，可以确定出一个主样件作为其他相似零件的设计基础，它集中了全族的所有功能要素。通常主样件是人为地综合而成的，一般可从零件族中选择一个结构复杂的零件作为基础，把没有包括同族其他零件的功能要素逐个叠加上去，即可形成该族的假想零件，即主样件。

目前计算机已在生产系统的各个领域内得到广泛应用，成组技术中的许多工作都可以用计算机来完成。例如计算机辅助零件编码和分类、计算机辅助工艺过程设计、计算机辅助加工零件排序、计算机辅助作业计划调度以及在成组技术准则下开发的计算机辅助设计等。

7.2.1.2 零件分类编码系统

（1）Opitz 编码系统。Opitz 系统是一个十进制 9 位代码的混合结构分类编码系统，如图 7-4 所示。它是由德国 Aachen 工业大学的 H. Opitz 教授提出的。在成组技术领域中它代表着开创性工作，是最著名的分类编码系统。Opitz 编码系统使用下列数字序列：12345 6789 ABCD。前 9 位数字码用来传送设计和制造信息，最后 4 位数 ABCD 用于识别生产操作类型和顺序，称为辅助代码，由各单位根据特殊需要来设计安排。图 7-4 说明了 Opitz 系统的基本结构，前 5 位数（1、2、3、4、5）称为形状代码，用于描述零件的基本设计特征；后 4 位数（6、7、8、9）构成增补代码，用来描述对制造有用的特征（尺寸、原材料、毛坯形状和精度等）。

各码位所述的特征内容简介如下：

1）第 1 位码表示零件的类型。十个特征码（0~9）分别代表十种基本零件类型。特征码 0~5 代表六种回转体零件，如套筒、齿轮、轴等；特征码 6~9 代表四种非回转类零件，如盖板、箱体等。其中，D 为回转件的最大直径，L 为其轴向长度；A、B、C 分别为非回转体的长度、宽度和厚度，因此，$A > B > C$。

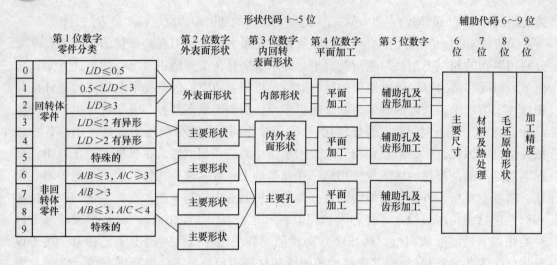

图 7-4　Opitz 编码系统的基本结构

2）第 2 位表示零件表面的主要形状及其要素。

3）第 3 位表示一般回转体的内表面形状及其要素，和其他几类零件的回转加工、内外形状要素、主要孔等特征。

4）第 4 位和第 5 位分别表示平面加工，辅助孔、齿形及型面加工。

5）第 6 位表示零件的主要尺寸。

6）第 7 位表示零件材料的种类、强度和热处理等状况。

7）第 8 位表示零件加工前的原始状况（即毛坯原始形状）。

8）第 9 位表示零件上有高精度要求的表面所在的码位。

回转体与非回转体 Opitz 系统编码的实例如图 7-5 和图 7-6 所示。

Opitz 系统的特点可以归纳为：

1）系统的结构较简单，便于记忆和手工分类。

2）系统的分类标志虽然形式上偏重于零件的结构特征，但是实际上隐含着工艺信息。例如零件的尺寸标志既反映零件在结构上的大小，同时也反映零件在加工中所用的机床和工艺设备的规格。

3）虽然系统考虑了精度标志，但只用一位码来标识是不够充分的。

4）系统的分类标志尚欠严密和准确。

5）系统从总体结构上看虽属简单，但从局部结构看则仍十分复杂。

（2）JLBM-1 系统。JLBM-1 系统是我国原机械工业部为在机械加工中推行成组技术而开发的一种零件分类编码系统，这个系统经过先后四次的修改，已于 1984 年作为我国机械工业部的技术指导资料。

JLBM-1 系统是一个十进制 15 位代码的混合结构分类编码系统，如图 7-7 所示。

将图 7-7 与图 7-4 进行对比可看出，JLBM-1 系统的结构基本上与 Opitz 系统相似。为弥补 Opitz 系统的不足，JLBM-1 系统把 Opitz 系统的开头加工码予以摒弃，把 Opitz 系统的零件类别码改为零件功能名称码，把热处理标志从 Opitz 系统中的材料、热处理码中独立出来，主要尺寸也由一个环节扩大为两个环节。JLBM-1 系统还增加了形状加工的环节，

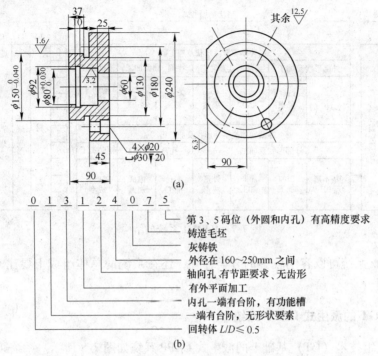

图 7-5　Opitz 系统编码举例（回转体）

（a）零件图；（b）Opitz 编码

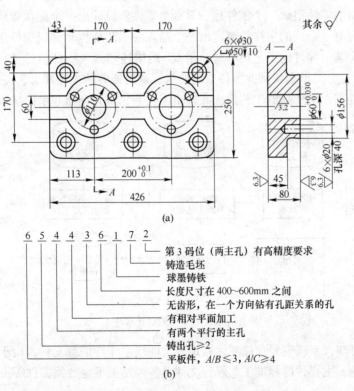

图 7-6　Opitz 系统编码举例（非回转体）

（a）盖板零件图；（b）Opitz 编码

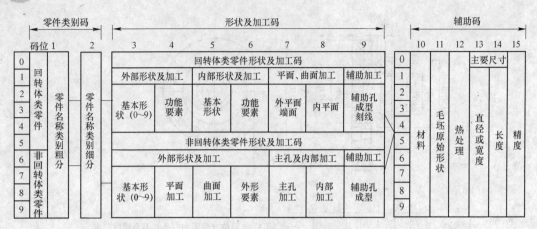

图 7-7　JLBM-1 系统的结构

因而除比 Opitz 系统可以容纳较多的分类标外，还在系统的总体组成上要比 Opitz 系统简单，易于使用。

7.2.2　基于 GT 的派生式 CAPP 系统

建立在成组技术（GT）基础上的派生式 CAPP 系统如图 7-8 所示。系统通过划分零件族对零件进行分类编码，确定零件所在族，并调用所在零件族的工艺过程。一个相似零件组就是一个零件族，每个零件组有通用的标准工艺规程。具体过程为：首先把尺寸、形状、工艺相近似的零件组成一个零件族，对每个零件族设计出一个能覆盖族中零件所有特征的主样件，再对每个族的主样件制定出一个最优的工艺规程，并以文件形式存放于计算机中。当需制定某个零件的工艺规程时，用 GT 码描述和输入零件信息（包括有关几何和工艺参数等），经分类识别找到此零件隶属的族，调出该族的主样件工艺文件，进行交互、编辑、修改等处理，形成新的工艺规程或输出工艺卡，将其存储起来供制造部门使用。

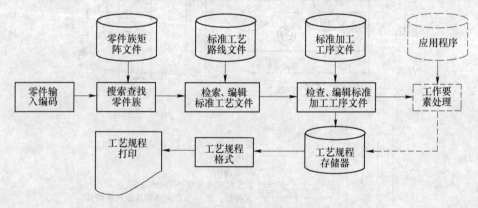

图 7-8　派生式 CAPP 系统

由图 7-8 可知，系统需要存储零件族矩阵文件或主样件信息文件，用于对标准工艺规程的搜索和筛选，主样件的标准工艺规程文件及各种加工工程数据文件等资料供新零件检索调用。

派生式 CAPP 系统带有浓厚的企业特色，其通用性较差，应用范围有局限性。

7.2.3 派生式 CAPP 系统的开发和工作过程

7.2.3.1 派生式 CAPP 系统的开发过程

开发一个派生式 CAPP 系统，一般需要进行以下工作：

（1）选择零件分类编码系统。根据产品的特点选择或制定合适的零件分类编码系统（即 GT 码）。用 GT 码来对零件信息进行描述与输入和对零件进行分组，以得到零件族矩阵和制定相应的标准工艺规程。

（2）零件分类归族。为了合理制定主样件，应按编码系统对零件进行分类归族，并按族整理出每族主样件的标准工艺路线和相应的工序内容，即标准工艺规程。它包括主样件的加工内容、加工设备、刀具、夹具等信息，集中了专家和工艺人员的集体智慧与经验，是对生产实践的总结，另外还要设计存储和检索方法。

零件分组的一条通用规则是组内所有的零件必须具有相似性，对于派生式 CAPP 系统而言，一个组中所有的零件必须有相似的工艺规程，全组只能有一个标准的工艺规程。用户可能要求仅把那些具有相同加工序列的零件归入一个组中，这个组的零件将只需要对标准工艺规程作极少的修改，但能获得这个零件组成员资格的零件就会减少。若把能在同一机床上加工的所有零件都归入一个零件组，那么对每一个零件的工艺规程来说，将需要对标准工艺规程作大量修改。

（3）主样件的设计。主样件是一个零件组或零件族的抽象，是一个复合零件，也可以说一个零件族矩阵就是一个主样件。设计主样件的目的是为了制定标准工艺和便于对标准工艺进行检索。在设计主样件之前要检查各零件组的情况，每个零件组只需要一个主样件。对于简单零件组，零件品种不超过 100 为宜，形状复杂的零件组可包含 20 个左右的零件。设计主样件时应对零件组的零件进行认真分析，取出最复杂的零件作为设计基础，把其他不同的形状特征加到基础件上去，从而得到主样件。对于比较大的零件组，可先分成几个小的零件组，合成一个组合件，然后再由若干个组合件合成整个零件组的主样件。

（4）标准工艺规程的制定。主样件的工艺规程应能满足零件族所有零件的加工需要，并能反映工厂的实际加工水平，使其尽可能是合理可行的。标准工艺规程的制定通常是在认真分析组内零件的加工工艺，并在征求有经验的工艺人员、专家和工人的意见的基础上，选择其中一个工序最多、加工过程安排合理的零件工艺路线作为基本路线，然后把其他零件特有的、尚未包括在基本路线之内的工序，按合理顺序加到基本路线中去，构成了代表零件组的主样件工艺路线，即标准工艺规程。

（5）标准工艺规程的表达与工艺规程的筛选。标准工艺规程可以用工序代码和工步代码来表示，不同的表达方式其工艺规程的筛选方法是不同的。

1）标准工艺规程的表达。工艺规程由各加工工序组成，每个工序由若干工步组成。为了表达、存储、调用和筛选标准工艺规程，可用代码来表达工步内容，形成工步代码文件。工步代码随所采用零件编码系统的不同而异。如 JLBM 编码系统采用五位代码表示一个工步，前两位代码为工步名称码（也叫操作码），表示该工步的工步名称，如 01 表示粗车外圆，02 表示粗车端面，……，32 表示淬火等。33~99 各码位可根据 CAPP 系统的应用对象不同而进行扩充。第三位代码为零件 JLBM 代码中需要这一工步的码位，第四位代码表示零件 JLBM 代码中需要这一工步的码位（第三位）的最小数字，第五位代码表示零件 JLBM 代码中需要这一工步的码位（第三位）的最大数字。如工步代码为 09412，前两位 09 表示铣平面，第三位 4 代码表示该零件 JLBM 代码的第四位需要这一操作，第四位与第五位代码表示若该零件的第四位代码范围是 1 与 2，则此零件需要铣平面。又如代码为 11202 的工步代码，前两位 11 表示精车外圆，第三位 2 代表该零件 JLBM 代码的第二位需要精车外圆这一操作（对于回转类零件而言，JLBM 码的第二位用于描述零件的外形及外形要素），第四、五位为 0、2，表示该零件 JLBM 代码的第三位的范围如果是 0 和 2（0 表示该回转类零件外形光滑，1、2 表示该零件为单向台阶轴），则该零件需要精车外圆。

2）基于工步代码的工艺规程筛选方法。用工步代码表示标准工艺规程，不仅为存储和调用标准工艺规程文件提供了便利，而且从标准工艺规程中筛选出当前零件的工艺规程时也很方便。当计算机检索到标准工艺规程的某一工步时，根据该零件的 JLBM 编码中工步代码的第三位数值，查看其是否在工步代码的第四位和第五位数值范围内，若在此范围内则在标准工艺规程中保留这一工步，否则删除这一工步，用这种方法直到将标准工步的所有工步代码筛选完毕为止。标准工艺中剩下的部分就是当前零件的初步的工艺规程，接下来就是对所得到的工艺规程进行必要的修正与编辑等，最后才能形成符合要求的工艺文件。

（6）建立必要的工艺数据库或数据文件，以存储工艺数据和规范。

（7）进行系统总体设计，实现对标准工艺的存储、检索、编辑和结果输出等。此过程包括软件设计，其具体内容如下：

1）进行 CAPP 模块划分。首先要将 CAPP 系统划分成若干个模块，如零件信息输入模块、样件管理与检索模块、工序尺寸计算模块、工艺文件编辑与管理模块、打印输出模块等，各模块还可进一步划分成若干子模块。

2）各模块的程序设计。在确定了全局数据结构、全局变量、函数以及各模块的输入和输出以后，即可开始对各模块进行软件编程工作。在各模块编程前，同样要先确定各模块的数据结构、变量和所需函数等。有些模块以函数的形式或动态库的形式提供给 CAPP 总控制模块调用，有些模块则直接以可执行文件的形式供总控制模块调用。

3）CAPP 系统联调。联调的目的是将上述各模块连为一个有机的整体。为此系统要设计一个总控模块，该模块是系统的控制指挥中心，它规定了系统依次调用各模块的顺序与逻辑。总控制模块一般是以系统总菜单的形式出现，并通过各菜单调用相应的功能模块，在联调时可能还要对各子模块作一些必要的补充与修改。将各功能模块组合的结果，就构成 CAPP 系统的总程序。

综上所述，CAPP 系统的开发是一个劳动量很大且较复杂的工作过程。而且 CAPP 系统很难像 CAD 绘图系统那样做成通用的软件，特别是基于 GT 的派生式 CAPP 系统是建立在已有零件及其工艺规程之上的，故适用范围更窄。基于特征的派生式 CAPP 系统，特别是基于人工智能的创成式 CAPP 系统可以克服基于 GT 的派生式 CAPP 系统的某些不足之处。

7.2.3.2　派生式 CAPP 系统的工作过程

用设计完毕之后的系统为新零件设计工艺规程时，工作过程主要包括：

（1）用已选定的零件分类编码系统为新零件进行编码。

（2）用编码及零件输入模块完成对所设计零件的描述和输入。

（3）检索及判断新零件是否属于某零件族。如属于，则调出该零件族的标准工艺规程，即主样件工艺规程；如果新零件不属于已有零件族，则计算机将此情况告知用户，必要时需要创建新的零件族。

（4）计算机根据输入代码和已确定的逻辑对标准工艺进行删除和筛选。

（5）用户对已选出的工艺规程进行编辑，进行增加、删除或修改操作，最后形成所设计零件的工艺规程。

（6）将编好的工艺规程存储起来，并按指定格式将工艺规程打印输出。

7.3 创成式 CAPP 系统

7.3.1 概述

创成式 CAPP 系统是一种自动进行工艺设计的方法，一般不需要人的干预就能自动制定出工艺规程。创成式 CAPP 系统是根据零件的信息，运用计算机的工艺决策进行搜索及逻辑推理，自动地为新零件制定出工艺规程，且用户对工艺规程无需作大的改动。根据具体零件，系统能自动产生出当前零件所需的各个工序和加工顺序，自动提取制造知识，自动完成选择机床、刀具和最优化加工过程，通过应用决策逻辑可模拟工艺设计人员的决策过程。可以说正是创成式系统的这些特点克服了派生式 CAPP 系统存在的不足。

由于创建完整的创成式 CAPP 系统不仅需广泛收集生产实际中的工艺知识，建立庞大的工艺数据库，还需系统拥有工艺规程设计所需要的所有信息，所以工作量非常大，很难把各式各样的零件全部进行描述，也很难将所有零件不同的加工过程、生产环境等全部存储于系统中。这样就致使现有的创成式 CAPP 系统都是针对某一工厂专门设计的。目前还没有能适用于所有类型零件的 CAPP 系统，也没有一种 CAPP 系统能全部实现自动化。在创成式 CAPP 系统中，人机交互是不可避免的。

创成式 CAPP 系统主要用来确定工艺路线，进行工序设计。确定工艺路线包括工序与工步的确定，以及各工序的定位与装夹表面的确定等。工序设计包括计算工序尺寸、选择设备与工装、确定切削用量、计算工时定额以及生成工序图等内容。

7.3.2 创成式 CAPP 系统的设计过程

创成式 CAPP 系统的设计一般包括准备阶段和软件编程阶段。准备阶段包括详细的技术方案设计以及制造工程数据和知识的准备；软件编程阶段包括程序系统结构的设计以及程序代码的设计。由于工艺过程设计工作的复杂性，以及创成式系统开发方法的不成熟性和多样性，很难对各阶段工作给出标准化的、统一的模式。以下只简单地介绍各阶段工作的大体内容和方法。

7.3.2.1 准备阶段

准备阶段是基础性工作阶段，需做大量的调查研究和仔细的分析归纳。通常包括：

（1）明确所开发系统的设计对象。要开发一个适于任何类型零件的通用型 CAPP 系统是非常困难的，所以按零件信息的描述和工艺决策逻辑与方法的不同，一般主要分为面向回转类零件、面向箱体类零件、面向钣金类零件、面向支架类零件与面向异型类零件的

CAPP 系统。若把零件类型进一步划分，还有应用范围更窄且更专用的 CAPP 系统。如回转类零件又可进一步分为轴、轮、盘、套等零件。即使是轴类零件，也因产品的用途不同而使其结构尺寸和加工方法有很大的区别。如机床主轴箱内的轴类零件与工程机械车辆变速箱内轴类零件的结构尺寸和加工方法就不一样，所以工艺决策方法就必然不同。

（2）对本类零件进行工艺分析，确定该类零件所具有的基本表面与形状特征，以及基本表面的加工方法和加工尺寸。CAPP 系统在进行工艺决策之前，首先需要分析和确定的是组成要进行工艺设计零件几何形状特征（或表面）的加工方法。

（3）收集、整理各加工方法的加工能力范围和经济加工精度等有关数据，建立基本工艺知识数据库。具体数据可查阅机械制造工程手册。其中加工能力文件包括：加工表面和尺寸、切削参数及能力、所用刀具种类和安装方法、可达到的经济精度和表面粗糙度、安装调整时间、加工时间及成本数据等。一般车削加工所能达到的精度等级为 IT8 ~ IT12，对应的粗糙度（R_a）为 3.2 ~ 12.5μm 等。具体数据可根据实际应用情况进行调整。

（4）收集、整理和归纳各种工艺设计决策逻辑或决策法则，这是 CAPP 系统确定零件加工过程的关键和核心。传统创成式 CAPP 系统的决策逻辑或法则是以决策表或决策树的形式表达的，而 CAPP 专家系统是以规则的形式来表达。

各种常用精度等级的外圆柱面特征的加工方法（加工链）示例见表 7-1。

表 7-1　外圆柱面特征的加工方法

序号	（加工方法）加工链	经济精度	表面粗糙度 R_a /μm	适用范围
1	粗车	IT11 ~ IT12	>10 ~ 80	
2	粗车—细车	IT9	>2.5 ~ 10	除淬火钢以外的金属
3	粗车—细车—精车	IT7、IT8	>0.63 ~ 2.5	
4	粗车—细车—精车—滚压（或抛光）	IT7、IT8	>0.02 ~ 0.63	
5	粗车—细车—磨削	IT7、IT8	>0.03 ~ 1.25	主要用于淬火钢，也可用于非淬火钢，但不宜用于有色金属
6	粗车—细车—粗磨—精磨	IT6 ~ IT7	>0.08 ~ 0.63	
7	粗车—细车—粗磨—精磨—超精加工	IT6	>0.01 ~ 0.16	
8	粗车—细车—精车—金刚石车	IT5 ~ IT6	>0.02 ~ 0.63	有色金属
9	粗车—细车—粗磨—精磨—超精磨（或镜面磨）	IT6	≤0.01 ~ 0.04	极高精度的外圆加工
10	粗车—细车—粗磨—精磨—研磨	IT6	≤0.01 ~ 0.16	

7.3.2.2　软件设计阶段

对于创成式 CAPP 系统工艺决策的软件设计来说，其主要任务就是将准备阶段所收集和整理到的数据和决策逻辑用计算机语言来实现。对于传统创成式 CAPP 系统而言，就是对各种工艺设计决策逻辑进行模型化和算法化处理，对于 CAPP 专家系统来说，则是工艺决策推理机的实现。

7.3.3　创成式 CAPP 系统的工艺决策

7.3.3.1　创成式 CAPP 系统的工艺决策过程

工艺设计是一项复杂的、多层次、多任务的决策过程（如图 7-9 所示），且工艺决策

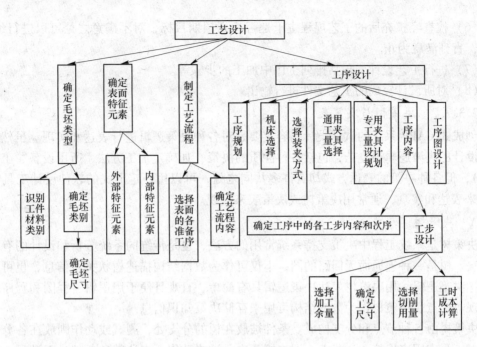

图 7-9　工艺设计任务树

涉及的面较广，影响工艺决策的因素也较多，在实际应用中的不确定性也较大。我国的研究机构习惯上把工艺决策分为加工方法决策和加工顺序决策，而国外把刀具轨迹、加工过程计算机模拟等也作为 CAPP 决策的一部分。通常，在工艺决策中包括选择性决策逻辑（如毛坯类型及其尺寸的选择，加工方法的选择，机床及刀具、夹具、量具的选择，切削用量的选择等）、规划性决策逻辑（如工艺路线安排、工序中加工步骤的确定等）以及加工方法决策（如加工能力、加工限度、预加工要求等）等。

　　一般创成式 CAPP 系统具体的工艺决策过程为：

　　（1）输入零件信息。零件信息的输入包括毛坯类型及其尺寸、零件的几何信息及有关工艺加工信息等的输入。

　　（2）选择加工方法。根据零件各种几何表面特征的加工要求，确定各种表面特征的加工方法，组成零件各个表面要素的加工序列，为生成工艺路线打好基础。常用的查表法是根据零件各表面元素的最终要求，直接在工艺数据库或规则库中查出各表面元素的加工方法。

　　（3）生成工艺规程主干。按照一定的工艺路线安排原则，将已选择好的零件各表面要素的加工方法按一定的先后顺序排列，确定出零件的加工工艺路线，生成工艺规程主干。由于确定工艺路线需考虑的因素很多，故这一过程最困难也最重要。针对这种决策过程很复杂的特点，目前采用分级、分阶段考虑零件的几何形状、技术要求、工艺方法等，以经济性或生产率为追求目标进行优化，并考虑工艺要求等约束因素，最终排出合理的工艺路线。

　　（4）检查所生成的工艺路线是否达到要求。若对生成的工艺路线不满意，可再进行编辑、修改，直到达到满意为止。

　　（5）对所生成的工艺规程主干进行扩充。

（6）检查经扩充后的工艺规程主干是否达到预期目标，对不满意之处可以进行编辑、修改，直到满意为止。

（7）进行工艺设计，包括排列工序中加工的步骤等。

（8）对所设计完成的工艺文件进行输出。

7.3.3.2 决策树与决策表

创成式 CAPP 系统的软件设计内容主要是对各种决策逻辑进行表达和实现。虽然工艺过程设计的决策逻辑很复杂，包括各种性质的决策（如确定加工方法、所用设备、工艺顺序等），但各种决策的表达方式却有许多共同之处，可以用一定形式的软件设计工具（方式）来表达和实现，通常用决策树或决策表来实现。

A 决策树

决策树是系统工程中决策支持系统常用的方法，也是传统的系统分析和设计的有效实用方法。树是一种连通而无回路的图，不仅可作为数据结构描述树状关系信息，也可以用来表达决策逻辑。用决策树表达决策逻辑具有简单、直观且便于用逻辑流程图和程序代码来实现等优点。决策树作为数据结构可用来存储决策知识信息。

决策树由各种节点和分支构成。条件被放在树的分支处，测试或动作则放在各分支的节点上。分支用来连接两个节点，即连接两次测试或动作，表达某种条件是否满足。若测试条件成立则沿分支前进一步，从而实现逻辑与关系；当测试条件不满足时，转向本节点的下一分支，无下一分支时本节点决策失效，返回到前一节点，再选择下一分支，从而实现逻辑或关系。如此不断地前进与回溯，直到最终找到一条从根节点到终节点的路径，则表示一条决策规则。图 7-10 表示孔加工方法的选择决策树。

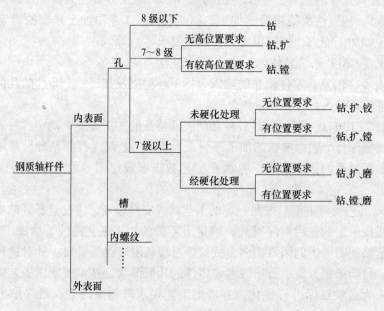

图 7-10 孔加工方法的选择决策树

以上决策树表示图表明决策树具有以下特点：

（1）决策树可直观、准确、紧凑地表达复杂的逻辑关系，且建立与维护较容易。

（2）决策树的结构与软件设计的流程图很相似，故决策树很容易转换成程序流程图。决策树是表示"if…Then…"类型的决策逻辑的很自然的方法。在决策中，条件（if）被放在树的分支上，预定动作（Then）被放在分支的节点上，可很容易地将其转换成计算机程序。

（3）决策树的扩充与修改也很方便，非常适于工艺过程设计。

（4）决策树可进行选择形状特征的加工方法及选择机床、刀具、夹具、量具以及切削用量等。

B 决策表

决策表与决策树一样，都是描述或规定条件与结果相关联的方法，即用来表示"如果（条件），那么（动作）"的决策关系。决策表是表达各种事件和属性间复杂关系的格式化方法，是软件设计、系统分析或数据处理的辅助工具。在工艺设计决策逻辑中，用决策表来存放零件加工属性条件与操作动作（加工操作）之间的关系，通过匹配查表的方式来选择决策规则，并进行决策。决策表具有清晰、紧凑、易读、易懂、易改的优点，且可方便地作逻辑一致性和完备性检查。

决策表由表头和表元素两部分组成，表 7-2 所示为决策表结构。表头又分成条件和动作两部分，其中条件放在表的上部，而动作则放在表的下部。

表 7-2 决策表结构

条件项目	条件状态
决策项目	决策条件

例如车削装夹方法的选择可能有以下的决策逻辑：

（1）如果工件的长径比 <4，则采用卡盘。

（2）如果工件的长径比 ≥4，而且 <10，则采用卡盘 + 尾顶尖。

（3）如果工件的长径比 ≥10，则采用顶尖 + 跟刀架 + 尾顶尖。

上述决策逻辑可用决策表表示，见表 7-3。在决策表中 T 表示条件为真，F 表示条件为假，空格表示决策不受此条件影响。只有当满足所列全部条件时才采取该列之动作。能用决策表表示的决策逻辑也能用决策树表示，反之亦然。而用决策表表示复杂的工程数据，或用于当满足多个条件而导致多个动作的场合时更为合适。车削装夹方法选择的决策树如图 7-11 所示。

表 7-3 车削装夹方法选择的决策表

工件的长径比 <4	T	F	F
4≤工件的长径比 <10		T	F
卡盘	√		
卡盘 + 尾顶尖		√	
顶尖 + 跟刀架 + 尾顶尖			√

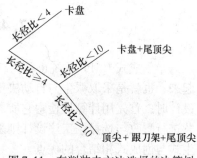

图 7-11 车削装夹方法选择的决策树

表 7-4 是某系统中机床选择的决策表。

表 7-4　某系统中机床选择的决策表　　　　　　　　　　（mm）

	300＜工件长度＜500	T	T	T
	工件直径＜200	T	T	
	最大转速＜3000		T	T
条件	公差＜0.01	T		
	批量＞100		T	T
	夹具123		T	T
	夹具125			T
	机床1001	√		
动作	机床1002		√	
	机床1003			√

在制定好决策表或决策树后就能将其转换为流程图，可以用"if…Then…"语句结构写成决策程序，如果每个条件语句之后是一动作，则可以用条件语句。

图 7-12 为某旋转体零件装夹方法的决策树及其程序流程图。图 7-12（b）中各菱形框为决策条件，方框表示其对应条件的动作。

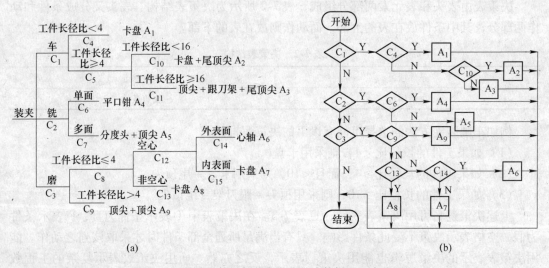

(a)　　　　　　　　　　　　　　　　　　(b)

图 7-12　某旋转体零件装夹方法的决策树及程序流程图
（a）装夹方法的决策树；（b）程序流程图

7.4　综合式 CAPP 系统

半创成式 CAPP 系统也称为综合式 CAPP 系统。它将派生式与创成式 CAPP 系统结合起来，也就是采取派生与自动决策相结合的工作方式。采用该系统对一个新零件进行工艺设计时，首先用计算机检索它所属零件族的标准工艺，再根据新零件的具体情况对标准工艺进行删改与选择，工序设计则采用创成式 CAPP 系统进行自动决策产生，充分体现了派生式与创成式相结合的优点。

例如 ZHCAPP 系统是以成组技术为基础，以单件、中小批量生产企业为应用对象，采用派生与自动决策相结合的工作方式，适用于回转体零件的综合式 CAPP 系统。它所用的编码系统为 JLBM-1。在设计工艺时，每个零件的工艺路线都是通过检索它所属零件族的标准工艺，再根据零件的具体情况经标准工艺进行删改选择而得到的；每一工序的内容则是根据零件的输入参数经过创成得到的。

7.4.1 综合式 CAPP 系统的构成

ZHCAPP 系统的构成如图 7-13 所示，它是典型的综合式 CAPP 系统。

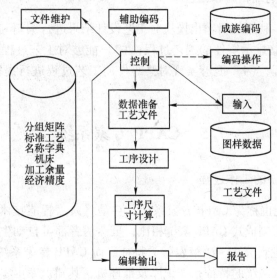

图 7-13 ZHCAPP 系统的构成

7.4.2 工艺设计的准备工作

在工艺设计之前需要进行的准备工作包括以下内容：

（1）零件设计信息输入。除零件的成组编码外，工艺设计过程还需输入详细的设计信息，包括几何尺寸、加工精度、技术要求以及型面特征等要素。

（2）进行数据准备。包括根据加工表面的几何尺寸、粗糙度、精度等级等，对需要加工的型面进行分类、排序；按磨削表面、车削表面和非车削加工型面构造表示型面位置。加工顺序的数据结构常用指针或二叉树结构实现。

（3）计算机辅助编码与自动编码。在工艺设计前首先必须确定零件的成组编码。为此配置了一个自动编码子系统，在零件信息输入后可自动生成零件的成组编码。

7.4.3 工艺过程设计

工艺过程设计主要包括以下内容：

（1）确定工艺路线。通过零件的成组编码找到零件所属的零件族，然后以该零件族的序号为关键字进行检索，得到此零件族的标准工艺路线。

（2）选择机床。根据标准工艺和加工方法对机床类型进行选择，并根据零件的尺寸参数选择机床型号。例如，根据零件的长度和最大直径选取车床；根据零件上待加工孔的最大直径选取钻床等。

（3）工序设计。工序设计包括确定每个工步的操作内容以及所用的刀具、夹具、量具等。每个标准工序模块均由多个工步组成，而每个工步用工步名称代号、所用刀具类型代号和所用量具类型代号这三项数据进行描述。在进行工序设计时，首先需要提取当前工序的加工表面要素，然后再对它们按照一定的工艺决策逻辑进行整理排序，最后调出标准工序模块进行工序设计，得到详细的工序内容。

7.4.4　工艺设计结果的编辑与输出

工艺设计结束后，利用编辑输出模块对工艺设计结果进行编辑和输出。此模块必须具有以下功能：（1）能够显示零件的工艺过程；（2）能够对工艺过程进行编辑；（3）能够存储编辑好的工艺过程；（4）能够实现对某零件的工艺过程进行提取；（5）能够将工艺过程打印出来。

7.5　CAPP 专家系统

7.5.1　CAPP 专家系统的工作过程

智能化 CAPP 系统也称为 CAPP 专家系统，它是将人工智能技术应用在 CAPP 系统中所形成的专家系统。与创成式 CAPP 系统相比，虽然两者都可自动生成工艺规程，但创成式 CAPP 系统是以"逻辑算法＋决策表"为特征，而 CAPP 专家系统是以"推理＋知识"为特征。工艺设计专家系统的特征是知识库及推理机，其知识库由零件设计信息和表达工艺决策的规则集组成，而推理机是根据当前的事实，通过激活知识库的规则集而得到工艺设计结果。

7.5.1.1　CAPP 专家系统模块的划分及其功能

CAPP 专家系统中各模块的功能分别为：

（1）建立零件模型模块。采用人机对话方式收集和整理零件的设计信息，以框架形式表达。

（2）框架信息处理模块。处理所有采用框架描述的工艺知识，起到推理机与外部数据信息接口的作用。

（3）工艺决策模块。即系统的推理机。它是根据当前事实，按照一定的推理策略进行推理后得到可行解集，即冲突集，通过冲突消解而得到各种工艺决策。

（4）知识库。它是用"产生式规则"表示的工艺决策知识集。

（5）数控程序编制模块。用此模块产生数控指令。

（6）解释模块。它是系统与用户的接口，用于解释各决策过程。

（7）知识获取模块。通过向用户提问或通过系统不断的应用，来不断地扩充和完善知识库。

7.5.1.2　CAPP 专家系统的决策

系统根据输入的信息，利用知识库及推理机做出以下决策：

（1）毛坯的选择。系统首先将材料库文件打开，寻找该零件牌号所属的材料类别，将材料类别名存储在数据库中，采用从零件到毛坯的推理进行反向设计，在系统运行后确定毛坯的具体尺寸。

（2）各表面最终加工方法的选择。系统用反向设计法，首先确定能达到质量要求的各表面最终成型的加工方法，再确定其他工序以及安排工艺路线等。各表面的最终加工方法分为外部型面特征最终加工方法的确定、内部型面特征最终加工方法的确定以及特征元素最终加工方法的确定等。

（3）工艺路线的确定。确定零件各表面的最终加工方法后，再确定各表面加工的准备工序，最后安排这些加工方法在整个工艺路线中的顺序和位置，从而得到工艺路线。系统加工路线分为几个加工阶段，各加工阶段包括的内容是以规则表示的。工艺路线的推理过程是按顺序进行搜索，针对同一问题可采用不同规则，根据规则可信度的大小进行取舍，最终确定出合理的工艺路线。

（4）工序设计。系统将加工阶段中的加工内容划分成若干个安装过程，也就是将一次安装能够加工的内容放在一起，再选择每个安装加工所适用的机床。若相邻加工用同一机床，则将它们划分为同一工序，否则为不同工序。完成工序划分后，确定工序中各安装的装夹方法并进行工步设计。系统用"产生式规则"描述每一安装加工部分中的各表面加工顺序和加工内容，进行推理时，所有被调用的规则作为启用规则执行，并进行数次的顺序搜索，直到没有新的加工位置为止。

（5）零件模型的修改。系统采用从零件到毛坯的反向设计方法，以零件最终形状为依据开始不断修改零件模型，直到零件无需加工而形成毛坯为止。

（6）机床和夹具选择。首先按加工工序的性质选择机床的类型，再通过分析零件结构、尺寸，并与机床允许加工的零件尺寸范围进行比较，选出合适的机床型号。机床的各种参数以框架形式存储于数据库中，调用规则时采用顺序搜索方式进行。

（7）加工余量选择。选择加工余量的条件以及加工余量数值，用规则的形式表示出来，采用顺序搜索方法进行规则的调用。

（8）切削用量的选择。通过加工余量、最大允许切削深度以及零件的经济加工精度等因素来确定。v 与 f 的选择通过规则的推理来实现。

CAPP 专家系统还处于初始阶段，尚有很多问题有待于人们解决或提出更有效的方法，如工艺知识的获取和表示、工艺模糊知识的处理、工艺推理过程中自行解决冲突问题的最佳路径、自学习功能的实现等问题。随着人们对 CAPP 专家系统认识和实践的不断深入，相信以上这些问题都将逐步得到解决。

7.5.2 CAPP 专家系统的开发工具

CAPP 专家系统不像一般的诊断型专家系统，它是一个复杂的设计型专家系统，要求除具有一般专家系统所具备的知识获取与表示、推理、求解策略外，还需具有解决在工艺设计及决策中特殊知识的获取和描述问题的能力，如零件信息（几何拓扑信息、工艺信息、检测信息、表面质量信息等）的获取和表示，以及图形、NC 加工指令、加工过程动态模拟的表示与生成等。若不借助专用生成工具，要想建立一个实用的工艺设计专家系统需要花费大量的人力、物力且需要较长的开发周期。随着专家系统在机械制造生产过程中的广泛应用，对专用生成工具的需求也日益增加。为了缩短专家系统的开发周期，国内外已研制了多种类型的专家系统开发工具，从不同的层次、不同的角度解决专家系统中的共性问题，如知识表达方式、知识获取、知识检验、知识求解和推理解释等，使开发者把主要精力集中在知识的选取和整理方面，建立相应的知识库，较少地考虑甚至不考虑专家系统中的其他问题。

7.5.2.1　专家系统开发工具的类型

目前的专家系统开发工具从功能方面来看，可分为三类，即骨架型、通用型和辅助型工具系统。

（1）骨架型工具。这类工具是在被实践证明有实用价值的专家系统中，抽出实际领域的知识背景并保留系统中推理机的结构而形成的一类工具。由于知识描述的方式以及推理机制和扩展策略均保持不变，使得这类工具的实时应变能力较差。这类工具因为针对性强、适应性差，故推广应用受到较大的局限性，如 MYCIN、EXPERT 和 PC 等都属于这类工具。

（2）通用型工具。这一类工具是根据专家系统的不同应用领域和人工智能活动的特征研制出来的，且适于开发多种类型的专家系统。如 M.1、LS.1、PCEST、ProLog、OPS-5 等都属于这类工具。它实际上可以认为是一种语言环境，其缺点是领域专家不易使用，也不易掌握其程序设计技巧。使用这类开发工具研制实用化、商品化的专家系统时，特别是针对某个具体的应用领域时，需要知识工程师和领域专家密切配合，且要做大量的二次开发工作。

（3）辅助型工具。它是介于前面两类工具之间的工具，是根据专家系统基本结构中的开发机、推理机和人机界面三部分的逻辑功能而设计的工具系统，如 ADVISE、AGE 和 RULEMASTER 等就属于这类工具。

7.5.2.2　工艺设计专家系统开发工具的组成

一般来说，典型的工艺设计专家系统开发工具应该包括以下几个方面的内容：

（1）知识库开发和管理工具。该工具的任务是帮助用户选取知识并完成知识库的建立，同时对知识的静态一致性和冗余度进行检验，以及对知识库进行管理。知识的获取是一项极其复杂的工作，是开发专家系统的瓶颈。它的基本功能应能提供适用于开发和描述工艺（包括工序及工步）的决策知识、资源信息、零件描述等信息，提供工艺参数优化运算，工艺规范数据、表格等功能模块和表达方式，形成不同类型和不同层次的知识集（或知识库）。适用于工艺设计方面的知识表达方式有框架、产生式规则、过程、事实模型、模糊模型和数据库等。

（2）零件信息获取工具。零件信息的获取和描述是工艺设计专家系统中很重要的一个环节，不仅能在集成制造系统中直接从 CAD 模块形成的产品数据模型中获取信息，也能作为一个独立模块对零件信息进行描述并供工艺设计时使用。零件信息应该包括拓扑信息、工艺及检测信息（型面特征及其关联信息、加工精度信息及形位误差信息、表面质量等）及组织信息等。为了能够准确、快速而无误地描述零件信息，可运用面向对象的技术，根据零件的特征对零件进行分类，按类别提供相应源框架，在对零件描述时生成目标框架，供各类 CAPP 系统使用。根据实际情况，系统应提供常用的旋转体零件信息生成器、箱体零件信息生成器等。这类知识的表达选用框架模型较为适合。

（3）推理机。工艺设计是经验性很强、非精确性的决策过程。工艺设计的决策内容包括毛坯类型及其尺寸、型面加工链、工序和工步、决策以及工艺路线生成等。为了有效地进行决策，推理机应以更灵活的控制策略和多种推理方式相结合的形式进行推理。

推理机具有如下的特点：1）以元知识为核心的控制策略，使得控制策略非常灵活；2）用模糊推理控制策略；3）采用正向推理控制策略；4）采用反向推理控制策略；5）采用双向推理（混合推理）控制策略。

（4）解释机。对工艺设计各阶段行为的决策做出明确解释，让用户充分了解推理过程及产生结论的理由，并能帮助用户查找系统产生错误结论的原因，同时能为用户建立系统、调试系统，而且对缺乏领域知识的用户起到传授知识的作用。

（5）工艺规程（工艺卡、工序图、工步卡）生成工具。经推理机求解后产生出来的工艺设计信息将作为中间结果存储在系统中，以便用户形成规定格式要求的工艺卡、工序图和工步卡。该工具提供的功能如下：1）识别推理机产生的中间结果信息；2）提供工艺卡表格设计功能，自动或交互式生成标准或非标准工艺文件格式，并将推理得到的结论填入表中，产生适用于本单位的工艺卡；3）提供工序图生成模块，按不同类型的零件用相应的方式表示和生成工序图；4）提供工艺卡和工序图输出模块，它具有工艺卡文字说明及工序图在一张卡中或分别在不同卡中的打印及绘制功能。

（6）设备及工具、夹具、量具管理工具。应提供各类设备和工具、夹具、量具的数据库及其管理系统，可进行库内容的增加、删除、修改和检索，方便有效地修改各类设备和工具、夹具、量具及其参数。对不同的具体单位，用户借用该工具可方便地建立起本单位的设备库和工具、夹具、量具库，以便进行工艺决策和生产调度时使用。

（7）数控加工指令生成器。随着数控加工设备的广泛应用，数控加工指令的编制也越来越受到重视，特别是在集成制造系统中，数控加工指令的自动生成是不可缺少的部分。其功能如下：1）根据工步决策能自动生成 NC 指令；2）NC 加工指令必须适应常用的 NC 系统，对于某种机床的特殊要求，必须提供比较方便的维护手段，以适应其需要；3）为加工过程动态模拟提供必要的数据；4）对已有的 NC 加工控制指令进行语义、语法检查，并对其加工过程进行动态模拟，以检验该加工指令的正确性。

（8）加工过程仿真工具。加工过程仿真是一项非常重要的工作，通过仿真可以检查零件加工过程中可能存在的不合理现象和可能出现的干涉和碰撞现象，并用图形方式结合工艺参数进行显示，形象直观地仿真零件的加工过程。

7.5.2.3　工艺设计专家系统的生成策略

该策略的基本出发点是根据机械加工工艺过程设计的特点和领域专家的要求，提供面向生成实用专家系统的"构件库"，由用户根据本企业的生产条件和资源选择相应的功能模块，构成自己的工具。在使用该工具建立和开发专家系统时，用户只需要整理出工艺知识和零件信息等，并建立相应的知识库，而无需考虑知识的求解、工艺结果和 NC 数控指令的生成等问题，可大幅度地提高开发效率。使用该工具建立专家系统的主要步骤如下：

（1）根据加工对象，应用成组技术对现行工艺进行总结、提炼，形成专家系统的知识文本，然后使用建库模块生成规则和知识库。

（2）针对具体的零件，使用专用零件信息生成器建立其信息库。

（3）系统调试。借助推理、推理解释对已有的知识进行调试，进一步完善和精炼工艺知识库。

（4）生成专家系统产品。

7.6　气体压缩机工装夹具 CAD 系统设计实例

7.6.1　概述

气体压缩机作为一种通用机械设备，它的主要功能是利用气体弹性特性，通过压缩气体介质传递动力的机械。其主要构成零件有曲轴、连杆、十字头体、缸体、机身等。压缩空气在现代工业中的应用已日趋普遍和重要，几乎遍及工农业、交通运输、国防、甚至生活的各个领域。这不仅是由于压缩空气的使用方便和安全，而且能够减轻工人的劳动强度，提高劳动生产率，所以说用压缩空气作为动力，在现代工业中的应用仅次于电力，并非夸大其词。

不论是传统制造，还是现代制造系统，夹具都是十分重要的。夹具对加工质量、生产率和产品成本都有直接的影响。花费在夹具设计和制造的时间不论在改进现有产品或开发新产品中，在生产周期中都占有较大的比重。所以，制造业中非常重视对夹具的研究。

课题研究与江西某有限公司合作，用 VB 语言在 SolidWorks 进行开发气压机工装夹具设计系统，系统包含有工装夹具信息处理模块、三维参数化设计模块、夹具工艺过程模块、夹具性能评价模块、动画演示模块等五大模块，系统利用已有的气压机夹具设计经验，气压机加工工艺的经验，大大缩短夹具的设计与制造周期，提高工艺设计的效率，减少重复劳动，降低生产成本。

课题建立了气体压缩机的工装夹具模型，实现气体压缩机工装夹具参数化，建立标准件库，在装配过程中能快速调用标准件。实现在 SolidWorks 环境下，检索调用加工气压机零件的工艺卡片，并可以根据现时加工需求直接修改工艺卡片，以达到用户的要求。开发了 SolidWorks 插件，即在 SolidWorks 环境下调用 AVI 格式的动画播放装夹过程，即明确了工装夹具装配顺序，也能够看清楚装配体的内部结构。

7.6.2　气压机工装夹具设计系统的总体设计

7.6.2.1　气压机工装夹具设计的思想

A　气压机工装夹具设计目标

通过对江西某机械厂的调研和相关文献的查阅，注意到其夹具设计具有以下几个目标：

（1）将设计人员从烦琐的重复性工作中解脱出来，将主要精力放在创新设计上，而不是重复劳动上。

（2）设计人员可按其设计意图，利用系统所提供的功能，简单、快速地设计出高质量的夹具。

（3）夹具系统须包含足够的夹具设计知识，使经验不足的设计人员也能顺利的完成设计任务。

（4）夹具系统的校验模块，对所设计的夹具进行了分析，尽可能的减少设计阶段的错误，提高夹具的一次成功率。

（5）构建一个快速设计制造的工艺流程，将设计和制造紧密的相连。打破了传统夹具的设计制造方法，将设计制造更好的结合起来，节省了制造者读图和制定加工方案的时间。

（6）整个系统本着面向设计制造者的思路作为起点，界面友好，操作方便快捷为主要的目的。

主要针对上述目标对气压机专用夹具的设计而提出了完整的系统，在设计整个系统时，采用面向对象的设计思路来开发相应的功能模块，使之能有效的利用设计制造人员的经验，来提高设计及制造的效率，同时也是为了能设计及制造出高质量、更实用的夹具。三维软件 SolidWorks 在这方面起到很好的作用：首先，三维软件比较直观、形象，设计者可以目测设计是否满足自己的意向；其次，在设计的图上可以直接修改，直到符合尺寸要求；第三，SolidWorks 提供夹具装配图，在装配图中设计者可以设想整体装配图的夹具的结构，从而进行设计，或直接在装配体中进行设计。气压机工装夹具设计流程如图 7-14 所示。

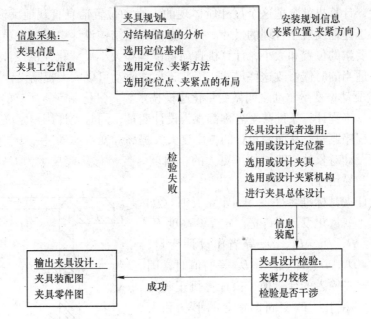

图 7-14　工装夹具设计流程

B　工装夹具参数化技术概述

参数化设计是图形交互尺寸驱动方法的基础。参数化设计系统处理参数是以尺寸参数作为设计变量去驱动零件的几何模型，因此被称为尺寸驱动 CAD 系统。这样的功能有以下两个方面用途：其一，能显著提高仅在几何尺寸上不同的零件族的相似设计效率，从而快速地完成从设计到制造过程中的更新；其二，能对概念设计阶段不能精确定义的尺寸进行快速修改。目前已有多种实现尺寸驱动的方法，可分为两类：

（1）高级语言编程法。用高级语言的尺寸参数为变量对设计进行编程。

（2）图形交互参数法。主模型以图形交互设计，继而基于主模型自动产生尺寸变量。在文献中，ROLL 提出一种交互产生尺寸参数和结构参数的设计方法，它通过使用命令来产生尺寸约束和几何约束，从而处理带尺寸拓扑参数的设计。

下面论述参数化设计中所涉及到的一些技术，如轮廓、尺寸驱动、变量驱动等。

（1）轮廓设计。参数化设计系统引入了轮廓的概念，轮廓由若干首尾相接的直线或曲线组成，用来表达实体模型的截面形状或扫描路径。轮廓上的线段（直线或曲线）不能断开、错位或交叉。整个轮廓可以是封闭的，也可以不封闭。虽然轮廓与生成轮廓的原始线条看上去几乎一模一样，但是它们有本质的区别。轮廓上的线段不能被移到别处，而生成轮廓的原始线条可以被随便地被拆散和移走。这些原始线条与通常的二维绘图系统中的线条本质是一样的。

（2）尺寸驱动。如果给轮廓上加上尺寸，同时明确线段之间的约束，计算机就可以根据这些尺寸和约束控制轮廓的位置、形状和大小。计算机如何根据尺寸和约束正确地控制轮廓是参数化的一个关键技术。所谓尺寸驱动就是指当设计人员改变了轮廓尺寸数值的大小时，轮廓将随之发生相应的变化。

尺寸驱动把设计图形的直观性和设计尺寸的精确性有机地统一起来。如果设计人员明确了设计尺寸，计算机就会把这个尺寸所体现的大小和位置信息直观地反馈给设计人员，设计人员可以迅速地发现不合理的尺寸。另一方面，在结构设计中设计人员可以在屏幕上大致勾画设计要素的位置和大小，计算机自动将位置和大小尺寸化，供设计人员参考，设计人员可以在适当的时候修改这些尺寸，因此，尺寸驱动可以大大提高设计效率和质量。

（3）变量驱动。变量驱动也叫做变量化建模技术。变量化驱动将所有的设计要素如尺寸、约束条件、工程计算条件甚至名称都视为设计变量，同时允许用户定义这些变量之间的关系式以及程序逻辑，从而使设计的自由度大大提高。变量驱动进一步扩展了尺寸驱动这一技术，给设计对象的修改增加了更大的自由度。变量化建模技术为 CAD 软件带来了空前的适应性和易用性。

例如在设计夹具标准零件——固定钻套时（如图 7-15 所示），变量化设计允许把固定钻套高度 H、H_1、H_2 和直径 D、D_1、D_2、D_3 等当作设计变量，当改变 H、H_1、H_2、D、D_1、D_2、D_3 等的值时，固定钻套将通过预先输入的变量值，由计算机正确处理这种设计上的变化，改变固定钻套的形状和大小。变量化技术极大地改变了设计的灵活性，这种技术进一步提高了设计自动化的程度。

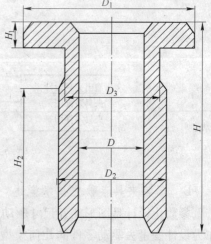

图 7-15 固定钻套变量设计

7.6.2.2 气压机工装夹具系统结构体系框架

针对气压机工装夹具的设计过程的特点，采用了模块化设计准则和面向对象的模块分解的方法对系统整体进行了规划，整个系统功能实现可划分为：工装夹具信息处理模块、三维参数化设计模块、夹具工艺过程模块、夹具性能评价模块、动画演示模块等五大模块，各模块又包括一些子模块或实用程序，每个模块或实用程序都能实现一定的设计功能。该系统不仅能够方便快速地生成一种夹具的不同尺寸系列的产品，而且能够在三维夹具图中直观形象地目测夹具结构的设计是否合理，也可以在装配体中检查夹具各零件是否相互干涉，这是三维软件特有的功能。另外，系统将设计夹具所需的资料存储，可以随时调用查看。而所有这些的操作都是在良好的人机交互界面上进行的，使得用户在使用过程中能够轻松操作，这样才能达到设计系统的目的。系统的结构体系如图7-16所示。

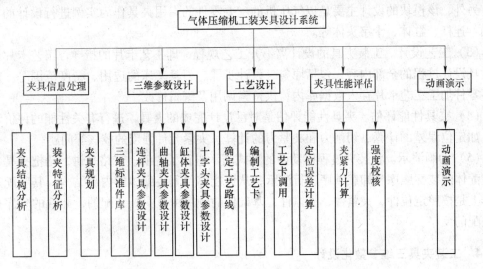

图 7-16　气压机工装夹具设计结构体系框架

7.6.3　系统的功能模块

7.6.3.1　模块化设计的概念及特点

模块化设计是在对一定范围内的产品或系统进行功能分析的基础上，划分并设计出一系列功能独立、结构独立的基本单元——模块，并使模块系列化、标准化，通过模块的选择和组合可以构成不同的产品或系统，以满足不同的需求的设计方法。模块化设计思想的核心内容是将系统按照功能分解为若干相对独立的模块，通过模块间的相互组合，可以得到不同品种、不同规格的产品。

把产品的模块化设计技术应用到夹具设计中，在进行夹具设计时，可以按照夹具各部分不同的功能先设计出各个组成部分，在此基础上，协调工件与夹具各装置、组建的布局，从而确定夹具的总体结构。模块化设计对夹具的设计能表现出很好的条理性。

模块化的特点：

（1）相对独立的特定功能：可以对模块单独进行设计、生产、调试、修改和储备。

（2）具有互换性：为此，模块配合部位的结构形状和尺寸必须标准化。

（3）具有通用性：不仅实现横系列、纵系列通用，而且实现跨系列通用。

7.6.3.2　各模块功能概述

（1）夹具信息处理。夹具设计系统的输入信息是零件设计图和工艺过程信息，通过分析零件的结构、装夹特征以及工艺要求，作出夹具设计的决策，即决定定位和夹紧方法，夹具元件的选择，以及夹具结构的布局。

（2）三维参数设计。该模块对夹具进行三维实体建模，并利用程序，在人机交互界面上实现夹具尺寸参数设置，可随时修改尺寸重新建模，达到夹具尺寸系列化。另外，该模块也可以为夹具设计相似性提供信息。传统的夹具设计依靠的是有经验的设计师，当他考虑为工件设计夹具时，通常都搜集和想象过去设计过的类似的夹具。在制造业中根据统计，超过70%的夹具设计都来源于对现有的相似夹具修改而成。

另外，该模块的设计主要是以气压机的主要零件的专用夹具作为实例进行设计的，如曲轴、连杆、缸体、十字头体等。

（3）工艺设计。工装夹具的设计离不开工艺规程，即工艺卡片的指导，工艺卡片记录了夹具设计过程的全部内容，包括原料、设计步骤、刀具车床的选用、精度范围等。气压机各零件加工工艺卡片存入数据库内，供检索调用及编辑修改。

（4）夹具性能评估。夹具性能评估是对已设计完成的夹具，进行有关性能的评价和估算。如定位误差的计算、切削力和夹紧力的计算、夹紧元件强度的校核等问题。

（5）动画演示。将装夹过程以动画的形式演示进行了说明。严格来讲，是把夹具与工件装配体的装配顺序和卸载顺序进行演示，从而能够目测装配体的内部结构。其装配过程基本上是按照定位件、夹紧件、支撑件、基础件的顺序由里向外装配的，卸载的顺序也就是装配的反序。

7.6.4 工装夹具三维参数化设计

7.6.4.1 SolidWorks 二次开发

A 概述

SolidWorks 是一个开发的系统，它提供了强大的 API（Application Programming Interface）函数，允许对其进行本地化和专业化的二次开发工作。

使用 SolidWorks API 进行二次开发有两种模式：一是在 SolidWorks 平台下进行二次开发，即开发一个 SolidWorks 的插件，表现形式为在 SolidWorks 的平台下增加一组菜单或工具条，用以实现所需的操作。二是 SolidWorks 平台外开发一个应用程序（∗.EXE）对 SolidWorks 调用，以实现预定的功能。在课题的研究中，采用了第一种模式，用以满足气压机工装夹具三维参数化设计系统的功能开发要求。

SolidWorks 二次开发工具很多，任何支持 OLE（Object Linking and Embedding，对象的链接与嵌入）和 COM（Component Object Model，组件对象模型）的编程语言都可以用作为其开发工具。根据这一原则，满足条件的编程开发语言有 Visual Basic 6.0、C、C++、Visual C++ 6.0、C#、Visual Basic.net 等。课题研究所采用的编程开发语言是 Visual Basic 6.0。

B API 函数的概念

众所周知，Windows 系统是个多任务的操作系统，除了能协调应用程序的执行、内存的分配、系统资源的管理外，同时也是一个大的服务中心，如：开启视窗、描绘图形、使用周边设备等服务，当用户需要使用这个中心的服务时就需要调用 API 来实现。

API（应用程序编程接口），是 Windows 系统提供给应用程序与操作系统的接口，是构筑整个 Windows 系统框架的基石，在下与 Windows 操作系统的核心联系，在上又面向 Windows 的应用程序。

API 实际上是 Windows 系统提供给用户进行系统编程和外设控制的函库，是一组由 C

语言编写的系统函数，可以供其他应用程序调用。主要存放于 Windows 系统的动态链接库（DLL，dynamic link library）中，其核心 DLL 有如下一些：

（1）Windows 内核库（Kernel32. du）。用于处理操作系统功能的所有核心工作。如：多任务、内存、系统注册表等的管理。

（2）Windows 用户界面管理库（User32. du）。包括窗口管理、菜单、光标、定时器和通信等有关的过程。

（3）Windows 图形设备界面库（Gdi32. du）。该库提供了用于管理系统支持的所有图形设备的函数。

（4）多媒体库（Winmm. du）。该库函数可用于播放波形音频、MIDI 音乐和数字式影像。

此外，还不断有新的 API 函数出现，用于处理新操作系统功能的扩展，如：E- Mail、联网、新外设等。

C　VB 调用 API 函数的注意事项

在 VB 的环境下对 API 函数调用实现气压机工装夹具参数化设计系统。VB 作为一种高效编程环境，它封装了部分 Windows API 函数，但也牺牲了一些 API 的功能。调用 API 时稍有不慎就可能导致 API 编程错误，出现难于捕获或间歇性错误，甚至出现程序崩溃。要减少 API 编程错误，提高 VB 调用 API 时的安全性，应重点注意下列问题：

（1）指定"Option Explicit"。编程前最好将 VB 编程环境中的"Require Variable De-claration"（要求变量申明）项选中。如果该项未被指定，任何简单的录入错误都可能会产生一个"Variant"变量，在调用 API 时，VB 对该变量进行强制转换以避免冲突，这样一来，VB 就会为字符串、长整数、整数、浮点数等各种类型传递 NULL 值，导致程序无法正常运行。

（2）勿忘 ByVal，确保函数声明的完整性。ByVal 是"按值"调用，参数传递时，不是将指向 DLL 的指针传递给参数变量本身，而是将传递的参数值拷贝一份给 DLL。比如：传递字符串参数时，VB 与 DLL 之间的接口支持两种类型的字符串，如未使用 ByVal 关键字，VB 将指向 DLL 的函数指针传递给一个 OLE 2.0 字符串（即 BSYR 数据类型），而 Windows API 函数往往不支持这种数据类型，导致错误。而使用 ByVal 关键字后 VB 将字符串转变换成 C 语言格式的"空终止"串，能被 API 正确使用。

（3）注意检查参数类型。如果声明的参数类型不同，被 VB 视为 Variant 传递给 API 函数，会出现"错误的 DLL 调用规范"的消息。

（4）跟踪检查参数、返回类型和返回值。VB 具有立即模式和单步调试功能，利用这个优势，确保函数声明类型明确（API 不返回 Variant 类型），通过跟踪和检查参数的来源及类型，可以排除参数的错误传递。

若要对返回结果进行测试，用 VB 的 Err 对象的 Last Dll Error 方法可查阅这些信息，对错误可针对 API 函数调用，取回 API 函数 Get Last Error 的结果，以修改声明，达到正确调用 API 函数之目的。

（5）预先初始化字符串，以免造成冲突。如果 API 函数要求一个指向缓冲区的指针，以便从中载入数据，而此时传递的是字符串变量，应该先初始化字符串长度。因为 API 无法知道字符串的长度——API 默认已为其分配有足够的长度。没有初始化字符串，分配给字符串的缓冲区有可能会不足，API 函数将有可能在缓冲区末尾反复改写，内存里字符串后面的内容将会改写得一塌糊涂。程序表现为突然终止或间歇性错误。

7.6.4.2　标准件库的创建

在夹具设计中，设计人员通常要选用标准件如螺钉、螺母、垫圈、螺栓、销等进行修改设计。如果每次设计人员都要对这些零件进行重新造型，势必造成大量的重复性工作。为此，建立夹具设计标准件库是避免这种重复劳动的有效方法。课题创建了常用标准件以供备用。标准件都是采用 Microsoft Excel 表格的方法在三维软件 SolidWorks 中建立了具有开放性的系列零件设计表标准件库。设计人员只需从标准件库选择所需的标准件的规格和尺寸，直接从标准件库调用该规格的标准件，将其插入到所需要的装配体上即可。例如：某装配体上需要螺钉的型号是圆柱头内六角螺钉 GB70-85，大小是 M20，此时只需在标准件库找到并打开该型号尺寸的三维图形，重新将其保存，然后直接将保存的零件插入到装配体中即可。以下就是建库的方法，现用创建圆柱头内六角螺钉 GB70-85 过程实例来说明。

首先应做好插入系列零件设计表的准备工作。

（1）单击【工具（T）】/【选项（P）】，在系统选项标签上，单击一般。

（2）确定没有选择在单独的窗口中编辑系列零件设计表复选框，然后单击确定按钮。

（3）单击等轴测图标 ⬛▾ 。

（4）按 Z 缩小或按 shift + Z 放大，并调整零件的大小，将零件的尺寸按顺序排好，防止建表时出现混乱。如果需要，可以使用平移工具 ✛ 将零件移至窗口的右下角。

（5）单击选择 ⬚ 以取消选择任何激活的视图工具。

在设计好的标准件图上，作好上面的准备工作以后就可以插入新的系列零件设计表了。整个设计过程可以分为以下几个步骤：

（1）单击【插入（I）】／【系列零件设计表（D）】，然后单击新建。此时，一个 Excel 工作表出现在零件文件窗口中，该表可以创建一种零件的一系列不同的尺寸。Excel 表中横行代表标准件的一种规格，从第二列起代表此种标准件的一个尺寸特征。现将列标题单元格 B2 激活，即单击此单元格。

（2）在图形区域中双击尺寸数值。该尺寸的特征或名称插入单元格 B2 中，而尺寸值插入单元格 B3 中。相邻列标题单元格 C2 自动被激活。这样依次将该标准件的所有特征尺寸都插入到单元格中，那么，第一行就是该标准件的所有特征，而第二行依次对应特征得尺寸。根据《机械设计手册》可以将该标准件的所有其他型号的尺寸按照第一行指定的特征顺序输入，如图 7-17 所示。

（3）表格创建好以后，双击窗口，在设计树种就出现系列零件设计表，在窗口点击 configuration Manager 时，就会出现建好的标准件库，点击任何一格规格的尺寸，窗口中就会相应的设计出该尺寸码的标准件，如图 7-18 所示。

在最初设计零件时，为了使以后尺寸规格改变而零件的形状不走样，必须使设计过程的各个轮廓线相关。例如在旋转切除六角螺母的外边时，若草图绘制成图 7-19 的情况，采用剪切多余线构建旋转切除的轮廓，此次建模成功，但是作为标准件库，若要选取该零

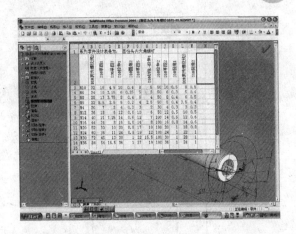

图 7-17　创建零件设计表的单元格

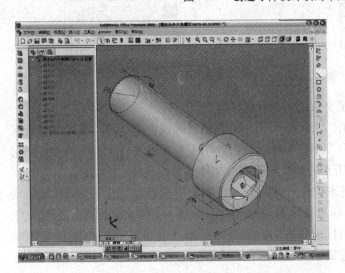

图 7-18　系列零件设计表

件的其他规格时，由于垂直线 1 和水平线 2 能够随尺寸规格变化，而斜线 3 还是保持原来的位置及长度，故三线可能存在不相交，则就不能完成零件建模。但如果采取图 7-20 的情况，就会有所不同。此图中三线在草图设计时，采取了三条线的端点相重合的规则，故无论三角形的大小如何变化，都是一个闭合的三角形，旋转切除可以成功。零件越是复杂越要注意此种情况。

7.6.4.3　SolidWorks 插件开发

在设计三维图形时，常常会碰到这样的问题：同种形状的三维实体往往并不止一种型号，即不同型号时对应的尺寸参数也不相同。面对这样的问题设计者要么选择重新画图要么在原图上修改相应的参数，对于设计者而言，都是不理想的。SolidWorks 插件的开发就可以解决这类问题，对于需要重新设计的同种三维图，直接在参数设置部分修改对应的参数，然后单击建模按钮即可实现该尺寸的模型。

A　SolidWorks 插件介绍及开发

插件是一种遵循一定规范的应用程序接口（API）编写出来的寄托某应用软件的实现

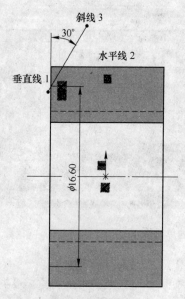

图7-19　设计情况一

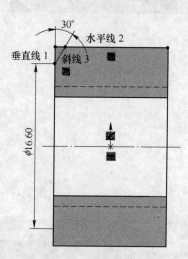

图7-20　设计情况二

特定功能的应用程序，一般用来扩充该应用软件的功能。

很多软件都有插件，例如在 IE（Internet Explorer，微软的网页浏览器）中，安装相关的插件（如 Flash 插件、RealPlayer 插件、MMS 插件、MIDI 五线谱插件、ActiveX 插件等）后，IE 能够直接调用插件程序，用于处理特定类型的文件从而实现特定的功能。

同理，SolidWorks 插件也是用来扩充 SolidWorks 功能的应用程序，它在 SolidWorks 环境下实现其特定的功能。SolidWorks 插件来源分为三种：一是 SolidWorks 公司自己开发的；二是 SolidWorks 公司请第三方公司代理开发的；三是第三方（公司或个人）自主开发的。前两种插件 SolidWorks 公司会把它集成到最新版的 SolidWorks 中去。在 SolidWorks2006 中主要集成了以下插件：

PhotoWorks---图片逼真渲染工具

FeatureWorks---特征识别工具

Animator 零件/装配体的动画制作工具

Toolbox---标准零件库

Piping---管道设计工具

eDrawing---基于 e-mail 的设计交流工具

Viewer---SolidWorks 文件浏览器

SolidWorks Explorer---文件交流工具

3D Instant Website---即时网页发布工具

3D Meeting---网络会议工具

第三方代理开发的 SolidWorks 插件主要分为：CAD 插件（如：机构设计计算辅助插件 MechSoft）、CAM 插件（如：模具设计和分析插件 MoldWorks）、CAE 插件（如：有限元分析插件 COSMOS/Works、流体动力学分析插件 FloWorks）、PDM 插件（如：产品数据管理插件 SolidPDM）。课题所研究的是第三种，包括两个部分的内容：

SolidWorks 插件的开发技术 SolidWorks 编程人员可以利用 SolidWorks API 的功能来开发 SolidWorks 插件,并将其集成于 SolidWorks 环境中,由 SolidWorks 程序进行管理。用户在 SolidWorks 环境下使用其特定的功能。SolidWorks 插件是一个 ActiveX DLL 文件(动态链接库)。在开发 SolidWorks 插件(即生成相应 ActiveX DLL 文件)时,必须先定义 ActiveX DLL 文件与 SolidWorks 连接的接口,实现这一目的的 API 函数为:SwAddin. ConnectToSW 和 SwAddin. DisconnectFromSW。

由于 SolidWorks 是一款完全按 Windows 风格而设计的三维软件,其功能实现基本上为用户通过使用下拉式菜单、弹出式菜单、工具条按钮来直接或间接(调出相应对话框)来达到目的,所以 SolidWorks 插件的开发工作包括下面几个部分:

(1)下拉式菜单的开发:在 SolidWorks 用户界面上的菜单栏增加一个下拉式菜单,包括主菜单和子菜单,方法分别是 SldWorks. AddMenu 和 SldWorks. AddMenuItem2。

(2)弹出式菜单的开发:在 SolidWorks 用户界面上增加一个快捷方式的弹出式菜单(右键弹出),方法是 SldWorks. AddMenuPopupItem2。

(3)工具条的开发:在 SolidWorks 用户界面上创建一个 Windows 类型的工具条,包括工具条和按钮命令。方法分别为:SldWorks. AddToolbar4 和 SldWorks. AddToolbar Command2。

(4)对话框的开发:在 SolidWorks 用户界面上创建由下拉式菜单、弹出式菜单或工具条按钮调出的 SolidWorks 和用户交互的图形界面。这和一般的交互式图形界面开发相同。

创建 SolidWorks 插件 开发生成的 ActiveX DLL 文件还不真正称为 SolidWorks 插件,还不能为 SolidWorks 直接识别,必须在外面做相应的处理,才能在 SolidWorks 环境中生效。ActiveX DLL 文件转化为 SolidWorks 插件有两种方法:直接打开和写注册表。

(1)直接运用 SolidWorks 打开的方法创建 SolidWorks 插件。在 SolidWorks 软件环境中,点击【文件(F)】→【打开(O)】,选择相应 ActiveX DLL 文件的路径(如:F:\),并在文件类型中选择"Add-Ins(*. DLL)",选择要创建 SolidWorks 插件的 ActiveX DLL 文件名(如 jcexp. dll),然后单击【打开(O)】,如图 7-21 所示。这样相关的菜单和工具条就加入到了 SolidWorks 环境中。

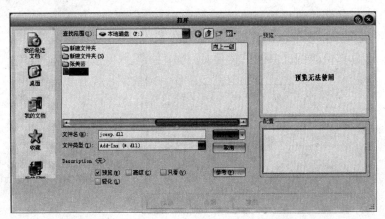

图 7-21 直接打开 ActiveX DLL 创建 SolidWorks 插件

（2）操作注册表创建 SolidWorks 插件。在 Windows 界面下，点击【开始】→【运行】，输入 "Regsvr32 F：\jcexp. dll"（依 ActiveX DLL 文件路径后面的参数会改变），然后按【开始】系统显示文件注册成功，图 7-22 表示创建 Solid-Works 插件成功。

图 7-22　注册成功信息

B　气压机工装夹具三维参数化设计系统插件开发

研究的气压机工装夹具三维参数化设计系统的开发是采用 Visual Basic（VB）完成的。同样，气压机工装夹具三维参数化设计的 SolidWorks 插件开发也是使用 VB 来进行的。

（1）开发前的准备工作。启动 VB，新建一个 ActiveX DLL 项目工程。添加三个必要的引用："SolidWorks 2006 exposed Type Libraries For add- in Use"（SolidWorks 插件库文件）、"SldWorks 2006 Type Library"（SolidWorks 库文件）、"SolidWorks 2006 Consant Type Libray"（SolidWorks 常数库）。

修改工程资源管理器中类模块（CLASS1）的名称为 "Application"，工程 1 修改为 "jcexp"，并储存项目为 "jcexp"。设置工程 "jcexp" 属性，如图 7-23 所示。

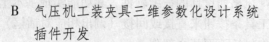

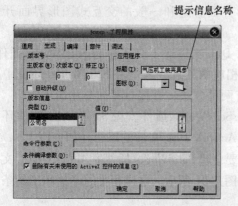

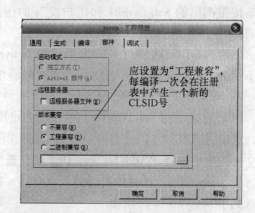

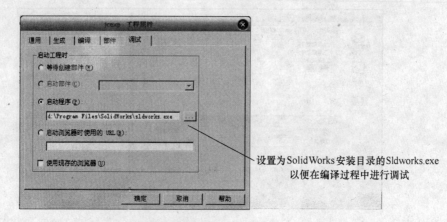

图 7-23　插件的属性设置

提示信息名称，在应用程序中，标题设置为"气压机工装夹具三维参数化设计"；版本兼容应设置为"工程兼容"；启动程序设置为 SolidWorks 安装目录下的"SOLIDWORKS. exe"。

（2）变量及函数的定义。双击类模块"Application"，打开代码窗口输入下列内容：

```
Implements SWPublished. SwAddin
Dim iSldWorks        As SldWorks. SldWorks
Dim iCookie          As Long
Dim iToolbarID       As Long
Dim swApp，ModelDoc，Feature As Object
```

点击代码窗口上的【通用】选择"SwAddin"，"ConnectToSW"和"DisconnectFrom-SW"，程序会自动产下面两个函数：

Private Function SwAddin _ ConnectToSW（ByVal ThisSW As Object，ByVal Cookie As Long）As Boolean End Function 与 Private Function SwAddin _ DisconnectFromSW（ ）As Boolean End Function

（3）建立与 SldWorks 链接关系。该部分通过程序实现在 SldWorks 环境下建立新的菜单，也可以用程序实现主菜单下再建子菜单。对于本文实现的主菜单是"气压机工装夹具三维参数化设计模块（P）"，其下属子菜单有专用件、通用件、缸体参数化夹具件、曲轴参数化夹具件、连杆参数化夹具件、十字头体参数化夹具件。其后又各有子菜单。实际效果如图 7-24 所示。

（4）各子菜单功能的开发。在这里以子菜单"通用件"的开发为例进行阐述。"通用件"子菜单又有下级子菜单，因各个子菜单零件各不相同，故其对应的参数个数设置也是不同的。实现子菜单"通用件"与其下级子菜单"GY103 螺母"的上下级关系的代码是：

bRet = iSldWorks. AddMenuItem2（sw-DocPART，iCookie,"GY103 螺母@ 通用件@ 气压机工装夹具三维参数化设计模块（&P)"，13,"DocPART _ Item13","DocPART _ ItemUpdate","查看工装夹具三维实体设计。") 　'定义子菜单

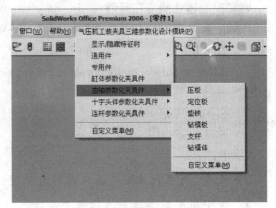

图 7-24　气压机工装夹具参数化菜单

而子菜单"GY103 螺母"功能函数"DocPART _ Item13"的代码如下：

```
Public Function DocPART _ Item13（ ）
GY103 螺母 . Show
End Function
```

该函数只一条代码，为了能在 SolidWorks 界面上显示【GY103 螺母】对话框，设置参数后点击"创作零件"按钮即可显示所需的三维实体，如图 7-25 所示。插件为用户开发夹具提供了直观方便的效果。

类似该对话框的功能代码本文不予细述。

（5）断开插件与 SolidWorks 连接。当希望在 SolidWorks 的环境中不显示菜单"气压机工装夹具三维参数化设计系统模块（P）"及其子菜单时，就需要断开其与 SolidWorks 连接，具体操作方法为：在 SolidWorks 菜单栏上先后选择【工具(T)】→【插件(D)】弹出插件管理对话框，去掉"jcexp"前面的"√"，如图 7-26 所示。

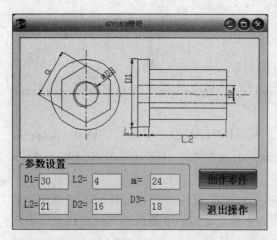

图 7-25　GY103 螺母对话框

图 7-26　断开"气压机工装夹具三维参数化模块（P）"插件与 SolidWorks 连接

要实现上述功能需在函数"DisconnectFromSW"添加相应的代码，如下：

Private Function SwAddin _ DisconnectFromSW（）As Boolean

　　　Dim bRet　　　　　　　As Boolean

　　　bRet = iSldWorks. RemoveMenu（swDocPART,"气压机工装夹具三维参数化模块（P）","")

　　　Set iSldWorks = Nothing

　　　SwAddin _ DisconnectFromSW = True

End Function

7.6.4.4　气压机工装夹具三维参数化设计系统模块的功能实现

A　气压机工装夹具三维建模与设计

主要围绕气压机的主要零件连杆、缸体、曲轴、十字头体等的工装夹具进行三维建模的。它们彼此的机械功效是：电动机带动曲轴回转，曲轴推动连杆，使回转运动变为往复运动。连杆的运动又推动着十字头体做往复直线运动。连杆夹具的设计过程与其他典型夹具设计是一样的，也是会用到定位件和支撑件与工件表面接触，以限制工件包括移动和旋转在内的六个自由度，用夹紧来抵消切削力，以保证工件牢固定位。

气压机夹具建模时，首先要在 SolidWorks 界面下选择基准面，然后根据夹具具体的特征，结合 SolidWorks 软件的功能效果，有步骤的完成模型设计。常用的功能是：画轮廓草图、拉伸、切除、倒角等，当然每步还有具体的细节。以连杆夹具定位块建模为例来进行简单说明。

（1）初进入该软件要先选择作图的基准面，然后按尺寸画轮廓图，一般尺寸以坐标点为参考点，如图 7-27 所示。

（2）草图作完后，选择"拉伸"功能将草图变为三维造型，如图 7-28 所示。

（3）做孔特征时，必须要先选到一个面（选到时该平面变为绿色），在此面上再做草图，然后选择"拉伸—切除"功能，在特性里选择"完全贯穿"，即可达到想要的效果，如图 7-29 所示。

（4）其他类似的特征按（3）中的做法依次做完，就可以生成定位块完整的三维实体图，如图 7-30 所示。

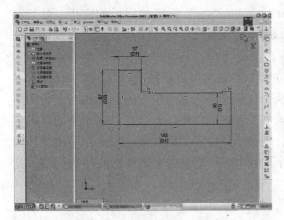

图 7-27 夹具定位块建模的草图

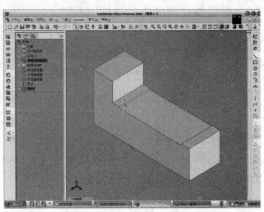

图 7-28 草图拉伸 60mm

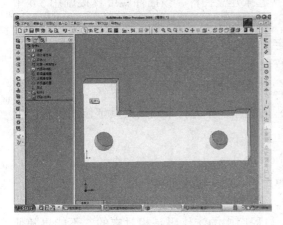

图 7-29 拉伸—切除

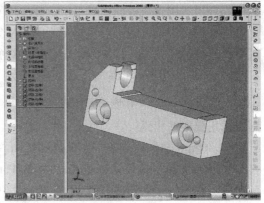

图 7-30 成型

在 SolidWorks 界面的左边，清楚的显示了三维建模的过程及顺序。另外，对于已成型如有不满意的地方，可以在图上直接修改。气压机的其他夹具建模时也是一样的，这里就不一一细述了。

B 气压机工装夹具参数化设计

界面设计是程序设计中的一个重要方面，有必要对其中的基本问题进行讲解。系统界面是人机交互的接口，包括人如何命令系统以及系统如何向用户提交信息。一个设计良好的用户界面使得用户界更容易掌握系统，从而增加用户对系统的接受程度。此外，系统用户界面直接影响了用户在使用系统时的情绪，下面一些情形无疑会使用户感到厌倦。

(1) 过于花哨的界面，使用户难以理解其具体含义，不知如何下手。

(2) 模棱两可的提示。

(3) 长时间（超过 10s）的反应时间。

(4) 额外的操作（用户本意是只做这件事情，但是系统除了完成这件事之外，还做了另一件事情）。

与之相反，一个成功的界面必然是以用户为中心的、集成的和互动的。

尽管目前图形用户界面（GUI, Graphical User Interface）已经被广泛的应用，并且有很多界面设计工具的支持，但是由于上述的原因，在系统开发过程中应该将界面设计放在非常重要的位置上。本文的界面是在 VB 的窗体上设计的。

宏是一系列命令的集合，相当于 DOS 下的批处理。你可以录制使用 SolidWorks 用户界面执行的操作，然后使用 SolidWorks 宏重新执行这些操作。宏所包含的调用相当于使用用户界面执行操作时对 API 的调用。通过记录宏和交互式的执行任务，可以在所需的代码上获得命令和语法上的飞跃。在写任何代码前，记录宏用做工程的基础。当向程序添加功能时，返回到 SolidWorks，记录添加的宏。然后剪切和粘贴记录的宏到你的应用代码中，这样做，即使对最先进的程序也是有益的。

参数化设计就用到了宏命令获取制图的代码，即在 SolidWorks 的环境下绘制三维图的同时，宏命令将整个制图的过程用代码表示出来。整体思想就是将宏获得的代码拷贝到 VB 里，利用 API 函数将 VB 和 SolidWorks 连接起来建立插件，该插件就可直接调用 VB 中的代码。当然用宏获得的代码不一定能生成正确的实体图，还需要多次修改。所谓的参数化也是在程序中设置的，即将宏录制的尺寸定量值参数化。具体的实现方法及步骤以气压机零件连杆的定位块夹具参数化设计为例进行说明，设计步骤如下：

(1) 在 SolidWorks 界面下创建三维定位块实体模板，要用"宏命令"　（即按钮▷　❚❶ 📄📑）进行录制，编制整个创建过程的程序，作为将来调用夹具定位块模板的依据。调用模板的代码：

```
Set swApp = CreateObject ("Sldworks. Application")
Set Part = swApp. NewDocument (App. Path + "\ 连杆定位块 . prtdot", 0, 0, 0)
```

第一条代码是创建或获取 SldWorks 对象，第二条代码是在该环境下打开"连杆定位块 . prtdot"，即为刚才创建的三维实体模型，与程序中的宏代码是相对应的，不能再随便造个连杆定位块实体代替前面创建的实体，因为在实体建模时，即便是同一个实体，也有不同的建模顺序，顺序不同，相对应的代码也就有出入。

另外，在宏录制过程中要注意以下几点：

1) 在宏录制时不能随便打开其他 SolidWorks 图，否则也将其录入，影响程序运行。

2) 在 SolidWorks 中，对于连续拉伸或切除和画中心线时无需有"插入草图"此步骤，系统本身对此是默认的，但对于宏命令必须有该步，否则三维造型失败。

3) 宏录制程序中的数据不一定完全正确，这是检查程序时容易疏忽的方面。

(2) 在 VB 界面上通过各种控件的功能对定位块的尺寸设置相应的参数，当然参数设置对应的图是不可少的，窗体中的二维图是用 CAD 来完成的。而读入设计变量的步骤是通过 VB 调用 SolidWorks 提供的 API 函数对象来实现的。更新模型的步骤主要体现在 VB 的编程代码中。其设计过程如图 7-31 所示。

图 7-31　设计过程

其中，对变量代码设置如下：

boolstatus = Part. Extension. SelectByID2（"D1@ 草图 1@ 零件 3. SLDPRT"，

"DIMENSION"，0，0，0，False，0，Nothing，0）

Part. Parameter（"D2@ 草图 1"）. SystemValue = 120

修改以后为：

Part. Parameter（"D2@ 草图 1"）. SystemValue = b

这是其中定位块参数设置的一个变量，和对话框中的 b= 120 相对应，120 是默认的值，也是和 CAD 图中的尺寸相对应的，其他变量设置类似。

（3）在 SolidWorks 的平台下增加一组菜单，即在 SolidWorks 中建立插件。

1）将步骤（2）中编制的程序生成 . DLL 文件，并保存。

2）在【文件（F）】的下拉菜单中点【打开（O）】，选择刚保存的 . DLL 文件，将其打开，此时在 SolidWorks 的菜单中就增加了所需要的插件。当然，也可以卸载掉，前面已叙述过了。

3）运行参数化设计模块，即插件菜单，在对话框中对定位块进行参数设置，要对应到窗体中的 CAD 图中，如图 7-32 所示。点击"创建零件"按钮，即可在 SolidWorks 中直接生成该三维图，不需一步步做图，方便快捷。实现功能如图 7-33 所示，当尺寸设置改变时，三维实体只改变其大小，而不改变形状。

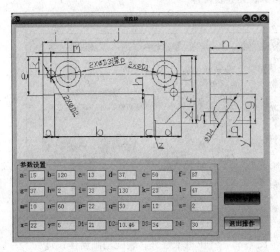

图 7-32　定位块参数化设置

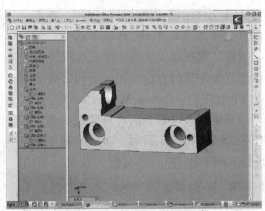

图 7-33　生成定位块

在最后生成的三维图中如果对设计有不满意的地方可以直接在图上修改，也可以增加其他特征等。

C 气压机工装夹具装配

装配设计在实际的设计中是至关重要的一环，设计的各个零件只有正确地装配在一起，才能检验其功能，体现其价值。

在 SolidWorks 中，装配是简洁而又符合实际情况的，只要通过很少的步骤就可以将各种零件按要求装配在一起，进而还可以检查零件间关联情况，是否有干涉发生，甚至可以模拟机构的运动情况，验证整个产品设计的正确性。

在装配时一般第一个零件是默认情况下是不可移动的，后面加入的其他的零件将按定位件、夹紧件、支撑件、基础件的顺序由里向外装配它的上面。各零件之间的位置关系可以用"配合"功能加以限制。采用上述方法经过装配的连杆钻孔工装夹具的装配体如图7-34 所示。

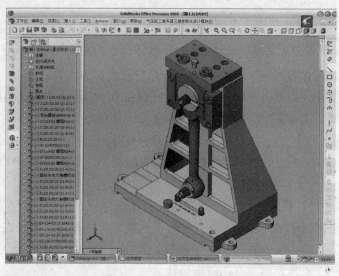

图 7-34 连杆钻孔工装夹具装配体

另外一个插件就是把装配的整个过程用 AVI 文件的格式播放装配过程，本部分同样也是在 SolidWorks 环境下运行，建立的插件"气压机动画演示装配过程"与前面建立插件时的方法相同。不同之处是借助 VB 程序将 Windows Media Player 播放器调出来播放 AVI 格式的夹具装配动画，如图 7-35 和图 7-36 所示。动画的制作是在 SolidWorks 软件下完成的。首先，利用 SolidWorks 的菜单 Animator 将夹具的拆卸和装配过程按顺序录制下来，如图7-37所示，然后将录制下来的保存为 AVI 格式的文件即可。

图 7-35 气压机工装夹具装配动画窗体设计

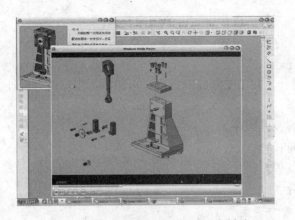

连杆盖
钻孔装配

图 7-36 调用 Windows Media Player 播放
工装夹具动画

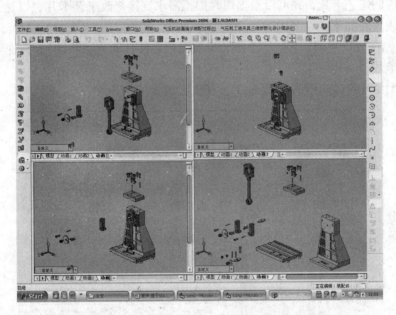

图 7-37 用 Animator 录制动画过程

7.6.4.5 气压机零件工艺卡片设计

A 工艺规程的设计

工装夹具的设计离不开工艺规程，即工艺卡片的指导，故该模块在整个系统中也是很重要的。气压机零件的工艺规程设计主要包括以下内容：

（1）零件图的工艺分析。分析零件的结构和形状、技术要求和材料，特别是对零件的型面、重要技术要求和技术要求的保证方法等进行重点分析，以掌握在制造过程中的工艺关键问题。

（2）确定毛坯。根据加工的要求确定零件毛坯。

（3）工艺路线设计。其内容包括：

1）选择各表面的最后加工方法以及该方法的准确工序；

2）依据过程的阶段和工序分散等原则的分析，进行工序组合；

3）设计工艺基准系统，以确定工序的顺序安排；

4）确定热处理工序及其位置；

5）安排辅助工序。

（4）工序详细设计。在工艺路线确定后，可以进行工序内容设计，包括：

1）选择加工设备；

2）安排工步内容及其顺序；

3）确定加工余量；

4）计算尺寸及其偏差；

5）填写工艺卡片。

B   工艺卡片检索与调用

该部分通过采用 VB 对 Auto CAD 的二次开发可以实现直接在 SolidWorks 环境下调用加工气压机零件的工艺卡片，并可以根据现时加工需求直接修改工艺卡片，以达到用户的要求。具体实现过程如下：

（1）首先在 SolidWorks 下创建插件（与前面创建插件的方法相同），并命名为"气压机零件工艺卡片"。

（2）设计 VB 窗体，图 7-38 是加工连杆工艺的窗体。

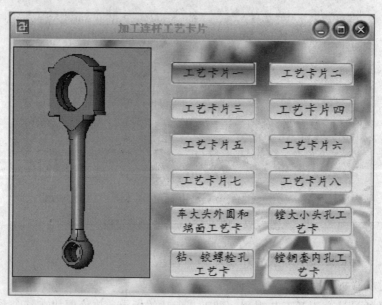

图 7-38   加工连杆工艺的窗体设计

（3）加载程序，实现在 SolidWorks 下直接调用 Auto CAD 工艺卡片。程序如下：

```
Set acadapp = GetObject（,"autocad. application"）
acadapp. ActiveDocument. Width = acadapp. Width ／ 2
acadapp. ActiveDocument. Height = acadapp. Height ／ 2
If Dir（myfilename）＜＞"" Then
acadapp. Documents. Open myfilename
Else
```

```
MsgBox（"文件" & myfilename & "不存在"）
End If
If Err Then
Err. Clear
Set acadapp = CreateObject（"autocad. application"）
myfilename ="D：\ 张美芸\ 工艺卡片系统\ 连杆工艺卡片\ 卡片一 . dwg"
If Dir（myfilename） <>"" Then
acadapp. Documents▸Open myfilename
Else
MsgBox（"文件" & myfilename & "不存在"）
End If
If Err Then
MsgBox（"不能运行 AutoCAD，请检查是否安装了 AutoCAD"）
Exit Sub
End If
End If
Acadapp. Visible = True
End Sub
```

通过上述程序，可以调用到 Auto CAD 工艺卡片，如图 7-39 所示。

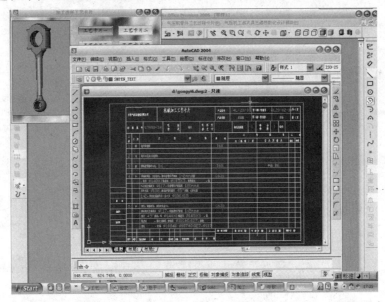

图 7-39　工艺卡片调用

思 考 题

7-1　传统的工艺过程设计方法存在哪些问题?

7-2　CAPP 有何意义?

7-3　CAPP 系统按工作原理可分为几种类型，各类系统有何特点?

7-4　简述基于 GT 的派生式 CAPP 系统的工作原理及设计过程。

7-5　简述一般创成式 CAPP 系统的工艺决策过程。

7-6　简述综合式 CAPP 系统的工艺设计过程。

7-7　简述 CAPP 专家系统的构成。

7-8　CAPP 专家系统的特点是什么？

7-9　目前 CAPP 系统的设计中存在的主要问题是什么，如何加以解决？

汽压机

8 计算机辅助制造技术及实例

扫我看课件

学习目的与要求

　　计算机辅助制造（CAM）是指利用计算机辅助完成从生产准备到产品制造的整个过程的活动。CAM技术是伴随着数控机床的产生而产生，随着数控技术、计算机技术、信息技术的发展而不断发展的。经过半个世纪的发展，CAM技术已形成较为完整的科学技术体系，是先进制造技术的重要组成部分。数控加工和数控编程是CAM的核心内容，CAD/CAM系统的集成是提高产品竞争能力和创新性的关键技术。本章分析论述了CAM技术的基本概念和体系结构，介绍了数控加工及数控编程的基本原理和方法。

　　通过本章的教学，从整体上了解CAM的技术内涵和特点，了解数控加工的基本原理，掌握数控编程的基本方法和过程，并且掌握数控加工过程仿真及MasterCAM数控编程与实例分析。

8.1 CAM 技术概述

　　计算机辅助制造（computer aided manufacturing，简称CAM）到目前为止尚无统一的定义，一般而言，CAM是指计算机在制造领域有关应用的统称。CAM有狭义和广义的两个概念。CAM的狭义概念指的是从产品设计到加工制造之间的一切生产准备活动，它包括CAPP、NC编程、工时定额的计算、生产计划的制订、资源需求计划的制订等，这是最初CAM系统的狭义概念。如今，CAM的狭义概念甚至更进一步缩小为NC编程的同义词。CAPP已被作为一个专门的子系统，而工时定额的计算、生产计划的制订、资源需求计划的制订则划分给MRPⅡ/ERP系统来完成。CAM的广义概念包括的内容则多得多，除了上述CAM狭义定义所包含的所有内容外，它还包括制造活动中与物流有关的所有过程（加工、装配、检验、存储、输送）的监视、控制和管理。广义的CAM技术一般是指利用计算机辅助完成从毛坯到产品制造过程中的直接和间接的各种活动，包括工艺准备、生产计划制订、物流过程的运行控制、生产控制、质量控制等方面的内容，其中工艺准备包括计算机辅助工艺规程设计、计算机辅助工装设计与制造、计算机辅助数控编程、计算机辅助工时定额的编制等任务。

　　CAM中核心的技术是数控加工技术。数控加工主要分程序编制和加工过程两个步骤。程序编制是根据图纸或CAD信息，按照数控机床控制系统的要求，确定加工指令，完成零件数控程序编制；加工过程是将数控程序传输给数控机床，控制机床各坐标的伺服系统，驱动机床，使刀具和工件严格按执行程序的规定相对运动，加工出符合要求的零件。作为应用性、实践性极强的专业技术，CAM 直接面向数控生产实际。生产实际的需求是所有技术发展与创新的原动力，CAM 在实际应用中已经取得了明显的经济效益，并且在提高企业市场竞争能力方面发挥着重要作用。

数控自动编程的初期是利用通用微机或专用的编程器，在专用编程软件（例如 APT 系统）的支持下，以人机对话的方式来确定加工对象和加工条件，然后编程器自动进行运算和生成加工指令，这种自动编程方式，对于形状简单（轮廓由直线和圆弧组成）的零件，可以快速完成编程工作。目前在安装有高版本数控系统的机床上，这种自动编程方式已经完全集成在机床的内部，例如西门子 810 系统。但是如果零件的轮廓是曲线样条或是三维曲面组成，这种自动编程是无法生成加工程序的，解决的办法是利用 CAD/CAM 软件来进行数控自动编程。

随着微电子技术和 CAD 技术的发展，自动编程系统已逐渐过渡到以图形交互为基础，与 CAD 相集成的 CAD/CAM 一体化的编程方法。与以前的 APT 等语言型的自动编程系统相比，CAD/CAM 集成系统可以提供单一准确的产品几何模型，几何模型的产生和处理手段灵活、多样、方便，可以实现设计、制造一体化。采用 CAD/CAM 数控编程系统进行自动编程已经成为数控编程的主要方式。

目前，商品化的 CAD/CAM 软件比较多，应用情况也各有不同，表 8-1 列出了国内应用比较广泛的 CAM 软件的基本情况。

表 8-1　CAM 软件

软件名称	基　本　情　况
Unigraphics（UG）	美国 EDS 公司出品的 CAD/CAM/CAE 一体化的大型软件，功能强大，在大型软件中，加工能力最强，支持三轴到五轴的加工，由于相关模块比较多，需要较多的时间来学习掌握。欲了解更多情况请访问其网站。 网址：http://www.eds.com/products/plm/unigraphics _ nx/
Pro/Engineer	美国 PTC 公司出品的 CAD/CAM/CAE 一体化的大型软件，功能强大，支持三轴到五轴的加工，同样由于相关模块比较多，学习掌握需要较多的时间。欲了解更多情况请访问其网站。 网址：http://www.ptc.com
CATIA	IBM 下属的 Dassault 公司出品的 CAD/CAM/CAE 一体化的大型软件，功能强大，支持三轴到五轴的加工，支持高速加工，由于相关模块比较多，学习掌握的时间也较长。欲了解更多情况请访问其网站。 网址：http://www-3.ibm.com/software/applications/plm/catiav5/
I-DEAS	美国 EDS 公司出品的 CAD/CAM/CAE 一体化的大型软件，由于目前与 UG 软件在功能方面有较多重复，EDS 公司准备将 I-DEAS 的优点融合到 UG 中，让两个软件合并成为一个功能更强的软件。欲了解更多情况请访问其网站。 网址：http://www.eds.com/products/plm/ideas _ nx/
Cimatron	以色列的 Cimatron 公司出品的 CAD/CAM 集成软件，相对于前面的大型软件来说，是一个中端的专业加工软件，支持三轴到五轴的加工，支持高速加工，在模具行业应用广泛。欲了解更多情况请访问其网站。 网址：http://www.cimatron.com/
PowerMILL	英国的 Delcam Plc 出品的专业 CAM 软件，是目前唯一一个与 CAD 系统相分离的 CAM 软件，是功能强大，加工策略非常丰富的数控加工编程软件，目前，支持三轴到五轴的铣削加工，支持高速加工。欲了解更多情况请访问其网站。 网址：http://www.delcam.com.cn

软件名称	基 本 情 况
MasterCAM	美国 CNC Software，Inc. 开发的 CAD/CAM 系统，是最早在微机上开发应用的 CAD/CAM 软件，用户数量最多，许多学校都广泛使用此软件来作为机械制造及 NC 程序编制的范例软件。 网址：http://www.mastercam.com.cn
EdgeCAM	英国 Pathtrace 公司开发的一个中端的 CAD/CAM 系统，更多情况请访问其网站。 网址：http://www.edgecam.com
CAXA	国内北航海尔软件有限公司出品的数控加工软件，其功能与前面介绍的软件相比较，在功能上稍差一些，但价格便宜。更多情况请访问其网站。 网址：http://www.caxa.com.cn

当然，还有一些 CAM 软件，因为目前国内用户数量比较少，所以，没有出现在表 8-1 中，例如 CAM-TOOL、WorkNC 等。

上述的 CAM 软件在功能、价格、服务等方面各有侧重，功能越强大，价格也越贵，对于使用者来说，应根据自己的实际情况，在充分调研的基础上，来选择购买合适的 CAD/CAM 软件。

掌握并充分利用 CAD/CAM 软件，可以帮助我们将微型计算机与 CNC 机床组成面向加工的系统，大大提高设计效率和质量，减少编程时间，充分发挥数控机床的优越性，提高整体生产制造水平。

由于目前 CAM 系统在 CAD/CAM 中仍处于相对独立状态，因此表 8-1 中的任何一个 CAM 软件都需要在引入零件 CAD 模型中几何信息的基础上，由人工交互方式，添加被加工的具体对象、约束条件、刀具与切削用量、工艺参数等信息，因而这些 CAM 软件的编程过程基本相同。

8.1.1 数控加工的基本过程

数控加工是指根据零件图样及工艺要求等原始条件编制零件数控加工程序（简称为数控程序），输入数控系统，控制数控机床中刀具与工件的相对运动，从而完成零件的加工。数控程序是输入 NC 或 CNC 机床的执行一个确定加工任务的一系列指令，例如输入、译码、数据处理、插补、伺服控制等，而生成用数控机床进行零件加工的数控程序的过程，称为数控编程。数控加工的基本工作流程如图 8-1 所示。

（1）根据零件加工图样，首先根据零件图所规定的工件形状和尺寸、材料、技术要求，进行工艺程序的设计与计算，确定零件加工的工艺过程、工艺参数和刀具数据（包括加工顺序、刀具与工件相对运动的轨迹、行程和进给速度等）。

（2）使用数控编程规定的指令代码，按数控装置所能识别的"代码"形式编制零件加工程序单。

（3）通过手动方式或直接数字控制方式将加工程序输入到数控机床控制系统，该控制系统将加工程序编译成计算机能识别的信息，进行一系列的控制与运算，将运算结果以脉冲信号形式送给数控机床的伺服机构。

（4）伺服机构带动机床各运动部件按照规定的速度和移动量有序动作，自动地实现工件的加工过程。

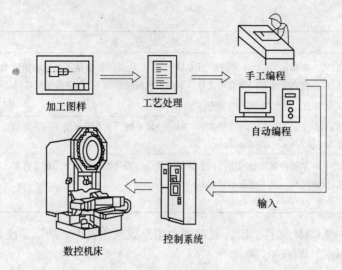

图 8-1　数控加工的基本工作流程

8.1.2　数控编程的内容和步骤

数控机床是按照事先编制好的加工程序自动地对零件进行加工的高效自动化设备。在数控机床上加工零件时，要把加工零件的全部工艺过程、工艺参数和刀具轨迹数据转换为可控制机床的信息，以完成零件的全部加工过程。程序编制是数控加工的重要工作，数控机床对所加工零件的质量控制与生产效率，很大程度上取决于所编程序是否正确、合理。加工程序不仅应保证加工出合格产品，同时还应使数控机床的各项功能得到合理的利用及充分的发挥，使数控机床能安全、可靠、高效地工作。

8.1.2.1　数控编程步骤

在数控编程之前，应查阅所用的数控机床、控制系统及编程指令等有关技术资料，熟悉数控系统的功能。

一般来说，数控编程过程主要包括分析零件图样、工艺处理、数学处理、编写程序、输入数控系统和程序检验。数控编程的具体步骤与要求如下：

（1）确定工艺过程。根据零件的材料、形状、尺寸、精度及毛坯形状等技术要求进行分析，在此基础上选定机床、刀具与夹具，确定零件加工的工艺路线、切削用量等，这些工作与普通机床加工零件时的编制工艺规程基本相同。

（2）数学处理。根据零件的尺寸及工艺路线的要求，在规定的坐标系内计算零件轮廓和刀具运动的轨迹的坐标值，计算零件粗、精加工各运动轨迹，诸如几何元素的起点、终点、圆弧的圆心等坐标，有时还包括由这些数据转化而来的刀具中心轨迹的坐标，并按脉冲当量（或最小设定单位）转换成相应的数字量，以这些坐标值作为编程的尺寸。对于点定位控制的数控机床（如数控冲床），一般不需要计算，只有当零件图样坐标系与编程坐标系不一致时，才需要对坐标进行换算。对于形状比较简单的零件（如直线和圆弧组成的零件）的轮廓加工，需要计算出几何元素的起点、终点、圆弧的圆心、两几何元素交点或切点的坐标值，有的还要计算刀具中心的运动轨迹坐标值。对于形状比较复杂的零件（如非圆曲线、曲面组成的零件），需要用直线段或圆弧段逼近，根据要求的精度计算其节点坐标值。这种情况一般通过自动编程实现。

（3）编制加工程序单。根据制定的加工路线、切削用量、刀具号码、刀具补偿、辅助动作及刀具运动轨迹，按照机床数控装置使用的指令代码及程序格式，编写零件加工程序单。

（4）程序校验和试切削。程序编写好后，将其输入数控系统，可以通过空运转或图形模拟对刀具运动轨迹的正确性进行检验。进一步进行试切削后才能用于正式加工。首件试切不仅可检查出程序单和控制介质是否有错，还可知道加工精度是否符合要求。当发现错误时，应分析错误的性质，或修改程序单，或调整刀具补偿尺寸，直到符合图纸规定的精度要求为止。目前，这一步骤正逐步用 CAM 系统的数控加工仿真功能所替代。

8.1.2.2 数控编程方法

数控编程有如下方法：

（1）手工编程。由人工完成分析零件图、工艺处理、确定加工路线和加工参数、计算刀具运动轨迹、编制加工程序的整个工作过程。这种方法适用于点位加工和形状不太复杂，程序、计算量不大的零件编程。其特点是程序较为简单，容易掌握。但对于形状复杂、程序量大的零件，编程烦琐，校对困难，易于出错。

（2）APT 语言自动编程。APT 是一种自动编程工具（automatically programmed tool）的简称，是一种对工件、刀具的几何形状及刀具相对于工件的运动等进行定义时所用的一种接近于英语的符号语言。把用 APT 语言书写的零件加工程序输入计算机，经计算机的 APT 语言编程系统编译产生刀位文件，然后进行数控后置处理，生成数控系统能接受的零件数控加工程序的过程，称为 APT 语言自动编程。自动编程主要是利用计算机编制零件数控加工程序的全过程。编程人员只需根据图纸和工艺要求，使用规定格式的语言写成所谓的源程序并输入计算机，由专门的计算机软件自动地进行数值计算、后置处理，并编写出零件的加工程序单。自动编程语言用起来比较烦琐，特别是有些零件难于用它来表达。

（3）交互式图形编程。交互式图形编程是一种计算机辅助编程技术，编程人员首先对零件图样进行工艺分析，确定出建模方案，然后用 CAD/CAM 集成软件对加工零件进行几何造型，再利用软件的 CAM 的功能，通过与计算机对话的方式，自动生成数控加工程序。这种方法适应面广、效率高，适合于曲线轮廓、三维曲面等复杂型面的零件加工程序的编程。数控编程的一般过程包括刀具的定义或选择、刀具相对于零件表面的运动方式的定义、切削加工参数的确定、走刀轨迹的生成、加工过程的动态图形仿真显示、程序验证直到后置处理等，一般都是在屏幕菜单及命令驱动等图形交互方式下完成的，具有形象、直观和高效等优点。

8.2 数控编程基础

8.2.1 数控机床的选择

数控机床的种类、型号繁多，按机床的运动方式进行分类，现代数控机床可分为点位控制（position control）、二维轮廓控制（2D contour control）和三维轮廓控制（3D contour control）数控机床三大类。

点位控制数控机床的数控装置只能控制刀具从一个位置精确地移动到另一个位置，在移动过程中不进行任何加工。这类机床有数控钻床、数控镗床、数控冲孔机床等。

二维轮廓控制数控机床的数控系统能同时对两个坐标轴进行连续轨迹控制，加工时不仅要控制刀具运动的起点和终点，而且要控制整个加工过程中的走刀路线和速度。二维轮廓控制数控机床也称为两坐标联动数控机床，即能够同时控制两个坐标轴联动。对于所谓的两轴半联动是在两轴的基础上增加了 Z 轴的移动，当机床坐标系的 X 轴、Y 轴固定时，Z 轴可以作周期性进给。两轴半联动加工可以实现分层加工。

三维轮廓控制数控机床的数控系统能同时对三个或三个以上的坐标轴进行连续轨迹控制。三维轮廓控制数控机床又可进一步分为三坐标联动、四坐标联动和五坐标联动数控机床。对于三个坐标轴联动的数控机床，可以用来完成型腔的加工；而四个以上坐标轴联动的多坐标数控机床的结构复杂，精度要求高，程序编制复杂，适用于加工形状复杂的零件，如叶轮叶片类零件。

一般而言，三轴机床可以实现两轴、两轴半、三轴加工；五轴机床也可以只用到三轴联动加工，而其他两轴不联动。

8.2.2　数控机床的坐标系

数控机床的坐标轴和运动方向是进行数控编程，说明机床运动以及空间位置的前提和依据。数控机床的坐标系，包括坐标轴、坐标原点和运动方向，对于数控编程和加工，是十分重要的概念。数控编程员和机床操作者都必须非常清楚坐标系，否则编程时易发生混乱，操作时易发生事故。为了准确地描述机床的运动，简化程序的编制方法，并使所编程序有互换性，ISO0841 及我国 JB/T 3051—1999 标准对数控机床的坐标系做了规定。

8.2.2.1　坐标系及运动方向的规定

由于机床的结构不同，有的是刀具运动，工件固定，有的刀具固定，工件运动，为编程方便，特统一规定为刀具运动，工件固定。这一原则使编程人员能够在不知道刀具运动还是工件运动的情况下确定加工工艺，并只要根据零件图样即可进行数控加工的程序编制。这一假定使编程工作有了统一的标准，无需考虑具体数控机床各部件的运动方向。

机床坐标系的规定。在数控机床上加工零件，机床的动作是由数控系统发出的指令来控制的。为了确定机床的运动方向和距离，就要在机床上建立一个坐标系，即机床坐标系，也叫标准坐标系。在编制程序时，以该坐标系来规定运动方向和距离。机床坐标系是采用右手笛卡儿直角坐标系，如图 8-2 所示。图中规定了 X、Y、Z 三个直角坐标轴的方向，则每个坐标系的各个坐标轴与机床的主要导轨相平行。根据右手螺旋法则，可以方便的确定出 A、B、C 三个旋转坐标的方向。

8.2.2.2　坐标轴的规定

数控机床的某一部件运动的正方向规定为增大刀具与工件之间距离的方向，即刀具离开工件的方向便是机床某一方向的正方向。在确定机床坐标轴时，一般先确定 Z 轴，然后确定 X 轴和 Y 轴，最后确定其他轴。

（1）Z 轴。Z 坐标的运动由传递切削力的主轴所决定，与机床主轴轴线平行的标准

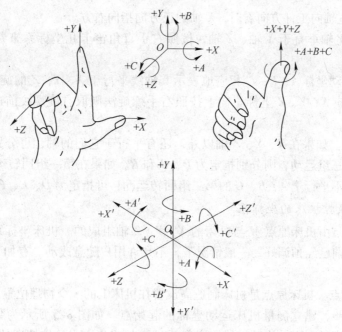

图 8-2 机床坐标系

坐标轴即为 Z 轴。对于铣床、镗床、钻床等是主轴带动刀具旋转，该主轴为 Z 轴；对于车床、磨床和其他成型表面的机床是主轴带动工件旋转，该旋转主轴为 Z 轴。如机床上有多个主轴，则选一垂直于工件装夹平面的主轴作为主要的主轴。Z 坐标的正方向是增加刀具与工件之间距离的方向，而对于钻、镗加工，钻入或镗入工件的方向是 Z 坐标的负方向。

（2）X 轴。X 轴总是水平的，它平行于工件的装夹平面，是刀具或工件定位平面内运动的主要坐标轴。在无回转刀具和无回转工件的机床上（如牛头刨床），X 坐标平行于主要切削方向，以主切削力方向为正方向。

对于工件旋转的数控机床（如数控车床、磨床等），X 轴的方向是在工件的径向上，且平行于横向滑座。刀具离开工件旋转中心的方向为 X 轴正方向，如图 8-3 所示。

对于刀具旋转的数控机床（如数控铣床、镗床等），若 Z 轴是垂直的，当从主轴向立柱看时，X 轴的正方向指向右，立式铣床坐标系如图 8-4 所示；若 Z 轴是水平的（主轴是

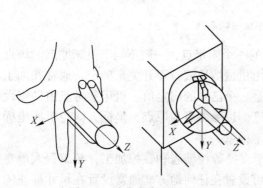

图 8-3 卧式车床坐标系

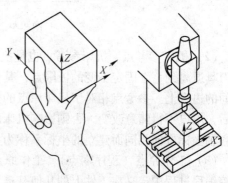

图 8-4 立式铣床坐标系

卧式的），当从主轴向工件方向看时，X轴的正方向指向右方。

（3）Y轴。Y轴垂直于X轴、Z轴，按照右手直角笛卡儿坐标系来判定Y轴及其正方向。

（4）旋转运动坐标A、B、C相应地表示其轴线平行于X、Y、Z的旋转方向。A、B、C的正向为在相应X、Y、Z坐标正向上按照右手螺旋法则取右旋螺纹前进的方向，如图8-2所示。

（5）附加轴。如果在X、Y、Z轴以外，还有平行于它们的轴，可分别指定为U、V、W轴。如还有第三组运动，则分别指定为P、Q和R。如果在第一组回转运动A、B、C之外，还有平行或不平行于A、B、C的第二组回转运动，可指定为D、E、F。

8.2.2.3　数控机床的坐标系

机床坐标系是由机床原点M与机床的X、Y、Z轴组成的。机床坐标系是机床固有的坐标系，在出厂前已经预调好，一般情况下，不允许用户随意改动。有如下几种重要的参考点：

（1）机床原点。机床原点是机床制造商设置在机床上的一个物理位置，其作用是使机床与控制系统同步，建立测量机床运动坐标的起始点。如图8-5所示为数控车床的坐标系，其机床原点定义在主轴旋转轴线与卡盘后端面的交点上。数控铣床的机床原点位置，一般设置在进给行程范围的终点。

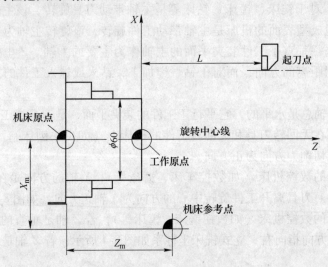

图8-5　数控车床坐标系

（2）机床参考点。机床参考点也是机床上的一个固定点，一般不同于机床原点。该点是刀具退离到一个固定不变的极限点，其位置由机械挡块或行程开关来确定，通常在加工空间的边缘上。参考点相对于机床原点的坐标是一个已知的固定值。机床参考点由厂家设定后，用户不得随意改变，否则影响机床的精度。以参考点为原点，坐标方向与机床坐标系各轴坐标方向相同而建立的坐标系称为参考坐标系。

（3）工作原点（程序零点）。工作原点用于支持数控编程和数控加工，是编程人员在数控编程过程中定义在工件上的几何基准点，可设置在任何地方。通常设置在尺寸标注的基准上，也就是设计基准上。例如对于车床，工作原点可以选在工件右端面的中心也可以选在工件左端面的中心，或者卡爪的前端面。选择程序零点位置时应注意以下几点：程序零点应选在零件图的尺寸基准上，这样便于坐标值的计算，减少错误；程序零点应尽量选在精度较高的加工平面，以提高被加工零件的加工精度。对于对称的零件，程序零点应设在对称中心上，这样程序总是在同一组尺寸上重复，只是改变尺寸符号；对于一般零点，通常设在工件外廓的某一角上（如选在工件左下角，并以此为基础计算其他相关尺寸和标注）；Z 轴方向的零点，一般设在工件表面上。

（4）除了上述三个基本原点以外，有的机床还有一个重要的原点，即装夹原点。装夹原点位于带回转（或摆动）工作台的数控机床或加工中心，一般是机床工作台上的一个固定点，比如回转中心，与机床参考点的偏移量可通过测量存入 CNC 系统的原点偏移寄存器中，供 CNC 系统原点偏移计算用。数控加工中心坐标系如图 8-6 所示。

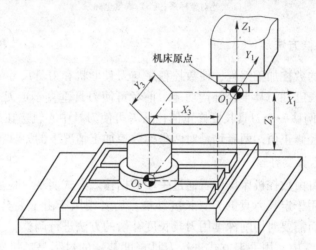

图 8-6　数控铣床（加工中心）的坐标系

8.2.2.4　工件坐标系

工件坐标系也称为编程坐标系，其目的是为了确定零件加工时在机床中的位置。工件坐标系采用与机床运动坐标系一致的坐标方向，工件坐标系的原点（程序原点）要选择便于测量或对刀的基准位置，同时要便于编程计算。供用户编程的工件坐标系和机床坐标系通过机床零点发生联系。

8.2.2.5　绝对坐标系与增量坐标系

在数控系统中，刀具（或机床）运动轨迹的坐标值是以设定的编程原点为基点给出的，称为绝对坐标，该坐标系称为绝对坐标系。数控机床的绝对坐标系用代码表中的 X、Y、Z 表示，如图 8-7（a）所示，A、B 两点的坐标均以固定的坐标原点 0 计算，其值为：$X_A = 10$、$Y_A = 15$；$X_B = 25$、$Y_B = 26$；$X_C = 18$，$Y_C = 40$。

在数控系统中，刀具（或机床）运动轨迹的坐标值是相对于前一位置（或起点）来计算的，称为增量（或相对）坐标，该坐标系称为增量坐标系。数控机床的增量坐标系用代码表中的 U、V、W 表示。U、V、W 分别表示与 X、Y、Z 平行且同向的坐标轴，如图 8-7（b）所示，$U_A = 0$，$V_A = 0$，$U_B = 15$，$V_B = 11$，$U_C = -7$，$V_C = 14$。

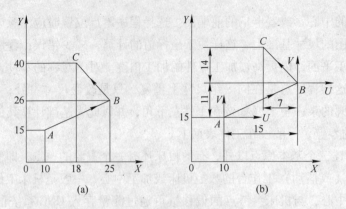

图 8-7　绝对坐标与增量（相对）坐标

（a）绝对坐标系；（b）增量坐标系

8.2.3　加工刀具补偿方法

为了简化零件的数控加工编程，使数控程序与刀具形状和刀具尺寸尽量无关，数控系统一般都具有刀具长度和刀具半径补偿功能。前者可使刀具垂直于走刀平面（比如 XY 平面，由 G17 指定）偏移一个刀具长度修正值；后者可使刀具中心轨迹在走刀平面内偏移零件轮廓一个刀具半径修正值，两者均是对两坐标数控加工情况下的刀具补偿。

8.2.3.1　刀具长度补偿

刀具长度补偿可由数控机床操作者通过手动数据输入方式实现，也可通过程序命令方式实现，前者一般用于定长刀具的刀具长度补偿，后者则用于由于夹具高度、刀具长度、加工深度等的变化而需要对切削深度用刀具长度补偿的方法进行调整。

在现代 CNC 系统中，用手工方式进行刀具长度补偿的过程是：机床操作者在完成零件装夹、程序原点设置之后，根据刀具长度测量基准采用对刀仪测量刀具长度，然后在相应的刀具长度偏置寄存器中，写入相应的刀具长度参数值。当程序运行时，数控系统根据刀具长度基准使刀具自动离开工件一个刀具长度距离，从而完成刀具长度补偿。

在加工过程中，为了控制切削深度或进行试切加工，也经常使用刀具长度补偿，采用的方法是：加工之前在实际刀具长度上加上退刀长度，存入刀具长度偏置寄存器中，加工时使用同一把刀具，而调整加长后的刀具长度值，从而可以控制切削深度，而不用修正零件加工程序。如图 8-8 所示为 LJ-10MC 数控车削中心的回转刀架，共有 12 个刀位。假设当前待使用的是镗孔刀，通过试切或其他测量方法测得其与基准刀具的偏差值分别为：$\Delta X = 90\text{mm}$，$\Delta Y = 125\text{mm}$，通过数控系统的功能键，将该数值输入到镗孔刀的刀补存储器中。当程序执行了刀具补偿功能后，镗孔刀刀具刀尖的实际位置与基准刀具的刀尖位置重合。

值得进一步说明的是，数控编程员应记住：零件数控加工程序假设的是刀尖（或刀心）相对于工件的运动，

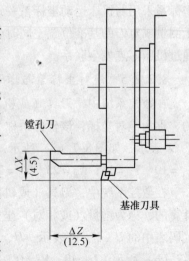

图 8-8　刀具位置补偿

刀具长度补偿的实质是将刀具相对于工件的坐标由刀具长度基准点（或称刀具安装定位点）移到刀尖（或刀心）位置。

8.2.3.2 刀具半径补偿

在二维轮廓数控铣削加工过程中，由于旋转刀具具有一定的刀具半径，刀具中心的运动轨迹并不等于所需加工零件的实际轮廓，而是偏移零件轮廓表面一个刀具半径值。如果采用刀心轨迹编程，则需要根据零件的轮廓形状及刀具半径采用一定的计算方法计算刀具中心轨迹。因此，这一编程方法也称为对刀具的编程。当刀具半径改变时，需要重新计算刀具中心轨迹；当计算量较大时，也容易产生计算错误。铣削刀具半径补偿如图 8-9 所示。

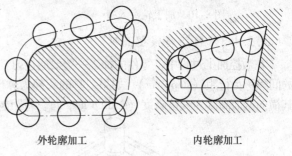

外轮廓加工　　　　　　　内轮廓加工

图 8-9　刀具半径补偿

在数控铣床上进行轮廓的铣削加工时，由于刀具半径的存在，刀具中心（刀心）的轨迹和工件轮廓不重合。如果数控系统不具备刀具半径自动补偿功能，则只能按刀心轨迹进行编程，即在编程时给出刀具的中心轨迹，其点划线轨迹如图 8-9 所示，计算相当复杂。尤其当刀具磨损、重磨或换新刀具而使刀具直径发生变化时，必须重新计算刀心轨迹，修改程序，这样工作量大且难以保证加工精度。当数控系统具备刀具半径补偿功能时，数控编程只需按工作轮廓进行，如图 8-9 中的粗实线轨迹，使刀具偏离工件一个半径值，即实现了刀具补偿。

数控系统的刀具补偿是将计算刀具中心轨迹的过程交由 CNC 系统执行，编程员在假设刀具半径为零的情况下，直接根据零件的轮廓形状进行编程，因此，这种编程方法也称为零刀补编程。而在加工过程中，CNC 系统根据零件程序和刀具半径自动计算刀具中心轨迹，完成对零件的加工。当刀具半径发生变化时，不需要修改零件程序，只需修改刀具半径值即可。

需要指出的是，插补与刀补的计算均不由数控编程人员完成，它们都是由数控系统根据编程所选定的模式自动进行的。

8.2.4 数控铣削编程基本术语

8.2.4.1 轮廓

轮廓是一系列首尾相接曲线的集合。在进行数控编程、交互指定待加工图形时，常常需要用户指定图形的轮廓，用来界定被加工的区域或被加工的图形本身。如果轮廓是用来界定被加工区域的，则要求指定的轮廓是闭合的；如果加工的是轮廓本身，则轮廓也可以不闭合，如图 8-10 所示。

8.2.4.2 加工区域和岛

加工区域是指零件上可由当前刀具接近的一块区域，一个零件的加工表面可分为若干个加工区域。刀具在加工区域之间的移动一般要通过抬刀移动来实现。加工区域是由外轮廓和岛围成的内部空间，其内部可以有"岛"，岛也是由闭合轮廓界定的。外廓用来界定加工区域的外部边界，岛用来屏蔽其内部需要加工或需保护的部分，如图 8-11 所示。

图 8-10　加工轮廓类型

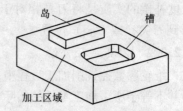

图 8-11　加工区域和岛

8.2.4.3　行距与残留高度

在数控加工过程中，零件的加工一般要通过刀具的多次运动才能实现，刀具运动轨迹之间的间隔称为行距（step over）。如果刀具的头部为球形，则连续两次运动轨迹之间有残留痕迹，其横向截面高度为残留高度（scallop height）。行距越小，残留高度越小，如图 8-12 所示。

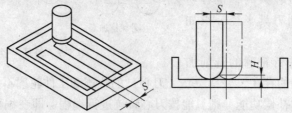

图 8-12　行距与残留高度

S—行距；H—残留高度

8.2.4.4　安全高度和起止高度

安全高度是指刀具位于零件表面以上某一安全平面的高度，在该高度以上可以保证快速走刀而不发生干涉。安全高度应大于零件的最大高度。起止高度是进刀和退刀时刀具的初始高度，起止高度应大于安全高度，如图 8-13 所示。

8.2.4.5　对刀点

对刀点的作用是确定工件原点在机床坐标系中的位置，是进行对刀操作的一个辅助点。对刀点应选择在方便对刀的地方，它既可以设在工件上，也可以设在夹具上，但是对刀点与工件的定位基准之间应当有明确的坐标关系，以便确定机床坐标系与工件坐标系之间的位置关系。机床原点、工件原点和对刀点之间的关系如图 8-14 所示。

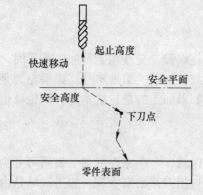

图 8-13　安全高度与起止高度

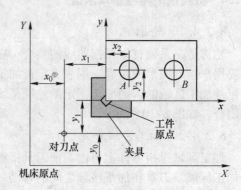

图 8-14　机床原点、工件原点和
对刀点之间的关系

对刀点的找正方法和基准选择与工件的加工精度要求密切相关。当精度要求较低时，可直接以工件或夹具上的某些表面作为对刀面。反之，当加工精度要求较高时，对刀点应尽量选在零件的设计基准或工艺基准上。例如以孔定位的零件可以取孔的中心作为对刀点。

数控加工程序是按工件坐标系编制的，当工件安装到机床上后必须建立起工件坐标系在机床坐标系中的位置关系，这就是零点偏置。零点偏置确定了工件原点与机床原点之间的距离，即确定了机床坐标系原点与工件坐标系原点之间的关系。

数控系统中用于设定零点偏置的指令有两种：一种是可设定的零点偏置指令，通过对刀操作确定机床坐标系原点与工件坐标系原点之间的偏置值，并通过操作面板输入到数控系统中相应的寄存器中，如 G54～G59 指令；另一种是可编程的零点偏置指令，可在数控程序中用该指令建立一个新的工件坐标系，如 SIMENS 系统的 6158 和 FANUC 系统的 G92 指令等。

8.2.4.6 刀位点和换刀点

刀位点是与对刀点相关的一个概念，它是对刀操作的定位对象和数控加工的基准点，也是在加工程序编制过程中用以表示刀具特征的点。平底立铣刀的刀位点是指刀具轴线与刀具底面的交点；球头铣刀的刀位点是指球头部分的球心；盘铣刀的刀位点为刀具对称中心平面与其圆柱面上切削刃的交点；车刀的刀位点是指刀尖；钻头的刀位点是指钻尖。对刀时应使对刀点与刀位点重合。

另外在采用加工中心加工复杂零件时，为了在加工过程中实现自动换刀还需要设定换刀点。换刀点的位置设定以换刀时刀具不碰伤工件、夹具以及机床为基本原则，一般来说，换刀点都设置在被加工零件的外面，并且留有一定的安全区。

8.2.5 铣削方式与走刀路径选择

8.2.5.1 数控铣床的主要加工对象

数控铣床是机械加工中最常用和最主要的数控加工设备之一，除了能进行普通铣床所能进行的钻孔、镗孔、攻螺纹、外形轮廓铣削、平面铣削、平面型腔铣削外，还能铣削普通铣床不能铣削的各种平面和立体轮廓。

A 平面类零件

加工面为平行、垂直于水平面或其加工面与水平面的夹角为定角的零件统称为平面类零件。如图 8-15 所示的三个零件都属于平面类零件。目前在数控铣床上加工的绝大多数零件属于平面类零件。平面类零件的特点是各个加工单元面是平面，或可以展开为平面。例如图 8-15 中的曲线轮廓面 M 和圆台柱面 N，展开后均为平面。平面类零件是数控铣削加工对象中最简单的一类，一般只需用三坐标数控铣床的两坐标联动就可以完成加工。

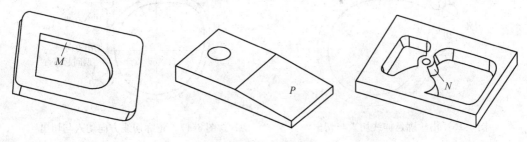

图 8-15 平面类零件

　　B　变斜角类零件

　　加工面与水平面的夹角呈连续变化的零件称为变斜角类零件。这类零件多数为飞机零件，如飞机上的整体梁、框、缘条与肋等，此外还有检验夹具与装配型架等。变斜角类零件的变斜角加工面不能展开为平面，但在加工中，加工面与铣刀圆周接触的瞬间为一条直线。最好采用四坐标和五坐标数控铣床摆角加工，在没有这类机床时，也可在三坐标数控铣床上进行坐标联动的近似加工。

　　C　曲面类（立体类）零件

　　加工面为空间曲面的零件称为曲面类零件，如模具、叶片、螺旋桨等。曲面类零件的特点：一是加工面不能展开为平面；二是加工面与铣刀始终为点接触。这类零件一般采用三坐标数控铣床。当曲面较复杂、通道较狭窄、会伤及毗邻表面及需要刀具摆动时，要采用四坐标或五坐标联动铣床。

8.2.5.2　顺铣和逆铣的选择

　　对于表面无硬皮的工件，在机床进给机构无间隙时，应选用顺铣的走刀路径。因为顺铣加工表面质量较高，而且刀齿磨损小。精铣时，尤其是零件材料为铝合金、钛合金或耐热合金时，应尽量选用顺铣。但当工件表面有硬皮，或者机床的进给机构有间隙时，应该选用逆铣方式安排走刀路径。因为逆铣时，刀具从已加工表面切入，不会崩刃，机床进给机构的间隙不会引起振动和爬行。

8.2.5.3　铣削走刀路径选择

　　数控铣削加工中走刀路径对零件的加工精度和表面质量有直接的影响。因此，确定好走刀路径是保证铣削加工精度和表面质量的工艺措施之一。走刀路径的确定与工件表面状况、零件表面质量要求、机床进给机构的间隙、刀具耐用度以及零件轮廓形状等有关。

　　（1）铣削外轮廓的走刀路径。铣削平面零件外轮廓时，一般是采用立铣刀的侧刃进行切削。刀具切入零件时，应避免沿零件外轮廓的法向切入，以避免在切入处产生刀具的刻痕，而应沿切削起始点延伸线（见图 8-16）或切线方向逐渐进入工件，保证零件曲线的平滑过渡。同样，在切出工件时，也应避免在切削终点处直接抬刀，要沿着轮廓延伸线（见图 8-16）或切线方向之间切出工件。

　　（2）铣削内轮廓的走刀路径。铣削封闭的内轮廓表面时，同铣削外轮廓一样，刀具同样不能沿轮廓曲线的法向切入和切出，此时刀具可以沿一过渡圆弧切入和切出工件轮廓，如图 8-17 所示。

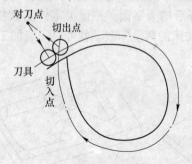

图 8-16　沿轮廓延伸线切入与切出

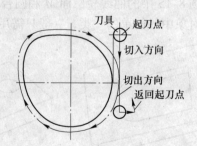

图 8-17　轮廓切线方向切入与切出

　　（3）铣削内槽的走刀路径。对于内槽（凹槽）加工，进给路线不一致，加工结果也将各异。如图 8-18 所示为加工凹槽的三种进给路线，图 8-18（a）和（b）分别表示用行切法（即刀具与工件轮廓的切点轨迹在垂直于刀具轴线平面内投影为相互平行的迹线）和环切法（即刀具与工件轮廓的切点轨迹在垂直于刀具轴线平面内投影为一条或多条环形迹线）加工凹槽的进给路线。两种进给路线的共同点是都能切净内腔中全部面积，不留死角，不伤轮廓，同时尽量减少重复进给的搭接量。不同点是行切法的进给路线比环切法短，但行切法将在每两次进给的起点与终点间留下残留面积，而达不到所要求的表面粗糙度；而用环切法获得的表面粗糙度要好于行切法，但环切法需要逐次向外扩展轮廓线，刀位点的计算稍微复杂一些。综合行切、环切的优点，采用如图 8-18（c）所示的进给路线，即先用行切法切去中间部分余量，最后环切一刀，则既能使总的进给路线较短，又能获得较好的表面粗糙度。

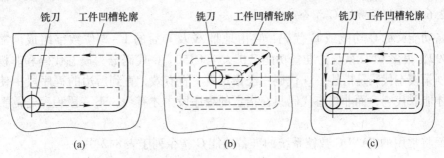

图 8-18　铣削内槽的三种走到路径比较
（a）行切法；（b）环切法；（c）先行切后环切

（4）铣削曲面的走刀路径。铣削曲面时，常用球头刀进行加工。如图 8-19 所示为加工边界敞开的直纹曲面可能采取的三种进给路线，即曲面的 Y 轴方向行切，沿 X 轴方向的行切和环切。对于直母线的叶面加工，采用如图 8-19（b）所示的方案，每次直线进给，刀位点计算简单，程序段短，而且加工过程符合直纹面的形成规律，可以准确保证母线的直线度。当采用如图 8-19（a）所示的加工方案时，符合这类零件表面数据给出情况，便于加工后检验，叶形的准确度高，但程序较多。由于曲面工件的边界是敞开的，没有其他表面限制，所以曲面边界可以外延，为保证加工的表面质量，球头刀应从边界外开始加工。如图 8-19（c）所示的环切方案一般应用在凹槽加工中，在型面加工中由于编程烦琐，一般不采用。

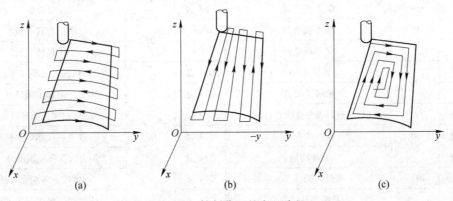

图 8-19　铣削曲面的走刀路径
（a）横切方案；（b）纵切方案；（c）环切方案

　　总之，确定走刀路径的原则是在保证零件加工精度和表面粗糙度的条件下，尽量缩短走刀路径，以提高加工效率。合理地选择加工路线不仅可以提高切削效率，还可以提高零件的表面质量，确定加工路线时应考虑：尽量减少进、退刀时间和其他辅助时间；铣削零件轮廓时，尽量采用顺铣方式，以提高表面精度；进、退刀位置应选在不太重要的位置，并且使刀具沿零件的切线方向进刀和退刀，以免产生刀痕；先加工外轮廓，再加工内轮廓。

8.2.6　常用的数控指令

　　数控机床加工程序常用的指令有准备功能 G、辅助功能 M、进给功能 F、主轴功能 S 和刀具功能 T，这些都是控制数控机床动作的基本指令。

8.2.6.1　准备功能 G 指令

　　准备功能又称 G 功能或 G 代码，它由地址 G 及其后的 1～3 位数字组成。常用的为 G00～G99，很多 CNC 系统的准备功能已扩大至 C150。G 代码分为模态代码和非模态代码两种。所谓模态代码是指某一 G 代码一经指定就一直有效，直到后边的程序段中使用同组 G 代码才能取代它；而非模态代码只在指定的程序段中才有效，下一段程序若需要时必须重写入。

　　下面将常用的 FANUC 数控系统的准备功能 G 指令列于表 8-2 中。

表 8-2　常用 FANUC 系统准备功能 G 指令

代码	组别	功　　能	代码	组别	功　　能
G00	01	快速点定位	G42	08	刀具半径右补偿
G01		直线插补	G43		刀具长度正补偿（铣）
G02		顺时针圆弧插补	G45	00	刀具半径补偿增加（铣）
G03		逆时针圆弧插补	G46		刀具半径补偿减少（铣）
G04 ◢	00	暂停	G47		刀具半径补偿二倍增加（铣）
G06		抛物线插补（铣）	G48		刀具半径补偿二倍减少（铣）
G15	17	极坐标取消	G49	08	刀具长度补偿取消（铣）
G16		极坐标设定	G50 ◢	00	工件坐标系设定（车）
G17	16	XY 平面选择	G65 ◢		宏指令
G18		ZX 平面选择	G68	04	图形旋转（铣）
G19		YZ 平面选择	G69		关闭旋转（铣）
G20	06	英制（in）	G70 ◢	00	精加工循环（车）
G21		米制（mm）	G71 ◢		内外径粗加工循环（车）
G27 ◢	00	返回参考点检查	G72 ◢		端面粗加工循环（车）
G28 ◢		返回参考点	G73 ◢		高速钻孔循环（铣）
G31 ◢		跳步功能	G74 ◢		Z 轴方向深孔钻削循环（车）
G32	01	螺纹切削（车）	G74 ◢		攻螺纹循环左旋（铣）
G40	07	刀具半径补偿取消	G76 ◢		螺纹切削多次循环（车）
G41		刀具半径左补偿	G76 ◢		精镗循环（铣）

续表 8-2

代码	组别	功 能	代码	组别	功 能
G80	10	钻孔固定循环取消	G91	01	增量值编程
G81		镗孔（铣）	G92		螺纹复合循环
G82		镗阶梯孔（铣）	G92		工件坐标系设定（铣）
G83		渐进钻削（铣）	G94		每分钟进给（铣）
G84		攻螺纹循环	G95		主轴每转进给（铣）
G85		镗孔循环；主轴孔底停（铣）	G96	02	主轴恒线速度（车）
G86		端面镗孔循环	G49		每分钟转速
G87		反镗孔循环（铣）	G98		每分钟进给（车）
G88		镗孔循环；孔底暂停（铣）	G98	05	固定循环返回起始点（铣）
G90	03	绝对值编程（铣）	G99		主轴每转进给（车）
G90		内外径车削循环（车）	G99		固定循环返回 R 点（铣）

注：1. 表中带有符号"◢"为非模态代码，其他均为模态代码。

2. 功能表明"（车）"或"（铣）"表示只适宜该类机床，未标明则车床、铣床都适宜。

3. 同一段程序中，出现非同组的几个模态代码时，并不影响 G 代码的续效。

数控机床常用 G 指令的应用如下：

（1）快速点定位 G00。刀具以点位控制方式以最快速度从当前位置移动到指定的目标位置，它只用于快速定位，不能用于切削。其指令格式为：

G00X（U）_Z（W）_；（两坐标）

G00X_Y_Z；（三坐标）

采用绝对编程时，刀具分别以各轴给定的进给速度到指定的目标位置；采用增量编程时，刀具运动轨迹是在各轴同时移动的。

对于三坐标控制的数控机床，坐标值是绝对值还是增量值要由指令 G90、G91 而定。另外，指定 G00 的程序段无需指定进给速度指令 F，其速度由生产厂家调定。

（2）直线插补指令 G01。刀具以一定的速度从当前位置沿直线移动到指令给定的坐标位置。其指令格式为：

G01X（U）_Z（W）_F_；（两坐标）

G01X_Y_Z_F；（三坐标）

在 G01 程序段中必须给定进给速度 F 指令。在没有重新给定 F 指令之前，进给速度保持不变。因此，不必在每一段中都写入 F 指令。

（3）圆弧插补指令 G02、G03。刀具在坐标平面内以一定的进给速度进行圆弧插补运动，用于圆弧加工。圆弧的顺、逆方向可如图 8-20 所示的方法判断。刀具相对于工件的移动方向为顺时针时用 G02 指令，逆时针时用 G03 指令。

在两坐标控制的数控机床上加工圆弧时，不

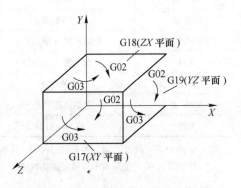

图 8-20 顺逆圆弧插补判断及坐标平面

仅需要用 G02 或 G03 指定圆弧的加工方向，而且要指定圆弧的中心位置。其指令格式为：

　　G02（G03）X（U）_ Z（W）_ R _（I_K_）F _；

其中，地址符 R 表示起点至圆弧的半径值；I、K 表示为圆弧起点到圆弧中心在 X 轴、Z 轴的距离。

（4）坐标平面选择指令 G17、G18、G19。G17、G18、G19 分别指定零件在 XY、ZX、YZ 平面上加工。在三坐标控制的数控机床上加工圆弧时，使用圆弧插补指令之前必须指定圆弧插补的平面，如图 8-20 所示。其指令格式为：

　　G17　G02（G03）X _ Y _ R _（I_J_）F _；

　　G18　G02（G03）X _ Z _ R _（I_K_）F _；

　　G19　G02（G03）Y _ Z _ R _（I_K_）F _；

其中，X、Y、Z 为圆弧终点坐标；I、J、K 分别为圆心在 X、Y、Z 轴上相对于圆弧起点的坐标；R 为圆弧半径。编程规定小于、等于 180° 的圆弧，R 值取正；大于 180° 的圆弧，R 值取负。

（5）工件原点设定指令 G50、G92，规定刀具的起刀点相距工件原点的距离。其指令格式为：

　　　　　　　G50X（U）Z（W）；

或　　　　　　G92X YZ；

其中的坐标值为刀尖点在工件坐标系中的起刀位置。该指令只改变刀具当前位置的坐标，不产生任何机床运动，如图 8-21 所示，P 是刀位点，O 是工件原点。

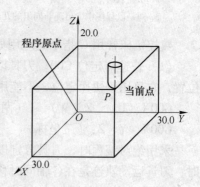

图 8-21　G92 设置得到工作原点

8.2.6.2　功能 M 指令

辅助功能又称 M 功能，主要用来表示机床操作时各种辅助动作及其状态。它由地址 M 及其后的两位数字组成，从 M00 ~ M99。

常用的 FANUC 系统辅助功能 M 指令见表 8-3。

表 8-3　常用 FANUC 系统辅助功能 M 指令

代　码	功　能	代　码	功　能
M00 ◢	程序停止	M09	冷却液关闭
M01 ◢	操作停止	M19	主轴准停
M02 ◢	程序结束	M30	程序结束并返回
M03	主轴正转（顺时针）	M60	更换工件
M04	主轴反转（逆时针）	M74	错误检测功能打开
M05	主轴停止	M75	错误检测功能关闭
M06 ◢	自动换刀（铣）	M98	子程序调用
M08	冷却液打开	M99	子程序调用返回

注：1. 表中带有符号"◢"为非模态代码，其他为模态代码。

　　2. 功能注明"铣"表示只适宜该类机床，未注明则车床、铣床都适宜。

数控机床常用 M 指令的应用如下：

（1）程序停止指令 M00。执行 M00 指令后，机床自动停止，此时可进行一些手动操作，如工件调头、检验工件、手动变速等。使用 M00 指令，重新启动后，才能继续执行后续程序。

（2）选择停止指令 M01。执行 M01 指令后，同 M00 一样会使机床暂时停止，但只有按下控制面板上的"选择停止"开关时，该指令才有效，否则机床仍继续执行后面的程序。

（3）程序结束指令 M02。执行 M02 指令后，表明主程序结束，机床的数控单元复位，表示加工结束，但该指令并不返回程序起始位置。

（4）程序结束并返回指令 M30。执行该指令后，除完成 M02 的内容外，光标自动返回到程序开头的位置，准备加工下一个工件。

8.2.6.3 F、S、T 功能

F 功能，指定进给速度，由地址符 F 和其后面的数字组成。若在 G98 程序段的后面，F 所指定的进给速度单位为 mm/min。若在 G99 程序段后面，则认为 F 所指定的进给速度单位为 mm/r。F 指令在螺纹切削程序段中常用来指令螺纹的导程。

S 功能，指定主轴转速，由地址符 S 和其后的数字组成，单位为 r/min。对于具有恒线速度功能的数控车床，程序中的 S 指令用来指定车削加工的线速度。S 指令与不同的准备功能结合，表示不同的含义，例如：

G96   S100   表示恒线速度控制，切削速度是 100m/min

G97   S800   表示取消恒线速度控制，主轴转速为 800r/min

G50   S2500   表示主轴转速最高为 2500r/min

T 功能，指定刀具，由地址符 T 和其后的数字来表示。其后面的数字用于选刀具、换刀具和指定刀具补偿。其形式为 T×× 或 T××××，例如：

T22   表示 2 号刀具，2 号刀具补偿

T20   表示取消 2 号刀具补偿

T0202   表示 02 号刀具，02 号刀具补偿

T0200   表示取消 02 号刀具补偿

8.2.7 数控程序结构

一个完整的数控加工程序是由程序号、程序段和程序结束符三部分组成。程序结构如下：

```
O0010                    程序号
N0010 G00 X0 Y0 Z2       程序段
N0020 T01 S1500 M03      …
N0030 G01 Z-2 F2Q0       …
N0040 G91 X20 Y20        …
  ⋮                       …
N0090 G00 Z100           …
N0100 M02                程序结束
```

（1）程序号。程序号就是数控加工程序的文件名，用于程序的检索和调用，由字符

"O"或"%"、"P"以及其后4位数字组成，其格式如 O××××。

（2）程序段。加工程序是由若干个程序段落所组成，用以表达数控机床要完成的所有动作。一个程序段由若干个"字"组成，字则由地址字（字母）和数值字（数字及符号）组成，它代表机床的一个动作或一个位置。每个程序段的结束处应有"；"的结束符，以表示该程序段结束转入下一个程序段。如上述程序段，由8个字组成，其中 N、G、X、Y、Z、T、S、M 为地址字，后面跟相应的数值字。

不同数控系统有不同的程序段格式。格式不符合规定，数控装置就会报警，不运行。常见程序段格式为：N_G_X_Y_F_S_T_M。常用地址符的含义见表8-4。

表8-4　常用地址符的含义

地址符	功　能	意　义
O、%、P	程序号	程序、子程序编号
N	顺序号	程序段顺序号
G	准备功能	指定动作方式
X、Y、Z		X、Y、Z 轴的绝对坐标值
U、V、W		与 X、Y、Z 轴平行的附加轴的增量坐标值
A、B、C	坐标字	绕 X、Y、Z 轴旋转指令
I、J、K		圆弧中心 X、Y、Z 轴向坐标
R		指定圆弧半径
M、B	辅助功能	指定机床开/关辅助动作、制定工作台分度等
T	刀具功能	指定刀具及偏移量
S	主轴功能	指定主轴转速
F	进给功能	指定进给速度
L	重复次数	指定子程序及固定循环的重复次数
H、D	补偿号	补偿号指令
P	暂停	制定暂停时间

（3）程序结束符。以辅助功能指令 M02、M30 或 M99 作为整个程序的结束符号，结束工件的加工过程。

8.2.8　手工数控编程

手工编程要求编程人员不仅要熟悉数控代码及编程规则，而且还必须具备机械加工工艺知识和数值计算能力。对于点位加工或几何形状不太复杂的零件，数控编程计算较简单，程序段不多，手工编程即可实现。

加工形状简单的工件时，手工编程简便、快捷，不需要特殊设备，编程费用少。手工编程可以使用数控系统提供的简化编程的功能，如镜像、旋转、多工件坐标系、比例缩放、调用子程序和宏程序等缩短程序长度，节省存储空间，提高加工效率。尤其是用固定循环加工孔，可以实现自动编程很难实现的效果。下面以数控铣削数控编程为例说明手工数控编程的基本内容与步骤。

【例8-1】　毛坯为 70mm×70mm×18mm 板材，六面已粗加工过，要求数控铣出如图

8-22 所示的槽，工件材料为 45 钢。

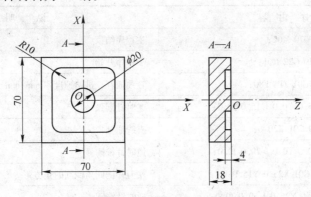

图 8-22 数控铣削零件图

（1）工件装卡方式及加工路线确定。根据零件图要求、毛坯情况，以已加工过的底面为定位基准，用通用平口钳夹紧工件前后两侧面，平口钳固定于铣床工作台上。确定工艺方案及加工路线如下：

1）铣刀先走两个圆轨迹，再用左刀具半径补偿加工 50mm × 50mm 四角倒圆的正方形。

2）每次切深为 2mm，分两次加工完。

（2）选择机床设备。根据零件图样要求，选用经济型数控铣床即可达到要求。

（3）选择刀具。根据加工要求，采用 φ10mm 的立铣刀，定义为 01，并把该刀具的直径输入刀具参数表中。

（4）确定切削用量。切削用量的具体数值应根据该机床性能、相关的手册并结合实际经验确定。各工序的切削用量见程序。

（5）确定工件坐标系和对刀点。在 XOY 平面内确定以工件中心为工件原点，Z 轴方向以工件表面为工件原点，建立工件坐标系。采用手动对刀方法把 O 点作为对刀点。

（6）编写数控加工程序。考虑到加工如图 8-22 所示的槽，深为 4mm，每次切深为 2mm，分两次加工完，则为编程方便，同时减少指令条数，可采用子程序。该工件的铣削加工程序及说明见表 8-5。

表 8-5 数控铣削加工程序

程序内容	说明
O0002	建立工件名
N0010 G00 Z2.0；	快进至待加工位置
N0020 M03 S800 T01；	主轴正转，转速 800r/min，调用 01 号铣刀及刀补
N0030 X15.0 Y0.0 M08；	快速定位，冷却液开
N0040 G20 N01 P1. -2；	调一次子程序，槽深为 2mm
N0050 G20 Z01 M1. -4；	再调一次子程序，槽深为 4mm
N0060 G01 Z2.0 M09；	直线插补，冷却液关
N0070 G00 X0.0 Y0.0 Z150.0；	快速定位

程 序 内 容	说 明
N0070 M02；	主程序结束
N0010 G22 N01；	子程序开始
N0020 G01 ZP1 F80；	直线插补，进给速度 80mm/min
N0030 G03 X15.0 Y0.0 I-15.0 J0.0；	逆时针圆弧
N0040 G01 X20.0；	直线插补
N0050 G03 X20.0 Y0.0 I-20.0 J0.0；	逆时针铣圆弧
N0060 G41 G01 X25.0 Y15.0；	左刀补铣四角倒圆的正方形
N0070 G03 X15.0 Y25.0 I-10.0 J0.0；	逆时针铣圆弧
N0080 G01 X-15.0；	直线插补
N0090 G03 X-25.0 Y15.0 I0.0 J-10.0；	逆时针铣圆弧
N0100 G01 Y-15.0；	直线插补
N0110 G03 X-15.0 Y-25.0 I10.0 J0.0；	逆时针铣圆弧
N0120 G01 X15.0；	直线插补
N0130 G03 X25.0 Y-15.0 I0.0 J10.0；	逆时针铣圆弧
N0140 G01 Y0.0；	直线插补
N0150 G40 G01 X15.0 Y0.0；	左刀补取消
N0160 G24；	主程序结束

8.3 图形交互式自动数控编程技术

以自动编程语言为核心的自动编程技术解决了完全由人工按加工指令编程的低效率问题，且较好地解决了手工编程难以完成的复杂曲面的编程问题，大大地促进了数控技术的应用。然而随着计算机辅助设计 CAD 技术的日趋成熟，APT 自动编程方式的缺点也日益显现出来。因为 APT 的发展比 CAD 要早，其设计思想是批处理的，不能与交互式的 CAD 技术紧密联系起来。

随着计算机技术的发展，计算机的图形处理能力有了很大的增强，工业界开始研究 CAD/CAM 的集成应用技术。1965 年美国洛克希德公司的加利福尼亚飞机制造厂组织了一个研究小组，进行了 CAD/CAM 集成应用的软件研制工作，1967 年初步完成了第一个 CAD/CAM 集成系统，并于 1972 年正式以 CADAM 为系统名称在工厂中投入实际使用。实际应用表明，采用 CAD/CAM 集成模式的图形交互式自动数控编程技术，与 APT 自动编程相比，其编程时间缩短了 70%~75%，得到合格加工程序的平均试切次数降到两次以下，技术经济效益十分明显。因此从 20 世纪 70 年代以后，图形交互式自动编程技术得到逐步推广，尤其是进入 20 世纪 80 年代后，随着图形工作站及高档微机性价比的不断提高，CAD/CAM 集成系统软件开始大量涌现，它们几乎都采用了图形交互式自动编程技术，其编程功能也从 70 年代初的 2.5 坐标轴联动发展到三维多坐标加工中心的数控编程和复杂雕塑曲面零件的数控自动编程。从而诞生了一种可以直接将零件的几何图形信息自动转化为数控加工程序的全新的计算机辅助编程技术，即图形交互自动编程技术。

8.3.1 图形交互式自动数控编程原理和功能

图形交互自动编程技术的核心是在各种机械 CAD 软件图形编辑功能的基础上，通过使用鼠标、键盘、数字化仪等将零件的几何图形绘制到计算机上，形成零件的图形文件，然后调用数控编程模块，采用人机交互实时对话的方式在计算机屏幕上指定被加工的部位，再输入相应的加工参数，计算机便可自动进行必要的数学处理并编制出数控加工程序，同时在计算机屏幕上动态地显示出刀具的加工轨迹。显然，这种编程方法与语言自动编程相比，具有速度快、精度高、直观性好、使用简便、便于检查等优点。

在人机交互过程中，根据所设置的"菜单"命令和屏幕上的"提示"能引导编程人员有条不紊地工作。菜单一般包括主菜单和各级分菜单，它们相当于语言系统中几何、运动、后置等处理阶段及其所包含的语句等内容，只是表现形式和处理方式不同。

交互图形编程系统的硬件配置与语言系统相比，增加了图形输入器件，如鼠标、键盘、数字化仪、功能键等输入设备，这些设备与计算机辅助设计系统是一致的，因此，交互图形编程系统不仅可用已有零件图纸进行编程，更多的是适用于 CAD/CAM 系统中零件的自动设计和 NC 程序编制。这是因为 CAD 系统已将零件的设计数据予以存储，可以直接调用这些设计数据进行数控程序的编制。

图形交互自动编程系统，一般由几何造型、刀具轨迹生成、刀具轨迹编辑、刀位验证、后置处理（相对独立）、计算机图形显示、数据库管理、运行控制及用户界面等部分组成，如图 8-23 所示。

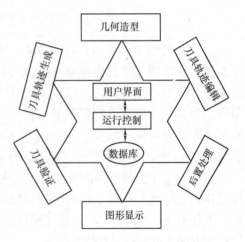

在图形交互自动编程系统中，数据库是整个模块的基础；几何造型完成零件几何图形构建，并在计算机内自动形成零件图形的数据文件；刀具轨迹生成模块根据所选用的刀具及加工方式进行刀位计算，生成数控加工刀位轨迹；刀具轨迹编辑根据加工单元的约束条件对刀具轨迹进行裁剪、编辑和修改；刀位验证用于检验刀具轨迹的正确性，也用于检验刀具是否与加工单元的约束

图 8-23 图形数控编程系统的组成

面发生干涉和碰撞，检验刀具是否啃切加工表面；图形显示贯穿整个编程过程的始终；用户界面提供用户一个良好的运行环境；运行控制模块支持用户界面所有的输入方式到各功能模块之间的接口。

图形交互自动编程是一种全新的编程方法，与 APT 语言编程比较，主要有以下几个特点：

（1）图形编程将加工零件的几何造型、刀位计算、图形显示和后置处理等结合在一起，有效地解决了编程数据来源、几何显示、走刀模拟、交互修改等问题，弥补了单一利用数控编程语言进行编程的不足。

（2）不需要编制零件加工源程序，用户界面友好，使用简便、直观、准确、便于检查。因为编程过程是在计算机上直接面向零件的几何图形以光标指点、菜单选择及交互对话的方式进行的，其编程的结果也以图形的方式显示在计算机上。

（3）编程方法简单易学，使用方便。整个编程过程是交互进行的，有多级功能"菜单"引导用户进行交互操作。

（4）有利于实现与其他功能的结合。可以把产品设计与零件编程结合起来，也可以与工艺过程设计、刀具设计等过程结合起来。

8.3.2 图形交互式自动编程的基本步骤

目前，国内外图形交互式自动编程软件的种类很多，如英国的 EdgeCAM、美国的 MasterCAM 和国内的 CAXACAM，以及许多先进 CAD/CAM 系统都是图形交互式的数控自动编程系统。这些软件的功能、面向用户的接口方式有所不同，所以编程的具体过程及编程过程中所使用的指令也不尽相同。但从总体上讲，其编程的基本原理及基本步骤大体上是一致的。归纳起来可分为五个步骤，其流程如图 8-24 所示。

图 8-24 图形交互式自动编程流程

（1）几何造型。利用 CAD/CAM 一体化系统和专用 CAM 系统的三维造型功能模块，将被加工零件的三维几何模型准确地绘制在计算机屏幕上，与此同时，在计算机内自动生成零件模型的数据文件，这就相当于 APT 语言编程中用几何定义语句定义零件几何图形的过程。这些模型数据是下一步刀具轨迹计算的依据。自动编程过程中，软件将根据加工要求提取这些数据，进行分析判断和必要的数学处理，以形成加工的刀具位置数据。

（2）加工工艺分析与决策。零件三维模型分析是图形交互式数控编程的基础。目前该项工作仍主要靠人工进行。分析零件的加工部位，定义毛坯尺寸，确定有关工件的装夹位置、工件坐标系、刀具尺寸、加工路线及加工工艺参数等。然后定义边界和加工区域，并设置切削加工方式和刀具位置。

（3）刀位轨迹生成。刀位轨迹的生成是面向屏幕上的图形交互进行的。首先在刀位轨迹生成的菜单中选择所需的菜单项，然后根据屏幕提示，用光标选择相应的图形目标，点取相应的坐标点，输入所需的各种参数（如工艺信息）。软件将自动从图形文件中提取编程所需的信息进行分析判断，计算节点数据，并将其转换为刀具位置数据，存入指定的刀位文件中或直接进行后置处理，生成数控加工程序，同时在屏幕上显示出刀具轨迹图形。

（4）后置处理。其目的是形成数控加工文件。由于各种机床使用的数控系统不同，所用的数控加工程序的指令代码及格式也有所不同。为解决这个问题，软件通常设置一个后置处理惯用文件，在进行后置处理前，编程人员应根据具体数控机床指令代码及程序的格式事先编辑好这个文件，这样才能输出符合数控加工格式要求的 NC 加工文件。

（5）程序输出。图形交互自动编程软件在编程过程中可在计算机内自动生成刀位轨迹文件和数控指令文件，所以程序的输出可以通过计算机的各种外部设备进行。使用打印机可以打印出数控加工程序单，并可在程序单上用绘图机绘制出刀位轨迹图，使机床操作者更加直观地了解加工的走刀过程。使用磁盘驱动器等，可将加工程序写在磁盘上，提供给有磁盘驱动器的机床控制系统使用。对于有标准通用接口的机床控制系统，可以和计算机直接联机，由计算机将加工程序直接送给机床控制系统。

从上述可知，采用图形自动交互编程，用户不需要编写任何源程序，当然也就省去了调试源程序的烦琐工作。若零件图形是设计员负责设计好的，这种编程方法有利于计算机辅助设计和制造的集成。刀具路径可立即显示，直观、形象地模拟了刀具路径与被加工零件之间的关系，易发现错误并改正，因而可靠性大为提高，试切次数减少，对于不太复杂的零件，往往一次加工合格。据统计，其编程时间平均比 APT 语言编程节省 2/3 左右。图形交互编程的优点促使 20 世纪 80 年代的 CAD/CAM 集成系统纷纷采用这种技术。如图 8-25 所示为 CAD/CAM 集成编程的一般流程。

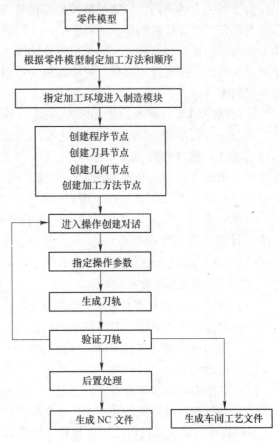

图 8-25　CAD/CAM 集成编程的一般流程

8.4　数控加工过程仿真

8.4.1　刀位轨迹仿真

随着数控加工自动编程技术的发展，人们利用计算机自动编程方法解决了复杂轮廓曲线、自由曲面的数控编程难题。但是，数控程序的编制过程和工艺过程的设计相似，都具有经验性和动态性，在程序编制过程中难免出错。特别是对于一些复杂零件的数控加工来说，用自动编程方法生成的数控加工程序在加工过程中是否发生过切，所选择的刀具、走刀路线、进退刀方式是否合理，刀位轨迹是否正确，刀具与约束面是否发生干涉与碰撞等，编程人员事先往往很难预料。因此，不论是手工编程还是自动编程，都必须认真检查和校核数控程序，如果发现错误，则需马上对程序进行修改，直至最终满足要求为止。为了确保数控加工程序能够按照预期的要求加工出合格的零件，传统的方法是在零件加工之前，在数控机床上进行试切，从而发现程序的问题并进行修改，排除错误之后再进行零件的正式加工，这样不仅费工费时，也显著增加了生产成本，而且也难以保证安全性。

为了解决上述问题，计算机数控加工仿真技术应运而生。工程技术人员利用计算机图形学的原理，在计算机图形显示器上把加工过程中的零件模型、刀具轨迹、刀具外形一起动态地显示出来，用这种方法来模拟零件的加工过程，检查刀位计算是否准确、加工过程是否发生过切，所选择的刀具、进给路线、进退刀方式是否合理，刀具与约束面是否发生干涉与碰撞等。

刀位轨迹仿真的基本思想是：从零件实体造型结果中取出所有加工表面及相关型面，从刀位计算结果（刀位文件）中取出刀位轨迹信息，然后将它们组合起来进行显示；或者在所选择的刀位点上放上"真实"的刀具模型，再将整个加工零件与刀具一起进行三维组合消隐，从而判断刀位轨迹上的刀心位置、刀轴矢量、刀具与加工表面的相对位置以及进退刀方式是否合理等。如果将加工表面各加工部位的加工余量分别用不同的颜色来表示，并且与刀位轨迹一同显示出来，就可以判断刀具和工件之间是否发生干涉（过切）等。

8.4.1.1　刀位轨迹仿真的主要作用

刀位轨迹仿真的主要作用有：

（1）显示刀位轨迹是否光滑、是否交叉，凹凸点处的刀位轨迹连接是否合理。

（2）判断组合曲面加工时刀位轨迹的拼接是否合理。

（3）指示出进给方向是否符合曲面的造型原则（主要针对直纹面）。

（4）指示出刀位轨迹与加工表面的相对位置是否合理。

（5）显示刀轴矢量是否有突变现象，刀轴的偏置方向是否符合实际要求。

（6）分析进刀退刀位置及方式是否合理，是否发生干涉。

刀位轨迹仿真法是目前比较成熟有效的仿真方法，应用比较普遍。

8.4.1.2　刀具轨迹显示验证

刀具轨迹显示验证的基本方法是：当待加工零件的刀具轨迹计算完成以后，将刀具轨迹在图形显示器上显示出来，从而判断刀具轨迹是否连续，检查刀位计算是否正确。判断的依据和原则主要包括：刀具轨迹是否光滑连续、刀具轨迹是否交叉、刀轴矢量是否有突变现象、凹凸点处的刀具轨迹连接是否合理、组合曲面加工时刀具轨迹的拼接是否合理、走刀方向是否符合曲面的造型原则等。

刀具轨迹显示验证还可将刀具轨迹与加工表面的线架图组合在一起，并显示在图形显示器上，或在待验证的刀位点上显示出刀具表面，然后将加工表面及其约束面组合在一起进行消隐显示，根据刀具轨迹与加工表面的相对位置是否合理、刀具轨迹的偏置方向是否符合实际要求、分析进/退刀位置及方式是否合理等，更加直观地分析刀具与加工表面是否有干涉、从而判断刀具轨迹是否正确，走刀路线、进退刀方式是否合理。如图 8-26 所示为车削加工刀位轨迹仿真，图 8-27 所示为用球头铣刀对模具复杂曲面相交处进行清根加工的刀位轨迹仿真。从图 8-26 和图 8-27 中可以看出刀具轨迹与相应加工面的相对位置是合理的。

图 8-26　车削加工刀位轨迹仿真

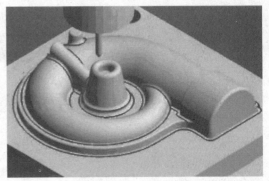

图 8-27　用球头铣刀对模具复杂曲面相交
进行清根加工的刀位轨迹仿真

8.4.2　虚拟加工过程仿真

　　虚拟加工过程仿真是对数控代码进行仿真，主要用来解决加工过程中，实际加工环境内，工艺系统间的干涉、碰撞问题和运动关系。工艺系统是一个复杂的系统，由刀具、机床、工件和夹具组成，在加工中心上加工，还有转刀和转位等运动。由于加工过程是一个动态的过程，刀具与工件、夹具、机床之间的相对位置是变化的，工件从毛坯开始经过若干道工序的加工，在形状和尺寸上均在不断地变化，因此，加工过程仿真是在工艺系统各组成部分均已确定的情况下进行的一种动态仿真。应该注意的是，加工过程动态仿真是在后置处理以后，已有工艺系统实体几何模型和数控加工程序（根据具体加工零件编好的）的情况下才能进行，专用性强。

　　虚拟加工过程仿真主要经历了两个阶段。在 20 世纪 70 年代，线架 CAD 系统的诞生使刀具动态显示技术有了突破，毛坯和刀具模型都是以线框显示在计算机屏幕上，人们可以通过在零件上动态显示刀具加工过程来观察刀具与工件之间的几何关系，对有一定经验的编程员来说，就可以避免很多干涉错误和许多计算不稳定错误。但由于刀具轨迹也要显示在屏幕上，所以这种方法不能很清楚地表示出加工过程的情况。进入 20 世纪 80 年代，实体造型技术给图形仿真技术赋予了新的含义，出现了基于实体的仿真系统。由于实体可以用来表达加工半成品，从而可以建立起有效真实的加工模拟和 NC 程序的验证模型。

　　对数控加工过程进行仿真，主要包括两方面的工作：一方面是建立实际工艺系统的数学模型，这是仿真的基础，由于 NC 代码的图形仿真检验过程是通过仿真数控机床在 NC 代码驱动下利用刀具加工零件毛坯的过程，以实现对 NC 代码正确性的检查，因此，要对这一过程进行图形仿真就要有加工对象和被加工对象，加工对象包括数控机床、刀具、工作台及夹具等，被加工对象包括加工零件及 NC 代码，在开始仿真之前，必须要定义这些实体模型；另一方面是求解数学模型，并将结果用图形和动画的形式显示出来。图形和动画功能是仿真的主要手段。如图 8-28 所示为集零件、机床、夹具和刀具于一体的数控加工仿真系统。

虚拟加工过程仿真与刀位轨迹仿真方法不同，虚拟加工方法能够利用多媒体技术实现虚拟加工，不只是解决刀具与工件之间的相对运动仿真，它更重视对整个工艺系统的仿真，虚拟加工软件一般直接读取数控程序，模仿数控系统逐段翻译，并模拟执行，利用三维真实感图形显示技术，模拟整个工艺系统的状态，还可以在一定程度上模拟加工过程中的声音等，提供更加逼真的加工环境效果。

实体图形仿真过程如图 8-29 所示。

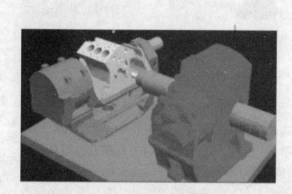

图 8-28   集加工零件、机床、夹具、
刀具于一体的数控加工仿真

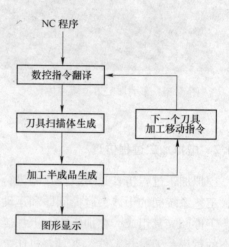

图 8-29   实体图形仿真过程

一个完整的数控加工仿真过程包括：

（1）NC 指令的翻译和检查。将 NC 代码翻译为刀具的运动数据，即仿真驱动文件，并对代码中的语法错误进行检查。

（2）毛坯及零件图形的输入和显示。

（3）机床、刀具、夹具的定义和图形显示。

（4）刀具运动及毛坯切削的动态图形显示。

（5）刀具碰撞及干涉检查。

（6）仿真结果报告。包括具体干涉位置和干涉量。

加工过程仿真系统的总体结构如图 8-30 所示。该仿真系统运行于集成制造环境，包括三个部分：

（1）实体建模模块。这是整个系统的基础。该模块给用户提供了交互实体建模的环境。在开始仿真之前，用户需要定义有关的实体模型，包括零件毛坯、机床（包括工作台或转台、托盘、换刀机械手等）、夹具、刀具等模型，这些实体模型是加工仿真的基础。

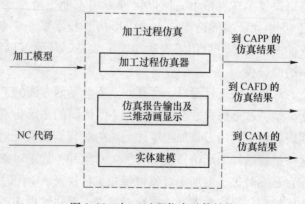

图 8-30   加工过程仿真总体结构

（2）加工过程仿真器。这是加工过程仿真的核心。首先进行运动建模，来描述加工运动及辅助运动，包括直线、回转及其他运动；然后根据读入的数控加工程序，进行语法分析，并将 NC 程序翻译成内部数据结构，以此来驱动仿真机床，进行加工过程仿真，检查刀具与初切工件轮廓的干涉、刀具、夹具、机床、工件之间的运动碰撞及不适当的加工参数、刀具磨损等。同时考虑由毛坯加工成为零件过程中的形状、尺寸变化。

（3）仿真报告输出及三维动画显示。进行三维实体动画仿真显示，并将加工过程仿真结果输出，将输出结果分别反馈给其他系统，以便对仿真结果，进行分析、处理。加工过程仿真需要两类信息：一类是详细实体模型；另一类是来自集成框架的待加工工件的 NC 加工程序。其中，详细实体模型用来支持加工过程仿真；NC 加工程序用来驱动加工过程的三维动画仿真，即仿真机床在 NC 程序的驱动下从毛坯一步步切除余料直至零件，以检验零件加工的正确性，并在仿真中检验刀具是否与工件、夹具或其他部件发生碰撞，如果发现问题，迅速反馈给 CAPP、CAFD（计算机辅助夹具设计，computer aided fixture design，CAFD）和 CAM 系统，并根据上述三个系统的设计修改，再次仿真加工过程直至加工过程准确无误。

在加工过程动态仿真过程中，一般将加工过程中不同的对象，如机床、刀具、夹具、工件分别采用不同的颜色显示；已切削加工表面与待切削加工表面颜色不同；已加工表面上存在过切、干涉之处需采用另一种不同的颜色。同时对仿真过程的速度进行控制，从而使编程员可以清楚地看到零件的整个加工过程，刀具是否啃切加工表面，刀具是否与约束面发生干涉与碰撞等。

从发展前景看，一些专家学者正在研究开发考虑加工系统物理学、力学特性情况下的虚拟加工，一旦成功，数控加工仿真技术将发生质的飞跃。

8.5 MasterCAM 数控编程与实例分析

MasterCAM 软件是美国 CNC Software 公司研制开发的基于 PC 平台的 CAD/CAM 软件。MasterCAM 软件自 1984 年问世以来，以其独有的特点一直在专业领域享有极高的声誉，全球销售量名列前茅，被工业界和学校广泛采用。它主要应用于机械、电子、汽车等行业，特别是在模具的设计和制造中，发挥了重要作用。

最初的 MasterCAM 是基于 DOS 平台的，从 MasterCAM5.0 版开始转为 Windows 平台。经过多年的发展，MasterCAM 的版本不断更新，其功能不断完善和提高，操作界面更加友好，使用户的操作更加便捷、高效。

8.5.1 MasterCAM 的基本功能

MasterCAM 是一套全面服务于制造业的数控自动编程软件，它包括设计（design）、铣削（mill）、车削（lathe）和线切割（wire）等模块。

设计模块用于创建线框、曲面和实体模型，完成二维和三维图形的设计，它具有全特征化建模功能和强大的图形编辑、转换功能；也可以通过系统提供的 DXF、IGES、VDA、STL、Parasld、DWG 等标准图形转换接口，把其他 CAD 软件生成的图形转换为 MasterCAM 的图形文件。

铣削、车削和线切割等模块用于生成和管理铣、车和线切割加工刀具路径及输出数控加工代码。MasterCAM 可以通过刀具路径模拟（backplot）和实体切削模拟（verify）验证生成的刀具轨迹并进行干涉检查，用图形动态方式检验加工代码的正确性。通过后置处理可获得符合某种数控系统需要和使用者习惯的数控程序；也可以通过计算机的串口或并口与数控机床连接，将生成的数控代码由系统自带的通信功能传输给数控机床。

8.5.2　MasterCAM 的工作界面

MasterCAM X 的工作界面（见图 8-31）与其他 Windows 应用软件类似，简单易学，界面友好。

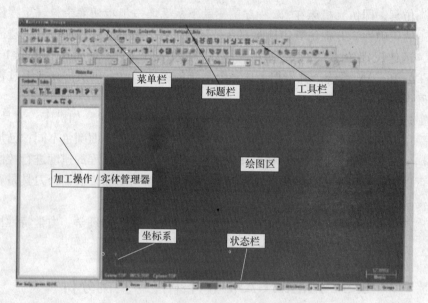

图 8-31　MasterCAM X 的工作界面

8.5.3　MasterCAM 数控编程的一般工作流程

利用 MasterCAM 进行数控编程的一般工作流程如下：

（1）按图样或设计要求，建立 MasterCAM 的三维模型，生成图形文件（扩展名为 .mcx）。

（2）利用 CAM 模块生成轮廓加工刀具路径文件（扩展名为 .nci）。

（3）通过后置处理，将刀具路径文件生成为数控设备可直接执行的数控加工程序（扩展名为 .nc）。

8.5.4　MasterCAM 数控编程实例

下面将通过一个具体的综合实例，在分析零件加工工艺的基础上完成整个零件的生产加工，包括铣削轮廓、钻孔和挖槽等工序。

8.5.4.1　零件模型

本实例中要加工的是一个模具零件，零件模型如图 8-32 所示。该零件长 150mm、宽

100mm、高 20mm，四周有半径为 20mm 的圆弧倒角；椭圆形凹槽深度为 5mm；零件中心处孔的直径为 20mm。

零件的加工要求为：铣削零件上表面外形轮廓（上、下表面已完成加工）；挖深度为 5mm 的槽；钻直径为 20mm 的孔；公差按照 IT10 级的自由公差确定；加工表面的粗糙度要求达到 3.2μm。

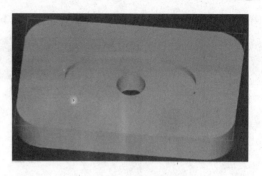

图 8-32　零件模型

8.5.4.2　加工工艺分析

加工工艺分析包括零件结构的分析、加工顺序的确定、装夹与定位的选择、加工刀具的选择等内容。

（1）零件结构的分析。该零件为铸造件，它的结构简单，呈轴对称形状。因为零件有平面、凹槽和孔，所以需要进行零件的外形轮廓铣削、挖槽和钻孔。

（2）加工顺序的确定。根据数控铣床的工序划分原则，先安排平面铣削，后安排孔和槽的加工，所以零件的加工顺序如下：

粗铣和精铣外轮廓→挖深度为 5mm 的槽→钻直径为 20mm 的孔

（3）装夹与定位的选择。该零件为轴对称零件，装夹和定位较方便，在零件加工时，可以采用找正定位方式。

（4）加工刀具的选择。从零件的加工顺序可以看出，需要三把加工刀具，分别用于铣削外轮廓、钻孔和挖槽。选择直径为 10mm，材料为硬质合金的立铣刀来铣削外轮廓；选择直径为 20mm，材料为高速钢的麻花钻来加工直径为 20mm 的孔；选择直径为 6mm，材料为高速钢的键槽铣刀来挖深度为 5mm 的槽。

8.5.4.3　初始化加工环境

初始化加工环境的步骤为：

（1）启动 MasterCAM，打开如图 8-32 所示的零件模型文件，在主菜单中选择"机床类型→铣床"命令，选择默认铣床。

（2）在加工操作管理器中的"Properties Generic Mill"属性下单击工件设置按钮，弹出如图 8-33 所示的加工组属性设置对话框。在对话框中设置工件毛坯尺寸，确定工件上表面中心作为工件原点。

8.5.4.4　规划刀具路径

根据模型文件及工艺分析，该零件加工刀具路径划分为外形铣削、挖槽加工和钻孔加工。

A　外形铣加工

在主菜单中选择"Toolpaths"→"Contour Toolpath"命令，选取带圆角的矩形串联，

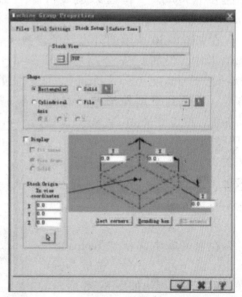

图 8-33　加工组属性设置对话框

串联方向为逆时针。确认后，弹出如图 8-34 所示的外形铣削参数设置对话框。

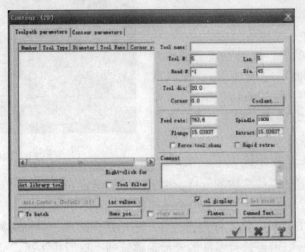

图 8-34 外形铣削对话框

在"Toolpath Parameters"空白区域单击鼠标右键，在弹出菜单中执行"Tool Manager"命令，系统弹出如图 8-35 所示的刀具库对话框，选择直径为 10mm 的立铣刀。确定后返回到外形铣削参数设置对话框，设置主轴转速（Spindle）、进给速度（Feedrate）、下刀速度（Plunge）和退刀速度（Retract）等速度参数。

在如图 8-36 所示的外形铣削参数选项卡中，设置好安全高度（Clear-

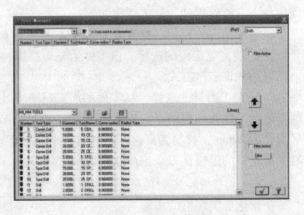

图 8-35 刀具库对话框

ance）、下刀高度（Feed Plane）、加工深度（Depth）等参数。同时设置好刀补方式和刀补方向。考虑到铣削外形要经过粗、精加工，单击"Multi Passes"按钮，打开外形分层铣削参数设置对话框，如图 8-37 所示。安排三次粗铣，每次进刀量设置为 6mm；安排一次 0.5mm 的精加工。

B 挖槽加工

在主菜单中选择"Toolpaths→Pocket Toolpath"命令，选取椭圆串联。确认后，弹出如图 8-38 所示的挖槽铣削参数设置对话框。

采用与外形铣削同样的方法，通过"Tool Manager"命令，选择直

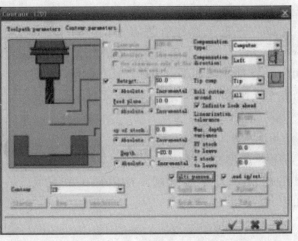

图 8-36 外形铣削参数选项卡

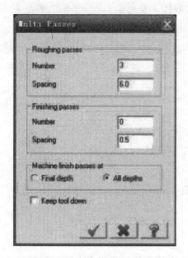

图 8-37 外形分层铣削
参数设置对话框

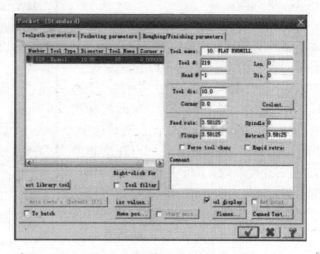

图 8-38 挖槽铣削参数设置对话框

径为 6mm 的键槽铣刀。确定后返回到挖槽铣削参数设置对话框，设置主轴转速、进给速度、下刀速度和退刀速度等速度参数。指定主轴转速为 400r/min，进给速度为 200mm/min。

同样，在挖槽铣削参数选项卡中，设置好安全高度、下刀高度、加工深度等参数，同时设置好刀补方式和刀补方向。

在如图 8-39 所示的挖槽粗/精加工参数设置选项卡中，可设置粗、精加工的有关参数和走刀方式。根据该处的零件模型，采用等距环切（constant overlap spiral）方式。

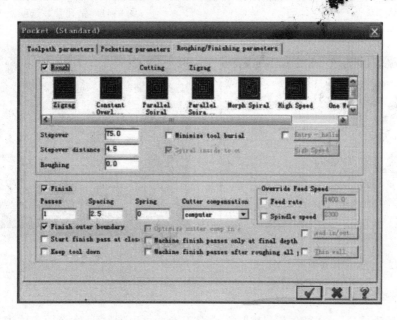

图 8-39 挖槽粗/精加工参数设置选项卡

C　钻孔加工

在主菜单中选择"Toolpaths→Dril Tool-path"命令，选取孔的中心点。确认后，弹出如图 8-40 所示的钻孔参数设置对话框。

以外形铣削同样的方法，通过"Tool Manager"命令，选择直径为 20mm 的麻花钻。确定后返回到钻孔参数设置对话框中，设置主轴转速、进给速度、下刀速度和退刀速度等速度参数。指定主轴转速为 400r/min，进给速度为 50mm/min。

同样，在如图 8-41 所示的钻孔参数选项卡中，设置好安全高度、下刀高度、加工深度等参数。由于钻孔深度小于钻头直径的 3 倍，选择标准沉孔（Dril/Counterbore）工作方式。由于是通孔，单击"Dril Tip Compensation"按钮，在如图 8-42 所示的刀尖偏移参数设置对话框中，设置刀尖偏移参数，同时设置好刀补方式和刀补方向。

D　生成刀具路径

设置好相关参数后，单击按钮"　✓　"，产生刀具路径，如图 8-43 所示。

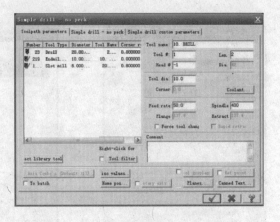

图 8-40　钻孔参数设置对话框

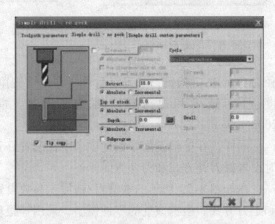

图 8-41　钻孔参数选项卡

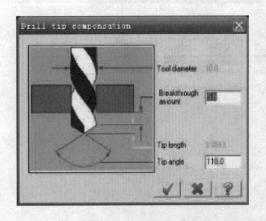

图 8-42　刀尖偏移参数设置对话框

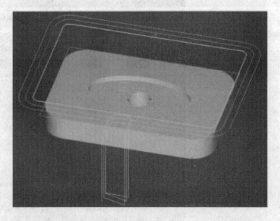

图 8-43　刀具路径

E　实体加工模拟

刀具路径生成后，为了检查刀具路径是否正确，可以通过刀具路径实体模拟进行加工过程仿真。

在操作管理器中单击所有操作按钮，再单击实体模拟按钮，弹出实体模拟对话框，如图 8-44 所示。在实体模拟对话框中单击播放按钮，即可进行模拟加工，如图 8-45 所示。

图 8-44　实体模拟对话框

图 8-45　加工仿真图

F　生成数控代码

刀具路径检验无误后，即可生成数控加工程序。在操作管理器中单击所有操作按钮"　　"，然后单击后置处理按钮，弹出如图 8-46 所示的后置处理对话框，单击按钮"　　"，在"Save As"（另存为）对话框中命名 NC 文件，保存后生成 G 代码程序，如图 8-47 所示。

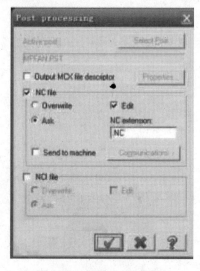

图 8-46　后置处理对话框

图 8-47　数控加工程序

思 考 题

8-1　确定数控机床坐标系有哪些原则，用什么方法确定？

8-2　什么叫机床原点、工件原点和机床参考点，它们之间有什么关系？

8-3　简述数控编程的步骤与编程方法。

8-4　什么是准备功能指令和辅助功能指令，它们的作用是什么？

8-5　绝对坐标编程和增量坐标编程的区别是什么？

8-6　什么是刀具半径补偿，具有这种补偿功能的数控
　　　装置对编程工作有什么好处？

8-7　数控程序有哪些输入方式，各有什么特点？

8-8　试分析图 8-48 所示零件，确定加工方案，选择合
　　　适刀具，并编写数控加工程序。

8-9　什么是后置处理？在数控编程中，为什么要进行
　　　后置处理。

8-10　什么是图形交互式自动编程，简述其基本工作
　　　　原理。

8-11　举例说明刀位轨迹仿真的基本原理，说明如何利
　　　　用刀位轨迹仿真检验数控程序的正确性。

8-12　简要叙述基于 MasterCAM 进行数控编程的一般
　　　　步骤。

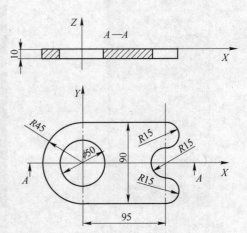

图 8-48　数控铣削编程零件尺寸

CAM加工

9 CAD/CAM 集成及 PDM 技术实例

扫我看课件

学习目的与要求

　　系统集成是将与某种应用目标相关的各种单元通过接口、集成平台等方法有机地组织在一起，达到功能集成、信息集成、过程集成的目的，充分发挥信息共享、资源共享的作用，提高系统的运行效率与管理水平。因此，系统集成历来受到研究开发人员和应用企业的高度重视。本章节重点介绍了系统集成技术的基本概念和方法；典型的产品数据交换标准；PDM 的概念和基于 PDM 的 CAD/CAM 集成框架、集成方法，科研课题开发 PDM 的实例。

　　通过本章的教学从整体上了解 CAD/CAM 集成技术概念，各种不同的集成方式和接口技术，集成功能和实施技术，了解 PDM 的开发方法等方面知识。了解科研课题"中小型企业产品数据管理系统（PDM）开发"案例。

9.1　概　　述

9.1.1　信息集成

　　信息集成是指对系统中各种属性、各种类型的数据进行统一处理，实现在计算机内部的信息交换作用，避免冗余和不必要的输入输出，为用户提供统一和透明的界面，从而实现信息共享。由于 CAD、CAPP 和 CAM 系统是从不同的历史阶段各自独立发展起来的，它们的数据模型互不兼容，形成了信息孤岛。

　　在制造企业中，常常通过集成的手段解决企业"信息化孤岛"问题。具体地讲，通过集成，可以减少数据冗余，实现信息共享；便于对数据的合理规划和分布；便于进行规模优化；便于并行工程的组织实施；有利于保证企业数据的唯一性。

　　与数字化产品开发技术的发展相适应，系统织成已经从 20 世纪 80 年代注重的信息集成和应用集成发展到了 90 年代初的过程集成，又发展到了 90 年代末的企业间集成。如今已发展到 21 世纪全球网络制造环境下的制造资源、设计资源的集成，如图 9-1 所示。

　　这些阶段的划分并不具有严格的先后顺序，更多地表现为系统集成的递进形式和层次，而其核心内容是信息集成。集成涉及若干不同功能、不同软件平台的分系统，如 CAD、CAPP、CAM、MRP-Ⅱ、ERP、PDM 等，这些分系统目标不同，功能不同，采用的数据库管理系统也不尽相同，它们之间的集成就必然涉及信息集成。加之由于企业各部门长期地自底向上地开发，形成了许多不同体系的分系统，因此，也需要借助信息集成尽可能保留原有的数据资源。在 CAD/CAM 技术的发展和应用的不同阶段，信息集成的内容和形式都有所不同，并不断变化，更加综合和复杂。因此，信息集成是集成的关键，是集成的本质和核心。

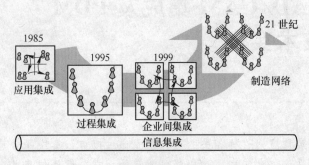

图 9-1　系统集成技术的发展历程

9.1.2　信息集成方式

9.1.2.1　通过专用接口实现 CAD/CAM 集成

在所有 CAD/CAM 集成方法中，基于专用接口的集成是应用最早的一种。在这种集成方式下，对于相同的开发和应用环境，可在各系统之间协调数据格式，从文件层次上实现系统间的互联；在不同的开发和应用环境下，则需要开发专用的数据接口，通过前置或后置处理，实现系统间的互联。

图 9-2 所示为利用专用数据接口的 CAD/CAM 集成的模式，各单元系统的独立性非常强，至多是提供一种专门的数据格式。当系统 A 需要系统 B 的数据时，需要通过系统 B 前置处理，通过专用接口，经系统 A 后置处理而获得系统 B 的数据；反之亦然。前置处理程序和后置处理程序都需要用户自己开发。由于其通用性、开放性差，这种集成模式的应用越来越少。

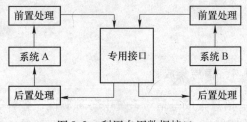

图 9-2　利用专用数据接口的 CAD/CAM 集成

9.1.2.2　利用数据交换标准实现 CAD/CAM 集成

为解决不同的 CAD/CAM 系统间的数据交换，应当采用一种统一的、与各子系统无关的标准数据接口文件，如图 9-3 所示。在这种集成方式中，每个子系统只与标准格式的中性文件打交道，不必知道其他子系统的数据格式，因而减少了集成系统内的转换接口数量，便于应用系统的开发和使用。国际上已开发出多个公用数据交换标准，如 IGES、GKS 和 STEP 等。目前几乎所有的 CAD/CAM 系统都配置了 IGES 接口，但 IGES 是以描述图形信息为主，不适合信息集成发展的需要。而 STEP 标准提供一种不依赖于具体系统的中性机制，它规定了产品设计、开发、制造，甚至于产品全部生命周期中所包括的诸如产品形状、解析模型、材料、加工方法、组装分解顺序、检验测试等必要的信息定义和数据交换的外部描述。因而 STEP 能有效地解决 CAD、CAPP、CAM 等系统的集成与信息共享问题。

图 9-3 利用标准数据格式的 CAD/CAM 系统集成

9.1.2.3 基于数据库的 CAD/CAM 集成

CAD/CAM 集成系统通常采用工程数据库。事实上由于工程数据库在存储管理大量复杂数据方面具有独到之处，使得以工程数据库为核心构建的 CAD/CAM 集成系统得到了广泛应用。其系统构造示意如图 9-4 所示，从产品设计到制造的所有环节都与工程数据有数据交换，实现了数据的全系统的共享。

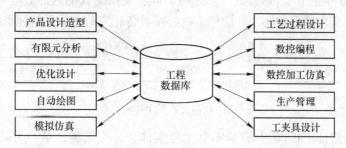

图 9-4 基于工程数据库的 CAD/CAM 集成

为了满足系统各个模块的需要，工程数据库一般包括：全局数据和局部数据的管理、相关标准及标准件库、参数化图库、刀具库、切削用量数据库、工艺知识库、零部件设计结果存放库、NC 代码库、用户接口以及其他功能模块。

9.2 产品数据交换标准

9.2.1 产品数据交换标准发展概况

产品数据交换接口技术是实现 CAD/CAPP/CAM 系统集成的关键技术之一，也是实现制造业信息化的重要基础。为此，经过人们不断探索和研究，先后提出了众多相关的数据交换标准。

随着图形学和 CAD 技术的快速发展，需要在不同图形系统之间进行图形数据的交换和共享。由于 CAD/CAM 各子系统内的数据结构及格式不相同，因而在信息传递过程中必须提供一个中性文件作为接口，以便提高各子系统之间信息传递的效率。这类接口是将各子系统的图形与非图形数据按照某种标准规定的格式进行转换，得到一种统一的中性文件，该文件独立于已有的 CAD/CAE/CAM 子系统和各种不同应用模块，并通过分布式数据库系统和网络，传递到其他系统或同一系统的其他应用模块，最后还原成系统具体的图形或非图形数据。下面介绍目前世界上几种著名的数据交换标准。

9.2.2 IGES 标准

IGES（initial graphics exchange specification）数据交换规范，是由美国国家标准协会（ANSI）公布的美国标准，IGES 1.0 版本仅限于描述工程图纸的几何图形和注释实体。为解决电气及有限元信息的传递，1983 年 2 月公布的 IGES 2.0 版本对图形描述也作了进一步的扩充。而 1986 年 4 月公布的 IGES 3.0 则包含了工厂设计和建筑设计方面的内容。为表达三维实体，1988 年 6 月公布的 IGES 4.0 版本收入了 CSG、装配模型、新的图形表示法、三维管道模型以及对有限元模型的功能改进等新内容。至于实体造型中常采用的 B-rep 描述法则出现在 IGES 5.0 版本中。下面对 IGES 进行简单介绍：

（1）IGES 是实现 CAD/CAE/CAM 间数据交换的方法。IGES 是一种中性文件。将 CAD/CAE/CAM 系统的输出（系统 A）转成 IGES 文件时，如图 9-5 所示，必须由系统 A 中的前处理器处理，把这些要传递的数据格式转换成 IGES 中性文件格式。而 IGES 的实体数据则再由系统 B 中的 IGES 后置处理器处理，以生成系统 B 的内部数据格式。因此，为了利用 IGES 文件实现数据交换，各应用系统必须具备相应的前后置处理程序。

图 9-5　数据交换的 IGES 方式

（2）IGES 的实体。IGES 中的基本单元是实体，分为三类：第一类是几何实体，如点、直线、圆弧、样条曲线、曲面等；第二类是描述实体，如尺寸标注、绘图说明等；第三类是结构实体，如结合项、图组、特性等。目前，国内外常用的商用 CAD/CAE/CAM 系统中的 IGES 接口所采用的实体基本上是 IGES 所定义的实体中的一个子集。

（3）IGES 的文件结构。IGES 文件是以 ASCII 码表示，记录长度为 80 个字符的顺序文件。整个文件按功能划分为 5 个部分：起始段、全程段、目录段、参数段和结束段。

IGES 是目前应用最广的数据交换标准，当前流行的主要商用 CAD/CAE/CAM 软件系统，如 I-DEAS 、CADAM 等都含有 IGES 接口。然而，IGES 在实际应用中仍存在一些问题，这些问题可归纳为三方面：首先，数据文件过大，数据转换处理时间过长；其次，某些几何类型转换不稳定；此外，只注意了图形数据的交换而忽略了其他信息的交换。为克服这些缺陷，国际标准化组织吸取了 IGES 的优点，并在其基础上又发展了一些其他的性能更佳的数据交换规范，如产品模型数据交换标准 STEP。

9.2.3　STEP 标准

STEP 标准是解决制造业当前产品数据共享难题的重要标准，它为 CAD 系统提供中性产品数据的公共资源和应用模型，并规定了产品设计、分析、制造、检验和产品支持过程中所需的几何、拓扑、公差、关系、属性和性能等数据，还包括一些与处理有关的数据。

STEP 标准为三层结构，包括应用层、逻辑层和物理层。在应用层，采用形式定义语言描述了各应用领域的需求模型。逻辑层对应用层的需求模型进行分析，形成统一的、不矛盾的集成产品信息模型（integrate product information model，IPIM），再转换成 Express 语言描述，用于与物理层的联系。在物理层，IPIM 被转化成计算机能够实现的形式，如数据库、知识库或交换文件格式。

《产品数据的表达与交换》（ISO10303）是由 ISO/TCT84/SC4 工业数据分技术委员会制定的一套标准。我国正逐渐在把它转化为国家标准。

STEP 确定的项目共有 36 个，SC4 将其分成了以下 6 个组：

（1）描述方法（description methods）；

（2）集成资源（integrated resource）；

（3）应用协议（application protocols）；

（4）抽象测试套件（abstract test suites）；

（5）实现方法（implementation methods）；

（6）一致性测试（conformance testing）。

STEP 标准的基础部分已经很成熟。到目前为止，国际市场上有实力的 CAD 系统几乎都配了 STEP 数据交换接口。与 IGES 标准相比较，STEP 标准具有以下优点：它针对不同的领域制定了相应的应用协议，以解决 IGES 标准的适应面窄的问题。根据标准化组织正制定的 STEP 应用协议看，该标准所覆盖的领域除了目前已经正式成为国际标准的二维工程图、三维配置控制设计以外，还将包括一般机械设计和工艺、电工电气、电子工程、造船、建筑、汽车制造、流程工厂等。

STEP 的应用领域很广，它可应用于机械、电子、航空航天、汽车、船舶等各个工程领域。STEP 的应用是为了满足市场竞争机制下工业发展的需求，具体的应用场合可分为两大类：（1）来自产品开发部门的需求，包括设计部门内群体的合作、多学科交叉、产品全生命周期设计、集成化产品的开发、分布及并行作业、产品数据的长期存档；（2）来自计算机辅助应用系统供应商和 DBMS 供应商的需求，包括接口的标准化和产品概念模型的标准化。使系统人员和供应商能把精力集中于存储技术、特定应用程序的算法以及数据的不同物理表示上，以解决跨企业、多平台、多种存储机制、多种网络结构的管理等方面的问题。

STEP 在 CAD/CAM 集成环境下的应用如图 9-6 所示。

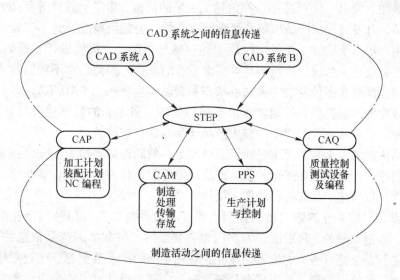

图 9-6　STEP 的应用

CAD/CAM 的集成，主要是解决 CAD/CAM 之间的数据和信息自动传递问题，实现零件设计、工艺设计、零件制造全过程自动化中的信息共享，主要目标是要在产品设计、工艺规划和产品的制造过程中，实现零件信息描述和表达的一致性，即产品模型的一致性，或实现模型间的自动转换，以减少信息传递和人工输入的差错，保持数据流畅通，保证 NC 加工精度，从而实现设计制造一体化与自动化。

9.3　基于 PDM 的 CAD/CAM 集成

随着 CAD/CAM 技术在制造企业的广泛应用，大量的产品数据都是以数字化的形式存储、处理和传递，传统的采用纸质文件的设计管理方式发生了巨大的转变，企业已进入了以数字化技术为核心的数字化产品开发的新的阶段。不同 CAD/CAM 系统产生的数据格式各不相同，而且数据种类繁多，数量巨大，关系复杂，信息难以交流和共享。信息技术的进步和企业面临的巨大的生存和竞争的压力，迫使企业面临以下一些亟待解决的难题。

（1）建立统一的数据存储与管理平台。产品开发与生产过程的各个阶段都会产生大量的数字化产品定义数据，如描述产品形状与结构关系的二维/三维 CAD 文件、装配明细表；描述产品工程分析计算的有限元模型、计算结果文件；描述产品制造工艺过程的工艺规程文件、NC 程序、加工仿真数据；描述产品质量的质量检验数据；描述产品开发管理的任务计划、工作总结、项目合同等。

这些数据不仅数量庞大、种类繁多，而且结构关系复杂，数据之间存在如装配结构关系、参考引用关系、继承关系等复杂联系，难以通过手工的方式进行组织和有效的管理。设计人员通常要花费大量的工作时间去查询、复制和归档数据，这既造成了时间和精力的巨大浪费，又使企业积累的设计知识很难得到重用。仅仅采用数据库系统或文件管理系统难以满足产品数据管理的要求。

（2）复杂产品集成模型的定义和描述工具。随着产品的日益复杂，在汽车、机械、飞机、航天、船舶、家电、IT 产品中，都包括了大量的机械、电子、软件等复杂的数据和结构关系，产品的开发过程从产品市场和概念研究开始，会经历概念设计、工程设计、样机制造、批量生产等多个阶段，在各个阶段中还包括结构设计、机构设计、控制系统设计、软件设计、工艺设计、系统分析与仿真等多个专业的工作。因此，在不同阶段中，产品各专业领域的信息间存在多种复杂的关联、状态和视图等。单一的 CAD/CAM 系统能够建立某个特定领域中的产品模型，但通常难以支持跨领域、多专业的数据建模与管理的要求，无法实现跨专业、多状态、多视图的集成产品模型的建立与维护。

集成产品模型的定义与管理工具除了需要满足一般的存储、检索、安全控制等基本要求外，还应当按照产品的内在逻辑关系、产品研发流程，建立跨专业、多状态、多视图的集成模型框架，以描述产品的各种功能、结构关系。

（3）跨部门、跨企业的数据访问控制。除了在设计与制造部门外，企业中的其他部门，如市场、质量、财务、售后服务等部门也需要及时了解和掌握产品信息的变化情况，以及准确地进行企业经营活动的决策。建立企业内单一的产品数据源，通过集中的访问控制机制进行访问的授权管理，是提高产品开发效率，减少设计错误的一项重要要求。

（4）对数据生成与更改历史的记录与管理。高效的产品开发不仅需要记录设计结果，也需要对设计历史进行跟踪、控制和回溯，记录设计过程中所有关键的数据创建、修改、产品决策、工程变更信息。产品开发过程中的每一个数据对象的状态、版本、有效性、存储位置、所有者、访问权限都会发生变化，只有有效地跟踪、管理和控制这些变化，才能保证产品数据的正确性和完整性。

（5）集成的产品数据与过程管理。产品数据和开发过程是产品开发不可分割的两个方面。数据的产生、传递和转换都是在动态的开发过程中完成的。企业中通常都会根据自身的管理制度、产品特点，制定相应的开发、管理流程。在数字化的产品开发中，企业的各种管理流程需要通过统一的过程管理工具实现信息的自动流转、任务控制、过程跟踪、工具管理等。

（6）支持"信息孤岛"信息集成的企业集成框架。由于各应用系统集成不充分，数据转换仍需通过半手工或手工的方式进行，导致各"孤岛"系统间的数据交换效率较低。据统计，企业本身 1/3 的成本花在部门之间的信息传递、转换上，而用于非生产的信息传递、存储、处理时间约占整个产品生产运行时间的 70%～90%。要使单元技术发挥整体的效益，必须将这些彼此分离的信息处理系统集成在一个总体的框架中。

全球化的市场竞争，要求制造企业不断推出具有创新性的新产品，同时缩短新产品的研发时间，优化流程，降低成本。通过与零部件供应商、合作伙伴之间的密切合作，保证将"正确的产品"在"第一时间"进入市场。持续的市场竞争与产品的改进，要求企业必须具有持续的产品创新能力，需要将企业中无形的智力资源进行有效的组织、管理与重用。在数字化的产品开发过程中，以上问题已经严重阻碍了企业的发展。因此，企业迫切需要一种具有下述功能的信息基础平台：

（1）合理地组织、管理产品生命周期中形成的各种产品描述数据，为产品开发人员提供一个透明、一致、安全、实时的产品信息共享环境。

（2）为各种应用系统提供一个集成的框架，实现多专业、多领域、多阶段的产品的集成建模与管理。

（3）支持协同产品开发，为产品开发提供一个并行的、跨部门、跨专业、跨地域的协作环境。

产品数据管理（product data management，PDM）技术正是在这样的背景下应运而生的。PDM 主要以企业中无形的、数字化的产品信息和智力知识为管理对象，实现信息的存储、关联、安全、处理和传递，为 CAD/CAM 提供了集成的平台，实现产品从概念孕育阶段、设计研发阶段、制造生产阶段、销售服务阶段，直到退出市场的全生命周期中的所有信息的管理。

9.3.1 PDM 的概念及基本功能

PDM 技术是在工程数据库技术的基础上发展起来的。20 世纪 80 年代初，PDM 首先从 CAD/CAM 系统中产生。世界上一些大的 CAD/CAM 软件厂商在已有的 CAD/CAM 系统中添加了工作组级的数据管理模块 TDM（technique data management），随后各 CAD 厂家配合自己的 CAD 软件推出了第一代 PDM 产品。早期的 PDM 系统主要是为了解决大量工程图纸、技术文档以及 CAD 文件的计算机化的管理问题，后来逐渐扩展到产品开发中的三个主要领域：设计图纸和电子文档的管理、材料报表（bill of material，BOM）的管理以及与工程文档的集成、工程变更请求/指令的跟踪与管理。

此后，PDM 技术不断发展，功能不断扩展，出现了第二代专业化的 PDM 产品，如美国 SDRC 公司的 Metaphase，EDS 公司的 iMan 等。专业化 PDM 系统中，增加了如产品生命周期管理、产品结构与配置管理、数据的发布/更改流程控制、应用系统集成管理等新的功能，并初步实现了部门级到企业级的信息与过程集成等。

1997 年 2 月，OMG 组织（object management group，OMG）公布了 PDM Enabler 标准草案，为标准化 PDM 产品的发展奠定了基础。作为 PDM 领域的第一个国际标准，由当时许多 PDM 领域的主导厂商参与制定，如 DEC、IBM、FUJITSU、Matrix One、Sherpa、SDRC 等。目前 OMG 组织正与 STEP 组织密切合作，致力于新的 PDM Enabler 标准的制定。

如今，PDM 技术已经进入以协同产品商务（collaborative product commerce，CPC）、协同产品定义管理（collaborative product definition management，CPDM）、产品全生命周期管理（product lifecycle management，PLM）等为代表的新一代 PDM 产品。从单一企业的信息与过程集成，发展到跨产品供应链的、产品全生命周期的协同管理。

9.3.1.1 PDM 的定义

由于 PDM 的概念、技术与应用范围发展迅速，人们对它的理解和认识还不尽相同。下面列举一些知名学者和研究机构所提出的 PDM 的定义，以便于进一步理解 PDM 的内涵和概念：

（1）CIMdata 公司总裁 Ed Miller 在"PDM Today"一文中给出的定义："PDM 是管理所有与产品相关的信息（包括零件信息、配置、文档、CAD 文件、结构、权限信息等）和所有与产品相关过程（包括过程定义和管理）的技术。"

（2）Gartner Group 公司的 Dave Burdick 在所作的"CIM 策略分析报告"一文中将 PDM 定义为："PDM 是一种使能技术，它在企业范围内构筑一个从产品策划到产品实现的并行协作环境（由供应、工程设计、制造、采购、销售与市场、客户构成）。一个成熟的 PDM 系统可使所有参与创建、交流、维护设计意图的人员，在整个产品生命周期中自由共享与产品相关的所有异构数据，包括图纸与数字化文档、CAD 文件和产品结构等。"

（3）UGS 公司的定义："PDM 系统是一种软件框架，利用这个框架可以帮助企业实现企业产品相关的数据、开发过程以及使用者的集成与管理，可以实现对设计、制造和生产过程中需要的大量数据进行跟踪和支持。"

（4）OMG 组织在 PDM Enabler V1.3 中对 PDM 的说明："PDM 是一种软件工具，用来管理各种工程信息，支持产品配置和产品工程过程的管理。工程信息包括了数据库对象和'文档对象'，这些信息与特定的产品、产品设计，或者产品族、生产过程、工程过程等相关联。工程过程支持工作流管理、工程更改和通知管理。在许多制造组织中，PDM 是产品开发活动的中心的工程信息存储仓库。"

从以上 PDM 的定义和说明可以看出：PDM 是管理产品生命周期中产品定义信息的电子仓库；它是 CAD/CAM 等应用工具的集成框架；它为产品开发提供一个并行的协作环境。PDM 是以软件、计算机网络、数据库、分布式计算等技术为基础，以产品为核心，实现对产品相关的数据、过程、资源一体化集成管理的技术，提供产品全生命周期内的信息管理，为企业建立一个并行的协同工作环境。

9.3.1.2 PDM 的基本功能

PDM 的基本功能包括文档管理、产品结构管理、版本管理、权限管理、流程管理、用户管理等。

A 文档管理

（1）文档管理提供下列功能：

1）按照名称查询，需要时能够方便、快捷地查询和获取所需的技术资料。

2）按照属性查询，根据项目、设计者、工作阶段、审批状态、日期、类型以及预先定义的各类参数，如材料、重量、加工方法等进行查询。

3）历史查询，不仅可以查到当前的资料，还可以查到过去的或者类似的相应资料。

4）版本查询，要求计算机详细记录设计、加工过程中的原始资料及相应的更改信息，用不同的版本来描述当前有效的数据。

5）权限查询，要求计算机系统的管理人员能够根据各类人员所担任的不同职责，分别赋予不同的权力，处理不同范围的资料。

（2）文档管理的范围。

1）原始档案（包括合同、需求说明书、可行性分析报告等）。

2）设计过程中的静态数据和动态数据。

3）CAPP 系统在工艺设计过程中使用和生成的工艺数据。

4）生产过程中的数据文档，如合同、库存台账、生产计划与统计、成本等。

5）销售维护过程中的相关文档，如常用备件清单、维修记录和使用手册等说明文件。

6）其他静态数据，如规范、手册、标准库、实验数据、材料库等。

（3）文档管理的文件类型。

1）二维 CAD 系统，如 .dwg、.exb（电子图版）、.dwf 等。

2）三维 CAD 模型，如 .par、.prt、.asm。

3）常用格式图片，如 .bmp、.jpeg、.tif、.gif。

4）办公文档格式 .doc、.xls、.ppt、.pdf。

5）电子线路图 .sch、.pcb。

6）多媒体文件 .wav、.mp3、.rm。

（4）文档管理的文件操作。

1）文件状态管理。

2）检入操作（check in）。

3）检出操作（check out）。

4）冻结/解冻操作。

5）产品发布操作。

6）产品归档操作。

B 权限管理

权限的管理是通过角色来实现的。一个角色对应企业中的一种岗位，在 PDM 系统中一个角色被赋予操作对象的权利，包括创建、修改、浏览、签署、冻结等。一个用户或者组织可以被赋予多个角色，也可以随时收回被赋予的角色，实现角色的动态分配。权限管理建立角色与活动之间关系，而不建立人员与活动之间的关系，避免因为人员的变动而导致管理的混乱。

C　产品结构管理

系统以树状结构描述产品零部件间装配关系，通过定义产品组成的对象，建立它们之间的关系，构造产品结构树。根据登录用户的不同权限，在树的节点和树叶上，定义不同的功能，包括创建、分配、查找、提交登录等。

D　版本管理

版本管理功能支持图纸及文档的分布式管理和集中控制，对处于工作版本状态的图纸及文档提供分布管理，保证设计人员能够方便地对设计图纸进行存取和修改。对处于发放版本状态的图纸及文档实行集中控制、统一管理，保证最终信息的一致性和完整性。

E　流程管理

流程管理包括基于产品全生命周期的宏观流程管理和基于任务的微观流程管理。宏观流程包括产品从概念设计、产品开发、生产制造直到停止生产的整个过程中的所有历史记录，以及定义产品从一个状态转换到另一个状态时必须经过的处理步骤。微观流程是根据企业各种业务流程，定义完成每个任务所需要的环节、在每个环节中需要完成的工作、每个工作或者操作由谁来完成等。同时，定义了在不同情况下的处理路径和方法。

F　用户管理

用户管理包括用户创建、用户删除、用户更改、用户授权、解除授权等。

9.3.2　基于 PDM 的 CAD/CAM 集成框架

按集成的深度，PDM 与不同应用系统的集成方式可以分为三类：

（1）工具封装。将文件数据和应用系统相关联，通过文件数据激活应用系统，而应用系统产生的文件数据则作为一个整体由 PDM 系统管理，但不直接管理文件内部的数据。

（2）接口交换。要求在了解 PDM 的元数据定义及应用系统部分数据结构的基础上，通过数据交换接口，将应用系统的部分数据对象直接存放到 PDM 系统中，应用系统也可以从 PDM 系统中提取需要的某些数据对象，使二者保持异步一致。

（3）紧密集成。要求在全面了解 PDM 的元数据定义及应用系统数据结构的前提下，通过统一的产品信息模型做到应用系统和 PDM 之间的双向操作。这是系统集成理想的方式。

基于 PDM 的集成是以 PDM 系统为集成平台，建立统一的产品信息模型，开发集成系统。在集成系统中，PDM 系统可以将与产品有关的信息统一管理起来，按信息的不同用途进行分类管理，为 CAD、CAPP、CAM 系统提供各自所需的工程数据和工作流程的自动化管理，加强了信息约束和反馈能力。这种集成方式属于并行的集成方式，系统的可扩展性好，支持产品的并行开发模式。图 9-7 为以 PDM 系统为集成平台的 CAD/CAPP/CAM 系统集成框架，其中，以 PDM 原有的功能为基础，根据系统集成的需要，构建统一的产品数据模型，通过统一的图形界面与应用接口，实现 3C 系统的集成。在这种集成方式下，PDM 系统成为 CAD、CAPP、CAM 系统之间数据交换的桥梁。首先 CAD 系统通过应用接口向 PDM 系统提供零件总体信息、几何信息、精度、粗糙度等信息，CAPP 则通过接口从 PDM 系统读取来自 CAD 的这些工艺信息，并向 CAD 反馈零件的工艺性评价；同时又向 PDM 系统提供工艺路线、设备、工装、工时、材料定额等信息，并接收 PDM 系统发出的技术准备计划、设备负荷、刀量具信息等；再通过 PDM 系统向 CAM 提供零件加工所需要的设备、切削参数等信息，并接收 CAM 反馈的工艺修改意见。PDM 系统为工程数据管理和工作流程自动化提供统一的交互界面和支持环境，支持分布数据的透明访问。

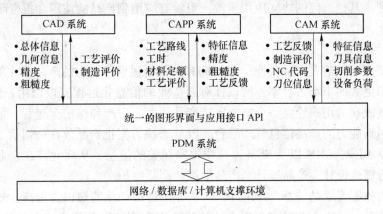

图 9-7　基于 PDM 的 CAD/CAPP/CAM 系统集成框架

企业中在更大的范围，根据需要，可以将设计系统、生产制造系统，与生产调度管理系统、质量管理系统集成运行，以取得更大范围产品开发系统集成运用的生产效益，仍可应用 PDM 系统作为框架，如图 9-8 所示。

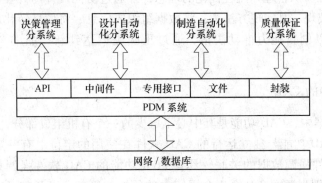

图 9-8　基于 PDM 的集成框架

我国的制造企业中，对 CAD/CAPP/CAM/PDM 集成技术进行了大量的研究，很多企业都成功开发和应用了 CAD/CAM 集成系统，如一些飞机制造企业、船舶制造企业等，为企业带来了很大效益。CAD/CAM 集成系统，不论是否使用了 PDM 系统，或是扩展到与企业其他系统，如与质量系统等集成，其基础仍然是各应用系统之间的产品信息交换。所以，建立完善的、可以扩展的产品数字化模型是数字化产品开发应用的基础。

9.4　基于 PLM 的集成技术

产品全生命周期管理（product lifecycle management，PLM）为企业提供管理复杂产品的环境，管理的对象是与产品相关的所有过程、数据和资源。PLM 对企业来说是一场革命。实质是改变了制造领域知识的总量、存在的形式和传播方式，是在制造领域，利用计算机、互联网、数据库、软件等先进技术和实施服务，来改变企业设计、管理、经营知识的存储、传播和共享方式，是一次根本性的变革，将大幅度提升制造企业经营效率和竞争力。PLM 技术在我国的应用还处于初级阶段，主要还是在研发部门内部使用于产品的建模阶段，还没有到与其他部门的协同应用阶段，更没有应用到产品的使用和报废阶段。

9.4.1　PLM

　　PLM 的主要管理内容是产品信息，只有拥有具备很强竞争能力的产品，才能为企业获得更多的用户和更大的市场占有率。所以针对制造业的信息化过程应该以用户的"产品"为中心，把重点放在为用户建立一个既能支持产品开发、生产和维护全过程，同时又能持续不断地提升创新能力的产品信息管理平台。PLM 解决方案把产品放在一切活动的核心位置，PLM 可以从 ERP、CRM 以及 SCM 系统中提取相关的信息，从而允许在企业的整个网络上共同来进行概念设计、产品设计、产品生产、产品维护。

　　产品创新的核心要求是"新"和"快"。"新"是指产品的知识含量高，知识附加值高；"快"则体现为制造企业对市场需求的快速响应和制造资源的快速有效集成和重组。如果企业不能不断地开发和推出新的产品，企业将被那些具有创新精神的竞争对手超过，或者被一些成本更低的供应商所模仿。因此，基于 PLM 解决方案，并将其作为企业 IT 战略的重要组成部分。通过对企业智力资产、无形资产的管理促进产品开发的创新。PLM 是面向产品创新的一种知识管理和流程优化的理念，并通过协同设计与开发、知识工程、应用集成工具等得以实现。其实现方法为：将数据组织成信息、将信息转化成知识、将知识转化为创新能力、以创新能力推动决策、通过正确决策达到新产品的"正确上市"和"及早上市"。

9.4.2　PLM 环境中的 CAD

　　在 PLM 解决方案中，CAD 功能是其中必不可少的一个有机组成部分，简称为 PLM3D。在 PLM 环境中的 CAD 功能与独立运行的 CAD 软件在使用的定位上有一定的层次上的差异。独立的 CAD 软件强调数据的关联，具有 PDM 功能的 CAD 软件强调数据的共享，而 PLM 中的 CAD 功能则强调在产品全生命周期内的数据的管理，以及基于这些数据而工作的各地、各企业、各部门、各工作组之间的协同。在 PLM 的中性 CAD 数字化模装中，利用 JT 格式，可实现多 CAD 数据来源的虚拟产品的整机大装配，以及对零部件厂商的协作管理，还可以以 PLM3D 来作为数字化工厂布置的基础数据，也可以作为后期产品维护/维修的仿真数据。

9.4.3　基于 PLM 的信息集成

　　PLM 解决方案为产品全生命周期的每一个阶段都提供了数字化工具，同时还提供信息协同平台，将这些数字化工具集成使用。此外，还能够使这些数字化工具与企业的 ERP、SCM、CRM 等系统相配合，把 PDM 与 ERP、SCM、CRM 等系统集成整合成一个大系统，以协调产品研发、制造、销售及售后服务的全过程，缩短产品的研发周期、促进产品的柔性制造、全面提升企业产品的市场竞争能力。PLM 系统能够完全支持在整个数字化产品价值链中构思、评估、开发、管理和支持产品。PLM 把企业中多个未连通的产品信息孤岛集成为一个数字记录系统。有了 PLM 系统，ERP、CRM 和 SCM 系统才真正拥有一个可靠、最新、最准确、最完整的产品信息源。

PLM 集成内容有：系统内部之间、内外部之间的集成；异构系统间的集成，解决分布计算环境下的集成；业务层面上的业务逻辑集成等。

集成方案包括直接集成和企业应用集成。其中，直接集成包括：同构 PLM 间的集成、异构 PLM 间的集成、PLM 与 CAX 的集成、PLM 与 ERP/SCM/CRM 的集成等。同构 PLM 间的集成采用联邦形式，无缝集成；异构 PLM 间的集成采用耦合机制，以增加系统柔性；PLM 与 CAX 集成根据集成紧密程度有封装、接口、紧密集成 3 种层次；PLM 与 ERP 等的集成一般分为封装、间接式、直接式和工具式等方式实现数据共享、业务交接、消息传递。

在以产品生产为主要经济活动的制造业企业中，产品创新是企业的生命，PLM 的有效管理从需求开始到产品淘汰报废的产品全部生命历程，重视产品生命周期中知识、智力资产的管理和应用，为产品开发的选型、过程、技术提供决策支持，实现新产品的"正确上市"和"及早上市"；PLM 以企业的产品为中心，以提升创新能力为目标，以信息技术和应用软件为手段和以企业的知识型资产为重要资源，建立一个支持从概念、开发、生产到维护整个产品生命周期的运营体系，特别是包含针对企业"知识资源"的管理体系。

PLM 集成形式有：中间文件、中间数据库、XML、API 调用、OLE 调用、直接数据访问、数据交换服务器中间件等。

9.5 中小型企业产品数据管理系统（PDM）开发实例

9.5.1 概述

PDM 的中文名称为产品数据管理（product data management）。PDM 是一门用来管理所有与产品相关信息（包括零件信息、配置、文档、CAD 文件、结构、权限信息等）和所有与产品相关过程（包括过程定义和管理）的技术。

PDM 以软件为基础，是一门管理所有与产品相关的信息（包括电子文档、数字化文件、数据库记录等）和所有与产品相关的过程（包括工作流程和更改流程）的技术。它提供产品全生命周期的信息管理，并可在企业范围内为产品设计和制造建立一个并行化的协作环境。

PDM 的基本原理是，在逻辑上将各个 CAX 信息化孤岛集成起来，利用计算机系统控制整个产品的开发设计过程，通过逐步建立虚拟的产品模型，最终形成完整的产品描述、生产过程描述以及生产过程控制数据。技术信息系统和管理信息系统的有机集成，构成了支持整个产品形成过程的信息系统，同时也建立了 CIMS 的技术基础。通过建立虚拟的产品模型，PDM 系统可以有效、实时、完整的控制从产品规划到产品报废处理的整个产品生命周期中的各种复杂的数字化信息。

PDM 是一门管理的技术，它和企业的实际情况密切相关，PDM 是依托 IT 技术实现企业最优化管理的有效方法，是科学的管理框架与企业现实问题相结合的产物，是计算技术与企业文化相结合的一种产品，所以 PDM 不只是一个简单的技术模型，实施 PDM 必须站在企业管理的高度，并给企业提供相应的方法论，建立一个正确的信息模型，为系统的实施打下坚实的基础。

我国企业与国外企业相比有其独特的管理模式和生产模式，国外成熟的商品化 PDM 软件也要经过大量开发才能适应国内企业。因此，实施 PDM 时，必须考虑到企业的实际特点，结合该企业的经营观念，实施新的管理模式，从 PDM 的基本思想入手，研究开发适合企业自身特点的 PDM 系统。而盲目引进国外的 PDM 产品，可能造成不必要的资源浪费。

课题研究与上海某工程技术公司合作，系统是根据上海某公司的企业管理、业务流程、企业组织及产品设计等方面的特点，量身定做而建立的一个完善功能的新模式中小企业的 PDM 系统。新模式指的是公司生产模式为两头在内、中间在外，即设计与采购、销售、装配任务大，加工制造任务小，是一种分散型零件加工模式。根据公司的特色开发上海新模式 PDM 系统，这也是当今制造业发展的趋势。

经过仔细地对用户进行需求调研和分析，充分了解上海某工程技术公司设计工作特点及企业管理流程特点之后，根据多年的产品数据管理项目实施经验、总结、归纳并成功推出了适合于离散型企业运作模式的"中小型企业产品数据管理系统"，此系统完全满足离散型企业实施成本低、培训周期短的要求，同时又能很好地满足设计部门级产品数据的控制、充分利用已有设计成果，大大缩短新产品研发周期，满足协同开发的需求，对提高企业的生产效率和管理水平有非常好的效果。

系统前台采用面向对象的 Visual Basic 语言，设计用户界面，后台采用 SQL Server 数据库软件及 ODBC 技术，开发数据库系统，在 Windows 2000 上运行。系统功能模块分为：系统维护、图纸管理、销售管理、采购管理、生产管理、质量管理、权限管理等七个模块。

系统建立了图纸管理模型、人员管理模型和产品数据模型三大模型。系统采用了一系列新的思路和算法，包括图纸信息嵌套提取的算法、图纸信息错误判断与提示算法、明细栏嵌套查询算法、标题栏嵌套查询算法，实现了 CAD 图纸的标题栏属性自动提取，明细栏属性嵌套提取等功能，图档管理的高度智能化与自动化。系统实现了钢结构图纸的双向设计，建立各种型钢的数据库，实现单重、总重数据的自动计算和更新。系统的设计运行与业务流程密切联系，实现了相关文档的动态链接和产品数据的实时更新，保证产、供、销的产品数据一致。系统实现物料清单管理自动化，通过不同的配置条件迅速给出相应的明细表，自动生成不同类型的 BOM。系统实现产品数据的多视图管理，可从产品结构树角度，从借用关系角度，或根据产品的设计属性管理产品数据。系统提供方便的查询功能，对零部件相关图档进行动态浏览与导航，实现 CAD 图纸的模糊查询、图纸的浏览和打开功能。实现了合同、定购清单与图纸信息的关联，把分类的明细表与厂家、价格、合同、清单相连接。完成了配套表、加工车间台账、装配车间台账的制定和管理及实现了进度表、检验计划的实时管理。整个系统根据上海某工程技术有限公司的特点量身定做，具有一定的创新性与很强的实用性。

9.5.2　PDM 技术研究

9.5.2.1　PDM 在企业中的地位

A　PDM 是 CAD/CAPP/CAM 的集成平台

目前，已有许多性能优良的商品化的 CAD、CAPP、CAM 系统。这些独立的系统分别在产品设计自动化、工艺过程设计自动化和数据编程自动化方面起到了重要的作用。但是，采用这些各自独立的系统，不能实现系统之间信息的自动化传递和交换。用 CAD 系统进行产品设计的结果是只能输出图纸和有关的技术文档。这些信息，不能直接为 CAPP 系统所用，进行工艺过程设计时，还须由人工将这些图样、文档等纸面上的文件转换成 CAPP 系统所需的输入数据，并通过人机交互方式输入给 CAPP 系统进行处理，处理后的结果输出成加工工艺规程。

而当使用 CAM 系统进行计算机辅助数控编程时，同样需要人工将 CAPP 系统输出的纸面文件转换成 CAM 系统所需的输入文件和数据，然后再输入到 CAM 系统中。由于各自独立的系统所产生的信息需经人工转换，这不但影响工程设计效率的进一步提高，而且在人工转换过程中，难免发生错误并给生产带来很大的危害。即使是采用 IGES 或 STEP 标准进行数据交换，依然无法自动从 CAD 中抽取 CAPP 所必需的全部信息。对于不同的 CAM 系统，也很难实现从 CAPP 到 CAM 通用的信息传递。

CAD 系统无法把产品加工信息传递到后续环节，阻碍了计算机应用技术的进一步发展。目前，只有把 CAD 和生产制造结合成一体，才能进一步提高生产力和加工精度。随着计算机应用的日益广泛和深入，人们很快发现，只有当 CAD 系统一次性输入的信息能在后续环节（如 CAPP、CAM 中）一再被应用，才是最经济的。所以，人们首先致力于把已经存在的 CAD、CAPP、CAM 系统通过工程数据库及有关应用接口，实现 CAD/CAM/CAPP 的集成，才能实现设计生产的自动化。

自 20 世纪 70 年代起，人们就开始研究 CAD、CAPP、CAM 之间数据和信息的自动化传递与转换问题，即 3C 集成技术。目前，PDM 系统是最好的 3C 集成平台。它可以把与产品有关的信息统一管理起来，并将信息按不同的用途分门别类地进行有条不紊的管理。不同的 CAD/CAPP/CAM 系统都可以从 PDM 中提取各自所需要的信息，再把结果放回 PDM 中，从而真正实现 3C 集成。

B PDM 是产品信息传递的桥梁

人、财、物、产、供、销六大部门是企业的经营管理与决策部门。目前，人们已将信息管理系统 MIS 和制造资源规划 MRPⅡ 集成在一起，成为企业资源计划管理系统（ERP）。PDM 作为 3C 的集成平台，用计算机技术完整地描述了产品整个生命周期的数据和模型，是 ERP 中有关产品全部数据的来源。PDM 是沟通产品设计工艺部部门和管理信息系统及制造资源系统之间信息传递的桥梁，使 MIS 和 MRPⅡ 从 PDM 集成平台自动得到所需的产品信息，如材料清单 BOM 等，而无需再用人工从键盘一一敲入。ERP 也可通过 PDM 这一桥梁将有关信息自动传递或交换给 3C 系统。

C PDM 支持并行工程与协同工作

并行工程以缩短产品开发周期、降低成本、提高质量为目标，把先进的管理思想和先进的自动化技术结合起来，采用集成化和并行化的思想设计产品及其相关过程，在产品开发的早期就充分考虑产品生命周期中相关环节的影响，力争设计一次完成，并且将产品开发过程的其他阶段尽量提前。它在优化的重组产品开发过程的同时，不仅要实现多学科领域专家群体协同工作，而且要求把产品信息和开发过程有机地集成起来，做到把正确的信息、在正确时间、以正确的方式、传递给正确的人。这是目前最高层次的信息管理要求。

PDM 作为支持协同工作的使能技术，首先能支持异构计算机环境，包括不同的网络与数据库；其次，能实现产品数据的统一管理与共享，提供单一的产品数据源；第三，PDM 能方便地实现对应用工具的封装，便于有效地管理全部应用工具产生的信息，提供应用系统之间的信息传递与交换平台；最后，它可以提供过程管理与监控，为协同工作中的过程集成提供必要的支持。综合上述四个方式，PDM 在突出产品数据管理的基础上，正逐步完善其作为制造业领域集成框架的功能，为协同工作实施提供更强有力的自动化环境。

D　PDM 是 CIMS 的集成框架

所谓"集成框架"，是在异构、分布式计算机环境中能使企业内各类应用系统实现信息集成、功能集成和过程集成的软件系统。

信息集成平台的发展经历了计算机通信、局域网络、集中式数据库、分布式数据库等阶段。随着 CIMS 技术的不断深入发展和应用规模的不断扩大，企业集成信息模型越来越复杂，对信息控制和维护的有效性、可靠性和实时性要求越来越高，迫切需要寻求更高层次上的集成技术，提供高层信息集成管理机制，提高运作效率。

目前，国内外的技术人员对新一代信息集成平台做了大量的研究开发工作，也推出了多种平台，典型的是面向对象数据库及面向对象工程数据库管理系统。虽然这些面向对象技术已部分商品化，但还没有在企业中得到全面应用和成功实施，技术仍不成熟。具有对象特性的数据库二次开发环境，由于其开放性、可靠性等方面明显不足，无法胜任 CIMS 大规模实施应用的需求。而在关系数据库基础上开发的具有对象特性的 PDM 系统由于其技术的先进性和合理性，近年来得到了飞速发展和应用，成为新一代信息集成平台中最为成熟的技术，是支持并行工程领域的框架系统。

PDM 不仅向 ERP 自动传递所需的全部产品信息，而且 ERP 中生成的与产品有关的生产计划、材料、维修服务等信息，也可由 PDM 系统统一管理和传递。因此，PDM 是企业的集成框架，如图 9-9 所示。

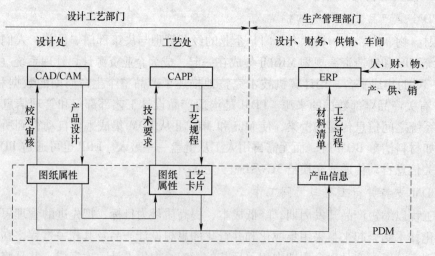

图 9-9　PDM 是企业 CIMS 的集成框架

9.5.2.2　PDM 的体系结构

PDM 系统的体系结构可分为四层，它们是用户界面层、功能模块及开发工具层、框架核心层和系统支撑层，如图 9-10 所示。

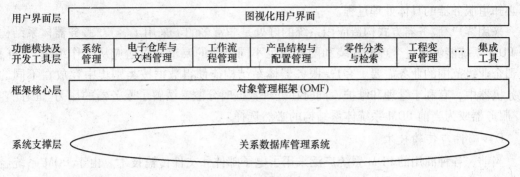

图 9-10　PDM 系统的体系结构

（1）用户界面层。向用户提供交互式的图形界面，包括图示化的浏览器、各种菜单、对话框等，用于支持命令的操作与信息的输入输出。通过 PDM 提供的图视化用户界面，用户可以直观方便地完成管理整个系统中各种对象的操作。它是实现 PDM 各种功能的手段、媒介，处于最上层。

（2）功能模块及开发工具层：除了系统管理外，PDM 为用户提供的主要功能模块有电子仓库与文档管理、工作流程管理、零件分类与检索、工程变更管理、产品结构与配置管理、集成工具等。

（3）框架核心层：提供实现 PDM 各种功能的核心结构与架构，由于 PDM 系统的对象管理框架具有屏蔽异构操作系统、网络、数据库的特性，用户在应用 PDM 系统的各种功能时，实现了对数据的透明化操作、应用的透明化调用和过程的透明化管理等。

（4）系统支撑层：以目前流行的关系数据库系统为 PDM 的支持平台，通过关系数据库提供的数据操作功能支持 PDM 系统对象在底层数据库的管理。

9.5.2.3　PDM 实现的相关技术

A　面向对象技术

面向对象技术近几年得到了较大的发展与应用，已经成为 20 世纪 90 年代以来软件开发技术发展的主流。它提高了程序代码的重用性和开放性，使编程效率大大提高。它在 PDM 系统中的应用主要表现在：面向对象数据库的底层支持，面向对象的 PDM 系统结构，面向对象的产品数据定义等。

B　数据库技术

数据库系统是计算机系统的重要组成部分。数据库是借助于计算机保存和管理大量复杂的数据和信息的软件工具。数据库技术研究的主要问题是如何科学地组织和存储数据，如何高效地获取数据、更新数据和加工处理数据，并保证数据的安全性、可靠性和持久性。传统的管理系统大多建立在关系数据库基础上，但是关系数据库存在语义不丰富、建模手段不足等问题。为了解决这些问题，近几年来有关面向对象数据库、演绎数据库、知识数据库的研究不断取得突破，从而将推动 PDM 的发展进步。

C　客户/服务器技术

客户/服务器的实质是请求和服务。客户机向服务器发出请求，服务器根据客户的请求完成相应的任务，并将处理后的结果返回给客户机，客户机只需要了解服务器的界面而不必知道服务器的具体处理过程。

采用客户/服务器方式构造应用系统的好处是非常多的。采用了客户/服务器体系结构的 PDM 系统能够通过合理的安装和配置满足不同企业的要求，以适应从工作组级、部门级到企业级范围的业务需要。客户/服务器体系结构能使得数据按类别集中存放在不同的服务机器中，有利于管理和维护，同时在处理数据时分散，缓解了服务器的压力。因此客户/服务器成为当前 PDM 系统体系结构的必然选择。

D　邮件与传输技术

当前，各种商用的 PDM 系统广泛采用了电子邮件和文件传输技术。由于 PDM 系统通常都是工作组、部门级或者企业级的，拥有数量众多的用户。这些用户，在地理位置上又可能是分散的，在工作中需要建立有效的信息交流手段，及时地交换各种意见，如发布各种通知消息，处理冲突并协调工作进程等，电子邮件正好满足了这种要求，因此，电子邮件成为当前 PDM 系统的必备功能。另外，作为 PDM 系统基本功能之一的文档管理，其实现离不开文件传输技术。在 PDM 系统中，用户可以将自己的文件传递给其他用户，也可以从其他用户处获取文件，实现文件的共享，这些功能离不开 FTP（文件传输协议）的支持。

E　Web 和 Internet 技术

为了满足电子商务时代企业的需要，PDM 系统必须架构在 Internet/Intranet/Extranet 之上，必须提供企业产品开发的电子商务解决方案。这是新一代 PDM 技术的目标，也是解决国内企业采用 PDM 系统时所遇到的问题的基础。这种技术使企业能够以 Internet/Intranet 的发展速度快速超越其竞争对手，得到重要的战略利益。

9.5.2.4　PDM 的实施

PDM 是框架型的软件，它在企业中能否发挥作用，关键看如何实施。一般实施费用与软件的费用是对等的。实施是系统工程，如果没有科学的实施方法做保证，则实施效果很难理想。

A　PDM 实施目标

一个企业之所以要实施 PDM 系统，就是要利用它解决企业运行过程中存在的问题。企业的情况千差万别，具体的实施目标也会有较大差异，但是一些基本的总体目标是一致的：

（1）在企业中建立起一整套科学的管理制度，使整个企业的运行能够满足信息化管理的要求。

（2）建立一系列信息模型，使它们能够反映企业中的所有产品信息以及这些信息之间的关系，并能够为 PDM 系统提供完整、规范的产品信息。

（3）引入 PDM 系统，以解决产品全生命周期内的信息管理问题，从而进一步提高生产效率。

B　PDM 实施步骤

a　系统规划

（1）需求分析。也就是问题识别（problem identification），即了解需要解决什么问题、为什么要解决、谁负责完成任务、在哪里解决问题和什么时间解决（What、Why、Who、

Where、When）。要了解企业目标、现行的企业系统存在的问题、企业的信息战略，然后才是如何用 PDM 技术解决这些问题。

（2）可行性（Feasibility）分析。可行性分析是指在当前的具体条件下，系统开发工作必须具备的资源和条件，是否满足系统目标的要求。在系统开发过程中进行可行性分析，对于保证资源的合理使用，避免浪费和一些不必要的失败，都是十分重要的。可行性分析主要包括目标和方案的可行性，技术方面的可行性（人员和技术力量、基础管理、组织系统开发方案、计算机软硬件、环境条件和运行技术方面），经济方面的可行性（组织的人力、物力、财力）以及社会方面（社会的或人的因素）组织原因、制度问题、管理模式的改变。

b 系统开发

（1）系统开发原则。系统开发原则是领导参加、优化与创新、实用与时效、规范和扩充。

（2）开发前的准备工作。

1）基础工作准备。要有科学与合理的管理体制、完善的规章制度和科学的管理方法，管理工作要科学化，具体方法要程序化、规范化，要做好基础数据管理工作。

2）人员组织准备。领导是否参与开发是确保系统开发能否成功的关键因素，建立一支由系统分析员、管理岗位业务员和信息技术人员组成的调研队伍，明确各类人员的职责。

（3）系统开发策略。采用迭代式的开发策略，即当问题具有一定难度和复杂度，开始不能完全确定时，就需要进行反复分析和设计，随时反馈信息，一旦发现问题，即修正开发过程。这种策略一般花费较大，耗时较多，但是对用户和开发的要求较低。

（4）开发步骤和方法。用系统工程的思想和工程化方法，按用户至上的原则，结构化、模块化、自顶向下地对系统进行分析与设计。具体地说，就是先将整个信息系统的开发过程划分为若干个相对独立的阶段，如系统规划、系统分析、系统设计、系统实施等。前三个阶段是自顶向下地对系统进行结构划分，在系统实施阶段则坚持自底向上地逐步实施。

C 实施结果的评价指标

PDM 为企业带来的具体收益可以从以下三个指标体系进行衡量：

（1）时间指标。产品开发周期，工程变更执行周期，新产品销售的百分比，标准部件采用的百分比，设计迭代化次数。

（2）质量指标。制造过程的能力，工程图纸发布到制造部门后改动次数，返工和废料成本，物料清单的准确性。

（3）效率指标。单个项目成本，单个变更单成本，手工输入的数量。

9.5.3 中小型企业 PDM 系统建模

9.5.3.1 面向对象的建模方法

A 面向对象的概念

（1）对象。在自然界中，对象是描述客观世界的实体。自然实体对象在计算机系统中的内部表示被称为对象。在面向对象的系统中，对象是外部属性数据和这些属性数据上允许操作的抽象封装。

（2）类。具有相同属性和允许操作的一组对象的一般描述，称为对象类，简称为类。类中的每个对象都是该类的对象实例。每个对象都有各自的属性，而拥有共享的操作。

（3）属性。属性表达了类的对象所具有的资源。属性的类型可以是系统或用户定义的数据类型，也可以是一个抽象数据类型。在一个类中，每个属性名要求是唯一的。对于一个给定的属性而言，不同的对象实例可以有相同或不同的属性值。

（4）消息。对象之间进行通信的一种方式，有发送对象向接受对象发出的调用某个对象操作的请求，必要时还包括适当的参数传送。

（5）对象标识。对象创建时，由系统定义赋给对象的唯一标识，在整个生命周期内不可改变。对象标识是有力的数据操纵原语，可以成为集合、元组和递归等复合对象操作的基础。

（6）继承性。继承是指子类除自身特有的属性和方法外，还可以继承父类的部分或全部属性和方法。继承是对象类实现可重用性和可扩充性的重要特征。

（7）多态性。多态性是指用相同的接口形式表示不同对象类中的不同实现的能力。类似于操作重载的概念，相同的对象操作在不同对象中可以有不同的解释而产生不同的执行结果。

（8）动态联编。在面向对象的语言中，联编是把一个消息和一个对象相结合。在程序运行时，联编可以在编辑和链接时进行，叫做静态联编或运行时联编。一般面向对象语言支持动态联编。

（9）封装性。又称信息隐藏性，是将其他对象可以访问的外部内容与对象隐藏的内部细节分开。这一特征保证了对象的界面独立于对象的内部表达。对象的操作方法和结构是不可见的，接口是作用于对象上的操作集的说明，这是对象的唯一可见部分。封装使数据和操作有了统一的模型界面，提供了一种逻辑数据的独立性。

B 面向对象建模方法

面向对象方法包括面向对象分析、面向对象设计和面向对象编程三个方面。从建模角度主要涉及前两个部分。

a 面向对象分析

面向对象分析的目的是要构造能理解的实际系统的模型。基本分析过程如图 9-11 所示。分析从用户或开发者提供的问题描述开始，这一描述是非完整或非形式化的。分析使它更精确。接下来必须理解问题描述的实际系统，并且将它的重要性抽象成模型。分析模型强调对象的三个方面：静态模型、动态模

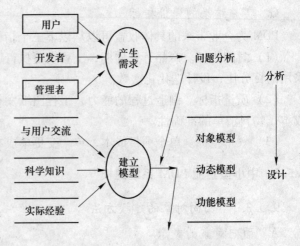

图 9-11 面向对象分析过程

型和功能模型。模型用对象、关系、动态控制流和功能转换等来描述，并不断获取需求信息，且把与客户间的交流贯穿整个分析过程。

b 面向对象设计

面向对象设计包括系统设计与对象设计。系统设计是为实现需求目标而对软件的系统结构进行的总体设计，包括系统层次结构设计、系统数据存储设计、系统资源访问设计、网络与分布设计、并发性设计、对象互操作方式设计等。对象设计是根据具体的实施策略，对分析模型进行扩充的过程，包括静态结构设计和动态行为模型设计。通过对象设计及系统设计就可以获得设计模型，这是系统实现的基础。

C 对象建模技术

OMT（object modeling technique）方法定义了三个模型：对象模型、动态模型和功能模型，这些模型贯穿于每个步骤，在每个步骤中不断地细化和扩充。

a 对象模型描述

对象模型描述的基本内容有单个类的描述、超子类关系描述、类的关联关系描述和类的聚合关系描述。图 9-12 是单个类的描述，包括类的名称、类的属性与类的操作方法。图 9-13 描述了超子类关系，上层为超类，下层为子类，子类继承其超类的所有属性和方法，子类也可以作为其他子类的超类。图 9-14（a）为两个类之间的关联定义，图 9-14（b）为关联定义中的各种对应关系，或称为关联的阶。关联定义可以是二元关联、三元关联甚至更高元的关联。图 9-15 描述聚合关系，聚合关系表示的是"部分—总体"的关系。

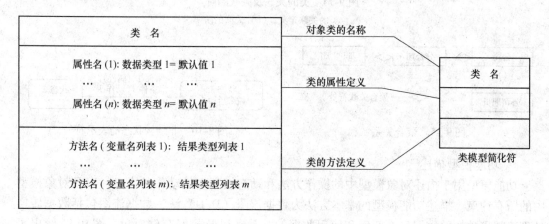

图 9-12 单个类的对象模型符号

b 动态模型描述

动态模型的描述依赖于事件、状态以及事件和状态组成的状态图。所谓事件，是指发生于某一时间点上的某件事，它是一个对象到为一个对象的消息的单向传送。事件可以用来在对象之间传送消息或传送数据值。所谓状态是对象属性值及其关联的一种抽象形式。状态说明了对象对输入事件的响应，它具有持续性。对事件的反应取决于对象接受该事件时的状态，反应可以是状态的改变，也可以是对原发送对象或第三者发送另一事件。某一类对象的事件、状态及状态迁移方式可以抽象地用状态图表示。动态模型由多个状态图组成，每个具有重要动态特性的类都有一个状态图，不同的状态图通过共享事件组成一个动态模型。图 9-16 给出了非结构状态图的表示符号。

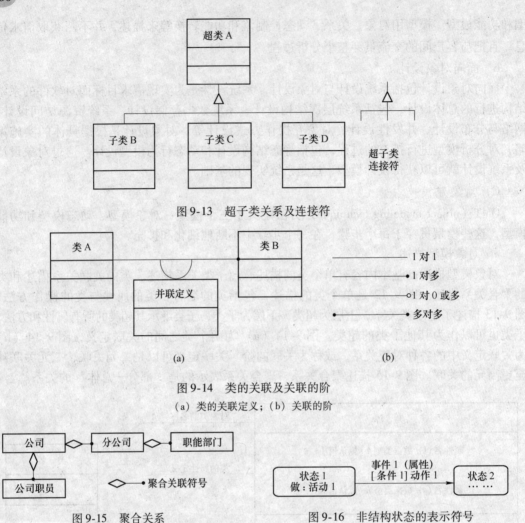

图 9-13　超子类关系及连接符

(a)　　　　　　　　　　　　　　(b)

图 9-14　类的关联及关联的阶

（a）类的关联定义；（b）关联的阶

图 9-15　聚合关系　　　　　　　图 9-16　非结构状态的表示符号

c　功能模型描述

功能模型用于描述对象模型中的操作方法和动态模型中的动作的含义，以及对象模型中的所有约束。描述功能模型的基本方法为数据流图（DFD）法，数据流图包括数据转换处理、转移数据的数据流、产生和使用数据的施动者以及数据存储对象。图 9-17 给出了操作窗口图形显示的数据流图实例。椭圆表示数据转换处理，每个处理有一定量的给定数据的输入和输出箭头，每个箭头上都有给定类型的值，椭圆内说明输入值到输出值的计算；对象或数据转换处理的输出和另一对象或处理的输入之间的箭头线表示数据流，箭头上标出数据描述，通常是数据名或类型，同一数据可输出到多个地方。矩形表示施动者，所谓的施动者，是通过产生或使用数据来驱动数据流图的主动对象，所以每个矩形方框又表示一个对象；中间带名称的平行线符号表示数据存储对象，所谓数据存储对象，是指数据流图中为后续访问而存储数据的被动对象，它不像施动者，本身不能产生任何操作，仅仅是对存储和访问数据请求的响应。

9.5.3.2　系统的三大模型

中小型企业 PDM 系统选用的是面向对象的方法建模。为了实现 PDM 的管理功能，在

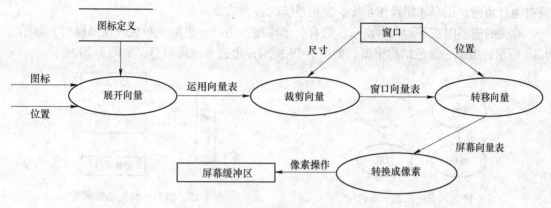

图 9-17 操作窗口图形显示的数据流图

系统中建立了图纸管理模型、人员管理模型和产品数据模型三大模型。通过建立上述三个模型，在计算机环境中实现产品数据自动化录入和查询、人员重组和产品数据重组。从人工管理模式过渡到先进的自动化管理体系。

A 图纸管理模型

图纸管理模型是一套功能完善的全新的图纸管理模型，实现了图纸信息自动提取和快速查询。建立了图纸信息智能提取模型、图纸信息嵌套查询模型、钢结构图纸的双向设计模型等。

B 人员管理模型

人员管理模型实际上是用户—组织—角色—权限管理模型。它规定了 PDM 实施范围内的用户、组织、角色和操作权限，是设置 PDM 工作环境的基础。首先介绍几个基本概念：

（1）用户。用户指的是所有使用 PDM 系统的人员，既包括企业内的人员，也包括外来访问者。用户一般有以下几个属性：用户登录名称，用户登录密码，用户所属部门和用户个人信息。

（2）组织。组织指的是企业中的人员组织方式。不同的企业有不同的人员组织方式，即使在同一个企业中，由于产品开发的不同情况也会有不同的组织方式。概括地说，有静态组织和动态组织两种方式。静态组织是一种相对固定的工作组织，如设计部门、工艺部门、制造部门等。动态组织一般是根据某一项目，临时组织起来的工作组，它一般是由各部门人员组成的，当项目结束时候，动态组织就会解体。

（3）角色。角色是指承担的岗位责任。每个用户必须拥有一个或一个以上的角色。每一种角色都有它的 PDM 系统操作权限。

（4）权限。权限指的是可以执行的操作。权限的设置一般包括两个方面，一方面是设定权限所控制的对象，另一方面是设定角色对控制对象的读、写、删、改等操作的权限。

使用 PDM 的企业人员首先被注册为 PDM 用户，每一用户都隶属于不同的组织，一个用户只能隶属于一个静态组织，但可以隶属于多个动态组织，每一个组织都有一些岗位，即角色。通过组织管理，角色被分配给用户，一个用户可以有多个角色。对于每个角色，它都被赋予权限。用户只有在被分配了角色的情况下才可以进入 PDM 系统，以角色为主，

282

只有通过角色，用户才能操作系统，使用系统的各个功能。

有关的模型图在下面列举出来。共有三个模型：用户—组织—角色—权限模型，如图 9-18 所示；组织—角色结构模型，如图 9-19 所示；角色—权限模型，如图 9-20 所示。

图 9-18 用户—组织—角色—
权限模型整体图

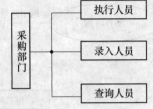

图 9-19 组织—角色结构例图

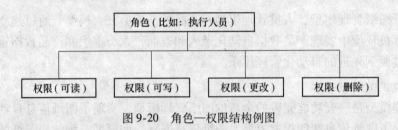

图 9-20 角色—权限结构例图

C 产品数据模型

产品数据对象既可以是整个工程项目，也可以是一个分系统、一个设备、一个螺丝钉、甚至可以是一个虚拟的管理对象。每个对象包含三个要素。

a 对象本体

作为产品对象本身，在设计、施工、制造过程中，它可能包含以下几类数据：

文字数据：调研报告、立项报告、可行性报告、阶段评审报告、技术说明书、使用说明书、维修服务指南。

图形数据：图像文件、立体模型、工程图纸。

数字数据：有限元分析结果、数字分析结果、动态模拟数据。

表格数据：图样目录、设备汇总、材料统计、成本核算。

指针数据：标准件、通用件、借用件。

图文数据：工艺流程、施工文档。

每个产品数据对象好比一个抽屉，每个抽屉内有若干个格子，每个格子预先规定好指定类型的数据。

为了完整描述整个产品的信息，用一棵结构树来描述全部对象之间的隶属关系，如图 9-21 所示。于是一个产品结构树的根节点便是整个项目本身，它的分支描述分系统对象，每个枝权又代表着下一级子系统对象，每个叶接点则代表具体的某一个部件、零件等独立的对象。这就好比每棵树对应一个文件柜，柜内每一层对应一个分系统，每层中不同格对应不同的子系统，格内每个抽屉存放独立对象的全部数据，每级对象各自都有与之对应的抽屉存放相关的全部数据，如图 9-22 所示。

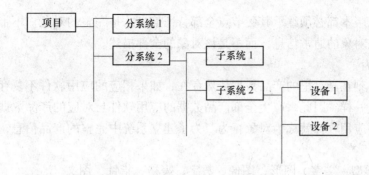

图 9-21 对象逻辑关系——结构图

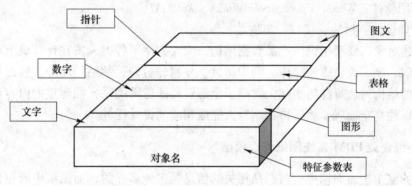

图 9-22 对象本体数据结构——抽屉

b 对象属性

一个产品对象可能包含几十个甚至几万个对象，为了有效地进行分类管理，首先将全部对象分成若干类型，每类对象定义若干种属性。考虑到每类对象在它的生命周期内会有若干次变形（或称为版本），每类对象的属性又可分成基本属性和特殊属性。属性表中，可以由用户自行定义全部必需的基本属性和特殊属性。每个对象都有基本属性和缺省的特殊属性。其中基本属性放在主属性表中，特殊属性放在特征属性表中，如图 9-23 所示。

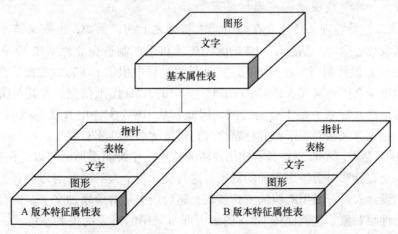

图 9-23 特征属性结构

具体的一个对象信息应该是某一个版本的特殊属性与对象本体基本属性的信息之和。

换而言之，每个版本都必须继承其父节点全部特征信息才是完整的对象。不带版本的父节点仅仅描述了该对象的通常信息，而不是该对象的全部描述。

　　c　对象行为

　　在一百年后刻在光盘里的产品数据依然存在，如果相应的应用软件不复存在的话，这些数据如同垃圾一样。因此，产生全部产品数据的应用软件与对应的产品数据具有同等重要的价值。这些应用软件就称为对象行为。为了建立系统中完整的产品信息，需要做好以下的分析工作：

　　（1）数据类型：文字、图形、图像、数字、表格、指针、图文。
　　（2）存储形式：文件、目录、数据库。
　　（3）应用软件：Word、Excel、SolidWorks、AutoCAD。
　　（4）管理模式：封装、接口、集成。

　　根据上述对象三要素组织的产品数据结构，大大方便了各类人员在计算机上对各类信息进行存、取、删、改、查的操作，利用拷贝、复制、剪切、粘贴的功能，轻而易举地构造出一棵新的结构树。每棵树实际上对应了全部资料的逻辑关系，抽屉里的内容可以完全照抄，也可以建立空抽屉，然后再指定专人完成相应的设计任务。

9.5.4　中小型企业 PDM 系统图纸管理模型

　　在产品的整个生命周期中，与产品相关的信息是多种多样的，而图纸中所包含的产品数据又是所有这些信息中最基本、最重要的数据信息。为了能高效、快速、准确地输入或查询图纸信息，结合公司现有图纸的实际情况，课题提出了图纸信息的嵌套提取、图纸信息的错误判断提示和图纸信息的嵌套查询等概念，建立了图纸信息智能提取模型、图纸信息嵌套查询模型和钢结构图纸的双向设计模型，由这三大模型共同组成了系统功能强大的图纸管理模型。

9.5.4.1　CAD 图纸的整理和规范化

A　明细栏、标题栏图块的整理和规范化

　　对 CAD 图纸进行整理，是建立在如下需求基础之上的，例如，上海某技术工程有限公司是一家集设计、生产、制造于一体的大型连铸机生产制造企业，早在 1990 年就开始采用 AutoCAD 进行设计制图。在长期的生产和销售过程中积累了丰富的数据信息资料，包括不同类型的电子文档资料和大量 CAD 图纸。其中的 CAD 图纸信息，尤其是明细栏中的信息对企业的信息系统来说是十分需要的，因此有从 DWG 文件中直接提取信息的要求。在此需求的基础上，来谈对明细栏和标题栏进行规范的必要性才有意义。

　　（1）CAD 图整理。AutoCAD 具有使用灵活的特点，在绘制图形时可以使用各种对象，不同的设计人员在绘图时会使用不同的对象，这与设计者个人的喜好与习惯有关。以明细栏为例，有的设计人员习惯用画线的方式制表，然后用文字对象添加文字，而有的设计人员习惯使用属性块对象。这就使得 CAD 图纸内部所采用的对象的极其不统一，这种情况在浏览和打印时，并无任何区别，然而对于使用 Automation 接口的客户程序而言却截然不同，这种不统一所带来的影响或者说困难是十分巨大的。即便这种困难在技术上能够克服，随之而来的系统开销从长远看也是令人难以容忍的。为了有利于 Automation 客户程序的处理，必须对 AutoCAD 图纸的进行必要的整理和规范。

（2）属性块的使用规范。提高信息化水平所追求的目标是达到最大的整体效益与效率。这几乎不可避免地会导致局部灵活性的部分丧失。设计环节作为系统的一部分，应该对此有所贡献。实际上，对明细栏所作的这种整理并未给设计环节带来多少不便，而对系统则有明显的益处。

通过对上海某技术工程有限公司的 CAD 图纸的整理，规范了上海某技术工程有限公司 CAD 图纸明细栏和标题栏图块的使用，见表9-1。

表9-1　块名表

项　目	块　的　名　称	含　义
图框	WPP1	A1 零件图框
	WPP1-S	A1 部件图框
	WPP2	A2 零件图框
	WPP2-S	A2 部件图框
	WPP3	A3 零件图框
	WPP3-S	A3 部件图框
	WPP4	A4 零件图框
	WPP4-S	A4 部件图框
	MX	部件图上的明细栏

B　CAD 图纸命名和存储的规范化

上海某技术工程有限公司 PDM 系统文档管理的基础是 CAD 图纸信息的自动嵌套录入。由于该公司生产的连铸机设备，体积庞大，零部件的种类和数量繁多，在长期的设计生产实践中其 CAD 图纸形成了几个显著特点：

（1）图纸的数量多。

（2）图纸的层次多。

（3）图纸的借用量大。

针对上述特点，为了能够高效地管理图纸，要制定规范的图纸命名原则和储存方式。这种规范的管理方式是系统能嵌套提取图纸的信息前提和基础。

a　图号的确定

（1）项目图号由英文字母＋六位数字，例如：

SU　1992　01

重矿　年份　项目代号

其中，英文字母表示公司代号，如：SU、PEC、TZ 等（SU 是该公司最常用的加工件标记）。六位数字前四位数字表示年份，如：1992、2003 分别表示 1992 年、2003 年，后二位数字表示项目代号，如：01、02 分别表示当年第一个、第二个项目。项目图号中"英文字母＋6 位数字"，应与项目编号相一致。

（2）部件图号由项目图号＋"."＋后缀构成，例如：

SU　1992　01　．　04

项目图号　　部件号

后缀表示部件号，如：01、02 分别表示该项目的第一个、第二个部件。

子部件图号由上级部件图号＋"."＋后缀构成，例如：

$$SU \quad 1992 \quad 01 \quad . \quad 04 \qquad\qquad \underline{01}$$

上级部件号   下级部件号

后缀表示下级部件号, 如: 01、02 分别表示该部件的第一个、第二个子部件。

(3) 零件图号由部件图号 + "–" + 后缀构成, 例如:

$$SU \ 1992 \ 01 \ . \ 04 \ . \ 01 \qquad\qquad \underline{02}$$

上级部件号   零件号

后缀表示零件号, 如: 01、02 分别表示该部件的第一个、第二个子零件。

b   文件名的建立

各技术文件的计算机文件名应与所对应的图纸或文字资料相一致, 计算机文件名尽可能用英文表示。计算机文件名英文以小写字母表示。

(1) 计算机文件名与图纸图号。计算机文件名必须与图纸图号一致, 不得随意取名字, 见表9-2。

表9-2   零部件图纸文件名表

图　纸	计算机文件名
SU199201.05.12.1	su199201.05.12.1.dwg
SU199201.05.12-1	su199201.05.12-1.dwg
SU199201.05.12.4	su199201.05.12.4.dwg

(2) 对一些特殊情况的处理方法如下:

1) 同一部件或零件多张图纸的处理。同一部件或同一零件有多张图纸, 那么在文件名后加—a, —b 等表示, 见表9-3。

表9-3   多图纸文件名表

图　纸	计算机文件名
SU199201.05.12.1 第一张	su199201.05.12.1—a.dwg
SU199201.05.12.1 第二张	su199201.05.12.1—b.dwg
SU199201.05.12.1 第三张	su199201.05.12.1—c.dwg

2) 图纸修改后加标记的处理。图纸已经过制造, 又要进行修改, 修改后的图纸加标记, 计算机文件名应对这种变化作出相应的表示, 见表9-4。

表9-4   多版本多图纸文件名表

图　纸	计算机文件名
SU199201.05.12.1A 第一张	su199201.05.12.1a—a.dwg
SU199201.05.12.1A 第二张	su199201.05.12.1a—b.dwg
SU199201.05.12.1A 第三张	su199201.05.12.1a—c.dwg

c   CAD 文件的存储

在 C/S 体系结构的产品数据管理系统中, CAD 图纸文件存放在服务器上, 是有访问权限的用户的共享资源。上海某技术工程有限公司为 CAD 图纸文件设立了名为 "design" 的共享文件夹, 所有图纸均存储在这个文件夹下。"design" 文件夹下以项目号为名称建立一级文件夹, 在一级文件夹下以该项目的部件号为名称建立二级文件夹, CAD 图纸最终以部件为单位存放。

CAD图纸带属性图块的规范使用，为系统嵌套提取图纸信息提供了可能；CAD图纸规范的命名和存储，为嵌套提取CAD图纸信息时，快速定位图纸奠定了坚实的基础。这些都是该公司PDM系统文档管理模型建立的基础。

9.5.4.2　图纸信息智能提取模型

A　图纸信息嵌套提取的思路和算法

图纸信息嵌套提取的基本思路：（1）提取总部件的标题栏存入总标题表、明细栏存入过渡表。（2）从过渡表的第一条记录开始，对代号进行判断。（3）判断是不是加工件，如果不是，则把该记录存入总明细表后删除它，刷新过渡表，返回第二步重复进行；如果是，则进入第四步。（4）判断是不是借用件，如果是，则把代号和当前图号存入借用关系表，把该记录存入总明细表后删除它，刷新过渡表，返回第二步重复进行；如果不是，借用件则进入第五步。（5）判断是不是部件，如果不是部件，就根据代号确定CAD图纸文件名和文件位置，然后打开该图纸，提取标题栏进总标题表，把该记录存入总明细表后删除它，刷新过渡表，返回第二步重复进行；如果是部件，就根据代号打开该图纸，提取标题栏存入总标题表，有明细栏时提取明细栏存入过渡表，把该记录存入总明细表后删除它，刷新过渡表，回到第二步重复进行。如图9-24所示，部件图纸信息嵌套提取流程图。

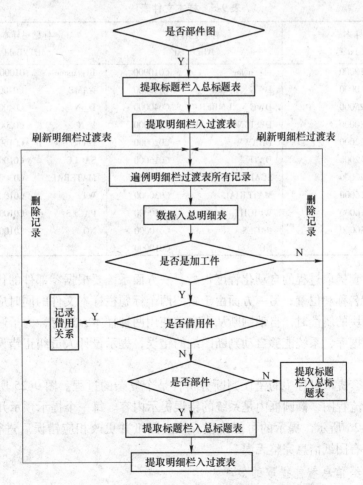

图9-24　部件图纸信息嵌套提取流程图

上述过程的关键是要保证不遗漏任何一个零部件，达到一次录入一个部件内的所有图纸信息（包括借用图纸的借用关系信息），不论该部件有多少层嵌套关系。因此，需要五个指针：一个总标题表指针，用于增加新记录到总标题表；一个总明细表指针，用于增加新记录到总明细栏表。一个借用关系表指针，用于增加新记录到借用关系表；两相互独立的过渡表指针，第一个用于过渡表的逐条遍例和删除记录，第二个用于增加新记录到过渡表，整个过程中，第一个指针不断地删除过渡表的记录，第二个指针间断地增加过渡表的记录，当过渡表的记录数等于零时，整个嵌套提取过程就完成了。CAD 图纸信息的嵌套提取，采用的是自上向下的方式。也就是说，部件 CAD 图纸信息提取时，不影响上级零部件的信息，但会覆盖下级非借用的加工零部件信息。

B　图纸信息错误判断提示的思路和算法

系统开发用 VB6.0，图纸信息提取用的是"attext"命令，根据前述制定的明细栏和标题栏的图块，分别建立了明细栏和标题栏的样本文件：MXYB.txt 和 BTYB.txt。针对过渡时期一些老图纸图块不完全符合规范的情况，另外多建立了一个标题栏的样本文件 BTYBold.txt。样本文件表见表9-5。

表9-5　样本文件表

明细栏样本 MXYB.txt		标题栏样本 BTYB.txt		标题栏样本（2） BTYBold.txt	
bl：name	C010000	bl：name	C010000	Bl：name	010000
XH	C010000	DWG_ NAME	C040000	NAME	C040000
DRW.	C025000	DWG_ NUMBER	C040000	D_N	C040000
NAME	C030000	DESIGN	C020000	I_N	C020000
SIZE	C022000	DRAW	C020000	DATE	C016000
CONT	C012000	DATE	C016000	SACLE	C010000
MATL	C020000	SCALE	C010000	MATERAL	C030000
SG-W	C016000	MATERIAL	C030000	WT	C010000
TL-W	C016000	WEIGHT	C010000	PAGES	C010000
REMARK	C030000	PAGES	C010000	NO	C010000
		NO	C010000		

图纸信息嵌套提取过程的自动化程度很高：一方面系统要根据零部件的代号，自动地确定它的图纸的名称和位置；另一方面由于新旧两个标题栏样本文件的同时应用，使系统在提取标题栏图块的属性时，自动判断从而交替使用两种样本；还有，为了避免把错误的图纸信息录入数据库，系统能够自动判断图纸的错误，提示设计人员纠正错误，达到智能化的模式。

图纸信息嵌套提取过程中的错误判断分析，是个复杂的过程。图 9-25 所示为图纸信息错误判断提示流程图，椭圆框内是系统的错误提示内容。每一个提示预示几种可能的图纸错误，如图 9-26 所示，提示的可能错误。检查图纸并更改相应错误后进行补充录入，可以使提取的所有图纸信息完整无误。

C　CAD 图纸信息智能提取的效率

在应用图纸信息智能提取模型前，图纸的信息是一张一张由人工录入的，不仅耗费大

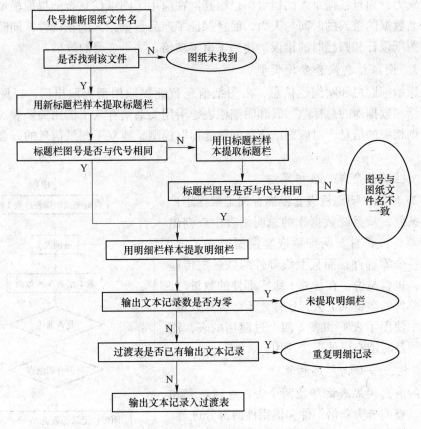

图 9-25 图纸信息错误判断提示流程图

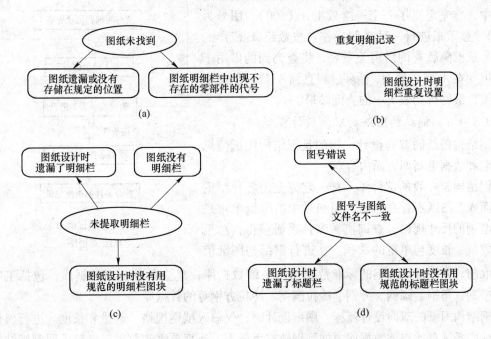

图 9-26 错误提示预示的可能错误

量的时间与人力，而且数据录入的错误率也很高。在应用了图纸信息智能提取模型后，不仅节省了产品数据的录入的时间与人力，而且保证了产品数据录入的正确性，同时设计人员还能纠正图纸设计和归档时的错误，达到了事半功倍，一举多得的效果。

9.5.4.3　图纸信息嵌套查询模型

图纸的原始标题栏和明细栏信息，由图纸信息智能提取模型提取出后，以图号为标识，分别存储在数据库的总标题栏表和明细栏表，借用关系则存入了借用关系表。为了快速准确地查询相应的信息，对应图纸信息的智能提取模型，建立了图纸信息的嵌套模糊查询模型。

A　明细栏嵌套查询思路和算法

如图 9-27 所示，明细栏嵌套模糊查询是根据用户指定的复合条件，从系统数据库的总明细表中查询出对应的所有零件或部件。明细栏嵌套模糊查询关键，是不能漏掉一个零部件，而且上级部件的数量要传递给下级部件，也就是说，在计算下级零部件的数量时，要把它上级部件的数量乘上去，这样才不会少算数量，在这个流程中使用了表 1 和表 2 两个过渡用的表，流程结束后必须及时清空以便下次使用。

B　标题栏嵌套查询思路和算法

标题栏的嵌套模糊查询涉及两个表：总标题表和借用关系表。查询分为非借用件和借用件两部分进行。标题栏的嵌套模糊查询流程图如图 9-28 所示。在借用部分中，首先定义了一个一维数组 A（500），图号为 A（i）。接下来进行一种递归操作：按数组 A（i）的索引号从前向后查询借用关系表，将查询到的借用子图号追加在 A（i）后面，循环过程直到 A（i）值为空时结束，最终得到表 1 中的查询结果。

9.5.4.4　钢结构图纸的双向设计模型

钢结构图纸的双向设计，指的是钢结构图纸信息的提取和数据更新两方面内容。

钢结构与一般的部件不一样，它完全由各种型钢焊接而成，图纸不存在嵌套，明细栏中的型钢单重是根据型钢的尺寸规格，查询机械零件手册获得，总重则是数量、长度与单重的乘积。在进行钢结构图纸信

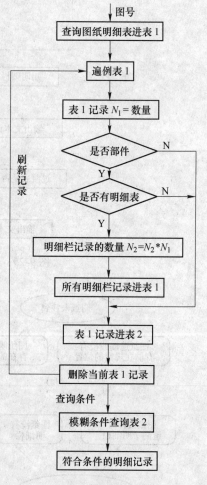

图 9-27　明细栏嵌套查询
算法流程图

息提取前，先把常用型钢的标准数据录入系统数据库，建立各种型钢数据库，包括工字钢、槽钢、角钢、圆钢、方钢、冷拉圆钢、冷拉方钢等的数据库。

钢结构图纸的双向设计流程，图纸设计时，仅输入型钢规格、数量和长度。进行属性提取后，系统自动查询数据库中的型钢数据手册表，计算单重和总重，最后返回到钢结构图纸中。实现了这种产品数据双向管理的功能后，既达到了钢结构图纸信息的自动录入的

目标，又极大减轻了设计人员在设计钢结构时查询手册的工作量。如图 9-29 所示为钢结构信息提取流程图。

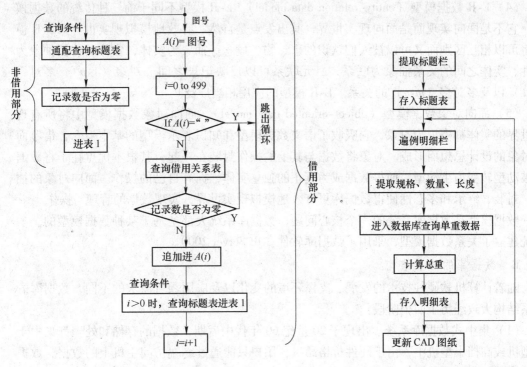

图 9-28　标题栏的嵌套查询算法流程图　　　　图 9-29　钢结构信息提取流程图

9.5.5　中小型企业 PDM 系统的数据库系统

9.5.5.1　数据库技术概述

A　数据模型

数据模型是实现数据抽象的主要工具。它决定了数据库系统的结构、数据定义语言和数据操纵语言、数据库的设计方法、数据库管理系统软件的设计与实现。一般来讲，数据模型是严格定义的概念的集合。这些概念精确地描述系统的静态特性、动态特性和完整的约束条件。

数据模型的发展经历了由层次模型、网状模型到关系模型，现在又面临着第三代新型的面向对象的数据库系统的发展。

（1）层次数据模型。客观世界中大量存在具有层次关系的数据，如学校、系和班级之间关系。层次模型用反映基本数据之间的父子关系的层次树来表达，基本关系表现为两个记录之间一对多（1:n）的关系。

（2）网状数据模型。网状模型可以表达大部分的层次和非层次数据，数据之间采用系（Set）来表示两条记录型之间一对多（1:n）的关系，一个记录可以成为多个首记录的属记录，突破了层次数据模型的限制。

（3）关系数据模型。关系数据模型将事物的特征抽取出来作为属性，对象可以用多个关系来描述，关系（Relation）是关系数据模型中描述对象的基本手段，是定义在它的所有属性域上的笛卡儿子集。从形式上看，关系相当于一个二维表（Table），并且表中不出现组合数据。表的列对应于属性，而表的行对应于元组。

（4）E-R 数据模型（entity-relation data model）。E-R 模型不同于前三种传统的数据模型，它不是面向实现而是面向现实世界，其出发点是自然、有效地模拟现实世界。E-R 模型将可以相互区别而又可以被人们认识的事、物、概念等抽象为实体，实体的特征抽象为属性，实体之间的关系抽象为联系，二元联系可以反映记录之间一对多（$1:n$）、多对一（$n:1$）以及多对多（$m:n$）的关系。E-R 模型的应用相当广泛。

（5）面向对象数据模型（object-oriented data model）。面向对象数据模型中将所有现实世界的实体都模拟为对象，它吸收了语义数据模型和知识表示模型的基本概念，借鉴面向对象的设计思想而形成。对象将数据与其上的操作封装在一起，其根本优点在于将数据从被动型转变为主动型，使得数据成为真正的独立实体，拥有自己的操作。面向对象的抽象、封装、继承和多态性使得数据库更有效地模拟现实世界，实现数据的管理与操作。

数据模型是数据库系统的一个核心问题，数据库系统大都是基于某种数据模型的。本系统建立了关系数据模型，采用了数据库软件 SQL Server 2000。

B　数据库的体系结构

随着计算机软硬件技术的发展、支撑环境的变化以及应用领域需求的不同，数据库的体系结构大致经历了四个阶段：

（1）集中式数据库系统。出现于 20 世纪 60 年代中后期，数据的存储和处理都集中于大型机或高档小型机中，由于硬件价格昂贵，用户只能通过终端访问主机上的数据，数据库系统的所有功能从多样的用户接口到 DBMS 核心都集中在 DBMS 所在的计算机上。

（2）客户机/服务器数据库系统。出现于 20 世纪 70 年代，是微机性能提高和网络技术发展的产物，在这个系统中，有一至多台称为客户机的计算机和一至多台称为服务器的计算机，它们通过网络相连。其特点是数据集中存放在服务器中，但数据的处理是分散在客户机中。本系统采用的就是这种体系的数据库系统。

（3）分布式数据库系统。出现于 20 世纪 70 年代后期，集中式结构在可扩充性，系统管理及网络负担上的困难，以及微机的逐步普及，为分布式数据库系统的发展提供了空间，其特点是数据的存放和处理都是分散的，数据物理上分布，逻辑上集中。

（4）联邦式数据库系统。克服了分布式数据的局限性，特点是节点自治和没有全局数据模式，节点间数据共享由双边协商确定。组成数据库系统的各个节点上的局部数据库不是同一数据模式的分解，而是不同的数据模式，甚至可以不是同一种数据模型。

C　数据库的访问技术

目前，数据库服务器的主流标准接口有：ODBC、OLE DB 和 ADO。下面分别对这三种接口进行概要介绍。

a　开放数据库链接（ODBC）

开放数据库链接（open database connectivity，ODBC）是由微软公司定义的一种数据库访问标准。使用 ODBC 应用程序不仅可以访问储存在本地计算机的桌面型数据库中的数据，而且可以访问异构平台上的数据库，例如可以访问 SQL Server、Oracle、Informix 或 DB2 等。

ODBC 是一种重要的访问数据库的应用程序编程接口（application programming interface，API），基于标准的 SQL 语句，它的核心就是 SQL 语句，因此，为了通过 ODBC 访问数据库服务器，数据库服务器必须支持 SQL 语句。

ODBC 通过一组标准的函数（ODBC API）调用来实现数据库的访问，但是程序员不必理解这些 ODBC API 就可以轻松开发基于 ODBC 的客户机/服务器应用程序。这是因为在很多流行的程序开发语言中，如 Visual Basic、PowerBuilder、Visual C++等，都提供了封装 ODBC 各种标准函数的代码层，开发人员可以直接使用这些标准函数。系统中应用了 ODBC 接口方式，设置了名为"tzgl"的系统 ODBC 数据源。

b OLE DB

OLE DB 是微软公司提供的关于数据库系统级程序的接口（system-level programming interface），是微软数据库访问的基础。OLE DB 实际上是微软 OLE 对象标准的一个实现。OLE DB 对象本身是 COM（组件对象模型）对象并支持这种对象的所有必需的接口。

一般说来，OLE DB 提供了两种访问数据库的方法：一种是通过 ODBC 驱动器访问支持 SQL 语言的数据库服务器；另一种是直接通过原始的 OLE DB 提供程序。由于 ODBC 只适用于支持 SQL 语言的数据库，因此 ODBC 的使用范围过于狭窄，目前微软正在逐步用 OLE DB 来取代 ODBC。

OLE DB 是一个面向对象的接口，特别适合于面向对象语言。然而，许多数据库应用开发者使用 VBScript 和 JScript 等脚本语言开发程序，所以微软公司在 OLE DB 对象的基础上定义了 ADO。

c 动态数据对象（ADO）

动态数据对象（active data object，ADO）是一种简单的对象模型，可以被数据消费者用来处理任何 OLE DB 数据。可以由脚本语言或高级脚本语言调用。ADO 对数据库提供了应用程序水平级的接口（application-level programming interface），几乎所有的语言的程序员都能够通过使用 ADO 来使用 OLE DB 的功能。微软声称，ADO 将替换所有其他的数据访问方式，所以 ADO 对于任何使用微软产品数据应用是至关重要的。

ADO 中包含了 7 种独立的对象，有链接对象（Connection）、记录集对象（Recordset）、命令对象（Command）、域对象（Field）、参数对象（Parameter）、属性对象（Property）和错误对象（Error）等。这 7 种对象既有联系又有各自的独特性能。

9.5.5.2 系统数据库设计

A 设计数据库的一般过程

目前，数据库设计一般都遵循软件的生命周期理论，分为 6 个阶段进行，即需求分析、概念结构设计、逻辑结构设计、物理结构设计、数据库实施和数据库的运行与维护。

（1）需求分析。这一阶段主要是与系统用户相互交流，了解他们对数据的要求及已有的业务流程，并把这些信息用数据流图和数据字典等图表或文字的形式记录下来，最终与用户对系统的要求取得一致认识。

（2）概念设计。概念设计阶段要对需求分析中收集的信息和数据进行分析和抽象，确定实体、属性及它们之间的联系，将各个用户的局部视图合并成一个总的全局视图，形成对立于计算机的反映用户需求的概念模型。概念模型是数据库结构的高级描述，独立于用来实现数据库的特定的 DBMS。一般地说，概念设计的目的是描述数据库的信息内容。

（3）逻辑设计。逻辑设计是在概念模型的基础上导出数据库的逻辑模型。逻辑模式是可被 DBMS 所处理的数据库逻辑结构。它包括数据项、记录及记录间的联系、安全性和一致性约束等。导出的逻辑结构是否与概念模型一致，从功能和性质上是否满足用户的要求，要进行模式评价。如果达不到用户要求，还要反复、修正或重新设计。

（4）物理设计。在物理设计阶段根据 DBMS 的特点和处理的需要，进行物理存储的安排，建立索引，形成数据库的内模式。

（5）数据库的实施。数据库的实施阶段是建立数据库的实际性阶段，在该阶段将建立实际数据库结构，装入数据、完成编码和进行测试，最终使系统投入使用。

（6）数据库的运行和维护。使用和维护阶段是整个数据库生存期中最长的时间段。在该阶段设计者需要根据系统运行中产生的问题及用户的新需求不断完善系统功能和提高系统性能，以延长数据库使用时间。

B　数据库开发工具

SQL Server 是一种面向高端的数据库管理系统。SQL Server 具有强大的数据管理功能，提供了丰富的管理工具支持数据的完整性管理、安全性管理和作业管理。SQL Server 具有分布式数据库和数据仓库功能，能进行分布式事物处理和联机分析处理，支持客户机/服务器结构。SQL Server 支持标准的 ANSI SQL，还把标准 SQL 扩展成为更为实用的 Transact-SQL。另外，SQL Server 还具有强大的网络功能，支持发布 Web 页面以及接收电子邮件。SQL Server 2000 是 SQL Server 数据库管理系统的最新版本，被称为新一代大型电子商务、数据仓库和数据库解决方案。因此，应用 SQL Server 2000 管理开发系统数据库是一个很好的选择。

C　系统的数据字典

数据字典用来对系统中的各类数据进行详尽的描述。对数据库设计来讲，数据字典是进行详细的数据收集和数据分析所或得的主要成果。数据字典中的内容是在数据库设计的过程中，不断修改、充实、完善的最终结果。

根据数据分析，建立了本系统的数据字典。以下列举了部分内容：

（1）总明细表（total detail）。总明细表存储部件图纸的明细栏信息。除了序号、代号、名称、数量、材料、单重、总重、备注，这八项明细栏数据，还有所属项目号、所属设备名称、所属设备规格、录入时间以及加工件代号标记等数据内容。

（2）总标题表（total title）。总标题表存储全部图纸的标题栏信息。除了图号、名称、材料、比例、重量、共_页、第_页、设计、制图、日期，这十项标题栏数据，同样还有所属项目号、所属设备名称、所属设备规格、录入时间等数据内容。

（3）借用关系表（jy relatiton）。借用关系表存储图纸的借用关系，有父图号（father-grap_num）和子图号（babygrap_num）两个字段。

（4）权限表（pwd）。权限表存储系统所有用户的使用权限信息，包括用户名、密码及各个部门的访问权限和角色类型。以用户名和密码为联合索引，保证记录的唯一性。

（5）加工件标记表（jgj bj）。由于上海重矿公司在图纸设计中，出现了多个自制零部件的标记符号（SU、DDSHB、ZG、ZGX），所以设立了加工件标记表。目的是为了在 CAD

图纸嵌套提取过程中，能识别自制零部件而继续打开图纸提取信息。它包含编号（为索引）和标记符号两个字段。

（6）客户单位表（dwmc）和供应厂商表（maker）。分别存储公司的上级客户单位和下级协作单位的基本信息。包括：编号（索引）、单位名称、单位地址、法人代表、委托代理人、联系人、电话、开户银行、账号、税号、邮编等内容。

（7）设备编码表和设备规格表。设备编码表存储出产的设备的编码和名称。设备规格表存储设备的各种规格名称和规格编码。

（8）图样清单表和图样清单记录表。分别存储图样清单的各种基本数据和图样清单的记录内容。以图样清单编号为指针链接。

（9）图样目录表和图样目录记录表。分别存储图样目录的各种基本数据和图样目录的记录内容。以图样目录编号为指针链接。

（10）易损件目录表和易损件目录记录表。分别存储易损件目录的各种基本数据和易损件目录的记录内容。以易损件目录编号为指针链接。

（11）安装用图目录表和安装用图目录记录表。分别存储安装用图目录的各种基本数据和安装用图目录的记录内容。以安装用图目录编号为指针链接。

（12）销售合同表和销售合同记录表。分别存储销售合同的各种基本数据和销售合同的记录内容。以合同编号为指针链接。

（13）备件合同表和备件合同记录表。分别存储备件合同的各种基本数据和备件合同的记录内容。以合同表编号为指针链接。

（14）制造合同表和制造合同记录表。分别存储制造合同的各种基本数据和制造合同的记录内容。以合同编号为指针链接。

（15）委托清单表和委托清单记录表。分别存储委托清单的各种基本数据和委托清单的记录内容。以清单编号为指针链接。

（16）委托定购清单表和委托定购清单记录表。分别存储委托定购清单的各种基本数据和委托定购清单的记录内容。以委托定购清单编号为指针链接。

（17）机加工台账表和机加工台账记录表。分别存储机加工台账的各种基本数据和机加工台账的记录内容。以机加工台账编号为指针链接。

（18）装配台账表和装配台账记录表。分别存储装配台账的各种基本数据和装配台账的记录内容。以装配台账编号为指针链接。

（19）报检计划表。存储报检计划表的记录内容，包括检验序号、合同号、图号、名称、数量、交货日期、制造合同、提供单位、用户单位、检验员和备注等内容。

（20）进度表和进度记录表。分别存储进度表的各种基本数据和进度表的记录内容。以进度表的单位为指针链接。

（21）设备配套表和设备配套记录表。分别存储设备配套表的各种基本数据和设备配套的记录内容。以设备配套表编号为指针链接。

（22）明细栏类型表和钢结构明细栏类型表。分别存储一般图纸和钢结构图纸明细栏中的名称种类。为明细栏的模糊查询设置基本参数。

（23）方钢、圆钢、工字钢、槽钢、角钢、冷拉圆钢、冷拉方钢等型钢参数表。分别存储了方钢、圆钢、工字钢、槽钢、角钢、冷拉圆钢、冷拉方钢等型钢的尺寸规格、截面面积和理论质量参数。用于钢结构重量的自动计算。

（24）钢结构明细表。钢结构明细表存储钢结构图纸的明细栏信息。除了序号、名称、规格、长度、数量、单重、总重、备注这八项明细栏数据，还有所属项目号、所属设备名称、所属设备规格、录入时间等数据内容。

（25）钢结构标题表。钢结构标题表存储钢结构图纸的标题栏信息。除了图号、名称、材料、比例、重量、共_页、第_页、设计、制图、日期这十项标题栏数据，同样还有所属项目号、所属设备名称、所属设备规格、录入时间等数据内容。

此外，系统数据库中还有一些用于临时存储数据的过渡表，不一一列举了。

D　系统数据库的安全管理

因为本系统后台数据库采用的是 SQL Server 2000，所以我们下面讨论 SQL Server 的登录身份认证，身份认证模式，数据库使用账号和角色。

SQL Server 对用户的权限验证采用双重验证机制：（1）登录身份验证（login）；（2）对数据库用户账号（user account）及用户角色（role）所具有的权限（permission）的验证。身份验证用来确认进行登录的用户，仅检查该用户是否可以和 SQL Server 进行链接。如果身份认证成功，那么被允许链接到 SQL Server 上。然后，用户对数据的操作又必须符合其被赋予的数据访问权限。这通过为用户账号和角色分配其对特定数据的具体权限来实现，即用户在 SQL Server 上可以执行何种操作。

a　登录身份认证

用户必须使用一个有效的登录账号才能链接到 SQL Server 上。SQL Server 提供了两种登录认证机制—基于 SQL Server 数据库本身和基于 Windows 的身份认证。

（1）SQL Server 身份认证当采用 SQL Server 身份认证时，由 SQL Server 系统管理员来设置并给出有效的登录账号和密码。用户在试图与 SQL Server 链接时，须提供此有效的 SQL Server 登录账号和密码。

（2）Windows 身份认证当采用 Windows 身份认证时，通过 Windows 用户或用户组（group）来控制对 SQL Server 的访问在链接时，Windows 用户不需要提供 SQL Server 登录账号。当然，SQL Server 系统管理员必须把正确的 Windows 用户或用户组定义为合法的 SQL Server 登录用户。

b　身份认证模式

前面讲述了两种身份认证机制，下面讨论基于这两种机制的工作模式。当 SQL Server 运行在 Windows 2000 上时，系统管理员可以指定以下两种身份认证模式：

（1）Windows 身份认证模式。仅允许 Windows 身份认证。用户不需提供 SQL Server 登录账号。

（2）混合模式。当使用这种身份认证模式时，用户可以使用 Windows 身份认证或 SQL Server 身份认证与 SQL Server 链接。本系统数据库采用了这种认证模式。

c　数据库用户账号和角色

在用户通过了身份验证，被允许登录到 SQL Server 后，对具体数据库中数据进行操作时，必须具有数据库用户账号。用户账号和角色能够标记数据库用户、控制对象的所有权和执行语句的权限。

（1）数据库用户账号。用于实施安全权限的用户账号可以是 Windows 用户、用户组或是 SQL Server 登录账号。SQL Server 作为数据库服务器，可运行多个数据库。用户账号对应于众多数据库中的特定数据库。

（2）角色。角色是指聚集多个用户形成一个单元，一起实施权限分配。SQL Server 提供了预定义的服务器角色和数据库角色用于公共的管理功能，以便管理员可以方便地给用户授予一组管理权限。另外，还可以创建用户自定义数据库角色。

9.5.6 中小型企业 PDM 系统设计与实现

9.5.6.1 企业需求分析与方案拟定

需求分析是开发大型应用系统必不可少的环节，也是最重要的阶段，是实施其他步骤的基础。开发一个针对某个特定企业的大型应用系统，了解企业的实际情况是必需的。同时，在了解实际情况的基础上进行分析和总结，找出该企业的一般性和特殊性，分情况、有重点地不同对待。如果需求分析不正确的话，将影响到整个的开发过程，使其偏离主方向，最后无法达到目的，可见需求分析在整个开发过程中的重要地位。

A 企业开发 PDM 系统的背景

a 企业业务流程特点

上海某技术工程有限公司是大型连铸机设备的生产厂。如图 9-30 所示上海某工程技术有限公司业务流程图。企业的生产经营具有几个典型的特点：

（1）该企业的业务具有两头大，中间较小的特点。就是说该企业的业务是介于上级客户和下级协作厂家之间的中间传承阶段。签订销售合同（或备件合同）和完成各种的采购计划（签订制造合同和制定委托定购清单）的任务重。企业的加工任务相对较小。

（2）为了完成采购任务，该企业的生产计划部门需要统计出各种类型的物料清单，而且要求准确性高。

（3）为了能准时的完成销售合同，该企业进行了动态的生产进度管理和质量检验管理。

b 企业产品设计的特点

（1）上海某技术工程有限公司 1990 年开始应用美国 Autodesk 公司的 AutoCAD 软件，设计方面已经达到甩图板，目前全部产品都采用了计算机绘图。十多年来共有几百万张 CAD 图纸存入了机内，产品数据急剧膨胀。

（2）生产的连铸机设备是超大型的设备，体积庞大，零部件数量很多。产品的设计图纸包含的子部件数量多，嵌套的层次数高。

（3）设计部门在产品设计中使用了大量的借用零部件。这些借用零部件的使用使得新产品的设计工作量得以减少，但是却使图纸之间的借用关系变得复杂。

c 企业计算机应用和产品数据管理现状

在全部产品都采用了计算机绘图的基础上，2000 年企业配置了服务器，配合近百台微机组成了企业局域网。企业中计算机技术的应用范围不断扩展，应用程度不断深入。虽然，随着企业逐步建立完善的现代企业制度，计算机应用得到了不断发展，但是，企业在产品数据管理方面却出现了许多问题，主要表现在：

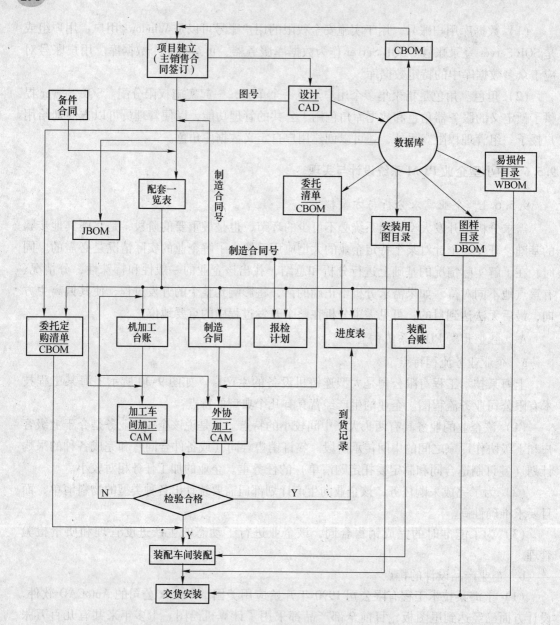

图 9-30　上海某技术工程有限公司工作流程图

（1）文档存储分散，一致性差。虽然建立了局域网，但是目前该企业还没有建立产品数据管理系统，在缺乏有效数据管理的情况下，企业涉及的文档，包括：制造合同、委托定购清单、设备配套表、生产进度表、零部件报检计划、加工台账和装配台账等，分散在网络中不同的计算机里，各自为政，使得文档数据的一致性和动态性极差。

（2）数据处理的自动化程度低。产品图纸的信息提取和各种物料清单的统计工作完全依靠手工进行，既费时费力，又很难保证数据的准确性。

（3）数据查询困难。产品数据的查询困难，图档、文档的查询和检索极不方便，甚至出现设计人员找不到自己以前设计图纸的现象。

B　系统实现的目标和达到的性能

a　系统实现的目标

根据企业提出的要求，结合企业长期发展目标，按照现代企业制度的要求，确立了系统所要实现的基本目标。主要表现在以下几个方面：

（1）在产品数据信息的录入上，实现产品 CAD 图纸信息的智能提取，提高产品数据录入的准确性，纠正图纸设计和管理中的人为错误，从而最终提高产品数据的管理效率。

（2）钢结构单重和总重量的自动计算，图纸数据自动更新。

（3）产品结构树管理，建立层次型产品结构树模型，实现产品结构树的管理。

（4）产品数据的模糊查询，实现各种 BOM 的自动汇总输出。

（5）设置 PDM 工作环境，包括人员组织和角色的定义、操作权限控制，保证产品数据安全统一。

（6）在分析企业现有的作业流程基础上，进行重组和优化，实现了产品数据的动态更新。

b　系统达到的性能

为了使此系统的实施能够真正的改善目前该企业的现状，使企业能够摆脱困境，在性能上要求达到以下几个方面：

（1）系统界面要友好。为此系统开发采用基于 Windows 的中文界面这样方便人机交互，对操作人员的要求也不是很高。

（2）系统运行效率要高。例如系统查询的结果要正确和快速，如果查询的速度还不如手工快，那么此系统就不能达到性能要求，这就需要从多方面着手进行查询优化。

（3）系统的开放性要好。要使该系统的功能能够根据特定的用户需求方便地扩充，提高系统的适应性和灵活性。

（4）对硬件的依赖性小。软件开发应尽量提升到硬件无关性，考虑多种硬件需求，使得系统可以适应各种硬件配置的要求。

总之，该系统应具有良好的性能，但是也不能一味地追求高性能，而忽略了企业能够承受的价格，应该使性能价格比达到最高。

C　总体方案的拟定

系统的总体方案的选定对于系统的开发是至关重要的，因此，在选择方案时应该仔细衡量，做出周全的考虑。

一般的国外软件过于昂贵，使得企业难于承受，而且现行的企业管理模式难以与国际接轨，盲目地引进国外的软件产品，又不能消化吸收，最后既浪费国家资源，又不能解决企业现在所面临的实际问题。因此，在实施的初级阶段，提出了企业与科研院校合作自行开发的方案，同时，考虑到生产规模，管理模式，传统习惯，企业文化在不同的企业之间存在较大的差异性，所以不存在一个能够适合所有企业的 PDM 系统。因此，与科研院校合作，同时结合企业具体情况，在调研分析讨论的基础上，建立开发企业自己的 PDM 系统。量身定做，一方面适当地调整企业原有计算机资源，把计算机应用水平带到一个新的高度；另一方面锻炼队伍，培养人才，借此机会优化重组企业组织管理模式，使 PDM 的应用能真正有效长期开展下去。在企业达到了一定的水平，软硬件设施都具备的情况下，再考虑与国际企业接轨。

9.5.6.2　系统的整体设计

整体设计对于开发一个大型系统是必需的，它是其他设计的基础，把握着整个设计的主导方向，同时为项目成员的分工协作起到统帅作用。任何局部的设计都不能脱离整体设计的思想，都要为整体设计思想实现而服务。

A　系统设计总体思路

PDM 不仅是一种软件，更是一项系统工程，它不仅涉及技术因素，同时涉及组织与管理等诸多因素，不可能在短时间内开发完成并马上得到广泛的应用。PDM 的实施必然会对企业原有的管理组织模式产生冲击，因此，企业与员工需要一个慢慢适应的过程。由此可见，开发企业的 PDM 系统是一项长期的工程，需要企业和院校加强合作，发挥各自的长处，不断完善。

设计的总体思路是：分阶段、分步骤地实现和完善系统各大功能。

B　系统开发平台选择

a　操作系统

操作系统从 Unix 发展到 Windows，目前，微机上的 Windows 操作系统以其友好的界面逐步成为市场的主流。经过几年的发展，Windows 操作系统在性能上不断完善，在功能、安全性和稳定性方面不断接近 Unix。其中 Windows NT 是较安全和稳定的 Windows 操作系统，有 Workstation 和 Server 两个版本可以分别用于客户机和服务器，有利于实现网络中计算机的合理分工协作和安全管理。Windows 2000 则在 Windows NT 基础上将 Windows 98 的特有的优点包含进来，使得 Windows 操作系统在性能上更加强大。

b　开发软件

（1）数据库管理工具。从 PDM 功能上，可以发现 PDM 是建立在数据库基础上的，所以选择好的数据库平台对于开发一个好的大型应用软件是很重要的。在分析该企业实际情况的基础上，结合自身的实际情况，采用 SQL Server 作为建立数据库和管理数据库的工具。

（2）前端界面开发工具。SQL Server 是一个数据库的后端管理工具，人机交互性较差，界面不友好，对操作人员的要求比较高，因此必须借助于一个较好的前端界面开发工具，才能使用户较为方便地访问和利用数据库中的数据，增强人机交互性，同时降低对操作人员的计算机水平的要求。

Visual Basic 是一种可视化的，面向对象和采用事件驱动方式的结构化高级程序设计语言，可用于开发 Windows 环境下的各类应用程序。总的来看，Visual Basic 有几大特点：（1）实现了可视化编程；（2）采用面向对象的程序设计；（3）采用结构化程序设计语言；（4）采用事件驱动编程机制；（5）强大的数据库链接和管理功能；（6）实现动态数据交换（DDE）；（7）强大的对象链接与嵌入（OLE）功能；（8）利用动态链接库（DLL），实现与其他应用程序的完美接口；（9）高效编译，快速产生本机代码。因此 Visual Basic 是一个很好的选择。

综上所述，软件开发选择 Windows 2000 作为操作系统，采用 SQL Server 作为建立和管理数据库的工具，采用 Visual Basic 作为其前端开发工具，以实现系统的各项功能。

c 系统体系结构

整个系统的计算机体系结构采用 C/S（客户/服务器）的体系结构。客户/服务器系统是第四代计算机系统，用户在客户端并行进行的工作通过服务器对所有数据进行统一的管理和规划，通过网络链接应用程序和服务器，突破了主机系统基于 PC/LAN 的系统的局限，分散了处理任务。而客户端与服务器端各种不同类型的数据库，如 DB2、Oracle、SQL Server 和 Fox Pro 等的链接是通过 ODBC（开放式数据链接）来实现的。

C 系统整体架构及功能细化

PDM 的体系结构，构建了中小型企业 PDM 系统的整体架构，如图 9-31 所示。

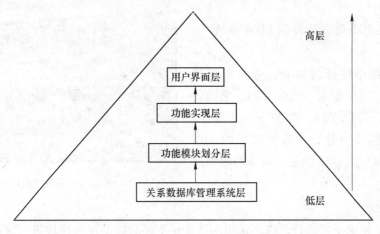

图 9-31 中小型企业 PDM 系统的整体架构

（1）关系数据库管理系统层。在该层选用 SQL Server 作为数据库的创建、修改、维护和备份的工具，处理数据库的日常工作。同时为 PDM 各功能模块的实现提供数据来源。

（2）功能模块划分层。分析 PDM 系统所应具备的功能，划分为各自独立的模块，同时找出各模块之间的联系，为系统的开发做准备。

（3）功能实现层。利用 Visual Basic 作为开发工具，采用面向对象的思想实现系统应该具备的各种功能。

（4）用户界面层 展示给用户一个基于窗口的友好界面，方便用户操作，同时提供帮助指导用户进行他们所需要的操作。

总之，在这四层的系统整体架构中，最底层的关系数据库管理系统层是最重要的。它就像是金字塔的底层，如果地基建得不牢固，那么就不会有高大雄伟的金字塔了。同样，数据库的好坏将直接影响到整个系统开发的成败。

D 系统开发步骤

系统的开发分为两个阶段五个步骤。

（1）建立系统的核心框架。

1）需求分析阶段。依据项目开发需要，企业与院校建立相应的开发小组，进行调研和方案论证。收集分析产品数据，在此阶段制定详细的需求分析书。

2）系统核心模块开发。包括系统建模、电子仓库的建立和文档管理模块的实现，数据库选用，开发平台和开发语言选用；人员与操作管理模块，包括人员组织、角色定义、操作权限管理、操作命令的规定；产品结构树的建立与管理。

3）系统测试与试运行。核心模块开发完成后，系统试运行，检验系统稳定性，发现问题，与企业讨论，对软件和企业设计、管理模式作相应的调整。

（2）系统高级开发。

1）系统增强模块开发：与其他应用系统的集成，包括与其他 CAD/CAM/CAPP 软件系统的接口，以及 Word、Excel 等办公工具的集成。

2）系统验收和维护：系统鉴定，长期维护。

9.5.6.3　中小型企业新型 PDM 系统功能实现

系统操作菜单按部门划分，分为系统维护、销售管理、图纸录入、图纸查询、采购管理、质量管理、用户管理、帮助等八个部分。系统的各种功能模块分散在各个菜单的操作中。系统主窗口如图9-32 所示，系统功能框图如图9-33 所示。

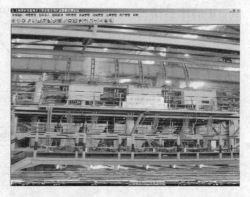

图9-32　系统主窗口

A　系统维护

为了维护系统的正常运行，许多常用而且变化不多的数据在该模块进行管理。这项功能只有管理级角色的用户才能应用。

（1）设备分类或设备规格。用于增加、修改、删除设备名称或设备规格。记录了该企业所生产的设备类型的基本数据资料。

（2）加工件管理。用于增加、修改、删除加工件标记。加工件标记，是加工零部件的图纸代号的前几位字母，用于标识加工件类型，使后续程序可自动识别出加工件。如后面嵌套提取明细栏信息时就需要程序能自动识别加工件，如图9-34 所示。

（3）明细表或钢结构明细表管理。用于增加、修改、删除明细表或钢结构明细表的查询种类项。明细表管理，实际上是为后面的明细表查询做查询分类，以便在明细表或钢结构明细表查询窗口中直接点取，如图9-35 所示。

（4）客户单位或供应商。用于增加、修改、删除客户单位或供应商的所有信息。主要是把客户单位或供应商的信息存入数据库，以便在后续窗口中可自动获得这些信息，减少重复的输入，如图9-36 所示。

（5）数据库管理。为了方便数据库的管理，系统设置了数据库备份窗口，使管理员在系统中就可以备份数据库，不需要到服务器上进行这项操作，如图9-37 所示。

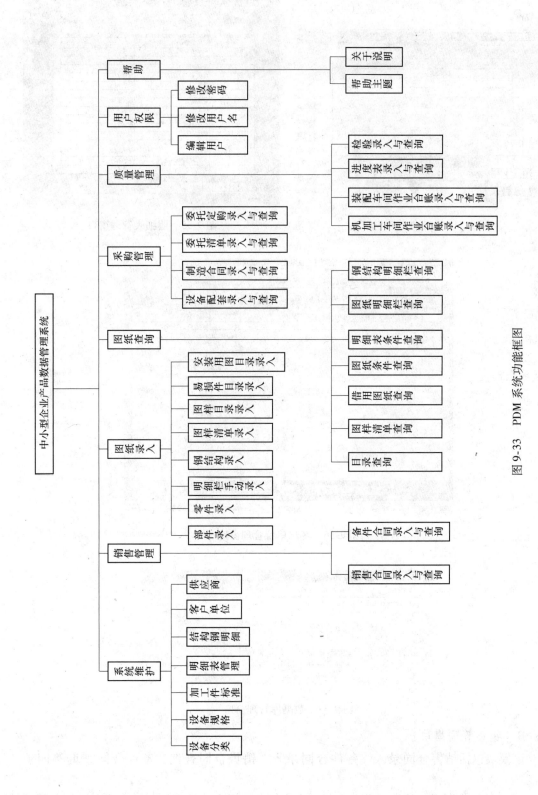

图9-33 PDM系统功能框图

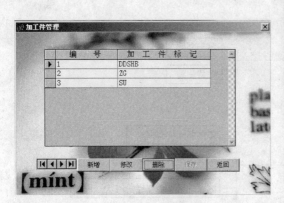

图 9-34　加工件管理窗口

图 9-35　明细表管理窗口

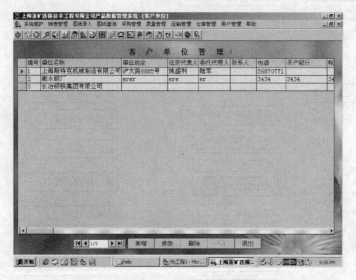

图 9-36　客户单位管理窗口

图 9-37　数据库管理窗口

B　销售管理模块

该模块包括销售合同录入、备件合同录入、销售合同查询、备件合同查询等四项功能。

（1）销售合同或备件合同录入。分别完成企业与用户单位之间工矿产品主销售合同或备件合同的增加、修改、保存、删除以及打印报表功能，如图9-38所示。

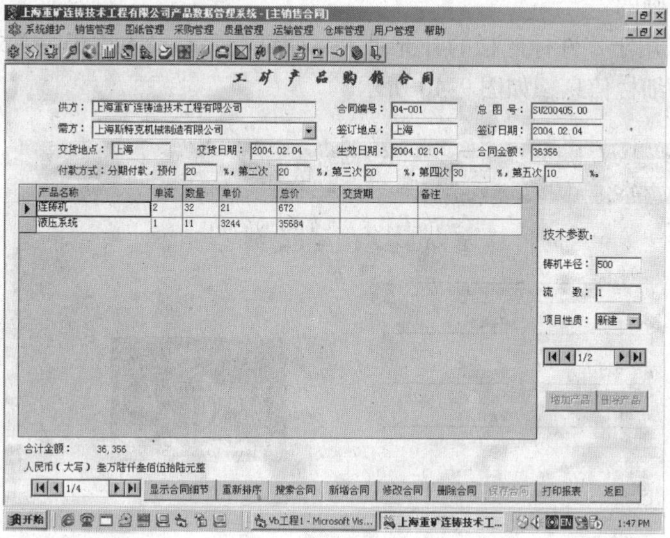

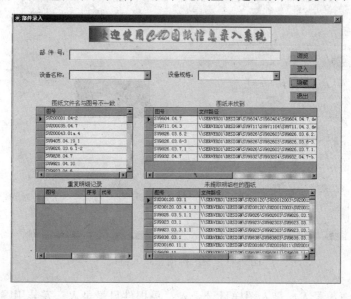

图9-38 销售合同录入窗口

（2）销售合同或备件合同查询。完成销售合同或备件合同的模糊查询。根据合同号、用户单位、签订日期和交货日期等条件查询销售合同并打印相应合同报表。

C 图纸录入模块

该模块包括部件录入、零件录入、明细栏手动录入、钢结构录入、图样清单录入、图样目录录入、易损件目录录入、安装用图目录录入等八项功能。

（1）部件录入是图纸信息智能提取模型应用窗口。如图9-39所示部件录入窗口。在遇到图纸错误时，提取过程并不中断，而是在完成整个过程后，系统以四个表格来提示这

图9-39 部件录入窗口

些错误。如果提取完成后，四个表格中的记录都是零，说明所有提取的图纸都没有错误，图纸信息是完全正确的。

（2）零件录入用于零件标题栏的补充录入，明细栏手动录入用于手工录入不符合智能提取模型图纸的明细栏信息，如图 9-40 所示。

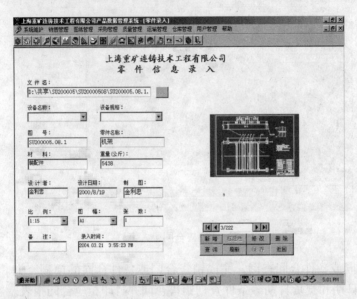

图 9-40　零件录入窗口

（3）钢结构录入是钢结构双向设计的应用窗口。实现信息提取与数据更新。如图 9-41 所示为钢结构信息录入窗口。

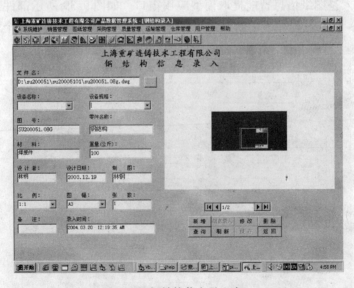

图 9-41　钢结构信息录入窗口

（4）目录、清单录入。录入图样目录录入、易损件目录录入、安装用图目录和图样清单。可通过查询明细栏自动录入。

D 图纸查询模块

该模块包括目录查询、图样清单查询、借用图纸查询、图纸条件查询、明细表条件查询、产品结构树查询、图纸明细表查询、钢结构查询等八项功能。

（1）目录或清单查询。根据目录或清单的编号、类型、部件号或项目号等条件查询目录或清单。

（2）图纸条件查询和借用图纸查询。在图纸信息录入的基础上，可以按标题栏包含的属性进行组合查询。组合条件包括：所属设备名称、所属设备规格、所属部件号、图纸图号、零件名称、材料、设计者、设计日期范围等。如图9-42所示为图纸查询窗口，右下角是图形浏览部分。有权限的用户双击图形区可调用 AutoCAD 程序打开文件。

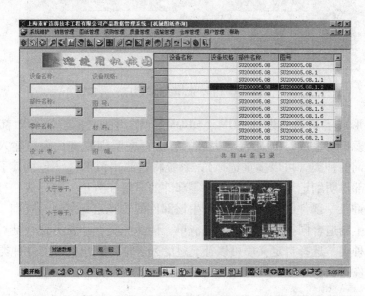

图9-42 图纸查询窗口

图纸查询中还可以按借用关系查询图纸，如图9-43所示为借用图纸查询窗口，先选择查询方向是借用图纸还是被借用图纸，再输入图号就可以完成查询。借用图纸查询对设计部门更新图纸具有很重要的意义。

（3）明细表条件查询。查询明细表生成各种 BOM 的应用窗口。

BOM 是 bill of material 的缩写，直接的理解就是物料清单。BOM 是 PDM/MRP Ⅱ/ERP 信息化系统中最重要的基础数据，其组织格式设计和合理与否直接影响到系统的处理性能，因此，根据实际的使用环境，灵活地设计合理且有效的 BOM 是十分重要的。

系统涉及的 BOM 种类有：1）设计 BOM，包括产品明细表、图样目录、材料定额明细表等。2）制造 BOM，包括工艺路线表、关键工序汇总表、重要件关键件明细表、自制件明细表、通用件明细表、通用专用工装明细表、设备明细表等。3）客户 BOM，包括安装用图目录等。4）销售 BOM，包括基本件明细表、通用件明细表、专用件明细表、选装件明细表、替换件明细表、特殊要求更改通知单等。5）维修 BOM，包括消耗件清单、备用件清单、易损易耗件清单等。6）采购 BOM，包括外购件明细表、外协件明细表、自制件明细表和材料明细汇总表。

BOM 的自动生成来源于系统对明细表记录按条件的累加统计。在系统完成 CAD 图纸

图 9-43 借用图纸查询窗口

信息的录入后，形成了基础的设计 BOM（DBOM）库，任何种类的 BOM 都可以通过对 DBOM 的分类检索自动生成。BOM 自动生成的方法：在明细栏查询窗口输入部件号，在列表框选择要查询的种类（可以多重选择），系统将过滤出该部件（包括其子部件）中所有符合条件的零部件明细记录，并累加相同零部件的重量和数量，即形成一种符合需要的 BOM。例如，查询某一部件的标准件可以产生该部件的委托定购清单，查询一个部件的加工件，就可以产生制造合同报价所需的委托清单，诸如此类，非常方便快捷。列表框列出了常用的零部件种类，选择自定义项可以补充过滤列表框未列出的零部件种类。如图 9-44 所示为明细表条件查询窗口。

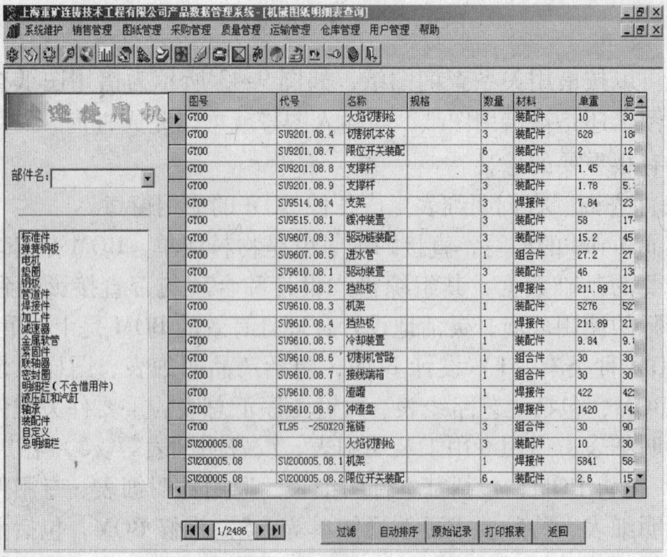

图 9-44 明细表条件查询窗口

（4）结构树查询。系统提供了产品的结构树查询方式，如图 9-45 所示为产品结构树窗口。输入部件编号后按回车，窗口左边以结构树的形式，层次分明地列出该部件包含的所有零部件。右边以表格形式显示出该部件的明细栏和标题栏内容，以及图纸的预览。结构树上带有加号的节点表示部件，可以再细分；不带加号的节点表示零件，不可再分。点击任何一个节点前的加号，可以查看该节点的下一级零部件。同时，右边表格的内容和图纸的预览，也相应地变化。图标为齿轮形状的节点表示是加工件，图标为文本形状的表示是标准件或外购件。

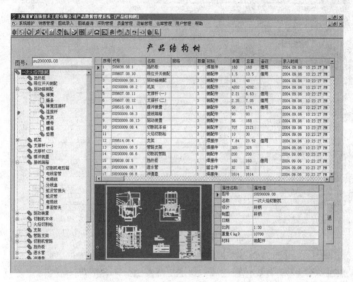

图 9-45　产品结构树窗口

（5）钢结构明细表查询。用于条件查询钢结构明细栏内容并打印报表，如图 9-46 所示。

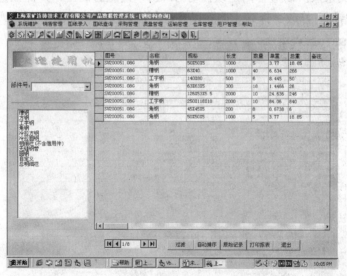

图 9-46　钢结构明细表查询

E　采购管理模块

该模块包括设备配套录入、制造合同录入、委托清单录入、委托定购录入、设备配套查询、制造合同查询、委托清单查询、委托定购查询等八项功能。

（1）设备配套录入。设备制造配套一览表窗口用于完成设备制造配套一览表的增加、修改、保存、删除以及打印报表功能，如图 9-47 所示。设备配套一览表用于记录客户单位定购的设备的完整来源，设备配套表与主销售合同是一一对应的关系。配套表的部分信息会由制造合同自动刷新。

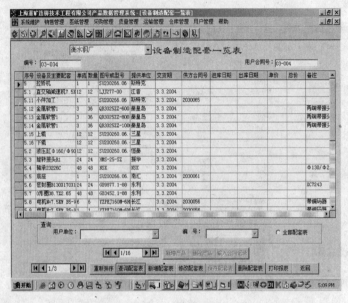

图 9-47　设备配套一览表

（2）制造合同录入。制造合同是该公司与外协厂商签订的工矿产品制造合同。该窗口完成制造合同的增加、修改、保存、删除以及打印报表功能，如图 9-48 所示。

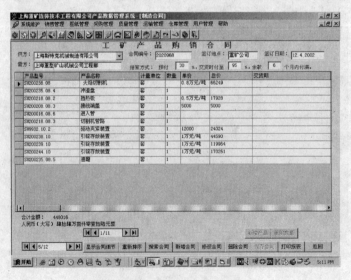

图 9-48　制造合同录入窗口

该模块管理功能中包含产品数据的动态管理。上海某技术工程有限公司的业务流程相对比较固定，大致的内容是：1）设计部设计产品，产生 CAD 图纸，提取图纸信息存入系统数据库；2）生产计划部查询数据库，制定设备配套一览表，制定采购 BOM、加工 BOM（外协加工 BOM 和机加工 BOM）；3）采购部门根据采购 BOM，签订委托定购清单和制造合同，生产部门根据加工 BOM，制定机加工车间工作台账和装配车间工作台账；4）质量管理部门制定进度表和检验计划。

产品数据流与它的业务流程密切相关。企业的产品数据顺着业务流程在各个部门流动，形成产品数据流。在整个流程中，产品的数据基本上是单向流动的。但是有几处存在数据的反馈：制造合同编号和供货单位、委托定购清单编号和供货单位等数据，要反馈进入设备配套一览表。结合企业工作流程，系统实现了相关产品数据的动态管理和更新，主要是：1）制造合同签订后，合同编号和供货单位等数据，自动反馈进入设备配套一览表，合同中的产品记录自动导入进度表和检验计划；2）委托定购清单签订后，清单的编号和供货单位等数据，自动反馈进入设备配套一览表；3）加工产品检验不合格时，加工车间工作台账自动更新。

（3）委托清单录入。委托清单是该公司签订制造合同时，用于记录产品数量和计算产品总重及核定成本的产品清单。委托清单录入窗口完成委托清单的增加、修改、保存、删除以及打印报表功能。

（4）委托定购录入。委托定购清单是用于对外委托定购标准零部件的定购清单。委托定购清单窗口完成委托定购清单的增加、修改、保存、删除以及打印报表功能。

F 质量管理模块

该模块包括机加工车间台账录入、装配车间台账录入、进度表录入、检验录入、机加工车间台账查询、装配车间台账查询、进度表查询、检验查询等八项功能。

（1）机加工车间台账录入。机加工车间台账是该公司机加工车间的作业台账。机加工车间作业台账录入窗口完成机加工车间作业台账的增加、修改、保存、删除以及打印报表功能，如图 9-49 所示。

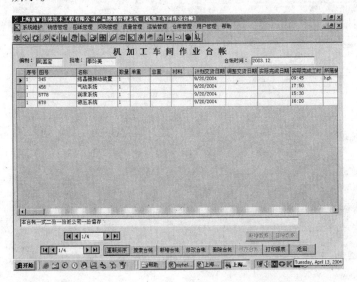

图 9-49 机加工车间台账录入窗口

（2）装配车间台账录入。装配车间台账是该公司装配车间的作业台账。装配车间作业台账录入窗口完成装配车间作业台账的增加、修改、保存、删除以及打印报表功能。

（3）进度表录入。进度表以用户单位为编号进行生产进度管理。进度表的部分信息会由制造合同自动导入。该窗口完成进度表记录的增加、修改、保存、删除以及打印报表功能，如图 9-50 所示。

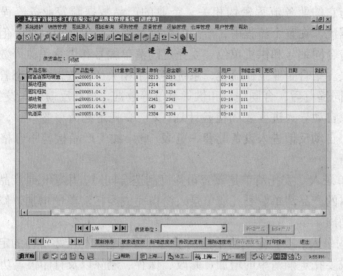

图 9-50　进度表录入窗口

（4）检验录入。零部件报检计划是该公司制定的报检计划。部件（零件）报检计划的部分信息会由制造合同自动导入。该窗口完成零部件报检计划的增加、修改、保存、删除以及打印报表功能，如图 9-51 所示。

图 9-51　零部件报检计划窗口

G 用户管理模块

根据企业需要系统设置了四种级别的角色：（1）查询级，只具有读的权限，不具备写、删除和修改权限；（2）录入级，具备读和写的权限，不具备删和改的权限；（3）执行级，具备读、写、删和改所有权限；（4）管理级，除了和执行级一样的权限外，还有系统维护权限（可以对系统数据库进行管理）和用户管理权限（可以对系统用户进行管理），这是系统的最高权限。每个用户设置了四属性：用户登录名称、用户登录密码、角色级别（本系统一个用户拥有一个角色）、用户所属部门（可以同时属于多个部门）。

管理员可以进入用户管理窗口，对系统用户进行管理，可以新增用户，删除用户和修改用户属性，如图9-52所示。每个用户进入系统后，可以更改自己的登录密码。

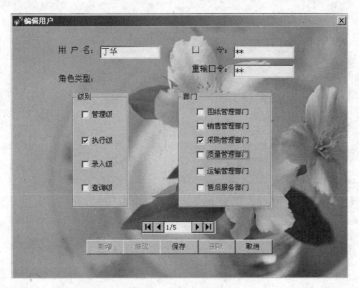

图 9-52 用户管理窗口

思 考 题

9-1 简要分析系统集成的基本思路和方法。

9-2 简述研究 CAD/CAM 集成技术的目的和意义。

9-3 分析产品数据交换标准的作用和意义。

9-4 试述 IGES 标准的特点和缺点。

9-5 简述 STEP 标准的特点。

9-6 PDM 的定义和基本功能是什么？

9-7 分析 PDM 系统与 CAD/CAM 集成的关系。

9-8 请说明基于 PDM 的 CAD/CAM 集成的基本框架是怎样的？

9-9 试述 PLM 的作用和特点。

9-10 什么是 PDM？PDM 的主要功能有哪些？

9-11   为什么说 PDM 是 CAD 技术发展的必然结果？举例分析制造企业实施 PDM 的必要性。

9-12   什么是数据仓库？为什么说它是 PDM 的核心模块？

9-13   机械工程文档管理的主要功能是什么？

9-14   为什么需要进行工作流程的管理？

9-15   了解软件市场上 PDM 软件的功能，结合对企业的分析说明实施 PDM 的方法。

附录：CAD/CAM 课程作业实践与实验

1. CAD/CAM 课程作业实践

（1）CAD 设计。用 Pro/E 或 SolidWorks 对颚式破碎机（见附图 1）中的偏心轴进行三维实体零件建模，偏心轴的二维工程图如附图 2 所示。

附图 1　PEF400×600 颚式破碎机三维模型

（2）颚式破碎机四杆机构运动学分析，编程计算破碎机动颚 M 点的运动轨迹。颚式破碎机四杆机构如附图 3 所示，计算机程序框图如附图 4 所示（具体 C 语言程序可参考郭年琴、郭晟所著的《颚式破碎机现代设计方法》，冶金工业出版社，2012）。附图 3 中，动颚上部 M 点行程：$R_1=12$，$R_2=340$，$L=965$，$D=804$，$MN=270$，$AN=172$；$\beta=3$。计算结果：$S_{MX}=21.4$，$S_{MY}=28.9$。动颚下部点行程：$R_1=12$，$R_2=340$，$L=965$，$D=804$，$MN=310$，$AN=1010$，$\beta=3$。计算结果：$S_{MX}=10.08$，$S_{MY}=35.07$。

（3）CAD 工程数据处理计算编程。偏心轴键槽的计算机查表程序设计采用 C 语言编程。

平键和键槽尺寸见附表 1，建立数据文件；利用所建数据文件，按结构设计所给出的轴径尺寸检索所需的平键尺寸和键槽尺寸。

（4）优化设计。破碎机机构参数优化设计。写出设计变量、约束函数、目标函数等表达式，选取优化方法对破碎机机构参数进行优化，可用 MATLAB 或自编优化程序进行优化设计。

（5）CAE 部分：1）对偏心轴进行有限元应力、位移分析；2）对偏心轴进行有限元结构优化设计（目标参数为重量最轻）。实验采用 Pro/E、SolidWorks 或 ANSYS 软件，偏心轴材料为 40Cr 合金钢，偏心轴中间两轴承集中力都为 255774.4N，电动机功率为 35kW，偏心轴转速为 250r/min，电动机主动力距 $M_1=61.2NKu/n$（即 $M_1=NKM$），其中 $u=0.7\sim0.9$，K 为过载系数。

（6）CAPP。编制偏心轴的计算机辅助加工工艺卡片。

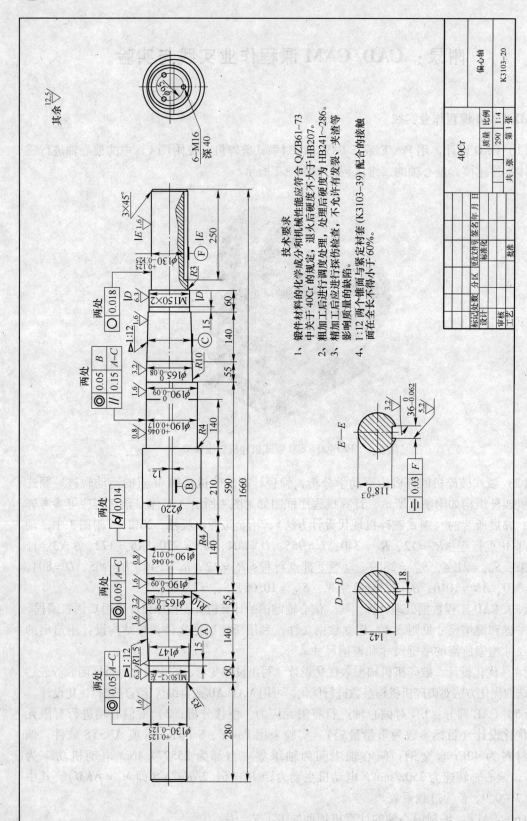

技术要求

1、锻件材料的化学成分和机械性能应符合 Q/ZB61-73 中关于 40Cr 的规定，退火后硬度不大于 HB207。

2、粗加工后进行调质处理，处理后硬度为 HB241~286。

3、精加工后应进行探伤检查，不允许有发裂、夹渣等影响质量的缺陷。

4、1:12 两个锥面与紧定衬套 (K3103-39) 配合的接触面在全长不得小于 60%。

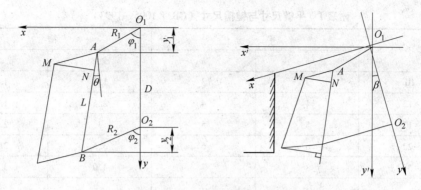

附图 3 颚式破碎机四杆机构简图

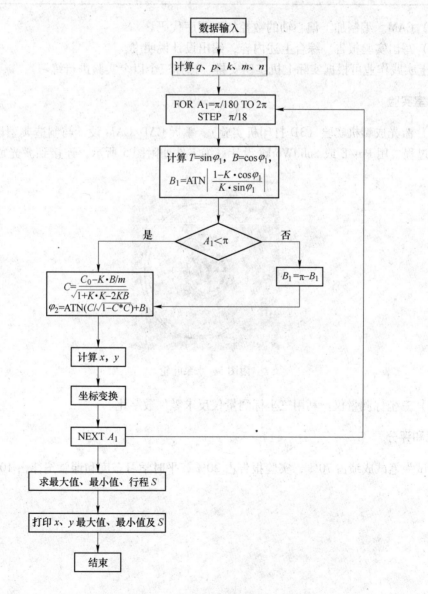

附图 4 计算机程序框图

附表 1　平键尺寸与键槽尺寸（GB/T 1095—1993）　　　　　　（mm）

轴径 d	平　键		槽	
	b	h	轴 t	轮毂 t_1
>8 ~ 10	3	3	1.8	1.4
>10 ~ 12	4	4	2.5	1.8
>12 ~ 17	5	5	3	2.3
>17 ~ 22	6	6	3.5	2.8
>22 ~ 30	8	7	4.0	3.3
…	…	…	…	…
>110 ~ 130	32	18	11.0	7.4

（7）CAM。编制加工偏心轴的数控加工程序代码。

（8）写出实验报告。综合上述内容，编出设计说明书。

以上实践作业可根据实际上机实验安排，选择三个以上实验进行练习。

2. 实验室实验

（1）激光成型机实验（3D 打印机实验）。掌握 CAD/CAM 设计与制造典型设备的加工原理与过程。用 Pro/E 或 SolidWorks 设计三维零件如附图 5 所示，连接到激光成型机进行加工。

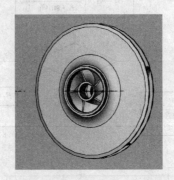

附图 5　水泵叶轮

（2）三坐标测量仪。利用三坐标测量仪反求零件数字化。

3. 考试和评分

考试为笔试成绩占 70%，实验报告占 20%，平时学习态度和课堂纪律占 10%。

参 考 文 献

[1] 殷国富，杨随先. 计算机辅助设计与制造技术 [M]. 武汉：华中科技大学出版社，2008.

[2] 殷国富，刁燕，蔡长韬. 机械 CAD/CAM 技术基础 [M]. 武汉：华中科技大学出版社，2010.

[3] 郭年琴，郭晟. 颚式破碎机现代设计方法 [M]. 北京：冶金工业出版社，2012.

[4] 郭年琴，黄鹏鹏，龚姚腾，等. 矿山选厂设备 CAD 系统 [J]. 计算机辅助设计与制造，1997（3）：40~42.

[5] 何正惠，郭年琴，张岐生. 颚式细碎机的优化设计 [J]. 南方冶金学院学报，1989，10（4）：30~37.

[6] 王隆太，等. 机械 CAD/CAM 技术 [M]. 北京：机械工业出版社，2010.

[7] 蔡长韬，胡光忠. 计算机辅助设计与制造 [M]. 重庆：重庆大学出版社，2013.

[8] 唐承统，阎艳. 计算机辅助设计与制造 [M]. 北京：北京理工大学出版社，2008.

[6] 刘极峰. 计算机辅助设计与制造 [M]. 北京：高等教育出版社，2004.

[7] 蔡颖，薛庆，徐弘山. CAD/CAM 原理与应用 [M]. 北京：机械工业出版社，1998.

[8] 李杨，王大康. 计算机辅助设计及制造技术 [M]. 北京：机械工业出版社，2012.

[9] 郭年琴. 复摆颚式破碎机动颚有限元计算与电测应力分析 [J]. 矿山机械，1990（10）：6~9.

[10] 郭年琴，郭晟，黄伟平. PC5282 颚式破碎机动颚有限元优化设计 [J]. 煤矿机械，2013，34（4）：22~24.

[11] 郭年琴，丁凌蓉. 复摆颚式破碎机机架的三维有限元计算与分析 [J]. CAD/CAM 与制造业信息化，2004（3）：45~46.

[12] 卜昆. 计算机辅助制造 [M]. 北京：科学出版社，2006.

[13] 秦东晨，张珂，张少林，等. 机械优化设计软件包中的关键技术研究 [J]. 机床与液压，2004（10）：168~170.

[14] 郭年琴，王庆，吴陆恒. 矿山机电设备维修 CAD 系统 [J]. 矿山机械，2000（1）：53~54.

[15] 郭晟，郭年琴. 2YAC2460 超重型振动筛虚拟设计与研究 [J]. 矿冶，2013，22（1）：72~76.

[16] 郭年琴，罗乐平. 超重型振动筛筛箱有限元及模态特性分析 [J]. 机电工程技术，2010，39（4）：32~34.

[17] 陈爽，郭年琴. 复摆颚式破碎机三维模型及运动模拟研究 [J]. 煤矿机械，2009，30（9）：78~81.

[18] 郭年琴，聂周荣. 复摆颚式破碎机机构参数化双向设计 [J]. 有色金属（选矿部分），2005（2）：24~27.

[19] Guo Nianqin, Huang Weiping. Finite element optimization design of the movable jaw on PC5282 jaw crusher [J]. Advanced Materials Research, 2012, 430~432：1614~1618.

[20] 郭年琴，郭晟. 矿山机械 CAD/CAE 案例库 [M]. 北京：冶金工业出版社，2015.

[21] 姚英学，蔡颖. 计算机辅助设计与制造 [M]. 北京：高等教育出版社，2002.

[22] 袁泽虎，戴锦春. 计算机辅助设计与制造 [M]. 北京：中国水利水电出版社，2004.

[23] 杜平安，范树迁. CAD/CAE/CAM 方法与技术 [M]. 北京：清华大学出版社，2010.

[24] 袁红兵. 计算机辅助设计与制造教程 [M]. 北京：国防工业出版社，2007.

[25] 余世浩，华林，黄尚宇. CAD/CAM 基础 [M]. 北京：国防工业出版社，2007.

[26] Chen Shuang, Guo Nianqin. Optimization of super-heavy vibration screen based on MATLAB [C]. 2010 Third International Conference on Information and Computing Science, IEEE Computer Society（CPS），2010：262~264.

[27] Chen Shuang, Guo Nianqin. The simulation of resonance phenomenon of super-heavy vibrating screen [J].

Applied Mechanics and Materials, 2011, 44~47: 3322~3327.

[28] Guo Nianqin, Lin Jingyao, Huang Weiping. Development of 2YAC2460 super-heavy vibrating screen [C]. 2011 Second International Conference on Mechanic Automation and Control Engineering, IEEE, 2011: 1225~1227.

[29] Guo Nianqin, Lou Hongmin, Huang Weiping. Design and research on the new combining vibrating screen [J]. Advanced Materials Research, 2011, 201~203: 504~509.

[30] Guo Nianqin, Huang Weiping, Lin Jingyao. Kinematical simulation and analysis of the combining vibrating screen [J]. Advanced Materials Research, 2011, 308~310: 2334~2339.

[31] 黄冬明，郭年琴．选矿厂磨矿过程的三维动画设计与研究［J］．有色金属（选矿部分），2003（1）：27~29.

[32] 郭年琴，许赟赟．大型梭车刮板运输机链轮接触分析及优化［J］．矿山机械，2013，41（3）：24~28.

[33] 郭年琴，张美芸，关航健．基于 Solidworks 平台开发气压机工装夹具系统［J］．机械设计与制造，2007（11）：195~197.

[34] 童秉枢，李建明．产品数据管理（PDM）技术［M］．北京：清华大学出版社，2000.

[35] 郭年琴，沈澐．PDM 下图纸信息的智能提取模型研究［J］．机械设计与制造，2006（4）：144~146.

[36] 沈澐，郭年琴．图档信息提取与工程数据管理系统的设计与实现［J］．矿山机械，2008，36（6）：47~50.

[37] 何法江．机械 CAD/CAM 技术［M］．北京：清华大学出版社，2012.

[38] 高伟强，成思源，胡伟，等．机械 CAD/CAE/CAM 技术［M］．武汉：华中科技大学出版社，2012.

[39] 袁清珂．CAD/CAE/CAM 技术［M］．北京：电子工业出版社，2010.

[40] 王定标，郭茶秀，向飒．CAD/CAE/CAM 技术与应用［M］．北京：化学工业出版社，2005.

[41] 何雪明，吴晓光，王宗才．机械 CAD/CAM 基础［M］．2 版．武汉：华中科技大学出版社，2015.

[42] 郭年琴，刘静．新型低矮式破碎机的虚拟设计与运动仿真［J］．煤矿机械，2009，30（5）：42~44.

[43] 丁凌蓉，郭年琴．复摆颚式破碎机调整座有限元优化设计与分析［J］．煤矿机械，2005（9）：23~25.